2011年度国家社科基金西部项目：中西方必然推理比较研究——以《九章算术》刘徽注为对象(11XZX009)
毕节学院科学研究基金项目(高层次人才科研启动基金)：哲学逻辑研究(G20120001)
2011年毕节试验区人才基地重点产业、重点学科人才团队项目：逻辑与创新思维人才团队(毕人领发[2011]5号)

哲学逻辑引论

张学立　董英东 等◎编著

科学出版社
北京

图书在版编目（CIP）数据

哲学逻辑引论/张学立等编著．—北京：科学出版社，2013.6

ISBN 978-7-03-037931-3

Ⅰ．①哲…　Ⅱ．①张…　Ⅲ．①哲理逻辑-研究　Ⅳ．①B815

中国版本图书馆 CIP 数据核字（2013）第 134233 号

责任编辑：邹　聪　程　凤/责任校对：李　影

责任印制：徐晓晨/封面设计：无极书装

编辑部电话：010-64035853

E-mail：houjunlin@mail.sciencep.com

科学出版社 出版

北京东黄城根北街 16 号

邮政编码：100717

http://www.sciencep.com

北京厚诚则铭印刷科技有限公司 印刷

科学出版社发行　各地新华书店经销

*

2013 年 6 月第　一　版　开本：B5（720×1000）

2021 年 1 月第七次印刷　印张：21

字数：410 000

定价：98.00 元

（如有印装质量问题，我社负责调换）

前言

什么是哲学逻辑？一般认为，这个概念是由罗素最早提出来的。但是，这个词及和它密切关联的词“逻辑哲学”的频繁出现，却是20世纪60年代以后的事。迄今，学界对这个概念尚无统一界定。我们赞同哲学逻辑是逻辑的看法。当然，哲学逻辑不是一种特殊的逻辑，不是某种不同于数理逻辑、非形式逻辑、古典逻辑等或作过任何其他常见处理的逻辑。众所周知，逻辑主要是研究后承关系、有效推理的理论，哲学逻辑也概莫能外。

哲学逻辑的疆域在哪里？它包括哪些逻辑系统？这是关于哲学逻辑的范围问题。我们赞同罗·格勃尔（Lou Goble）的观点，应将其与语言哲学和逻辑哲学区别开来。当然，要对此作出严格的区分将是一件十分困难的事情。我们认为非经典逻辑是哲学逻辑的重要组成部分，经典逻辑是其重要基础（关于经典逻辑和非经典逻辑在本书第一章有简要介绍）。一般认为，哲学逻辑包括模态逻辑、时态逻辑、条件逻辑、道义逻辑、多值逻辑、相干逻辑、衍推逻辑、直觉主义逻辑、自由逻辑、量子逻辑、模糊逻辑、内涵逻辑等非经典逻辑系统。

哲学逻辑有何用？哲学逻辑是关于哲学的逻辑，哲学为其提供发展素材，它的许多成果可应用于哲学研究。哲学逻辑是逻辑学的重要组成部分，在哲学中有重要功能，同时在其他领域也发挥着重要作用，如知识表示、系统认证或人工智能方面，都是计算机科学发展必不可少的部分。哲学逻辑在计算机科学、认知科学、信息科学、博弈论、决策论及理论语言学领域有很重要的应用价值。

本书主要介绍哲学逻辑的重要基础——一阶逻辑和模态逻辑，我们称之为基础逻辑；重点讨论描述逻辑、模糊逻辑、弗协调逻辑和认知逻辑；其他有关哲学逻辑的内容，我们将在今后出版的著作中予以介绍。

本书分为五部分。

第一章是基础逻辑，对逻辑的基本理论，如命题逻辑、谓词逻辑和模态逻辑进行了阐述，这些基础理论是构建其他逻辑系统的重要基础。同时，对命题逻辑、谓词逻辑和模态逻辑的产生、形成作了简要论述。

第二章是描述逻辑，介绍了描述逻辑的起源、描述逻辑的语法和语义、描述逻辑的推理和非标准推理，并对描述逻辑未来的发展进行了阐述。描述逻辑同计算机科学关系紧密，通常也和混合逻辑一起对概念进行研究，是一个较新的研究领域。这一章还说明了描述逻辑和模态逻辑、模糊逻辑和认知逻辑的联系。

第三章是模糊逻辑。不确定推理是近年来比较热门的研究课题。模糊逻辑是为了解决控制论、系统论和计算机科学所提出的新课题而产生的，该章对模糊逻辑的产生、研究对象和特点，以及研究模糊逻辑的意义和方法进行了阐述。同时讨论了模糊逻辑与模糊数学之间的关系，最后对模糊概念、模糊命题和模糊推理等相关知识进行了阐释。

第四章是弗协调逻辑。逻辑系统通常是不允许有矛盾出现的，有些时候可以通过限制矛盾的使用范围来取消矛盾律的普遍有效性。弗协调逻辑就是一种能够容纳矛盾但从矛盾不能推出一切的足道的逻辑理论。该章对弗协调逻辑的特征、产生和发展，以及科斯塔的弗协调逻辑系统进行了详细的论述，最后阐述了弗协调逻辑同道义逻辑、相干逻辑、辩证逻辑、时态逻辑等结合而形成的新逻辑系统。

第五章是认知逻辑。认知逻辑主要是关于知识推理的逻辑。随着现代模态逻辑的发展，通过运用计算机科学的相关理论逐步形成了动态认知逻辑，动态认知逻辑和信息科学、概率逻辑相结合，是博弈论、决策论中的重要基础理论，同时也在经济学领域发挥着重要作用。该章对认知逻辑、动态逻辑、公开宣告逻辑，以及动态认知逻辑及其完全性的证明等知识进行了详细的讨论。

在完成本书的过程中，我们参考了部分中外学者的相关论著。在此，谨向王宪均、周礼全、张清宇、王雨田、宋文坚、王路、桂起权、弓肇祥、陈慕泽、陈波、周北海、王驹、张惠民、杨武金、杜国平、刘奋荣、蒋运承、李树琦、唐素勤等师友、学者及我们参阅过其论著的海外学者表示衷心的感谢！

哲学逻辑还有很多重要分支，同时也有大量的问题值得关注，由于篇幅所限，本书并未一一加以讨论。

张学立教授负责全书的统稿工作，董英东博士、曹发生博士协助统稿，编写组的其他成员编写了有关章节并参与了全书的讨论。各章具体分工如下：

前言		张学立	
第一章	基础逻辑	张学立	陈锐
第二章	描述逻辑	曹发生	
第三章	模糊逻辑	张家锋	
第四章	弗协调逻辑	张学立	王祥兵
第五章	认知逻辑	董英东	

本书旨在为对哲学逻辑感兴趣的学者及其他读者提供参考，感谢邹聪编辑为此所付出的辛劳。

由于编者水平有限，书中疏漏之处在所难免，恳请读者批评指正。

张学立
2013 年 2 月

CONTENTS 目录

第一章

基础逻辑

第一节　基础逻辑概述

一、基础逻辑

基础逻辑不是指某一种具体的逻辑系统，而是指现代逻辑的经典部分：一阶逻辑和模态逻辑。一阶逻辑指狭谓词逻辑，命题逻辑是其重要基础。基础逻辑对构建许多重要的哲学逻辑系统具有重要作用。为更好地理解基础逻辑，我们先来考察雷切尔（N. Rescher）关于逻辑学的分类。他在1968年出版的《哲学逻辑论集》（*Topics in Philosophical Logic*）中给出一个逻辑学分类体系：

（一）基本逻辑

1. 传统逻辑
1）亚里士多德逻辑
（1）直言命题理论
（2）直接推理
（3）三段论逻辑
2）其他发展
（1）中世纪的推理理论
（2）观念论逻辑对思维规律的讨论
2. 正统的现代逻辑
1）命题逻辑
2）量化逻辑
（1）谓词逻辑
（2）关系逻辑
3. 非正统的现代逻辑
1）模态逻辑
（1）真理模态
（2）物理模态
（3）义务模态
（4）认识模态
2）多值逻辑

3）非标准蕴涵系统
(1) 严格蕴涵
(2) 直觉主义命题逻辑
(3) 制约与相关蕴涵
(4) 关联蕴涵
4）非标准量化系统

(二) 元逻辑

1. 逻辑语形学
2. 逻辑语义学
1）基本语义学
2）模型论
3）特殊论题
(1) 定义理论
(2) 词项理论
(3) 描述理论
(4) 同一性理论
(5) 存在逻辑
(6) 信息和信息处理的逻辑
3. 逻辑语用学
1）逻辑语言学与自然语言的逻辑理论
2）修辞分析
3）语境蕴涵
4）非形式谬误理论
5）逻辑的非正统应用
4. 逻辑语言学
1）结构（或形态）理论
2）意义理论
3）有效性理论

(三) 数学的发展

1. 算术方面
1）可计算性理论
2）计算机程序设计
2. 代数学方面
1）布尔代数

2）格论逻辑
3. 函数论方面
1）递归函数
2）λ变换
3）组合逻辑
4. 证明论
5. 概率逻辑
6. 集合论
7. 数学基础

（四）科学的发展

1. 物理学应用
1）量子逻辑
2）物理或因果模态理论
2. 生物学应用
1）伍德格尔的独特发展
2）控制论逻辑
3. 社会科学应用
1）规范逻辑
2）评价逻辑
3）法律上的应用

（五）哲学的发展

1. 伦理应用
1）行为逻辑
2）义务逻辑
3）命令逻辑
4）优选逻辑
2. 形而上学应用
1）存在逻辑
2）时序逻辑
3）部分与整体逻辑
4）莱斯涅夫斯基的本体论逻辑
5）结构主义逻辑
6）本体论

3. 认识论应用

1）问题逻辑

2）认识论逻辑

3）假设逻辑

4）信息与信息处理逻辑

5）归纳逻辑

4. 归纳逻辑

1）证据、确证、接受的逻辑

2）概率逻辑

该体系显示，本节讨论的基础逻辑因其基础性而被雷切尔列在基本逻辑条目之下。

二、命题逻辑、谓词逻辑和模态逻辑

基础逻辑中的命题逻辑亦称命题演算，是指研究由简单命题和联结词构成的命题之间的逻辑关系及推理规律的逻辑演算理论。其显著特点是在研究推理时，把其中的命题只分析到简单命题为止。谓词逻辑亦称谓词演算，它是把简单命题作进一步分解，分析出其中的个体词、谓词和量词等成分，然后在此基础上研究命题的形式结构和推理规律的逻辑演算理论。谓词逻辑有广义和狭义之分，在狭义的谓词逻辑中，量词仅作用于个体变项，而在广义的谓词逻辑中，量词不仅作用于个体变项，还要作用于命题变项和谓词变项。

基础逻辑中的模态逻辑是研究由模态词“必然”、“可能”所构成的模态命题及其推理系统。“必然”、“可能”是模态逻辑的基本概念。涉及模态概念的命题就是模态命题，以模态命题为前提或结论的推理就是模态推理。

三、经典逻辑和非经典逻辑

命题逻辑和狭谓词逻辑合称经典逻辑，而模态逻辑则是非经典逻辑家族中的一员。经典逻辑是指从弗雷格（G. Frage）、罗素（B. Russell）等到哥德尔（K. Godel）的逻辑，其主要内容即前述命题逻辑和狭谓词逻辑。经典逻辑以传统的亚里士多德（Aristotle）逻辑为基础，重在外延和演绎方面的形式化研究。虽然它的基础范围是古典的，但其实际内容已远远超出了亚里士多德逻辑的疆域。建立经典逻辑最直接的动因是为经典数学建立可靠的基础。但是，经典逻辑不能给所有的数学真理作出逻辑论证。也就是说，经典逻辑只能满足论证复杂性等于或小于经典逻辑系统的那些系统中的定理证明的需要。经典逻辑具有若干固有的逻辑特征：外延逻辑，二值（真、假）逻辑，以实质蕴涵为其有效性推理的基础，推理的保真性，适用于排中律和矛盾律，不含模态词，基于离散性的分析，等等。由此可见，经典逻辑有一定的适用范围。

非经典逻辑是在经典逻辑基础上发展起来的逻辑演算系统。经典逻辑不是普遍适用的，有其局限性。为克服其局限性，自 20 世纪 20 年代以来，人们逐步建立了许多非经典逻辑系统。非经典逻辑主要是指至少有一个逻辑特征不同于经典逻辑的现代逻辑系统，如模态逻辑、时态逻辑、条件逻辑、道义逻辑、多值逻辑、相干逻辑、衍推逻辑、直觉主义逻辑、自由逻辑、量子逻辑、模糊逻辑、内涵逻辑，等等。

四、现代逻辑

经典逻辑和非经典逻辑称为现代逻辑。现代逻辑是相对于传统逻辑而言的。传统逻辑主要是指传统形式逻辑。传统形式逻辑发轫于公元前 4 世纪古希腊的亚里士多德逻辑。现在流行的传统形式逻辑主要是指亚里士多德的词项逻辑、斯多葛学派（Stoic School）的古典命题逻辑，以及产生于近代的培根（F. Bacon）、穆勒（J. S. Mill）的古典归纳逻辑。现代逻辑是传统逻辑的现代发展。

现代逻辑肇始于 17 世纪末莱布尼茨（G. W. Leibniz）提出的“普遍符号语言”、推理演算和思维机械化的思想。此前，笛卡儿（R. Descartes）认为可以有一种普遍适用的方法来解决各种科学问题，即所谓“普遍的数学”，霍布斯（T. Hobbes）提出“逻辑是概念与定义的加减”。但是，笛卡儿和霍布斯都没有建立起新的逻辑。莱布尼茨最早作出这方面的尝试，提出逻辑改革的新构想。这一设想的主要内容是：创立一套通用语言，以消除现存语言的局限性和不规则性；设计一套推理的普遍演算，用以处理通用语言，规定变换规则和运算规则，使逻辑能按确定的办法进行演算。这些思想他本人没有实现，直到 19 世纪，布尔（G. Boole）建立了逻辑代数（布尔代数），才把莱布尼茨的构想初步变成了现实。布尔代数成为数理逻辑的早期形式。同一时期，德·摩根（A. De Morgan）建立了关系逻辑。其后，弗雷格把初等数论和集合论等方法运用到逻辑上，使现代逻辑取得了较大的突破，建立了第一个初步自足且较为严格的命题逻辑和谓词逻辑系统。20 世纪初，罗素、怀特海（A. N. Whitehead）在弗雷格等人工作的基础上，建立了一个完全的命题逻辑和谓词逻辑系统，极大地推动了现代逻辑的发展。罗素、怀特海的这一重大成果集现代逻辑之大成，被誉为现代逻辑发展的金字塔。20 世纪现代逻辑的发展还有三项重大的研究成果：一是哥德尔不完备性定理；二是塔尔斯基（A. Tarski）关于形式语言的真理论；三是图灵（A. M. Turing）的图灵机及其应用理论。这三大成果标志着现代逻辑已发展到一个新阶段。近几十年来，由于计算机科学发展的促动，逻辑学的“算术部分”，如算法理论、递归函数论和可计算性等，有力地推动了现代逻辑的进一步发展。新近现代逻辑的研究又取得不少新突破，本书不打算一一介绍。从逻辑学的整个发展历程看，现代逻辑不仅直接影响自然科学的发展，而且还关涉社会科学的进步。

本书讨论的哲学逻辑属现代逻辑，主要指现代逻辑中的非经典部分，基础逻辑对其发展有重要作用。

第二节　命题逻辑

第一节已对命题逻辑作了简要介绍，并且指出命题逻辑是指研究由简单命题和联结词构成的命题之间的逻辑关系及推理规律的逻辑演算理论。其主要特点是在研究推理时，把其中的命题只分析到简单命题为止。本节将对命题逻辑的基础理论、演算系统和元逻辑问题进行讨论。

一、命题逻辑的基础理论

（一）命题概述

1. 命题的定义

根据现代逻辑的观点，命题是指具有唯一真值的语句。在二值逻辑中，真值是指语句或真或假的性质。当一个语句为真时，其真值为真；当一个语句为假时，其真值为假。命题的真值可简称为命题的值。

逻辑学的中心任务是研究推理。命题是推理的基本要素，要进行推理，首先要判定一个语句是否为命题。一般来讲，陈述句、反诘问句表达命题，疑问句、感叹句、祈使句不表达命题，举例如下。

例 1.1

（1）哥德尔是逻辑学家。

（2）有些物体不是导体。

（3）哪有事物是绝对不变的呢?

（4）罗素是逻辑学家，又是数学家。

（5）李非是哲学家，或者是文学家。

（6）如果滥发纸币，那么货币就会贬值。

（7）你好吗?

（8）请勿吸烟!

根据我们对命题的规定，可知（1）~（6）是命题，（7）、（8）不是命题。

2. 简单命题与复合命题

根据命题是否含有联结词，可将其分为简单命题和复合命题。简单命题是指不再以其他命题作为其组成部分的命题。复合命题是指以其他命题作为其组成部分的命题。

例 1.1 中的命题（1）~（3）是简单命题，没含有任何命题联结词；（4）~（6）是复合命题，它们分别含有命题联结词“并且”、“或者”、“如果……那么……”。复合命题由命题联结词和支命题组成。支命题可以是简单命题，也可以是复合命题。

（二）命题的真值联结词与命题符号化

命题的真值联结词是对日常语言所表达的联结词的一种抽象，日常语言联结词抽象为真值联结词后，只保留对命题真值的刻画，即它刻画并且只刻画简单命题和由其构成的复合命题之间的真假关系。在命题逻辑中，常用的真值联结词如下：“并非（$\neg$）”、“并且（$\wedge$）”、“或者（$\vee$）”、“如果……那么……（$\rightarrow$）”、“当且仅当（$\leftrightarrow$）”。它们分别被称做否定词、合取词、析取词、蕴涵词、等值词。

我们用大写字母 A，B，C……表示简单命题，运用以上这些最通用的命题联结词可把复合命题符号化为

并非 A	$\neg A$
A 并且 B	$A \wedge B$
A 或者 B	$A \vee B$
如果 A 那么 B	$A \rightarrow B$
A 当且仅当 B	$A \leftrightarrow B$

下面将利用真值表对这些联结词符号的意义作精确定义。

根据上表中的表达方式，例 1.1 中的三个复合命题（4）~（6）相应地可符号化为

$$A \wedge B$$

$$C \vee D$$

$$E \rightarrow F$$

其中，A 表示“罗素是逻辑学家”，B 表示“罗素是数学家”；C 表示“李非是哲

学家”，D表示“李非是文学家”；E表示“滥发纸币”；F表示“货币贬值”。

注意：当一个复合命题按这种方式用符号表示后，留下的仅仅是一个逻辑框架，一个纯粹的命题形式（何为命题形式下面将进行分析），它可能为若干不同的命题所共有。这样我们能够精确地研究推理，因为推理（演绎推理）只能用不依赖于自身意义的命题形式进行分析。

(三) 命题形式与合式公式

1. 命题形式

任何命题都有内容和形式两个方面。命题内容是指命题所反映的事物情况，命题形式是指命题内容的联系方式。逻辑学研究命题，主要是研究命题形式和它们之间的逻辑关系，而不考虑命题所表达的具体内容。逻辑学把命题形式中不变的部分称做命题常项；把命题形式中可变的部分，即可以表示具体内容的部分称做命题变项。例 1.1 中的命题（6）：“如果滥发纸币，那么货币就会贬值。”其命题形式为“如果C，那么D”，亦可表示为“$C \to D$”，其中，“如果……那么……”或“$\to$”是命题常项，C、D是命题变项。在现代逻辑中，命题形式就是指符号化的命题表达式，它给出了命题的形式结构，确定了复合命题与其中的命题（常项或变项）之间的逻辑关系。命题形式也称真值形式，它是由命题常项或真值联结词、命题变项等组成的符号串，但并非所有符号串都是命题形式。例如，$p\neg$，$\to A\,B$等就不是命题形式。什么样的符号串才是命题形式呢？我们对此给出如下定义。

命题形式的定义：一个符号串当且仅当它是合式公式时才是命题形式。

那么，什么是合式公式呢？下面将讨论这个问题。

2. 合式公式

合式公式的定义如下。

定义一：p，q，r，…，p_i，q_i，r_i，…，1，0（$i=1$，…，n）是合式公式。

定义二：如果A，B是合式公式，则（$\neg A$），（$A \wedge B$），（$A \vee B$），（$A \to B$），（$A \leftrightarrow B$）也是合式公式。

定义三：只有有限次地应用定义一、定义二构成的符号串才是合式公式。

合式公式可简称为公式。为了书写方便，我们约定：公式（$\neg A$）的括号及任一公式最外层的括号都可以省略。

在合式公式的定义中我们引进了A、B、C这几个符号，它们表示的是任意的公式，而不是具体的公式，这些符号称做元语言符号。符号p、q、r、$p \to q$等表示的是具体的命题形式，即具体的公式，称它们为对象语言符号。对象语言是指用来描述研究对象的语言，元语言是指用来描述对象语言的语言，二者是不同研究层次上的语言。

例 1.2 $(\neg p \to (q \wedge r))$ 是否为命题形式？

解 根据定义一，p、q、r 是命题形式；根据定义二，$(\neg p)$ 和 $(q \wedge r)$ 是命题形式；再根据定义三，$(\neg p \to (q \wedge r))$ 是一命题形式。

上述关于合式公式的定义是归纳定义的一个例子，当我们详细描述形式系统时，将再次运用这种归纳定义。

现代逻辑研究命题必须确定其真值，对于含有命题变项的命题形式来说，只有对它的每一个命题变项指定确定的真值后，其值才能确定。可见，一个命题形式的真或假，依赖于构成它的简单命题或命题变项的真或假。那么，一个命题形式的真、假怎样依赖于构成它的简单命题或命题变项的真、假呢？这是下一部分研究的主题。

3. 命题形式的种类

从真值的角度看，命题形式可分为三类：重言式、矛盾式和可满足式。

重言式是指在所有可能的真值赋值下都真的公式，如 $p \vee \neg p$，$p \to p$ 等。

矛盾式是指在所有可能的真值赋值下都假的公式，如 $p \wedge \neg p$，$\neg(p \to p)$ 等。

可满足式是指至少有一个真值赋值使其为真的公式，如 $p \vee q$，$p \to q$ 等。

重言式在命题逻辑中尤为重要，因为命题逻辑形式系统中的公理、定理都是重言式，自然推理中有效的推理形式也是重言式。后面将专门讨论重言式问题。

（四）真值表与真值函项

真值表是指命题形式在其所有可能的真假赋值下取得的值列成的表。

真值函项是指本身的值是真值，其自变元所取的值也是真值的函数，如命题形式 $\neg A$，$A \wedge B$，$A \vee B$，$A \to B$，$A \leftrightarrow B$ 等都是真值函项。

一个完整的真值表，就定义了一个真值函项。不同的真值表定义不同的真值函项。下面我们利用真值表对上述五个基本联结词符号的意义作精确定义，并以此显示真值表与真值函项的关系。

1. 否定词“¬”

一个命题 p 的否定，记做 $\neg p$。显然，如果 p 真，那么 $\neg p$ 假；如果 p 假，那么 $\neg p$ 真。用真值表刻画如下（其中“1”表示真，“0”表示假）：

p	$\neg p$
1	0
0	1

其中，当我们给定 p 的真值时，即可给出 $\neg p$ 的真值。在此，联结词 ¬ 引出一个真值函项 $f^{\neg}$，即由真值表给出的从集合 {1，0} 到自身的一个函数，那

就是

$$f^{\neg}(1)=0 \qquad f^{\neg}(0)=1$$

2. 合取词"∧"

命题 p、q 的合取 $p\wedge q$ 的真值，只依赖于 p 和 q 的真值，p、q 皆真时，$p\wedge q$ 就是真的；p 和 q 中只要有一个是假的，$p\wedge q$ 就是假的。构造真值表如下：

p	q	$p\wedge q$
1	1	1
1	0	0
0	1	0
0	0	0

我们对命题 p、q 各种可能的真值组合，在表中用一行表示，最后一列给出 $p\wedge q$ 的真值。联结词"∧"定义了一个二元真值函项 $f^{\wedge}$：

$$f^{\wedge}(1,1)=1$$
$$f^{\wedge}(1,0)=0$$
$$f^{\wedge}(0,1)=0$$
$$f^{\wedge}(0,0)=0$$

3. 析取词"∨"

如前所述我们用 $p\vee q$ 表示命题"p 或者 q"。但是，在自然语言中对"或者"这个词有两种不同的理解。"p 或者 q"既可以指相容的"或"，也可以指不相容的"或"。为了保证符号语言的精确性，必须选取其中之一作为符号∨的意义。在此，我们选择了相容的"或"，不相容的"或"可根据我们选取的联结词作出定义。相容的 $p\vee q$ 断定：p 和 q 中至少有一个是真。也是说，只有当 p 和 q 皆假时，$p\vee q$ 才是假的。构造真值表如下：

p	q	$p\vee q$
1	1	1
1	0	0
0	1	1
0	0	0

联结词∧和∨一样，定义了一个二元真值函项 $f^{\vee}$，即

$$f^{\vee}(1,1)=1$$
$$f^{\vee}(1,0)=1$$
$$f^{\vee}(0,1)=1$$
$$f^{\vee}(0,0)=0$$

根据联结词¬，∧，∨的意义，如果 p 和 q 是简单命题，我们可将"不相

容的 p 或 q” 定义为

$$(p \vee q) \wedge \neg (p \wedge q)$$

4. 蕴涵词“→”

命题形式 $p \rightarrow q$ 断定：只有当 p 真 q 假时，$p \rightarrow q$ 才是假的；在其余情况下，$p \rightarrow q$ 都是真的。构造真值表如下：

p	q	$p \rightarrow q$
1	1	1
1	0	0
0	1	1
0	0	1

联结词→定义了一个二元的真值函项 $f^{\rightarrow}$，即

$$f^{\rightarrow}(1,1)=1$$
$$f^{\rightarrow}(1,0)=0$$
$$f^{\rightarrow}(0,1)=1$$
$$f^{\rightarrow}(0,0)=1$$

5. 等值词“↔”

命题形式 $p \leftrightarrow q$ 断定：当且仅当 p，q 有相同的真值（同真或同假）时，$p \leftrightarrow q$ 为真。构造真值表如下：

p	q	$p \leftrightarrow q$
1	1	1
1	0	0
0	1	0
0	0	1

联结词↔定义了一个二元的真值函项 $f^{\leftrightarrow}$，即

$$f^{\leftrightarrow}(1,1)=1$$
$$f^{\leftrightarrow}(1,0)=0$$
$$f^{\leftrightarrow}(0,1)=0$$
$$f^{\leftrightarrow}(0,0)=1$$

联结词决定简单的真值函项。使用这些联结词的真值表，我们能够为任何给定的命题形式构造一真值表。真值表是一个真值函项的图表表示。这样每个命题形式给出一个真值函项，函数的自变元个数就是出现在命题形式中的命题变项的个数。下面举例说明。

例 1.3 构造 $\neg(\neg p \vee \neg q)$ 的真值表。

解 构造真值表如下：

p	q	$\neg p$	$\neg q$	$\neg p \vee \neg q$	$\neg(\neg p \vee \neg q)$
1	1	0	0	0	1
1	0	0	1	1	0
0	1	1	0	1	0
0	0	1	1	1	0

由上表可以看出，对应于命题形式$\neg(\neg p \vee \neg q)$的真值函项，与$p \wedge q$所决定的真值函项是相同的。

例 1.4 构造$(p \rightarrow (q \wedge r))$的真值表。

解 构造真值表如下：

p	q	r	$q \wedge r$	$p \rightarrow (q \wedge r)$
1	1	1	1	1
1	1	0	0	0
1	0	1	0	0
1	0	0	0	0
0	1	1	1	1
0	1	0	0	1
0	0	1	0	1
0	0	0	0	1

这里的真值函项是三元函数，因为有 3 个命题变项，表中的每一行给出了字母的真值取不同组合时真值函项的值。注意：任何含有 3 个命题变项的命题形式的真值表，都有 8 行。

每个命题变项都可以取真或假，因此 1 个命题变项所有不同的真假情况是 2 个，2 个命题变项所有不同的真假情况是 4 个，3 个命题变项所有不同的真假情况是 8 个，以此类推。一般来讲，n 个命题变项所有不同的真假情况是 2^n 个（n 为任意自然数）。对应于 2^n 种不同的取值中的每一种，函数值可取真或假两种情况，因此，对应于 2^n 种不同的取值，真值函项共有 $2\times2\times\cdots\times2$（$2^n$ 次运算）种不同的取值。也就是说，n 元真值函项共有 2^{2^n} 个。

（五）联结词的完全性

常用的真值联结词是否能定义所有的真值联结词，我们称之为联结词的完全性问题。

我们给出联结词的完全性定义：联结词是完全的，当且仅当由它能定义任一 n 元真值联结词。

下面我们给出几条重要的定理。

定理 1.1 $\{\neg, \vee, \wedge\}$ 是完全的。

证明 设 $f(p_1, p_2, \cdots, p_n)$ 是任一 n 元真值联结词，它可用一个 2^n 行

的真值表来加以定义。现在考虑在该真值表中函数值为真的行。

设第 i（$1\leqslant i\leqslant 2^n$）行的函数值为真，构造合取式 C_i：$p_1{}^i\wedge p_2{}^i\wedge\cdots\wedge p_n{}^i$，每一 $p_j{}^i$（$j=1$，…，n）是命题变项 p_j 或其否定 $\neg p_j$。如果在第 i 行 p_j 的值是真的，则 $p_j{}^i$ 就是 p_j；如果在第 i 行 p_j 的值是假的，则 $p_j{}^i$ 就是 $\neg p_j$。显然，当 p_1，p_2，…，p_n 取第 i 行的值时，C_i 的值是真的，与 f（p_1，p_2，…，p_n）在第 i 行的值相同。令 D 是所有依此方式构造合取式 C_i 的析取。如果 f（p_1，p_2，…，p_n）的值永真，即在真值表中的每一行皆真，则 D 就有 2^n 个析取支；如果 f（p_1，p_2，…，p_n）的值为真的行数是 k，则 D 就有 k 个析取支；如果 f（p_1，p_2，…，p_n）的值永假，即在真值表中的每一行皆假，此时令 $p\wedge\neg p$。对于如此构造的真值形式 D，如果它是真的，则由 $\vee$ 的定义，可知存在某个 C_i（$1\leqslant i\leqslant 2^n$）为真，又由 C_i 的构造定义，可知 f（p_1，p_2，…，p_n）的值为真；如果 f（p_1，p_2，…，p_n）的值为真，则存在某个 i（$1\leqslant i\leqslant 2^n$），$f$（$p_1$，$p_2$，…，$p_n$）在第 i 行的值为真，同样由 C_i 的构造定义，可知 C_i 为真，则 D 为真。因此，f（p_1，p_2，…，p_n）和 D 等值。因为 D 中只出现 $\neg$，$\vee$，$\wedge$，又因为 f（p_1，p_2，…，p_n）具有任意性，因此，{$\neg$，$\vee$，$\wedge$} 是完全的。[①]（证毕）

既然 {$\neg$，$\vee$，$\wedge$} 是完全的，那么 {$\neg$，$\wedge$，$\vee$，$\rightarrow$，$\leftrightarrow$} 也是完全的。

定理 1.2　(1) {$\neg$，$\wedge$}，(2) {$\neg$，$\vee$}，(3) {$\neg$，$\rightarrow$} 都是完全的。

证明　对于（1）：$p\vee q$ 等值于 $\neg(\neg p\wedge\neg q)$，可用真值表进行检验。这说明运用 $\neg$ 和 $\wedge$ 可定义 $\vee$。因为 {$\neg$，$\vee$，$\wedge$} 是完全的，所以 {$\neg$，$\wedge$} 是完全的。

对于（2）：$p\wedge q$ 等值于 $\neg(\neg p\vee\neg q)$，可用真值表进行检验。这说明运用 $\neg$ 和 $\vee$ 可定义 $\wedge$。因为 {$\neg$，$\vee$，$\wedge$} 是完全的，所以 {$\neg$，$\vee$} 是完全的。

对于（3）：$p\vee q$ 等值于 $\neg p\rightarrow q$；$p\wedge q$ 等值于 $\neg(p\rightarrow\neg q)$，可用真值表进行检验。这说明运用 $\neg$ 和 $\rightarrow$ 可定义 $\wedge$ 和 $\vee$。因为 {$\neg$，$\vee$，$\wedge$} 是完全的，所以 {$\neg$，$\rightarrow$} 是完全的。（证毕）

定理 1.3　{$\neg$，$\leftrightarrow$} 是不完全的。

证明　我们在此给出证明的思路。

考察一个仅包含 $\neg$，$\leftrightarrow$ 和两个不同的命题变项的真值形式。因为只包含两个命题变项，所以它的真值表是 4 行；又因为仅包含 $\neg$，$\leftrightarrow$，所以它在这 4 行中的真值，有且只有三种不同的情况：一是都真；二是都假；三是 2 行为真，2 行为假。而 $p\rightarrow q$ 的真值表的 4 行中，有 3 行为真，1 行为假。这说明，$\rightarrow$ 不可能由 $\neg$ 和 $\leftrightarrow$ 定义。由此证明 {$\neg$，$\leftrightarrow$} 是不完全的。

定理 1.4　{$\wedge$，$\vee$，$\rightarrow$，$\leftrightarrow$} 是不完全的。

---

① 陈慕泽．2001．数理逻辑教程．上海：上海人民出版社：25.

证明 首先，证明一个永假的真值函项用只含联结词｛∧，∨，→，↔｝，而不含联结词“¬”的命题形式来表达是不可能的。

因为给这样的命题形式中的所有命题变项赋以真值，必然得出整个命题形式的值为真。在这样的真值指派之下，无法使这样的命题形式的整体或部分取值为假。所以没有一个只包含联结词∧，∨，→，↔的命题形式是矛盾的。因此，联结词的这种子集｛∧，∨，→，↔｝是不完全的。

可见，包含联结词“¬”是某组常用真值联结词满足完全性的必要条件。｛∧，∨｝，｛∧，→｝，｛∧，↔｝，｛∨，→｝，｛∨，↔｝，｛→，↔｝等都是不完全的。

联结词是否仅止于以上介绍的这些呢？答案是否定的。事实上每一个真值表都可用来定义一个联结词，但是它们的直观含义并非都那么明显。下面考察两个二元真值联结词及其完全性。

析非“↓”：复合命题“p 或 q 的否定”称做 p，q 的析非式，记做“$p\downarrow q$”。

命题形式 $p\downarrow q$ 断定：当且仅当 p，q 同假时，$p\downarrow q$ 为真。构造真值表如下：

p	q	$p\downarrow q$
1	1	0
1	0	0
0	1	0
0	0	1

合非“|”：复合命题“p 与 q 的否定”称做 p，q 的合非式，记做“$p \mid q$”。

命题形式 $p \mid q$ 断定：当且仅当 p，q 不同时为真时，$p \mid q$ 为真。构造真值表如下：

p	q	$p \mid q$
1	1	0
1	0	1
0	1	1
0	0	1

“↓”与“|”的主要特点是：首先，二者皆具有完全性，即其中任何一个皆可单独定义任意的 n 元真值联结词；其次，除二者外，没有其他的二元真值联结词单独具有完全性。

真值联结词“↓”与“|”在计算机设计和研究中起着重要作用。

定理 1.5 单元集｛↓｝和｛|｝是完全的。

证明 (1) 对于｛↓｝：$\neg p$ 逻辑等值于 $p\downarrow p$，$p\wedge q$ 逻辑等值于 $(p\downarrow p)\downarrow(q\downarrow q)$。可见，¬和∧可由↓定义。因为｛¬，∧｝是完全的，所以｛↓｝是完全的。

(2) 对于｛|｝：$\neg p$ 逻辑等值于 $p \mid p$，$p\vee q$ 逻辑等值于 $(p \mid p) \mid (q \mid q)$。

可见，$\neg$和$\vee$可由$\mid$定义。因为$\{\neg, \vee\}$是完全的，所以$\{\mid\}$是完全的。(证毕)

例 1.5 求一个只含有联结词$\downarrow$的命题形式，使它逻辑等值于$p \to q$。

解 已知$(p \to q)$逻辑等值于$\neg(p \wedge (\neg q))$，从而等值于$\neg(p \wedge (q \downarrow q))$，等值于$\neg((p \downarrow p) \downarrow ((q \downarrow q) \downarrow (q \downarrow q)))$，等值于$((p \downarrow p) \downarrow ((q \downarrow q) \downarrow (q \downarrow q))) \downarrow ((p \downarrow p) \downarrow ((q \downarrow q) \downarrow (q \downarrow q)))$。

这个例子说明，使用一个联结词，逻辑公式可能会长而复杂。

(六) 重言式

在命题逻辑中，重言蕴涵式和重言等值式都是极为重要的重言式。下面将从重言蕴涵式、重言等值式及重言式的判定等三个方面来讨论重言式问题。

1. 重言蕴涵式

重言蕴涵式是反映有效推理形式的命题形式。逻辑的中心任务是研究推理，把有效的推理形式和无效的推理形式区分开来。可见，作为反映有效推理形式的重言蕴涵式在命题逻辑中具有十分重要的地位。

在命题逻辑中，为何一推理形式可用一命题形式来表达呢？例如，充分条件假言推理的肯定前件式

如果 p，那么 q；

p；

所以 q。

这是一个有效的推理形式。其中，“所以”前的“如果 p，那么 q”和“p”是前提，“所以”后的“q”是结论。由于在有效的推理形式中前提真则结论必真，即前提和结论之间存在着蕴涵关系，所以该推理形式可以用一个命题形式来表达，这个命题形式即蕴涵式。蕴涵式的前件是所有前提的合取，后件则是结论。

根据上述讨论，充分条件假言推理的肯定前件式可符号化为

$$((p \to q) \wedge p) \to q$$

这是一个蕴涵式。表达有效推理形式的蕴涵式一定是重言式，因为有效的推理形式是不依赖于其前提和结论的具体内容的，所以不论公式中 p，q 取什么值(真、假)，蕴涵式总是真的。我们用真值表来说明上式。

p	q	$p \to q$	$(p \to q) \wedge p$	$((p \to q) \wedge p) \to q$
1	1	1	1	1
1	0	0	0	1
0	1	1	0	1
0	0	1	0	1

从表中可看出，只有在$(p \to q)$和 p 都真时，$(p \to q) \wedge p$ 才是真的，而在

这种情形下，q 原设定是真的。故此时 $((p\rightarrow q)\wedge p)\rightarrow q$ 是真的。而在其余三种情形下，p 和 $p\rightarrow q$ 不同时为真，故 $(p\rightarrow q)\wedge p$ 为假。根据前述蕴涵词的真值表可知，用假前提作前件的蕴涵式都是真的，所以 $((p\rightarrow q)\wedge p)\rightarrow q$ 为真。综合这四种情形，该公式都是真的。所以 $((p\rightarrow q)\wedge p)\rightarrow q$ 是一重言式。故该公式表达了一个有效的推理形式。

相反，一个无效的推理形式虽然也有一个相当的命题形式，但这种命题形式并不是重言式。例如，充分条件假言推理的否定前件式

如果 p，那么 q；

$\neg p$；

所以 $\neg q$。

这是一个无效的推理形式。可符号化为

$$((p\rightarrow q)\wedge\neg p)\rightarrow\neg q$$

其真值表为

p	q	$\neg p$	$\neg q$	$p\rightarrow q$	$(p\rightarrow q)\wedge\neg p$	$((p\rightarrow q)\wedge\neg p)\rightarrow\neg q$
1	1	0	0	1	0	1
1	0	0	1	0	0	1
0	1	1	0	1	1	0
0	0	1	1	1	1	1

表中的最后一列表明 $((p\rightarrow q)\wedge\neg p)\rightarrow\neg q$ 不是重言式。它不能表达有效的推理形式。

无效的推理形式较为容易判定。我们只要能找到某一推理形式中前提为真而结论为假的真值指派，即可判定这一推理形式无效。那么，有效的推理形式又如何判定呢？现在给出有效推理形式的定义。

推理形式

A_1，A_2，…，A_n；

所以 A 是有效的，当且仅当命题形式

$(A_1\wedge A_2\wedge\cdots\wedge A_n)\rightarrow A$ 是一重言式。

证明　假设 A_1，A_2，…，A_n；所以 A 是一有效的推理形式，但 $((A_1, A_2, \cdots, A_n)\rightarrow A)$ 不是一重言式。那么存在一个对出现的命题变项的指派，使得 A_1，A_2，…，A_n 取值 T，而 A 取值 F。因此，对这个指派，每个 A_i 取值 T $(1\leqslant i\leqslant n)$，而 A 取值 F。这与推理形式的有效性是矛盾的，所以 $(A_1\wedge A_2\wedge\cdots\wedge A_n)\rightarrow A$ 一定是重言式。

相反，假设 $(A_1\wedge A_2\wedge\cdots\wedge A_n)\rightarrow A$ 是一重言式，但 A_1，A_2，…，A_n；所以 A 不是一有效推理形式。那么存在一个真值指派使得每个 A_i $(1\leqslant i\leqslant n)$ 取值 T 而 A 取值 F，所以 $(A_1\wedge A_2\wedge\cdots\wedge A_n)\rightarrow A$ 取值 F。这与该命题形式是一重言

式的假设矛盾，所以 A_1，A_2，…，A_n；所以 A 是一有效推理形式。

总的来说，每一推理形式都相当于一个命题形式。有效的推理形式相当于一个重言式，无效的推理形式也有一个相当的命题形式，但不是重言式。判定一推理形式是否有效，就是判定其相当的蕴涵式是否为重言式。

常用的重言蕴涵式有如下几种。

(1) 同一律：$A \to A$。

(2) 肯定前件律（分离律）：$((A \to B) \wedge A) \to B$。

(3) 否定后件律：$((A \to B) \wedge \neg B) \to \neg A$。

(4) 合取分解律：$(A \wedge B) \to A$；

$(A \wedge B) \to B$。

(5) 析取否定肯定律：$((A \vee B) \wedge \neg A) \to B$；$((A \vee B) \wedge \neg B) \to A$。

(6) 连锁蕴涵律：$((A \to B) \wedge (B \to C)) \to (A \to C)$。

(7) 析取添加律：$A \to (A \vee B)$。

(8) 合取构成律：$((A \to B) \wedge (A \to C)) \to (A \to (B \wedge C))$。

(9) 附加律：$(B \to C) \to ((A \vee B) \to (A \vee C))$。

(10) 归谬律：$(A \to (C \wedge \neg C)) \to \neg A$。

2. 重言等值式

如果对两个命题逻辑公式中所出现的一切变项赋以任何真值时两个公式的值总是相同的，那么这两个公式是等值的，它们共同组成的等值式称重言等值式。

常用的重言等值式有如下几种。

(1) 双重否定律：$\neg \neg A \leftrightarrow A$。

(2) 蕴涵析取律：$(A \to B) \leftrightarrow (\neg A \vee B)$。

(3) 蕴涵否定律：$\neg (A \to B) \leftrightarrow (A \wedge \neg B)$。

(4) 等值消除律：$(A \leftrightarrow B) \leftrightarrow (\neg A \vee B) \wedge (\neg B \vee A)$；

$(A \leftrightarrow B) \leftrightarrow (A \wedge B) \vee (\neg A \wedge \neg B)$。

(5) 德·摩根律：$\neg (A \vee B) \leftrightarrow (\neg A \wedge \neg B)$；

$\neg (A \wedge B) \leftrightarrow (\neg A \vee \neg B)$。

(6) 析取分配律：$A \vee (B \wedge C) \leftrightarrow (A \vee B) \wedge (A \vee C)$。

(7) 合取分配律：$A \wedge (B \vee C) \leftrightarrow (A \wedge B) \vee (A \wedge C)$。

(8) 等幂律：$A \vee A \leftrightarrow A$；$A \wedge A \leftrightarrow A$。

具有等值关系的命题逻辑公式的性质如下：自反性，即 A 等值于 A；对称性，即如果 A 等值于 B，那么 B 等值于 A；传递性，即如果 A 等值于 B，并且 B 等值于 C，则 A 等值于 C。后面我们将依据这些性质进行推理。

3. 重言式的判定

如何判定任一命题形式是否为重言式，这是命题逻辑的重要任务。对此，我们可以寻求一种机械的能够在有穷步骤内完成的程序，用以判明任一命题形式是否为重言式。这种求解问题的方法称做能行方法。我们主要介绍真值表法、归谬赋值法、演绎证明法和范式法等四种方法。

1）真值表法

对任一命题形式，我们总是能够构造一个相应的真值表来判定它是否为重言式。

例 1.6　用真值表法判定命题形式（$(p\to q)\wedge\neg q)\to\neg p$ 是否为重言式。

解　要判定这一命题形式是否为重言式，可按这样的程序进行：①判明命题形式中不同变项的数目，并依字母表次序排序。如式中有两个不同的变项 p，q，每个变项都可能取真假二值，而两个变项的逻辑值的各种组合是 2^2 种。如果公式中不同变项的数目是 n，那么不同的逻辑值组合就是 2^n 种。②构造相应的真值表。③如果真值表上的最后一列的值均为真，那么该命题形式就是重言式，否则就不是重言式。

该式的真值表为

p	q	$\neg p$	$\neg q$	$p\to q$	$(p\to q)\wedge\neg q$	$((p\to q)\wedge\neg q)\to\neg p$
1	1	0	0	1	0	1
1	0	0	1	0	0	1
0	1	1	0	1	0	1
0	0	1	1	1	1	1

表中最后一列表明该式在所有可能的取值下都真，是一个重言式。

例 1.7　用真值表法判定命题形式（$(p\to q)\wedge(q\to r))\to(p\to r)$ 是否为重言式。

解　该公式的真值表为

p	q	r	$p\to q$	$q\to r$	$p\to r$	$(p\to q)\wedge(q\to r)$	$((p\to q)\wedge(q\to r))\to(p\to r)$
1	1	1	1	1	1	1	1
1	1	0	1	0	0	0	1
1	0	1	0	1	1	0	1
1	0	0	0	1	0	0	1
0	1	1	1	1	1	1	1
0	1	0	1	0	1	0	1
0	0	1	1	1	1	1	1
0	0	0	1	1	1	1	1

可以看出，该式是一个重言式。

虽然对任一命题形式，我们总是能够构造一个相应的真值表来判定它是否为重言式。但是，当一个公式中的命题变项较多时，真值表的行数就会大量增加，真值表的判定程序就会十分烦琐。例如，命题变项为 4 个时，真值表就有 16 行；命题变项为 5 个时，真值表就有 32 行，制成的真值表是相当庞大的。因此，有必要把真值表的方法加以简化，这种方法称做归谬赋值法。

2）归谬赋值法

归谬赋值法是一种较为简便的判定方法，也称做简化真值表，它专门用来判定一蕴涵式是否为重言式。在命题逻辑中，推理形式表现为一蕴涵式，判定一推理形式是否有效，就是判定表达该推理形式的蕴涵式是否为重言式，所以在命题形式的判定中，判定蕴涵式是否为重言式具有特别重要的地位。

归谬赋值法的基本思想：为了证明所要判定的蕴涵式是重言式，首先假设它不是重言式，即假设该蕴涵式前件真而后件假，并依据这个假设给每个命题变项赋值。如果在给每个命题变项赋值时，为了满足该蕴涵式前件真而后件假的情况，必须给同一命题变项既赋真值又赋假值，即出现了矛盾，这说明假设不成立，即所要判定的蕴涵式不可能前件真而后件假，因而是重言式。如果在这个赋值过程中没有出现矛盾，也就是说找到一组赋值使假设成立，则该蕴涵式不是重言式。

例 1.8 用归谬赋值法判定命题形式（$q \to r) \to ((p \vee q) \to (p \vee r))$ 是否为重言式。

解 首先，假设该公式不是重言式，即假设该蕴涵式的前件 $q \to r$ 真，后件 $(p \vee q) \to (p \vee r)$ 假。于是有 $p \vee q$ 真，而 $p \vee r$ 假。若 $p \vee r$ 假，则 p 假 r 假。若 p 假，要满足 $p \vee q$ 真，则 q 必真。若 r 假，要满足 $q \to r$ 真，则 q 必假。于是就出现了逻辑矛盾：q 既真又假。这说明假设不成立，即所要判定的蕴涵式 $(q \to r) \to ((p \vee q) \to (p \vee r))$ 不可能前件真而后件假，因而是一重言式。

上面的判定过程可用符号表示如下：

$$(q \to r) \to ((p \vee q) \to (p \vee r))$$

$$0\,1\,0 \qquad 0\,1\,1 \quad 0\,0\,0\,0$$

例 1.9 用归谬赋值法判定命题形式 $(p \to q) \to ((p \to r) \to (q \to r))$ 是否为重言式。

解 该公式的归谬赋值如下：

$$(p \to q) \to ((p \to r) \to (q \to r))$$

$$0\,1\,1 \qquad 0\,1\,0\,0 \quad 1\,0\,0$$

在归谬赋值的过程中，没有出现矛盾，即找到以上一组赋值，使该命题形式满足前件真而后件假，因此该命题形式不是一重言式。

由上面的例子可看出，运用归谬赋值法判定一命题形式是否为重言式，的确比使用真值表方法简便多了。

3）演绎证明法

判定任一命题公式是否为重言式，还可以通过演绎证明的方法来完成。这种方法要求将任一命题公式放在某一命题推理系统中进行证明，这种系统可以是公理推理系统，也可以是自然推理系统，任一命题公式只要在这些系统中获证，就可以被判定为重言式。所谓公理推理系统，就是把一些不证自明的命题公式作为公理，并以此作为推理的出发点，再按照一定的推理规则进行推演的系统。自然推理系统的出发点不是公理，而是在推理时引进假设，然后再根据推理规则进行推演。关于演绎证明法，我们将在命题逻辑的演算系统部分作深入的讨论。

4）范式法

范式法是一种能行可判定的方法，它是通过将任意命题形式等值变形为某类标准公式即范式，并根据相应规则判定命题形式真值类型的方法。下一部分将对这一方法作详细的介绍。

（七）范式

范式就是最规范、最标准的公式，是能够显示某种重要的逻辑性质的特定类型的表达式。逻辑中的许多公式是等值的，但在表达形式方面各不相同。等值公式可以相互转换，每一公式都可以转换成它的范式。范式可以为千差万别的公式提供一个统一的表达形式，可称之为“通式”，从而显示出其逻辑特性。主要的范式有合取范式、析取范式和前束范式等。

1. 基本概念

1）简单析取

简单析取是一析取式，其支命题是命题变项或命题变项的否定。

例如：

$$p,\ p\vee\neg q,\ p\vee q\vee r,\ p\vee\neg p$$

是简单析取，而

$$\neg\neg p\vee q,\ p\vee(p\wedge q),\ \neg(p\wedge q)\vee(p\wedge r)$$

不是简单析取。

简单析取中若包含相同的析取支，则只保留其中一个，其余重复的皆删除。例如：

$$p\vee q\vee q\vee r$$

可删除其中的一个析取支 q，则为

$$p\vee q\vee r$$

一简单析取是否为一重言式可用简易的方法在有穷步内判定。一简单析取 A 是重言式，当且仅当 A 包含某命题变项及其否定。例如：

$$p \vee \neg p$$
$$p \vee \neg q \vee q$$
$$r \vee p \vee \neg r$$

都是重言式。

2）简单合取

简单合取是一合取式，其支命题是命题变项或命题变项的否定。

例如：

$$p,\ p \wedge \neg q,\ p \wedge q \wedge r,\ p \wedge \neg p$$

是简单合取，而

$$\neg \neg p \wedge q,\ p \wedge (q \vee r),\ \neg\ (p \wedge q) \wedge r$$

不是简单合取。

在简单合取中要删除相同的合取支。例如：

$$\neg p \wedge q \wedge r \wedge \neg p$$

可删除其中的一个合取支$\neg p$，则为

$$\neg p \wedge q \wedge r$$

一简单合取是否为矛盾式可用简易的方法在有穷步内判定。一简单析取 A 是矛盾式，当且仅当 A 包含某命题变项及其否定。例如：

$$p \wedge \neg p$$
$$q \wedge p \wedge \neg q$$
$$p \wedge \neg r \wedge r$$

都是矛盾式。

2. 析取范式和合取范式

1）析取范式

析取范式是一析取式，其支命题都是简单合取。

例如：

$$(p \wedge q) \vee (\neg p \wedge \neg q)$$
$$(p \wedge q) \vee (q \wedge r)$$
$$(p \wedge r \wedge \neg p) \vee (q \wedge \neg q) \vee (p \wedge q \wedge r \wedge \neg r)$$

是析取范式，而

$$(p \wedge \neg p \wedge r) \vee (p \leftrightarrow q) \vee (q \wedge r \wedge \neg r)$$
$$\neg\ (p \wedge q) \vee (q \wedge \neg q)$$

不是析取范式。

在析取范式中，有时会出现相同的析取支，即相同的简单合取。此时可删除相同的析取支。例如：

$$(p \wedge q) \vee (q \wedge r) \vee (p \wedge q)$$

可删除其中的一个析取支 $p\wedge q$，则为

$$(p\wedge q)\vee(q\wedge r)$$

析取范式的作用在于显示矛盾式。一析取范式是否为矛盾式，可用简易的方法在有穷步内判定。因为，每一析取范式都由几个简单合取组成，而判定每一简单合取是否为矛盾式的方法是简易的。一析取范式为矛盾式，当且仅当其中的每个析取支（简单合取）都是矛盾式。

例如：

$$(p\wedge r\wedge\neg p)\vee(q\wedge\neg q)\vee(q\wedge r\wedge\neg r)$$

是矛盾式，因为其中的简单合取（$p\wedge r\wedge\neg p$），（$q\wedge\neg q$）和（$q\wedge r\wedge\neg r$）都是矛盾式。

由于简单合取不能表示重言式，所以不能从形式上判定一析取范式是否为重言式。

2）合取范式

合取范式是一合取式，其支命题都是简单析取。

例如：

$$(\neg p\vee q)\wedge(p\vee\neg q)$$

$$(p\vee q)\wedge r$$

$$(p\vee r\vee q\vee\neg r)\wedge(r\vee p\vee q\vee\neg p)$$

都是合取范式。而

$$(p\vee\neg p)\wedge\neg(q\vee\neg r)$$

$$(p\rightarrow q)\wedge(r\vee\neg r)$$

不是合取范式。

在合取范式中，有时会出现相同的合取支，即相同的简单析取。此时可删除相同的合取支。例如

$$(p\vee\neg q)\wedge(p\vee\neg r)\wedge(p\vee\neg q)$$

可删除其中的一个合取支 $p\vee\neg q$，则为

$$(p\vee\neg q)\wedge(p\vee\neg r)$$

据此，公式 $p\vee q$ 和 $p\wedge(q\vee r)$ 可视为合取范式的特殊情形。因为

$$p\vee q$$

可视为

$$(p\vee q)\wedge(p\vee q)$$

而

$$p\wedge(q\vee r)$$

可视为

$$(p\vee p)\wedge(q\vee r)$$

合取范式的作用在于显示重言式。一合取范式是否为重言式，可用简单的方法在有穷步内判定。因为每一合取范式都是几个简单析取的合取，而判定简单析取是否为重言式的方法是极简易的。一合取范式为重言式，当且仅当其中的每个合取支（简单析取）都是重言式。

例如：

$$(p \lor \neg p) \land (p \lor q \lor \neg q) \land (r \lor p \lor \neg r)$$

是重言式，因为其中的简单析取（$p \lor \neg p$），（$p \lor q \lor \neg q$），（$r \lor p \lor \neg r$）都是重言式。

由于简单析取不能表示矛盾式，所以不能从形式上判定一合取范式是否为矛盾式。

根据析取范式和合取范式的定义，范式在表达方面的有如下特征。

（1）没有符号→和↔；

（2）没有双重否定；

（3）否定符¬只出现于命题变项之前；

（4）是一个简单合取的析取，或者是一个简单析取的合取。

弄清以上特征，对于归纳求范式的方法有重要的意义。

3. 优范式

析取范式和合取范式既可以显示一些重要的逻辑特征，又有重要的作用。但是，一公式的析取范式或合取范式不是唯一的，不同的析取范式或不同的合取范式可以表达同一的真值函项。例如：

$$(\neg p \lor q) \land (\neg q \lor r) \land (\neg r \lor p)$$

和

$$(\neg q \lor p) \land (\neg r \lor q) \land (\neg p \lor r)$$

表达同一个真值函项，而它们是不同的合取范式。

在命题逻辑中，需要把这些不同形式的范式转换为具有唯一性的范式，这种范式称做优范式。优范式分为优析取范式和优合取范式。

1）优析取范式

优析取范式是满足以下条件的析取范式。

（1）如果某一命题变项在范式中出现，那么它必须在每一简单合取中都出现。例如：

$$(p \land q) \lor p$$

是析取范式但不是优析取范式。

（2）范式中不存在永假的简单合取。例如：

$$(p \land q \land \neg p) \lor (p \land r)$$

不是优析取范式。

(3) 在简单合取中没有相同的命题变项。例如：

$$(p \wedge q \wedge p) \vee (p \wedge \neg q)$$

和

$$(p \wedge \neg q \wedge \neg q \wedge r) \vee (\neg p \wedge \neg q \wedge \neg r)$$

都不是优范式。

(4) 范式中没有相同的简单合取。例如：

$$(p \wedge q) \vee (\neg q \wedge p) \vee (p \wedge \neg q)$$

不是优析取范式。

(5) 范式中的命题变项及其否定按字母表顺序排列。在本系统里，字母表顺序是

$$[p, \neg p, q, \neg q, r, \neg r, s, \neg s, p_1, \neg p_1, \cdots]$$

例如：

$$(p \wedge q \wedge r) \vee (q \wedge \neg p \wedge \neg r)$$

和

$$(\neg p \wedge q) \vee (q \wedge p)$$

不是优范式。

2) 优合取范式

优合取范式是满足以下条件的合取范式。

(1) 如果某一命题变项在范式中出现，那么它必须在每一简单析取中都出现。例如：

$$(p \vee q \vee r) \wedge (p \vee q)$$

是合取范式但不是优合取范式。

(2) 范式中不存在永真的简单析取。例如：

$$(p \vee \neg p \vee q) \wedge (p \vee \neg q)$$

不是优析取范式。

(3) 在简单析取中没有相同的命题变项。例如：

$$(p \vee q \vee q) \wedge (\neg p \vee \neg q)$$

和

$$(p \vee q \vee r \vee r) \wedge (\neg p \vee \neg q \vee r)$$

都不是优范式。

(4) 范式中没有相同的简单析取。例如：

$$(p \vee \neg q) \wedge (\neg p \vee \neg q) \wedge (p \vee \neg q)$$

不是优范式。

(5) 范式中的命题变项及其否定按字母表顺序排列。字母表顺序同优析取范式。

4. *存在定理*

1) 范式存在定理

上述内容说明，范式可以显示一些重要的逻辑特征。那么，是否任一逻辑公式都有范式呢？范式存在定理可以回答这一问题。

范式存在定理：命题逻辑的每一合式公式都有与之等值的合取范式和析取范式。

定理证明的思路：如果我们能够证明在命题逻辑中存在着一类能行的方法，借助这类方法能够把任一命题的公式替换为等值于公式自身的析取范式和合取范式，那么定理就得到了证明。命题逻辑确定了许多重言的等值式，利用它们足以使所有上面要求的替换成立。因而所有命题逻辑的合式公式都有与它们等值的范式。常用的重言等值式见重言式部分。在求范式时，需要把公式中出现的重言等值式左边的公式逐步替换为右边的公式，即可得出所求的范式。

2）优范式唯一存在定理

优范式唯一存在定理：命题逻辑的每一合式公式都有一个唯一的优合取范式和一个唯一的优析取范式。

优范式的特征在于它的唯一性。优范式直接显示了某一合式公式所表达的真值函项。两个含相同变项的等值公式，二者的优范式完全相同。

证明 为证明优范式唯一存在定理，我们分两步进行。

首先，证明优析取范式的唯一性。

令 F 是任意的真值形式，F 中所有不同的命题变项是 P_1，…，P_n。构造 F 的真值表：F 中有 n 个不同的命题变项，所以 F 的真值表共有 2^n 行。从上至下逐行考察 F 的值：如果在某行 F 的值为真，则写下简单合取式：$P_1' \wedge \cdots \wedge P_n'$，其中，如果命题变项 P_i（$i=1, 2, 3, \cdots, n$）在该行为真，则 P_i' 是 P_i；否则，P_i' 是 $\neg P_i$。把这样构造好的简单合取式，依据构造时的顺序用 $\vee$ 联结成一析取式 D。按此构造的析取式 D，根据定义，显然是一优析取范式，并且 D 与 F 有相同的真值表，因此 D 是 F 的优析取范式。这就证明了 F 的优析取范式的存在性。

再看优析取范式的唯一性。每个包含 n 个命题变项的真值形式，都唯一地对应了一个 n 元真值函项。我们知道，n 元真值函项共有 2^{2^n} 个。依据以上 D 的构造，对应于每一 n 元真值函项，都有一个相应的优析取范式，不同的真值函项，对应于不同的优析取范式。这样，包含 n 个命题变项的所有不同的优析取范式的数目是 2^{2^n} 个。因此，任一真值形式只与一个优析取范式等值，即任一直值形式的优析取范式是唯一的。

其次，证明优合取范式的唯一性。

我们知道，包含 n 个命题变项的真值函项是 2^{2^n} 个。如果能够证明包含 n 个命题变项的优合取范式的总数也是 2^{2^n} 个，由于不同的真值函项对应于不同的优合取范式，这自然就证明了每个真值函项，即真值形式具有唯一的优合取范式。

那么，如何确定包含 n 个命题变项的优合取范式的总数呢？这取决于这样的优合取范式所有可能的合取支的总数和由这些合取支可能构成的所有合取式数目（包括空式）。在包含 n 个命题变项的优合取范式的每个合取支（简单析取式）中，这 n 个命题变项，或者自身出现，或者以自身的否定出现。因此，满足这样条件的简单析取式的总数是 2^n 个。例如，包含 p 和 q 两个命题变项的优合取范式所有可能的合取支的总数是 $2^2=4$ 个，即 $p\vee q$，$p\vee\neg q$，$\neg p\vee q$，$\neg p\vee\neg q$。

上述这 2^n 个不同的简单析取式，可以组成多少种不同的优合取范式呢？这相当于在问 2^n 个简单析取式共有多少种不同的组合（包括空式）？这种组合的总数可用以下公式求得

$$C_{2^n}^0+C_{2^n}^1+\cdots+C_{2^n}^i+C_{2^n}^{i+1}+\cdots+C_{2^n}^{2^n}=2^{2^n}$$

因此，优合取范式的总数是 2^{2^n} 个（在上面的等式中，$C_{2^n}^0$ 表示空式，即重言的优合取范式的数量，$C_{2^n}^{2^n}$ 表示矛盾的优合取范式的数量，显然，二者的数值都为 1。$C_{2^n}^1$ 表示只有一个合取支的优合取范式的数量……一般地，$C_{2^n}^i$ 表示有 i 个合取支的优合取范式的数量。）因为 n 元真值函项的总数也是 2^{2^n} 个，而不同的真值函项对应于不同的优合取范式，这就证明了每一真值形式具有唯一的优合取范式。

综合上述两个方面，优范式唯一存在定理获证。①

5. *求范式的方法*

求范式是一种判定方法，它是一种机械地按给定程式在有穷步骤内可完成的方法。求析取范式和合取范式的步骤如下。

第一，消去蕴涵和等值符。

(1) $A\to B$ 置换以 $\neg A\vee B$；

(2) $A\leftrightarrow B$ 置换以 $(\neg A\vee B)\wedge(A\vee\neg B)$；

或 $(A\wedge B)\vee(\neg A\wedge\neg B)$。

第二，否定符的内移和消去。

(1) $\neg\neg A$ 置换以 A；

(2) $\neg(A\vee B)$ 置换以 $\neg A\wedge\neg B$；

(3) $\neg(A\wedge B)$ 置换以 $\neg A\vee\neg B$。

第三，合取和析取的置换。

(1) 合取和析取的各支可相互交换；

---

① 陈慕泽 . 2001. 数理逻辑教程 . 上海：上海人民出版社：51-54.

(2) 依需要可改变合取和析取支的次序；

(3) 分配：$A\vee(B\wedge C)$ 置换以 $(A\vee B)\wedge(A\vee C)$；$A\wedge(B\vee C)$ 置换以 $(A\wedge B)\vee(A\wedge C)$。

应用上述方法，前述范式存在定理的证明可以总结如下。对一给定公式，依照给定步骤：①先将→和↔完全消去；②再将否定符¬逐步内移至命题变项之前，同时在必要时消去双重否定。如此，可得到一只有命题变项及其否定、∨和∧的公式；③根据要求，应用∧的分配律得一析取范式，或者应用∨的分配律得一合取范式。

由于命题逻辑的公式都是有穷长的符号序列，在有穷次数的置换以后，必然得到一个和原公式等值的范式。

下面举例说明范式的求法。

例 1.10 求 $(p\to q)\wedge p\to q$ 的析取范式。

解	消去→	$(\neg p\vee q)\wedge p\to q$
	消去→	$\neg((\neg p\vee q)\wedge p)\vee q$
	内移¬	$\neg(\neg p\vee q)\vee\neg p)\vee q$
	内移¬	$(\neg\neg p\wedge\neg q)\vee\neg p\vee q$
	消去¬¬	$(p\wedge\neg q)\vee\neg p\vee q$

最后一行的公式是所求的析取范式。对 $(p\wedge\neg q)\vee\neg p\vee q$ 使用析取分配律可得 $(p\to q)\wedge p\to q$ 的合取范式为

$$(p\vee\neg p\vee q)\wedge(\neg q\vee\neg p\vee q)$$

例 1.11 求 $(p\to q)\wedge\neg q\to\neg p$ 的合取范式。

解	消去→	$(\neg p\vee q)\wedge\neg q\to\neg p$
	消去→	$\neg((\neg p\vee q)\wedge\neg q)\vee\neg p$
	内移¬	$\neg(\neg p\vee q)\vee\neg\neg q\vee\neg p$
	内移¬	$(\neg\neg p\wedge\neg q)\vee\neg\neg q\vee\neg p$
	消去¬¬	$(p\wedge\neg q)\vee q\vee\neg p$
	分配∨	$(p\vee q\vee\neg p)\wedge(\neg q\vee q\vee\neg p)$

最后一行的公式是所求的合取范式。

下面来看求优范式的方法，步骤如下。

(1) 展开：把不包含某一命题变项的简单合取或简单析取，置换为包含有这一命题变项的一些简单合取或简单析取。展开依据的规则：①根据 $A\leftrightarrow A\wedge(B\vee\neg B)$，$A$ 置换以 $A\wedge(B\vee\neg B)$；②根据 $A\leftrightarrow A\vee(B\wedge\neg B)$，$A$ 置换以 $A\vee(B\wedge\neg B)$。

(2) 消去：消去重言式、矛盾式和重复的支命题。消去重复的简单合取或简单析取。消去依据的规则如下。①根据 $A\vee A\leftrightarrow A$，$A\vee A$ 置换以 A；根据

$A \wedge A \leftrightarrow A$，$A \wedge A$ 置换以 A。②根据 $A \vee (B \wedge \neg B) \leftrightarrow A$，$A \vee (B \wedge \neg B)$ 置换以 A；根据 $A \vee (B \wedge \neg B \wedge C) \leftrightarrow A$，$A \vee (B \wedge \neg B \wedge C)$ 置换以 A。③根据 $A \wedge (B \vee \neg B) \leftrightarrow A$，$A \wedge (B \vee \neg B)$ 置换以 A；根据 $A \wedge (B \vee \neg B \vee C) \leftrightarrow A$，$A \wedge (B \vee \neg B \vee C)$ 置换以 A。

(3) 排列：把命题变项及其否定，简单合取和简单析取按前面规定的字母表顺序排列。

排列依据的规则：根据交换律和结合律，把命题变项及其否定，简单合取和简单析取按字母表顺序排列。

下面举例说明优范式的求法。

例 1.12 求 $(p \wedge q) \rightarrow q$ 的优析取范式。

解

消去→	$\neg(p \wedge q) \vee q$
内移¬	$(\neg p \vee \neg q) \vee q$
展开	$(\neg p \wedge (q \vee \neg q)) \vee (\neg q \wedge (p \vee \neg p)) \vee (q \wedge (p \vee \neg p))$
分配	$(\neg p \wedge q) \vee (\neg p \wedge \neg q) \vee (\neg q \wedge p) \vee (\neg q \wedge \neg p)$ $\vee (q \wedge p) \vee (q \wedge \neg p)$
消去	$(\neg p \wedge q) \vee (\neg p \wedge \neg q) \vee (\neg q \wedge p) \vee (q \wedge p)$
排列	$(p \wedge q) \vee (p \wedge \neg q) \vee (\neg p \wedge q) \vee (\neg p \wedge \neg q)$

最后一行的公式是所求的优析取范式。

例 1.13 求 $(p \wedge (p \rightarrow q)) \rightarrow q$ 的优析取范式。

解

消去→	$\neg(p \wedge (\neg p \vee q)) \vee q$
内移¬	$\neg p \vee \neg(\neg p \vee q) \vee q$
内移¬	$\neg p \vee (\neg\neg p \wedge \neg q) \vee q$
消去¬¬	$\neg p \vee (p \wedge \neg q) \vee q$
展开	$(\neg p \wedge (q \vee \neg q)) \vee (p \wedge \neg q) \vee (q \wedge (p \vee \neg q))$
分配	$(\neg p \wedge q) \vee (\neg p \wedge \neg q) \vee (p \wedge \neg q) \vee (q \wedge p) \vee (q \wedge \neg p)$
排列	$(\neg p \wedge q) \vee (\neg p \wedge \neg q) \vee (p \wedge \neg q) \vee (p \wedge q) \vee (\neg p \wedge q)$
消去和排列	$(p \wedge q) \vee (p \wedge \neg q) \vee (\neg p \wedge q) \vee (\neg p \wedge \neg q)$

最后一行的公式是所求的优析取范式。

例 1.14 求 $(p \vee \neg p) \wedge (q \vee \neg p) \wedge (p \vee \neg q)$ 的优合取范式。

解

消去	$(q \vee \neg p) \wedge (p \vee \neg q)$
排列	$(p \vee \neg q) \wedge (\neg p \vee q)$

最后一行的公式是所求的优合取范式。

例 1.15 求 $((p \vee q) \rightarrow r) \rightarrow q$ 的优合取范式。

解　消去→　$(\neg(p \vee q) \vee r) \rightarrow q$

消去→¬	$(\neg (p\vee q)\vee r)\vee q$
内移¬	$\neg\neg (p\vee q)\wedge\neg r\vee q$
消去¬¬	$(p\vee q)\wedge(\neg r\vee q)$
展开	$((p\vee q)\vee(r\wedge\neg r))\wedge((\neg r\vee q)\vee(p\wedge\neg p))$
分配	$(p\vee q\vee r)\wedge(p\vee q\vee\neg r)\wedge(\neg r\vee q\vee p)\wedge(\neg r\vee q\vee\neg p)$
消去	$(p\vee q\vee r)\wedge(p\vee q\vee\neg r)\wedge(\neg r\vee q\vee\neg p)$
排列	$(p\vee q\vee r)\wedge(p\vee q\vee\neg r)\wedge(\neg p\vee q\vee\neg r)$

最后一行的公式是所求的优合取范式。

6. 范式的作用

范式的多种逻辑性质决定它有很多颇为重要的作用。范式可用于判明命题逻辑中公式的某些性质，可用于证明命题演算的完全性，亦可用于工程技术的线路设计等方面。本书只介绍范式的一些主要作用。

1）析取范式的作用

（1）运用析取范式可以判别任一命题公式是否为矛盾式。例如，判别

$$(p\vee\neg q)\wedge(q\vee r)\wedge(\neg p\wedge\neg r)$$

是否为矛盾式。分配∧可得析取范式如下：

$$(p\wedge q\wedge\neg p\wedge\neg r)\vee(p\wedge r\wedge\neg p\wedge\neg r)$$
$$\vee(\neg q\wedge q\wedge\neg p\wedge\neg r)\vee(\neg q\wedge r\wedge\neg p\wedge\neg r)$$

每一简单合取都是矛盾的，故该命题形式为一矛盾式。

（2）运用析取范式可以在一定程度上明确任一命题公式的真假情况。例如：

$$p\rightarrow q\wedge r$$

的析取范式是

$$\neg p\vee(q\wedge r)$$

可以看出，原公式在 p 假或 q 和 r 皆真的情况下是真的。必须指出，析取范式的这一作用是有限的。

2）合取范式的作用

运用合取范式可以判别任一命题公式是否为重言式。

如果某一合取范式的每一简单析取都是重言式，则该合取范式的原命题公式是一重言式。

例 1.16 试判别 $((p\rightarrow q)\wedge p)\rightarrow q$ 是否为重言式。

解 首先求合取范式：

消去→	$\neg((\neg p\vee q)\wedge p))\vee q$
内移¬	$((\neg\neg p\wedge\neg q)\vee\neg p)\vee q$
消去¬¬	$((p\wedge\neg q)\vee\neg p)\vee q$
分配∨	$(p\vee\neg p\vee q)\wedge(\neg q\vee\neg p\vee q)$

简单析取皆为重言式，故公式 $((p\to q)\wedge p)\to q$ 是一重言式。

例 1.17　试判别 $((p\to q)\wedge q)\to p$ 是否为重言式。

解　首先求合取范式：

消去→	$\neg((\neg p\vee q)\wedge q))\vee p$
内移¬	$((\neg\neg p\wedge\neg q)\vee\neg q)\vee p$
消去¬¬	$((p\wedge\neg q)\vee\neg q)\vee p$
分配∨	$(p\vee\neg q\vee p)\wedge(\neg q\vee\neg q\vee p)$

简单析取不是重言式，故公式 $((p\to q)\wedge q)\to p$ 不是重言式。

3）优析取范式的作用

（1）运用优析取范式可以判别任一命题公式是否为矛盾式。这一作用与析取范式的相同。但是，当消去矛盾的简单合取后，优析取范式为一零公式。

（2）运用优析取范式可以完全地表现任一命题公式的真假情况。

例 1.18　判明 $p\to q\wedge r$ 的真假情况。

解　首先求优析取范式：

消去→	$\neg p\vee(q\wedge r)$
展开	$(\neg p\wedge(q\wedge\neg q)\wedge(r\vee\neg r))\vee((q\wedge r)\wedge(p\vee\neg p)$
分配	$(\neg p\wedge q\wedge r)\vee(\neg p\wedge q\wedge\neg r)\vee(\neg p\wedge\neg q\wedge r)$
	$\vee(\neg p\wedge\neg q\wedge\neg r)\vee(q\wedge r\wedge p)\vee(q\wedge r\wedge\neg p)$
消去和排列	$(p\wedge q\wedge r)\vee(\neg p\wedge q\wedge r)\vee(\neg p\wedge q\wedge\neg r)$
	$\vee(\neg p\wedge\neg q\wedge r)\vee(\neg p\wedge\neg q\wedge\neg r)$

最后一行的公式是优析取范式，由该式可看出，原式在五种真假情况下是真的。

4）优合取范式的作用

（1）运用优合取范式可以判别任一命题公式是否为重言式。重言式的优合取范式为一零公式。例如：

$$(p\to q)\to(\neg q\to\neg p)$$

的合取范式为

$$(p\vee q\vee\neg p)\wedge(\neg q\vee q\vee\neg p)$$

消去式中重言的简单析取，所得的优合取范式为一零公式。因此，用优合取范式可以判别重言式。

（2）运用优合取范式可以判别任意两个命题公式是否等值。两命题公式是否等值，当且仅当两公式的优合取范式是同一的。优析取范式也有同样的作用。

例 1.19　用优合取范式判别公式 $p\wedge(p\to q)$ 和公式 $\neg(p\to\neg q)$ 是否

等值。

解 首先求公式 $p\wedge(p\rightarrow q)$ 的优析取范式：

消去→	$p\wedge(\neg p\vee q)$
展开	$(p\vee(q\wedge\neg q))\wedge(\neg p\vee q)$
分配	$(p\vee q)\wedge(p\vee\neg q)\wedge(\neg p\vee q)$

其次求公式 $\neg(p\rightarrow\neg q)$ 的优析取范式：

消去→	$\neg(\neg p\vee\neg q)$
内移¬	$\neg\neg p\wedge\neg\neg q$
消去¬¬	$p\wedge q$
展开	$(p\vee(q\wedge\neg q))\wedge(q\vee(p\wedge\neg p))$
分配	$(p\vee q)\wedge(p\vee\neg q)\wedge(q\vee p)\wedge(q\vee\neg p)$
命题变项排列	$(p\vee q)\wedge(p\vee\neg q)\wedge(p\vee q)\wedge(\neg p\vee q)$
消去和简单析取排列	$(p\vee q)\wedge(p\vee\neg q)\wedge(\neg p\vee q)$

由上可见，公式 $p\wedge(p\rightarrow q)$ 与 $\neg(p\rightarrow\neg q)$ 的优析取范式是同一的，所以公式 $p\wedge(p\rightarrow q)$ 和公式 $\neg(p\rightarrow\neg q)$ 是等值的。

（3）运用优合取范式可以对命题公式进行化简。对命题公式进行化简的方法是：首先，求出公式的优范式；其次，根据分配律 $((p\vee q)\wedge(p\vee\neg q))\leftrightarrow(p\vee(q\wedge\neg q))$，进而得 $(p\vee(q\wedge\neg q))\leftrightarrow p$，因此可用 p 代替 $(p\vee q)\wedge(p\vee\neg q)$ 或 $p\vee(q\wedge\neg q)$，从而使公式得到简化。优析取范式运用类似的方法，亦可使命题公式得到简化。

例 1.20 化简 $p\vee(p\vee q)$。

解 首先求优合取范式：

展开	$(p\vee(q\wedge\neg q))\wedge(p\vee q)$
分配∨	$(p\vee q)\wedge(p\vee\neg q)\wedge(p\vee q)$
消去	$(p\vee q)\wedge(p\vee\neg q)$（此即原公式的优合取范式）
替换	$p\vee(q\wedge\neg q)$
化简	p

例 1.21 化简 $(p\rightarrow\neg q)\rightarrow(p\leftrightarrow\neg q)$。

解 首先求优析取范式：

消去¬，↔	$\neg(\neg p\vee\neg q)\vee(p\wedge\neg q)\vee(\neg p\wedge\neg\neg q)$
内移¬	$(\neg\neg p\vee\neg\neg q)\vee(p\wedge\neg q)\vee(\neg p\wedge\neg\neg q)$
消去¬¬	$(p\wedge q)\vee(p\wedge\neg q)\vee(\neg p\wedge q)$（此即原公式的优析取范式）
化简	$p\vee q$（重言等值于上式）

二、命题逻辑的演算系统

（一）形式系统

命题逻辑的基本单位是简单命题。命题逻辑中研究命题时，只分析到简单命题为止。对简单命题中的成分不作分析，不再分析到量词、谓词等。对简单命题进一步分析到量词、谓词等的逻辑属于谓词逻辑。命题逻辑的内容只包含对复合命题的逻辑规律的研究。命题逻辑中的重言式为数无穷，它们都是逻辑规律的反映，弄清这些重言式对于掌握命题逻辑有着极为重要的意义。为了系统掌握命题逻辑，就要系统地研究重言式。为了判明推理的有效性，需要掌握重言式的全体。这样就需要把所有的重言式都包括在一个系统——形式系统内作为一个整体来加以研究。形式系统就是完全形式化了的系统。形式化，就是用一套特制的表意符号去表达思维形式的结构及其规律，从而获得它们的形式，并将这种形式的研究转化为对符号的研究。命题逻辑的形式系统，也称命题演算系统，简称命题演算。第三节将要讨论的谓词逻辑的形式系统，称谓词演算系统，简称谓词演算。

形式系统一般由形式语言和演绎系统构成。形式语言的最基本的元素是符号，符号包括字母、数字和括号。符号的有穷序列称做表达式，而满足某种要求的表达式称做合式公式。确定一个公式是否是合式的规则称做合式公式定义或称形成规则。演绎系统一般分为公理系统和自然推理系统。在自然推理系统中，可以从任意给定的前提出发，应用系统中的规则和推理图式进行推演，得到的结论在系统中被认为是有效的。在公理系统中，只能从系统中几个给定的公理（不证自明的）出发，应用系统中的推理规则进行推演，得到的结论是系统中的定理。关于演绎系统还可作这样的描述：任何一个演绎系统都可以定义为二元组 $\langle A, R\rangle$，A 是公理的集合，R 是推理的集合。如果 A 不是空的，那么公理和导出的定理可作为证明的前提，这样的系统称做公理系统；如果 A 是空的，那么推理的依据只有推理规则，这样的系统就是自然推理系统。

下面就公理系统和自然推理系统作进一步的研究。

（二）公理系统 L

在介绍公理系统 L 之前，我们先对命题逻辑公理系统的概貌作一简要介绍。

命题逻辑的公理系统最早可追溯至弗雷格的《概念语言》（1879 年）。在他的著作里公理化方法与现代逻辑结下了缘，后经罗素、怀特海的《数学原理》（1910～1913 年），公理化方法在现代逻辑研究中得到了进一步的完善。其后，公理化方法与现代逻辑更是难舍难分。甚至有人认为研究逻辑舍公理化方法不能为功。①

前已述及，公理系统是从给定的公理出发，根据推理规则推出一系列定理，由此而形成的演绎系统。例如，欧几里得（Euclid）几何就是一个古典的公理系统，而由命题逻辑重言式构成的公理系统则属于现代的公理系统。它们之间的主要差别体现在三个方面。一是现代的公理系统更为严格。这种严格性表现在当我们进行推演时，除了系统中给定的公理和已证定理外，不得引用任何其他前提，推演所用的规则只能是系统中给出的推理规则。这些要求在欧几里得几何的公理系统中不是处处都能得到满足的。二是现代的公理系统的公理选择具有相对性。在古典公理系统中，公理所表达的内容及真实性一般要比定理明显而直观，易于不加证明就被人们接受。而在现代公理系统中，作为公理的命题形式，其表达的内容及真实性，不一定比定理更为明显和直观。对于某些命题形式，只要从它们出发就能推出所有重言式，而推不出任何矛盾，那它们就可以作为命题逻辑公理系统的公理。因此，现代公理系统公理的选择是相对的，不是唯一的。三是现代公理系统是完全形式化的系统。在现代公理系统中，必须把研究的对象完全符号化，把逻辑问题的研究转变成对符号的研究，做到了完全的形式化。现代公理系统都是形式系统，而古典公理系统则未能做到这一点。

现代公理系统一般由以下几部分组成。

（1）由不用定义而采用的初始符号组成的字母表；

（2）定义在初始符号之上的合式公式；

（3）推理规则；

（4）公理（合式公式的集）；

（5）定理（从公理出发，应用推理规则得出的合式公式）。

在公理系统中进行的推理，主要是通过合式公式中符号之间的转换来实现的，并不涉及符号自身的意义。有关这方面的研究属于公理系统的语法学内容。另外，公理系统中的符号可以加以解释和赋值，从而使合式公式成为有具体含义的语句，并且由此可以判定它的真、假。有关这方面的研究属于公理系统的语义学内容。在研究公理系统的可靠性、完全性及在判定公式是否为重言式时，都要涉及语义问题。

命题逻辑的公理系统有各种不同的形式。本书仅介绍几个系统，主要介绍它们的重要组成部分——公理。

---

① 李锡胤．1984．数理逻辑入门．北京：知识出版社：124.

1. 公理系统举例

1）弗雷格公理系统

(1) $p \to (q \to p)$

(2) $(p \to (q \to r)) \to ((p \to q) \to (p \to r))$

(3) $(p \to (q \to r)) \to (q \to (p \to r))$

(4) $(p \to q) \to (\neg q \to \neg p)$

(5) $\neg \neg p \to p$

(6) $p \to \neg \neg p$

弗雷格是第一个建立初步自足的命题逻辑和谓词逻辑演算系统的逻辑学家，但他所用的符号体系很不方便，他的系统也不是一个完全严格的公理系统。他给出的这组公理不是独立的。第三个公理可以由第一、第二个公理推出，最后三个公理可以用（$\neg p \to \neg q) \to (q \to p)$）来代替。因此，弗雷格的这组公理还可进一步简化。

2）希尔伯特（D. Hilbert）公理系统

(1) $p \vee p \to p$

(2) $p \to p \vee q$

(3) $p \vee q \to q \vee p$

(4) $(q \to r) \to (p \vee q \to p \vee r)$

3）希尔伯特-贝奈斯（Hilbert-Bernays）公理系统

A. 蕴涵公理

(1) $p \to (q \to p)$

(2) $(p \to (p \to q)) \to (p \to q)$

(3) $(p \to q) \to ((q \to r) \to (p \to r))$

B. 合取公理

(1) $p \wedge q \to p$

(2) $p \wedge q \to q$

(3) $(p \to q) \to ((p \to r) \to (p \to q \wedge r))$

C. 析取公理

(1) $p \to p \vee q$

(2) $q \to p \vee q$

(3) $(p \to r) \to ((q \to r) \to (p \vee q \to r))$

D. 等值公理

(1) $((p \leftrightarrow q)) \to ((p \to q))$

(2) $(p \leftrightarrow q) \to (q \to p)$

(3) $(p \to q) \to ((q \to p) \to (p \leftrightarrow q))$

E. 否定公理

（1）$(p \to q) \to (\neg q \to \neg p)$

（2）$p \to \neg\neg p$

（3）$\neg\neg p \to p$

以上四组公理分别说明了一个联结词的特征。

4）尼科公理系统

尼科（J. G. P. Nicod）在 1916 年以合非为初始联结词，建立了一个完全的命题演算。尼科的命题演算只有一个公理。用点号和括号分组法，该公理可表示为

$$p \mid (q \mid r) \cdot \mid : \cdot t \mid (t \mid t) \cdot \mid : (s \mid q) \mid \cdot (p \mid s) \mid (p \mid s)$$

这个公理直观上较难理解，开始证明定理也很复杂。

以上仅介绍这些系统的重要组成部分——公理，没有给出一个公理系统较为完整的构成。下面简要介绍一种应用较为广泛的演算系统——公理系统 P，并给出其基本结构。

5）公理系统 P

公理系统 P 的定义包括如下内容。

第一，符号表

$$\neg, \to, (,), p_1, p_2, p_3, \cdots$$

第二，合式公式：①p_i（$i \geqslant 1$）是合式公式；②如果 A 是合式公式，那么（$\neg A$）也是合式公式；③如果 A，B 是合式公式，那么（$A \to B$）也是合式公式；④所有合式公式都是由①②③生成。

由以上定义可知，$\neg p$，$\neg q$，$p \to q$ 是 P 的公式，但是 $p \wedge q$，$p \vee q$ 不是 P 的公式。

按照前述内容可知，{$\neg$，$\to$} 是联结词的完全集。P 中可以只含有这两个联结词，这可以简化我们的讨论。另外三个联结词在命题逻辑中也很常见，我们可以通过定义的方式引入：

$$(A \wedge B) =_{\mathrm{def}} \neg(A \to \neg B)$$

$$(A \vee B) =_{\mathrm{def}} (\neg A \to B)$$

$$(A \leftrightarrow B) =_{\mathrm{def}} (A \to B) \wedge (B \to A)$$

通过定义引入的 $\wedge$，$\vee$，$\leftrightarrow$ 分别被称为合取词、析取词和等值词，它们是 P 定义出的符号，不是 P 本身的符号。P 本身的符号称为初始符号。由定义出的联结词构成的 P 公式称为定义出的公式，它们不是 P 本身的公式。

第三，公理模式。P 的公理是所有具有下列形式的 P 公式。

[P1] $\vdash A \to (B \to A)$

[P2] $\vdash (A \to (B \to C)) \to ((A \to B) \to (A \to C))$

［P3］ $\vdash(\neg A\to\neg B)\to((\neg A\to B)\to A)$

“$\vdash$”是元语言符号，表示其右边的公式是公理或定理。

凡是具有这些模式的公式都是公理。每一个公理模式都代表无数多条公理。

第四，推理规则。P 的推理规则只有一条，即分离规则（modus ponens，MP）。

MP 规则：从 A 和（$A\to B$）可以直接推出 B。这里 A，B 是 L 中的任意合式公式。

以上就是 P 系统的基本结构。有了推理规则和公理就可以构造 P 的内定理及其证明，从而推演出无数的定理。系统 P 与下面将要介绍的系统 L，以及前述的弗雷格、希尔伯特的公理系统等都是等价的。本书的重点是系统 L，因此略去系统 P 中的证明。在第四节我们将会用到 P 的一些定理。这些定理的证明留给读者自己去完成。

总体来说，逻辑学家建立各种公理系统的目的及建立的各种公理系统的作用并不同，有的逻辑学家仅对某些逻辑特征进行刻画，而不论公理数目的多少，如希尔伯特-贝奈斯公理系统；有的逻辑学家则致力于把初始联结词和公理作最大限度的减少，如尼科公理系统。对于公理系统来讲，有的系统公理数目少，出发点简单，但推演比较复杂，如希尔伯特公理系统；有的系统公埋数日多，出发点复杂，而推演却比较方便，如希尔伯特-贝奈斯公理系统。

上述五组不同的公理系统均未给出系统内的证明。下面我们将详细介绍命题逻辑的公理系统 L。

2. 公理系统 L 的内容

1）公理系统 L 的定义

（1）符号（无限的）表：同公理系统 P。

（2）合式公式：同公理系统 P。

（3）公理：以公理模式的形式给出。对任何合式公式 A，B，C，下列合式公式是 L 的公理。

（L_1）$(A\to(B\to A))$

（L_2）$((A\to(B\to C))\to((A\to B)\to(A\to C)))$

（L_3）$(((\neg A)\to(\neg B))\to(B\to A))$

（4）推理规则：在系统 L 中也只有一条推理规则，即 MP 规则。

关于公理系统 L 的定义的几点说明。

（1）在 L 中，为了使语言简化，我们限制了联结词的数目，在联结词 $\neg$，$\wedge$，$\vee$，$\to$，$\leftrightarrow$中仅选取了 $\neg$，$\to$，我们知道这两个联结词可以定义其他联结词，表达任何逻辑关系都是足够的。据此，凡含有$\wedge$，$\vee$，$\leftrightarrow$的表达式都不是 L

的部分。

(2) 在定义合式公式和公理时，使用了元语言符号 A，B，C。这些符号既不是系统 L 符号表中的符号，也不是系统本身的符号，而是用于抽象说明系统中某种成分（合式公式）的符号。

(3) 为简便起见，合式公式（$\neg A$）的括号及一般合式公式最外层括号均可省去。

(4) 每个公理模式代表无穷多个形式相同的公理。根据证明的需要，这些公理有时以模式的形式出现，有时以某个具体的公理实例形式出现。现在根据 L 的定义给出公理和推理规则，即可在系统 L 中进行定理的证明。

2) 公理系统 L 中的证明

L 中的证明是由合式公式 A_1，A_2，…，A_n组成的一个序列，使得对于每个 i（$1\leqslant i\leqslant n$），A_i或者是 L 的一个公理，或者是由序列前面的两个合式公式，比如 A_j和 A_k（$j<i$，$k<i$）应用 MP 规则推出的结论。这样的证明称做 A_n在 L 中的一个证明，A_n称做 L 的定理，记做：$\vdash_{\mathrm{L}} A_n$。

关于 L 中的证明定义的几点说明。

(1) A_j和 A_k具有 B 和 $B\rightarrow A_i$形式；

(2) 一个证明序列中的任何一个合式公式 A_i（$1\leqslant i\leqslant n$）都是 L 的定理；

(3) L 的公理一定是 L 的定理。当 L 的公理作为 L 的定理在 L 中证明时，仅由一个合式公式，即公理实例作为定理组成的序列。

定理 1.6 $\vdash_{\mathrm{L}} p_1\rightarrow(p_2\rightarrow p_1)$

证明

$p_1\rightarrow(p_2\rightarrow p_1)$ （L_1的实例）

（证毕）

定理 1.7 $\vdash_{\mathrm{L}}$ $(p_1\rightarrow(p_2\rightarrow(p_1\rightarrow p_2)))$

证明

① $p_2\rightarrow(p_1\rightarrow p_2)$ （L_1）

② $(p_2\rightarrow(p_1\rightarrow p_2))\rightarrow(p_1\rightarrow(p_2\rightarrow(p_1\rightarrow p_2)))$ （L_1）

③ $(p_1\rightarrow(p_2\rightarrow(p_1\rightarrow p_2)))$ ①②MP

（证毕）

在以上的证明中，由于被证的定理是以对象语言，即 L 中合式公式的形式给出的，所以证明过程中用到的公理也以对象语言，即公理实例的形式写出。用对象语言写出的定理，如本例中的 $p_2\rightarrow(p_1\rightarrow p_2)$，一个就是一个，不能再写成其他形式，而用元语言写出的定理是定理模式，一个代表无穷多个。

下面，我们再证两个用元语言写出的 L 的定理（模式）。

定理 1.8 $\vdash_{\mathrm{L}} A\rightarrow A$（$A$ 是 L 中任意的合式公式）。

证明

① $(A\to((A\to A)\to A))\to((A\to(A\to A))\to(A\to A))$　(L_2)

② $A\to((A\to A)\to A)$　(L_1)

③ $(A\to(A\to A))\to(A\to A)$　①②MP

④ $A\to(A\to A)$　(L_1)

⑤ $A\to A$　③④MP

（证毕）

定理 1.9　$\vdash_L \neg B\to(B\to A)$（$A$，$B$ 是 L 中任意的合式公式）。

证明

① $\neg B\to(\neg A\to\neg B)$　(L_1)

② $(\neg A\to\neg B)\to(B\to A)$　(L_3)

③ $((\neg A\to\neg B)\to(B\to A))$
$\to(\neg B\to((\neg A\to\neg B)\to(B\to A)))$　(L_1)

④ $\neg B\to((\neg A\to\neg B)\to(B\to A))$　②③MP

⑤ $(\neg B\to((\neg A\to\neg B)\to(B\to A)))$
$\to((\neg B\to(\neg A\to\neg B))\to(\neg B\to(B\to A)))$　(L_2)

⑥ $(\neg B\to(\neg A\to\neg B))\to(\neg B\to(B\to A))$　④⑤MP

⑦ $\neg B\to(B\to A)$　①⑥MP

（证毕）

以上证明得到的每个定理实际上代表了无穷多个定理，我们可以将如 $p_1\to p_1$，$(p_1\to p_2)\to(p_1\to p_2)$ 等都看成是 $A\to A$ 同一形式的定理，即 $A\to A$ 的实例。

3）L 的演绎定理

为了缩短 L 中定理证明的过程，可利用演绎定理及一些已证定理，其中有的定理可起到补充推理规则的效果。下面介绍演绎定理及部分可简化证明程序的定理。

假设·推演·结论： 令 Γ 是 L 的合式公式集合（这些合式公式可能是也可能不是 L 的公理或定理）。将 L 的一个合式公式序列 A_1，A_2，…，A_n 称做 Γ 的一个推演，如果对于每个 i（$1\leqslant i\leqslant n$），下列之一成立。

（1）A_i 是 L 的公理；

（2）A_i 是 Γ 中的一个合式公式；

（3）A_i 是序列前面两个合式公式，如 A_j 和 A_k（j，$k<i$）用 MP 规则推出的结论。

那么 A_n 作为 Γ 的一个推演序列中的最后一个合式公式，被称做 Γ 在 L 中的一个结论，记做：$\Gamma\vdash_L A_n$。Γ 中的合式公式被称做假设。

关于假设、推演、结论的定义的几点说明。

（1）Γ 的一个推演不同于 L 中的一个证明，因为前者把 Γ 中的合式公式当做“暂时的公理”，而这些合式公式是任意给定的，不一定是 L 中的公理或定理，因此 Γ 在 L 中的结论也不同于 L 中的定理。

（2）该定义把 L 中的证明作为一种特例包括进来，是意义更为广泛的推演，因为当 Γ 为空集时（这是允许的），则从空集出发在 L 中的推演即为 L 中的证明，所得到的结论即为 L 中的定理。也就是说，如果 $\Gamma=\varnothing$(空集符号)，则 $\varnothing\vdash_L A$ 即为 $\vdash_L A$。

例 1.22 证明 $\{A, B\to(A\to C)\}\vdash_L B\to C$。

证明 这里的 Γ 为 $\{A, B\to(A\to C)\}$。现在构造 Γ 在 L 中的推演如下：

① A 假设
② $B\to(A\to C)$ 假设
③ $A\to(B\to A)$ (L_1)
④ $B\to A$ ①③MP
⑤ $(B\to(A\to C))\to((B\to A)\to(B\to C))$ (L_2)
⑥ $(B\to A)\to(A\to C)$ ②⑤MP
⑦ $B\to C$ ④⑥MP
（证毕）

L 的演绎定理：如果 $\Gamma\cup\{A\}\vdash_L B$，则 $\Gamma\vdash_L A\to B$，其中 A，B 是 L 的合式公式，Γ 是 L 的合式公式集（可能空）。

证明 对 $\Gamma\cup\{A\}$ 推出 B 的合式公式序列中公式的数目进行归纳证明。

基础步骤：合式公式个数 $k=1$，则此公式即为 B 本身，B 有以下三种情形。

情形 1：B 是 L 的公理。从 Γ 推出 $A\to B$ 的步骤如下：

① B 假设
② $B\to(A\to B)$ (L_1)
③ $A\to B$ ①②MP

因此 $\Gamma\vdash_L A\to B$。

情形 2：B 为 Γ 中的合式公式，则从 Γ 出发进行推演：

① B 假设
② $B\to(A\to B)$ (L_1)
③ $A\to B$ ①②MP

因此 $\Gamma\vdash_L A\to B$。

情形 3：B 是 A。

从定理 1.8 已知 $\vdash_L A\to A$，因此 $A\to A$ 在 L 中的证明可作为 Γ 到 $A\to A$ 的一个推演，即 $\Gamma\vdash_L A\to A$。在此情形下 $A\to A$ 即为 $A\to B$，所以有 $\Gamma\vdash_L A\to B$。

归纳步骤：设 $1\leqslant k\leqslant n$ 时结论成立，要证 $k=n+1$ 时结论也成立。分四种情形证明。

情形 1：B 是 L 的公理。证明同基础步骤情形 1，$\Gamma \vdash_L A \to B$ 成立。

情形 2：B 是 Γ 中的合式公式。证明同基础步骤情形 2，$\Gamma \vdash_L A \to B$ 成立。

情形 3：B 是 A。证明同基础步骤情形 3，$\Gamma \vdash_L A \to B$ 成立。

情形 4：B 是由序列中前面两个合式公式应用 MP 规则推出的，这两个公式一定具有 C 和 $C \to B$ 的形式，并且其中每一个都一定能由 $\Gamma \cup \{A\}$，通过一个少于 n 个公式的序列推出，即有

$$\Gamma \cup \{A\} \vdash_L C,\ \Gamma \cup \{A\}\ \Gamma \vdash_L C \to B$$

根据归纳假设，有

$$\Gamma \vdash_L A \to C,\ \Gamma \vdash_L A \to (C \to B)$$

现在所要求的由 Γ 得到 $A \to B$ 的推演如下：

(1)
⋮
(k) $A \to C$ } 从 Γ 到 $A \to C$ 的推演

(k+1)
⋮
(l) $A \to (C \to B)$ } 从 Γ 到 $A \to (C \to B)$ 的推演

(l+1) $(A \to (C \to B)) \to ((A \to C) \to (A \to B))$ (L_2)

(l+2) $(A \to C) \to (A \to B)$ (l)，(l+1) MP

(l+3) $A \to B$ (k)，(l+1) MP

∴ $\Gamma \vdash_L A \to B$ 成立。 （证毕）

演绎定理的逆定理：如果 $\Gamma \vdash_L A \to B$，则 $\Gamma \cup \{A\} \vdash_L B$。其中 A，B 是 L 中的合式公式，Γ 为 L 中的合式公式集（可能是空集）。

证明 已知 $\Gamma \vdash_L A \to B$ 成立，必有 $\Gamma \cup \{A\} \vdash_L A \to B$。现在构造从 $\Gamma \cup \{A\}$ 得到 B 的推演：

(1)
⋮
(k) $A \to B$ } 从 $\Gamma \cup \{A\}$ 到 $A \to B$ 的推演

(k+1) A 假设（$\Gamma \cup \{A\}$ 中的元素）

(k+2) B (k)，(k+1) MP

由此得 $\Gamma \cup \{A\} \vdash_L B$。 （证毕）

演绎定理可作为一条新的演绎规则来运用。其作用是：若要证明 $\Gamma \vdash_L A \to B$ 成立，可通过证明 $\Gamma \cup \{A\} \vdash_L B$ 成立来实现。如果后者的证明较为简便的话，那么当 $\Gamma = \varnothing$ 时，此种方法就变成了证明 L 中定理的另一类方法。

下面给出一个推论，在证明它的过程中将用到演绎定理，此推论可以作为 L

的一条附加推理规则来运用。

重要推论：对 L 中的任意合式公式 A，B，C，有 $\{A\to B, B\to C\}\vdash_L A\to C$。

证明 首先证明 $\{A\to B, B\to C, A\}\vdash_L C$ 成立。

①$A\to B$ 假设

②$B\to C$ 假设

③A 假设

④B ①③MP

⑤C ②④MP

因此有

$$\{A\to B, B\to C, A\}\vdash_L C$$

即 $\{A\to B, B\to C\}\cup\{A\}\vdash_L C$ 成立。

根据演绎定理，有

$$\{A\to B, B\to C\}\vdash_L A\to C$$ （证毕）

这个结论称做“假言三段论”规则，简写为 HS，以后可用于 L 中的证明或推演。

对于上面的公式 $\{A\to B, B\to C, A\}\vdash_L C$，有几种应用演绎定理的方式可演绎出以下各式，皆可作为 HS 规则的等价式，即

$$\{A\to B, A\}\vdash_L (B\to C)\to C$$

$$\{B\to C, A\}\vdash_L (A\to B)\to C$$

此外，如果对 $\{A\to B, B\to C, A\}\vdash_L C$ 多次应用演绎定理，则有

$$\{A\to B\}\vdash_L (B\to C)\to(A\to C)$$

$$\vdash_L (A\to B)\to((B\to C)\to(A\to C))$$

例 1.23 运用演绎定理证明定理 1.9。

证明 再次提及定理 1.9，旨在说明应用 HS 规则的简化作用。证明如下。

①$\neg B\to(\neg A\to\neg B)$ （L_1）

② $(\neg A\to\neg B)\to(B\to A)$ （L_3）

③$\neg B\to(B\to A)$ ①②HS

（证毕）

定理 1.10：$\vdash_L(\neg A\to A)\to A$（$A$ 为 L 中的任意合式公式）。

证明

①$\neg A\to A$ 假设

②$\neg A\to(\neg\neg(\neg A\to A)\to\neg A)$ （L_1）

③ $(\neg\neg(\neg A\to A)\to\neg A)\to(A\to\neg(\neg A\to A))$ （L_3）

④$\neg A\to(A\to\neg(\neg A\to A))$ ②③HS

⑤ $(\neg A \to (A \to \neg(\neg A \to A))) \to ((\neg A \to A) \to (\neg A \to \neg(\neg A \to A)))$　(L_2)

⑥ $(\neg A \to A) \to (\neg A \to \neg(\neg A \to A))$　④⑤MP

⑦ $\neg A \to \neg(\neg A \to A)$　①⑥MP

⑧ $(\neg A \to \neg(\neg A \to A)) \to ((\neg A \to A) \to A)$　(L_3)

⑨ $(\neg A \to A) \to A$　⑦⑧MP

⑩ A　①⑨MP

于是有

$$\{\neg A \to A\} \vdash_L A \text{ 成立}$$

根据演绎定理，可得

$$\vdash_L (\neg A \to A) \to A \text{ 成立}$$

（证毕）

4）L 的元逻辑问题

前已论及，命题逻辑中的重言式为数无穷，它们反映了演绎推理的规律，我们希望把它们包括在一个系统内作为一个整体来研究。那么，公理系统 L 是否具有这种性质？如果具有这种性质，它推出的定理是否都是重言式（不存在矛盾）？命题逻辑中的重言式是否都是 L 的定理？这就把我们导向了三个重要的元逻辑问题。公理系统中推出的定理是否都为重言式，这被称做公理系统的可靠性问题；公理系统中的定理是否存在矛盾命题，这被称做公理系统的一致性问题；命题逻辑中的重言式是否都是 L 的定理，这被称做公理系统的完全性问题。对这三个重要的元逻辑问题的回答，就公理系统来说是至关重要的，因为它们是衡量公理系统优劣的重要标准。如果一个公理系统是不可靠的或不一致的，那么这个系统就毫无价值；如果一个公理系统是可靠、一致而不完全的，那么其也是不理想的。只有同时具备了可靠性、一致性和完全性，才是理想的公理系统。此外，公理系统还有一个元逻辑问题，即独立性问题。公理系统的独立性是指系统中的公理要彼此独立，任何一个都不能从其他几个推出。这个性质用以衡量公理系统中公理选择的精练与否。但是，公理系统的独立性不是公理系统的必备性质，也就是说，如果一个公理系统具有了可靠性、一致性、完全性而不具有独立性，并不影响此公理系统的功能。

公理系统 L 同时具备可靠性、一致性、完全性和独立性。下面将给出证明。

在证明之前，首先必须给出一些必要的定义，然后才能进行证明。

定义 1.1　系统 L 的一个赋值是一个函数 v，v 的定义域是 L 的合式公式集，值域是 $\{T, F\}$，对 L 中的任意公式 A，B，满足：

(1) $v(A) = \neg v(\neg A)$；

(2) $v(A \to B)=F$，当且仅当，$v(A)=T$ 且 $v(B)=F$。

定义 1.2 L 中的一个公式 A 是重言式，当且仅当，对每一赋值 v，$v(A)=T$。

引理 1.1 令 A、B 为 L 中的任意公式，如果 A 和 $A \to B$ 是重言式，那么 B 也是重言式。

证明 假设 A 和 $A \to B$ 是重言式，而 B 不是重言式。那么必定存在一个对出现在公式 A 和 B 中的命题变项的真值指派使得 B 的真值为 F。但是，由于 A 是重言式，当然对任何真值指派，A 总取值为 T。此时，这个真值指派却使公式 $A \to B$ 取值为 F，这和 $A \to B$ 是重言式的假设是矛盾的。因此 B 必定是重言式。

定理 1.11 可靠性定理 L 中的所有定理都是重言式。

证明 对在 L 中证明定理 A 的合式公式序列中的公式个数进行归纳。

基础步骤：合式公式个数 $k=1$。此合式公式为 A，且为 L 中的公理。L 的三个公理都是重言式，这可以用真值表（或范式方法）进行证明，此处从略。

归纳步骤：设 $1 \leqslant k \leqslant n$ 时结论成立，要证 $k=n+1$ 时结论也成立，分情形证明如下。

情形 1： A 是 L 的公理，证明同基础步骤。

情形 2： A 是由序列前面两个合式公式，C 和 $C \to A$ 运用 MP 规则推出。则从 L 推出 C 和 $C \to A$ 的合式公式序列中的公式不多于 n，根据归纳假设，C 和 $C \to A$ 都是重言式。此时推出的 A 也必定是重言式。否则，存在着使得 A 为假的赋值，在这个赋值下 C 仍为真（C 为重言式），但 $C \to A$ 为假，这与已知 $C \to A$ 为重言式矛盾。可靠性定理得证。

定义 1.3 一个形式系统是一致的，当且仅当对系统中的任何合式公式 A，A 和 $\neg A$ 不能都是 L 的定理。

定理 1.12 一致性定理 命题演算系统 L 是一致的，即对 L 中任一公式 A 和 $\neg A$，不能都是 L 中的定理。

证明 对于命题演算 L 中的任意公式 A 来说，有时可能出现这样的情况，A 和 $\neg A$ 都不是重言式。但是，A 和 $\neg A$ 同时是重言式的情况是不可能出现的，因为如果 A 是重言式，即常真，$\neg A$ 一定常假，是矛盾式。

根据可靠性定理知道，只有重言式，才是 L 的定理。而 A 和 $\neg A$ 不能同时是重言式，就是说 A 和 $\neg A$ 不能同时是 L 的定理。（证毕）

定理 1.13 一致性的判定定理 L 是一致的，当且仅当 L 中存在一个并非定理的合式公式。

证明 L 是一致的，那么，任找一个公式 A，A 和 $\neg A$ 不能都是 L 的定理，也就是说，L 中的 A 或者 $\neg A$ 不是定理。

反之，假设 L 是不一致的，我们可以证明 L 中的任一公式都是定理。即 L 不存在非定理的合式公式。现在令 A 为 L 中任意的合式公式。由于 L 不一致，必存在某个合式公式 B，使得 $\vdash_L B$，并且 $\vdash_L \neg B$。于是有

$$\vdash_L (\neg B \to (B \to A))$$

两次运用 MP 规则有

$$\vdash_L B \to A$$

$$\vdash_L A$$

（证毕）

定义 1.4　L^* 是 L 的一个扩充，当且仅当，L^* 是一个通过改变和扩大 L 的公理集而得的形式系统，并且使得 L 的所有定理保持为 L^* 的定理。

定义 1.5　L 的一个扩充是一致的，当且仅当对 L 中的任何公式 A，A 和 $\neg A$ 不能都是扩充的定理。

定理 1.14　令 L^* 是 L 的一致扩充，A 是 L 的合式公式且不是 L^* 的定理。如果现在再构造 L 的扩充 L^{**}，它是通过对 L^* 补加（$\neg A$）作为新公理而得到的，那么 L^{**} 也是一致的。

证明　利用反证法。

令 A 为 L 中的一个合式公理，但不是 L^* 的定理。L^{**} 是如上所述的构造，假设 L^{**} 不一致，那么一定存在某个公式 B，使得

$$\vdash_{L^{**}} B \quad \text{且} \quad \vdash_{L^{**}} \neg B$$

据一致性定理的证明有

$$\vdash_{L^{**}} A$$

L^{**} 是 L^* 的扩充，它们之间的不同之处在于 L^{**} 有新公理（$\neg A$），当然（$\neg A$）是 L^{**} 的定理。上式等价于

$$(\neg A) \vdash_{L^*} A$$

根据演绎定理，上式为

$$\vdash_{L^*} ((\neg A) \to A)$$

于是有

$$\vdash_L (((\neg A) \to A) \to A) \qquad \text{（定理 10）}$$

也是 L^* 中的定理，即有

$$\vdash_{L^*} (((\neg A) \to A) \to A)$$

利用分离规则 MP，有

$$\vdash_{L^*} A$$

这和合式公式 A 不是 L^* 中的定理相矛盾，所以 L^{**} 是不一致的假设不成立。所以 L^{**} 是一致的。（证毕）

定理 1.15　完全性定理　如果 A 是 L 中的重言式，则 $\vdash_{L} A$。[1]

证明　令 L 中的合式公式 A 是重言的，利用反证法，假设 A 不是 L 的定理，那么由 L 通过补加（$\neg A$）为新公理而得到了扩充 L^*，根据定理 1.14 可知 L^* 是一致的。根据上面一致扩充赋值存在定理，一定存在一个赋值 v，使得 L^* 的定理都取值 T，从而有

$$v(\neg A) = T$$

但是，考虑到 A 是重言式，它对任何赋值都取值 T，因此对于赋值 v 来说，也有

$$v(A) = T$$

这样就有了矛盾。可见，假设 A 不是 L 的定理不能成立，所以

$$\vdash_{L} A$$ （证毕）

至此，我们已经证明了命题演算系统 L 既是可靠的又是完全的，所以说该系统是一个性能优良，功能完备的形式系统。

3. 公理系统的优越性和局限性

1）公理系统的优越性

公理系统有严密精确等优点，是逻辑演算的主体部分。由于它的公理和规则总数较少，所以在证明命题逻辑的完全性和可靠性时，它的优越性便显示出来。对这个问题，本书不打算深究。此外，在讨论别的形式系统时，别的系统未必有推理定理，此时，只能求助于公理系统，而不能使用自然推理系统（因为无推理定理就不能使用自然推理）。

2）公理系统的局限性

首先，对于命题逻辑来说，公理化并不是必要的。正如波斯特（E. L. Post）和维特根斯坦（L. Wittgenstein）所指出的：利用永真命题和真值表来解决命题逻辑的真假值，以及确定某一公理系统中哪些合式公式是永真的，是最为简便的方法，不必运用公理化方法。[2] 其次，逻辑公理化会引起人们对逻辑本性的误解。19 世纪 20 年代，卡尔纳普（R. Carnap）研究形式语法学和塔尔斯基研究形式语义学时，弄清了理论和使理论形式化的逻辑之间的区别，也弄清了逻辑的语法表征和语义表征之间的区别。逻辑公理化的结果容易使人们误认为逻辑和几何学一样，本身也是一种需要加以公理化的理论。但事实并非如此，几何学的公理化事先需要一种逻辑，用以指导从几何公理演绎出定理的步骤。这种逻辑一旦明确地建立，乃是由推理规则所组成的。逻辑的公理和公理化的理论

---

① 对公理系统 L 的完全性定理的证明参考 Hamilton A G. 1978. Logic For Mathematicians. London：Cambridge University Press：43.

② 李锡胤. 1984. 数理逻辑入门. 北京：知识出版社：128.

中的公理不同。最后，命题逻辑的公理方法使得证明过程较为冗繁。鉴于此，有的逻辑学家就想到能否用一种没有公理，只有推理规则的形式系统来进行推理。于是，自然推理系统便应运而生。

(三) 自然推理系统 P

自然推理是因为其推理依据没有公理，只有推理规则，比较符合人们日常思维的习惯而得名。自然推理系统产生比公理系统晚。自 20 世纪 30 年代由德国数学家、逻辑学家根岑（Gerhard Gentzen）提出第一个自然推理系统至今，自然推理系统已有多种形式。虽然各种自然推理系统有一些不同之处，但它们也有一些共同的特点，如都有字母表，有定义在字母表上的合式公式，有给定的推理规则。任何一种自然语言中的推理都可以在任一给定的自然推理系统中进行证明，只要把推理中的语句变成此系统中的公式，然后用系统中的规则进行推演即可。自然推理系统的形式较多，本书不打算一一列举，仅介绍自然推理系统 P。

1. 自然推理系统 P 的定义

1）符号表

（1）命题变项：p，q，r，s，…，p_i，q_i，r_i，s_i…，1，0（$i=1$，…，n）。

（2）逻辑常项：$\neg$，$\vee$，$\wedge$，$\rightarrow$，$\leftrightarrow$。

（3）技术符号：(,)。

2）合式公式

（1）命题变项是合式公式。

（2）如果 A 是合式公式，那么 $\neg A$ 是合式公式。

（3）如果 A 和 B 是合式公式，那么 $A \vee B$，$A \wedge B$，$A \rightarrow B$，$A \leftrightarrow B$ 也都是合式公式。

（4）只有有限次地应用以上三条，构成的符号串才是合式公式。

几点说明：①公式中的 A，B 不属于命题逻辑语言，属于我们为了讨论命题逻辑语言而采用的另一种工具性的语言，系元语言或语法语言。②上述用元语言变项 A，B 所表示的公式不是对象语言的公式，而是公式模式，其中的 A，B，可代入任何合式公式而得一公式模式的特例。如对 $A \rightarrow B$ 可以代入合式公式而得到公式 $p \rightarrow q$，$(p \vee q) \rightarrow (p \vee r)$ 等特例。

3）推理规则

（1）前提引入规则：在证明的任何步上都可以引入前提。

（2）结论引用规则：在证明的任何步上所得出的结论都可以作为后继证明的前提。

（3）代入规则：在证明的任何步上，重言式中的任何命题变项都可以用其他命题形式代入，代入处处均可进行。代入后得到的公式仍为重言式。

(4) 置换规则：在证明的任何步上，命题形式中的任何部分都可以用与之等值的命题形式置换。置换不一定处处进行。置换后得到的公式与原式等值。

(5) 另有几个推理规则用推理图式表示如下。

① 附加规则

$$\frac{A}{\therefore A \vee B}$$

② 化简规则

$$\frac{A \wedge B}{\therefore A\ (\text{或}\ B)}$$

③ 分离规则

$$\frac{\begin{array}{l} A \to B \\ A \end{array}}{\therefore B}$$

④逆分离规则

$$\frac{\begin{array}{l} A \to B \\ \neg B \end{array}}{\therefore \neg A}$$

⑤假言三段论规则

$$\frac{\begin{array}{l} A \to B \\ B \to C \end{array}}{\therefore A \to C}$$

⑥析取三段论规则

$$\frac{\begin{array}{c} A \vee B \\ \neg B\ (\text{或}\ \neg A) \end{array}}{\therefore A\ (\text{或}\ B)}$$

⑦合取引入规则

$$A$$
$$B$$
$$\therefore A \wedge B$$

⑧构造性二难规则

$$A \to B$$
$$C \to D$$
$$A \vee C$$
$$\therefore B \vee D$$

⑨破坏性二难规则

$$A \to B$$
$$C \to D$$
$$\neg B \vee \neg D$$
$$\therefore \neg A \vee \neg C$$

在以上推理图式中，横线上面为前提，横线下面为结论。符号“∴”表示前提和结论之间的因果关系。在证明过程中，一般将横线和符号“∴”省略。图式中的命题变项可以用任意的命题形式代入，图式所表达的逻辑关系不变。

上述内容构成了系统 P 的基本部分，即在系统 P 中进行证明的出发点。如果证明序列中的每一步都是根据系统 P 的推理规则或图式得到的，则称这种证明在系统 P 中是有效的。由有效的证明所得的结论被称做有效的结论。

2. 证明方法

本书仅介绍几种重要的证明方法。

1）直接证明法

如果从给定的真前提 A 出发，经过推演得到真的结论 B，则 $A \to B$ 真。

2）间接证明法

在直接证明 $A \to B$ 不方便时，有时可以去证明它的逆否命题 $\neg B \to \neg A$。因为等值式

$$(A \to B) \leftrightarrow (\neg B \to \neg A)$$

成立。

3）附加前提证明法

对 $(A_1 \wedge A_2 \wedge A_3 \wedge \cdots \wedge A_k) \to (A \to B)$ 的证明可转化为对 $(A_1 \wedge A_2 \wedge A_3 \wedge \cdots \wedge A_k \wedge A) \to B$ 的证明。因为有等值演算：

$$(A_1 \wedge A_2 \wedge A_3 \wedge \cdots \wedge A_k) \to (A \to B)$$
$$\leftrightarrow \neg (A_1 \wedge A_2 \wedge A_3 \wedge \cdots \wedge A_k) \vee (\neg A \vee B)$$
$$\leftrightarrow (\neg A_1 \vee \neg A_2 \vee \neg A_3 \vee \cdots \vee \neg A_k) \vee (\neg A \vee B)$$
$$\leftrightarrow (\neg A_1 \vee \neg A_2 \vee \neg A_3 \vee \cdots \vee \neg A_k \vee \neg A) \vee B$$
$$\leftrightarrow \neg (A_1 \wedge A_2 \wedge A_3 \wedge \cdots \wedge A_k \wedge A) \vee B$$
$$\leftrightarrow (A_1 \wedge A_2 \wedge A_3 \wedge \cdots \wedge A_k \wedge A) \to B$$

在上面的推演中，原结论中的前件已移到了前提之中。由此可得，如果（$A_1 \wedge A_2 \wedge A_3 \wedge \cdots \wedge A_k \wedge A) \to B$ 成立，则（$A_1 \wedge A_2 \wedge A_3 \wedge \cdots \wedge A_k) \to (A \to B)$）必然成立。

3. 证明实例

下面通过实例来说明如何构造命题的自然推理。

例 1.24 已知一个推理的前提为 $p \vee q$；$p \to \neg r$；$s \to t$；$\neg s \to r$；$\neg t$；u；结论为 q。在系统 P 中给予证明。

证明

①$s \to t$	前提引入
②$\neg t$	前提引入
③$\neg s$	①②逆分离
④$\neg s \to r$	前提引入
⑤r	③④分离
⑥$p \to \neg r$	前提引入
⑦$\neg p$	⑤⑥逆分离
⑧$p \vee q$	前提引入
⑨q	⑦⑧析取三段论

该推理的最后一行即为结论。

借助系统 P，亦可进行一些日常生活中的推理。

例 1.25 李某刺伤了王某。如果法官是公正严明的，那么就应该宣判李某有罪，除非现有证据不足。一个公正严明的法官是一定会认定现有证据的充分性的，除非这些证据中有假证。实际上所有证据都是真实的。因此，如果法官是公正严明的，就应当宣判李某有罪。

解 首先将已知事实中的各简单命题符号化，设：

p：法官是公正严明的；

q：法官应该宣判李某有罪；

r：现有证据不足；

s：这些证据中有假证。

再将各前提表示出来：

$$p \to (\neg r \to q)；p \to (\neg s \to \neg r)；\neg s$$

结论是：$p \to q$。

现在构造自然推理如下：

①$p \to (\neg r \to q)$	前提引入
②$p \to (\neg s \to \neg r)$	前提引入
③$\neg s$	前提引入
④p	前提引入
⑤$\neg s \to \neg r$	②④分离
⑥$\neg r$	③⑤分离
⑦$\neg r \to q$	①④分离
⑧q	⑥⑧分离

根据附加前提证明法可知该推理有效。

定理证明是形式系统的重要组成部分。下面，仅举几例以说明系统P中的定理证明。

例 1.26　求证：$p \to p$。

证明

①$p \to p$	前提引入
②p	前提引入
③p	①②分离
	(证毕)

例 1.27　求证：$(p \to q) \to ((q \to r) \to (p \to r))$。

证明

①$p \to q$	前提引入
②$q \to r$	前提引入
③p	前提引入
④q	①③分离
⑤r	②④分离
	(证毕)

例 1.28　求证：$(p \to (q \to r)) \to (p \wedge q \to r)$。

证明

①$p \to (q \to r)$	前提引入
②p	前提引入
③q	前提引入
④$p \wedge q$	②③合取引入
⑤$q \to r$	①②分离

⑥r　　　　　　　　　　　　　　　　③⑤分离

（证毕）

4. 自然推理系统的优越性和局限性

（1）自然推理系统的优越性。自然推理系统与公理系统一样，也具有一定优越性。由于自然推理系统无公理，在形式上容易区别于其他形式科学，如几何学（几何学与公理系统一样，是从几个公理和个别推理规则推出的）。自然推理系统正如它的名称所暗示的那样很自然，在判定推理是否有效的程序上更接近于人们平常的思路，比较容易掌握。这是其优越性之所在。

（2）自然推理系统的局限性。自然推理系统的局限性在探讨公理系统的优越性时已论及，此处不再赘述。

（四）公理系统与自然推理系统的关系

至此，我们已介绍了公理系统和自然推理系统。两类系统之间既有区别，又有联系。

1. 公理系统与自然推理系统的区别

两类系统之间的主要区别前已述及，即公理系统用公理代替了自然推理系统中的推理规则。公理系统只能从给定的公理出发，应用系统中的推理规则进行推演，得到的结论是系统中的定理，而自然推理系统则可以从任意的前提出发，应用系统中的推理规则进行推演，得到的结论在系统中被认为是有效的。

2. 公理系统与自然推理系统的联系

公理系统与自然推理系统虽然有所区别，但也有不少相同之处。首先，它们都是演绎系统。这两类系统所给出的有效的推理形式，都是前提蕴涵结论的形式；所断定的所有定理，也都是由推理规则或公理必然推出的。其次，它们都是形式化的系统。这两个系统所给出的推理形式，都是用人工符号语言来表示的，而且不考虑表示推理的符号可作何种语义解释，只考虑符号与符号之间的逻辑关系；推理本身没有任何内涵的联系，只表现为一系列符号之间的变形。不过，这并不意味着形式与内容的绝对分离。事实上，这些符号本身是对自然语言的逻辑抽象，而符号与符号之间的逻辑关系则是思维规律的反映。最后，两个系统的推演能力是完全相同的。我们不论是从公理出发，还是从引入的假设前提出发，都能推出相同的定理，而且公理系统中的公理，在自然推理系统中也可被作为定理得到证明。就本书介绍的公理系统 L 来看，其引入 Γ 在 L 中的推演这个概念，使得在自然推理系统与公理系统之间建立了内在联系。如前所述，我们可以把自然推理系统看成是公理集为空集的形式系统，当把公理系统的公理作为它的前提时，我们就可以推出公理系统所能推出的一切。反之，对于一个公理系统，若令 Γ 为给定推理的前提集合时，则它能推出自然推理系统所能推出的一切，此时系统的公理可以作为公共的前提用于一切推演之中。因此可以认为，自然推理系统和公理系统就推演能力而言是完全相同的。下面举例说明之。

例 1.29 已知前提为 $\neg p\vee q$，$\neg(q\wedge r)$，r；结论为 $\neg p$。

在自然推理系统 P 和公理系统 L 中分别给予证明。

证明 首先在系统 P 中进行证明。

①$\neg p\vee q$	前提引入
②$p\rightarrow q$	①置换
③$\neg(q\wedge r)$	前提引入
④$\neg q\vee\neg r$	③置换
⑤$q\rightarrow\neg r$	④置换
⑥r	前提引入
⑦$\neg q$	⑤⑥逆分离
⑧$\neg p$	②⑦逆分离

在系统 L 中进行证明。

先将前提 $\neg p\vee q$，$\neg(q\wedge r)$ 和 r 分别转换为 L 中的合式公式 $\neg\neg p\rightarrow\neg\neg q$，$\neg\neg q\rightarrow\neg\neg\neg r$ 和 $\neg\neg r$，然后令

$$\Gamma=\{\neg\neg p\rightarrow\neg\neg q,\ \neg\neg q\rightarrow\neg\neg\neg r,\ \neg\neg r\},$$

再进行如下的推演：

①$\neg\neg p\rightarrow\neg\neg q$	假设
②$\neg\neg q\rightarrow\neg\neg\neg r$	假设
③$\neg\neg p\rightarrow\neg\neg\neg r$	①②HS
④$(\neg\neg p\rightarrow\neg\neg\neg r)\rightarrow(\neg\neg r\rightarrow\neg p)$	(L_3)
⑤$\neg\neg r\rightarrow\neg p$	③④MP
⑥$\neg\neg r$	假设
⑦$\neg p$	⑤⑥MP

即 $\{\neg\neg p\rightarrow\neg\neg q,\ \neg\neg q\rightarrow\neg\neg\neg r,\ \neg\neg r\}\vdash_L\neg p$ 成立。(证毕)

例 1.30 在系统 P 中证明公理系统 L 中的公理 (L_3)：$(\neg A\rightarrow\neg B)\rightarrow(B\rightarrow A)$。$A$，$B$ 为系统 P 的公理系统 L 中的合式公式。

证明 令 $\Gamma=\{\neg A\rightarrow\neg B,\ B\}$，再把公理 (L_3) 转换成前提 $\neg A\rightarrow\neg B$，B。结论为 A 的一组证明（系统 P 内）。

①$\neg A\rightarrow\neg B$	前提引入
②B	前提引入
③$\neg\neg A$	①②逆分离

④A ③置换

可见，公理系统和自然推理系统有着内在的联系，它们能够证明完全相同的定理，公理系统中的定理也能在自然推理系统中得到证明。

总之，公理系统和自然推理系统既有区别，又有联系，不能说孰优孰劣，它们是互相沟通、互相补充的。“正如卡曼在 1934 年提到过的那样，在逻辑公理和推理规则之间加以抉择是一个实用问题，而不是理论问题。因为任何一条逻辑公理都可用一条或数条适当的推理规则来代替。这两种命题逻辑系统具有同样的演绎能力。可以说，它们在从句法角度确定联结词的逻辑特征这一功能上是可以互相代替的。”①

第三节 谓词逻辑

第一节已对谓词逻辑作了简要介绍，并且指出：谓词逻辑是指对简单命题作进一步分解，分析出其中的个体词、谓词和量词等成分，然后在此基础上研究命题的形式结构和推理规律的逻辑演算理论。谓词逻辑有广义和狭义之分，在狭义的谓词逻辑中，量词仅作用于个体变项，广义的谓词逻辑则不然。本书主要介绍狭义的谓词逻辑，即一阶逻辑。本节将对一阶逻辑的基础理论、演算系统和元逻辑问题进行探讨。

一、谓词逻辑的基础理论

（一）命题逻辑的局限性

前已述及，在命题逻辑中，我们对命题仅仅分析到简单命题，只研究以简单命题为基本元素的复合命题之间的逻辑关系和推理关系，这样，有些推理关系用命题逻辑来表达就会显得无能为力。例如：

所有人都是要死的；
苏格拉底是人；
所以，苏格拉底是要死的。

---

① 李锡胤．1984．数理逻辑入门．北京：知识出版社：129．

根据逻辑常识，可知这是一个有效的推理。然而，如果用命题逻辑来表示，可以将其表示为

$$p;$$
$$q;$$
$$所以，r。$$

或写成蕴涵式：

$$(p \land q) \to r$$

显然这不是一个有效的推理，因为它不是一个重言式。那么，究竟原因何在？主要在于这类推理中各命题之间的逻辑关系不是体现在简单命题之间，而是体现在构成简单命题基本成分的个体词、谓词和量词之间，即体现在命题结构的更深层次上，对此，命题逻辑就显得无能为力了。因此，在研究某些推理时，有必要对简单命题作进一步分析，分解出其中的个体词、谓词、量词等，研究它们的形式结构及逻辑关系，总结出正确的推理形式和规则，而这就是狭谓词逻辑的研究内容。

（二）谓词逻辑的公式

谓词逻辑的公式是由符号构成的。本部分主要介绍这些符号，同时介绍它们构成公式的方式。

1. 个体词、谓词和量词

1）个体词

个体是一个宽泛的概念，它是指客观存在的个体事物，包括有形的自然实体（如亚里士多德、长江）和无形的抽象客体（如 1，2，3 等自然数）。我们将这些广泛的事物统称为个体。表示个体的语词称做个体词。在逻辑学中常常用人工符号表示个体词。这类符号分为个体常项、个体变项和摹状词。

个体常项是表示具体的、指称特定个体的语词的符号。指称特定个体的语词有两类：专名和摹状词。专名即专有名词，如亚里士多德、长江等。摹状词是使用语词描述特定的个体，如“中华人民共和国的首都”，“世界上最高的山峰”等。摹状词比较复杂，我们将在后面作介绍。本书的个体常项只表示专名，一般用小写拉丁字母“a，b，c，…”表示。

个体变项是表示抽象的或泛指的或在一定范围内变化的个体词，即非特定的个体，如一类事物中的某一事物。个体变项代表的东西，称做个体变项的值。个体变项取值的范围称做个体域。例如，命题“$x \geqslant 6$”中的 x 为个体变项，它的个体域为实数集。在实际操作中，可规定值域为某类或某一范围的事物，如规定个体域为自然数、生物等。在此规定下，个体变项就表示该范围中的任一个体。例如，当规定一公式的个体变项的值域为自然数时，公式中的个体变项

只能表示任一自然数。在不加规定的情况下，个体域为全域，个体变项指任一事物。本书用“x，y，z，x_1，y_1，z_1，…”表示个体变项。

2）谓词

在简单命题中，我们把表示一个个体词性质的或多个个体词之间关系的词称做谓词。我们把表示具体性质或关系的称做谓词常项，否则称为谓词变项。谓词变项的取值范围被称做谓词变域，表示 n 个个体词之间关系的谓词被称做 n 元谓词。表示事物的性质的词，如“红色的”、“有理性的”等被称做一元谓词。表示事物间关系的词，如“高于”、“大于”、“是同学”等被称做二元谓词。如发生关系的是在三个事物或三个以上事物之间的，此时的“在……之间”被称做三元谓词。二元以上的谓词被统称为多元谓词。

本书用大写拉丁字母 F，G，H，…等表示谓词（常项或变项）。例如，命题“5 是奇数”，可以符号化为 $F(a)$，其中 a 代表 5，F 表示“…是奇数”。一般约定常用的，众所周知的个体常项可以自己表示自己，不用再另设符号。这样，上面的命题又可以符号化为 $F(5)$。同样，对一些谓词常项也作如此约定，这样，命题“$x+y=z$”既可以写成 $G(x, y, z)$，G 表示“…+…=…”，又可以不再另设符号，即以自己表示自己。在用大写拉丁字母表示谓词变项时，不同字母表示不同变项。它们的元数取决于和它们相结合的个体变项的数目。必须指出的是，单个的名词或单个的谓词不能成为命题。同样，单独的个体词符号或单个的谓词符号也不能成为表示命题形式的公式。一谓词逻辑公式至少是一个体词和一谓词符号的结合。这种结合是把个体词写在谓词符号的右侧，例如：

$$F(a), F(x), R(a, b), R(x, y), G(a, b, c), G(x, y, z)$$

其中，$F(a)$ 表示特定个体 a 有 F 性质（或 a 是 F）；$F(x)$ 表示某个事物有 F 性质或 x 一类事物有 F 性质（或 x 是 F）；$R(a, b)$ 表示两特定个体 a，b 有 R 关系；$R(x, y)$ 表示某两事物有 R 关系；$G(a, b, c)$ 表示三个特定个体 a，b，c 有 G 关系；$G(x, y, z)$ 表示某三事物有 G 关系。这些是谓词逻辑的最基本的公式。在这些公式中，a，b，c，x，y，z 被称做主词，F，R，G 被称做谓词。

下面举例说明如何将命题分析到个体词和谓词并符号化。

例 1.31 王东和李西是朋友。

符号化为

$F(a, b)$

其中，a 表示王东；b 表示李西；F 表示“……和……是朋友”。

例 1.32 如果 $x>y$，且 $y>z$，则 $x>z$。

符号化为

$G(x, y) \wedge G(y, z) \rightarrow G(x, z)$

其中，$G(\Delta_1, \Delta_2)$ 表示 $\Delta_1 > \Delta_2$；Δ_1，Δ_2 分别表示第一个和第二个个体变项。这是一种元语言符号。

本例也可符号化为

$$(x>y) \wedge (y>z) \rightarrow (x>z)$$

3）量词

在简单命题中除了个体词和谓词外，有时还出现一种表示事物数量的词，我们将其称做量词，量词一般又分成如下两种。

全称量词，表示命题中对象的全部或命题中某类对象的任一个。它对应日常语言中的“一切”、“所有”、“凡是”、“每一”、“全部”、“任意的”等词，用符号“∀”表示。

存在量词，表示命题对象中的部分或至少一个。它对应日常语言中的“存在着”、“许多”、“很多”、“大部分”、“绝大部分”、“半数”、“若干”、“一些”、“有一个”、“至少有一个”等词，用符号“∃”表示。

下面举例说明如何将命题分析到个体词、谓词和量词并符号化。

例 1.33　一切事物都是发展变化的。

符号化为

$(\forall x) F(x)$。

其中，$(\forall x)$ 表示“对一切个体 x 而言……”；$F(x)$ 表示“x 是发展变化的”。

例 1.34　所有金属都是导电体。

符号化为

$(\forall x)(G(x) \rightarrow H(x))$。

其中，$G(x)$ 表示“x 是金属”；$H(x)$ 表示“x 是导电体”。由于这里事先并未规定个体域是什么，所以可以认为 x 的取值范围是一切事物，这样，为了在一切事物之中把“金属”挑出来，要先假设一下：“如果 x 是金属，……”，因此要用蕴涵式。如果事先规定了个体域为金属的集合，则此命题可以符号化成 $(\forall x) H(x)$。由此可见，个体域不同，往往符号化表达式也就不同。一般约定：如果事先没有明确给出个体域，则认为个体域即为一切事物。

例 1.35　有的金属是液体。

符号化为

$(\exists x)(F(x) \wedge G(x))$。

其中，$(\exists x)$ 表示“有个体 x”；$F(x)$ 表示“x 是金属”；$G(x)$ 表示“x 是液体”。在这里，个体域也为一切事物，但是，由于“有的”是一种肯定的情况，是指一定有具有性质 F 和 G 的个体 x，所以，两个谓词之间用的是合取词而不是蕴涵词。

在本书中，量词只用于个体变项，这样的谓词逻辑被称为一阶谓词逻辑或一阶逻辑。将量词用于谓词变项和命题变项的，被称为高阶谓词逻辑。

在带量词的公式中，量词需跟一相应的命题形式相结合。也就是说，其后的符号必须是合乎前述符号结合规则的公式，即合式公式，而不是单独的某个变项。为了使符号化能更准确和规范，需要给出一阶逻辑的合式公式的定义。为此，先要给出一阶语言的概念，因为一阶逻辑是建立在一阶语言基础之上的逻辑体系。所谓一阶语言是一种完全形式化了的抽象语言，它的初始符号要比命题逻辑形式系统中的初始符号丰富得多，它本身没有任何意义，但是可以通过对之进行解释而获得某种含义。一阶语言的具体形式也是多种多样的。本部分介绍一种便于进行命题符号化的一阶语言 $\mathscr{F}$。

一阶语言 $\mathscr{F}$ 的定义如下所述。

一阶语言 $\mathscr{F}$ 的符号表如下。

个体常项：a，b，c，…，a_i，b_i，c_i，…，$i\geqslant 1$；

个体变项：x，y，z，…，x_i，y_i，z_i，…，$i\geqslant 1$；

谓词符号：F，G，H，…，F_i，G_i，H_i，…，$i\geqslant 1$；

量词符号：$\forall$，$\exists$；

联结词：$\neg$，$\wedge$，$\vee$，$\rightarrow$，$\leftrightarrow$；

括号和逗号：(,),。

$\mathscr{F}$ 的原子公式定义如下。

令 R 为 $\mathscr{F}$ 的任意谓词符号，t_1，t_2，…，t_n 为 $\mathscr{F}$ 的任意个体词（常项或变项），则 R（t_1，t_2，…，t_n）被称做 $\mathscr{F}$ 的原子公式。

例如，F（x），G（y，z）等都为 $\mathscr{F}$ 的原子公式。

$\mathscr{F}$ 的合式公式定义如下。

（1）$\mathscr{F}$ 的原子公式为合式公式；

（2）若 A 为合式公式，则（$\neg A$）也是；

（3）若 A，B 为合式公式，则（$A\wedge B$），（$A\vee B$），（$A\rightarrow B$）（$A\leftrightarrow B$）也是；

（4）如果 A 是合式公式，则 $\forall\Delta A$，$\exists\Delta A$ 也是（Δ 表示任意的个体变项）；

（5）只有有限次地应用（1）～（4）构成的符号串才是合式公式。

为简便起见，我们约定（$\neg A$）的括号及各合式公式最外层括号均可省去，并且简称合式公式为公式。

现在给出几个语法概念。

（1）量词的辖域。量词的辖域指在量词后面紧随的最短公式。例如，在合式公式 $Q\Delta A$ 中，A 为量词 Q 的辖域，Q 表示任意的量词，Δ 表示任意的个体变

项。辖域表明公式中量词约束的范围。例如，在公式

$$\exists x\ (F\ (x)\land\forall y\ (G\ (y)\rightarrow H\ (x,\ y)))$$

中，量词∃的辖域为其后的整个式子，而∀的辖域为 $(G\ (y)\rightarrow H\ (x,\ y))$。每个量词都有自己的辖域，一般为紧接着此量词的用括号括起的公式部分。另外，当多个量词连续出现，其间无括号分隔时，根据定义可知：后面的量词在前面量词的辖域之中。例如，在

$$\forall x\,\exists yF\ (x,\ y)$$

中，∀的辖域为 $\exists yF\ (x,\ y)$，而∃的辖域为 $F\ (x,\ y)$。公式

$$\forall xF\ (x)\rightarrow\exists xG\ (x)$$

中两个量词各有自己的辖域，互不影响。

（2）约束变项与自由变项。在带量词的公式中，作为量词的个体变项及在量词辖域中与该个体变项相同的变项，其出现均为约束出现，被称为约束变项。凡不是约束出现的变项，都是自由出现的，被称做自由变项，即如果 Δ 在 $Q\Delta$ 的辖域中或它是 $Q\Delta$ 中的 Δ，个体变项 Δ 在合式公式 $Q\Delta A$ 中的出现被称做是约束的；否则称 Δ 的出现是自由的。

例如，在

$$\forall x\ (F\ (x)\land G\ (x)\rightarrow H\ (y))$$

中，x 的出现都是约束的，而 y 的出现是自由的。

而在

$$\exists xG\ (x,\ y)\land H\ (x,\ z)$$

中，x 有 2 次约束出现，1 次自由出现。

在任一不带量词的公式中，所有个体变项都是自由出现的。在任一带量词公式中，凡与量词不相同的个体变项，不论在不在该量词辖域中，都是自由出现的。在有量词的公式中，在量词辖域之外的个体变项也是自由出现的。这些自由出现的变项都是自由变项。

例如，在

$$F\ (x),\ \exists y\ (F\ (x)\land R\ (x,\ y)),\ \forall y\ (F\ (x)\rightarrow F\ (y))$$

中，所有 x 都是自由出现，因而都是自由变项。

当对个体变项的值域不作规定时，自由变项可在全域中任一个体域中取值。因而，自由变项的值是不确定的。

以上介绍了一阶语言 $\mathscr{F}$。下面我们将自然语言进行符号化用的正是这种语言。

2. 直言命题的符号化

对直言命题的符号化，可借助上一部分的符号和它们的结合规则做出。首

先看下面的命题：

所有事物是运动的。
所有事物不是运动的。
有事物是运动的。
有事物不是运动的。

这类直言命题的主词“事物”表示的是最普遍的一个类。因此，这类命题的符号化很简单，用 F 表示“是运动的”，上面四个命题可分别符号化为

$$\forall xF(x)$$
$$\forall x\neg F(x)$$
$$\exists xF(x)$$
$$\exists x\neg F(x)$$

多数直言命题的主词不是指称最普遍的类的事物，而是指称某一特定的类的事物。例如，命题“所有人是有理性的”。主词指称人这类事物。根据

例 1.34，这一命题可符号化为

$$\forall x(F(x)\rightarrow G(x))$$

其中，$F(x)$ 表示“x 是人”；$G(x)$ 表示“x 是有理性的”。如此符号化直言命题，便把直言命题表示为两个简单命题构成的复合命题。这种复合命题中的联结关系，用蕴涵→最为直观。这样，命题“所有人不是有理性的”表示为

$$\forall x(F(x)\rightarrow\neg G(x))$$

根据例 1.35，命题“有人是有理性的”，可符号化为

$$\exists x(F(x)\wedge G(x))$$

即存在着是人又是有理性的事物。
命题“有人不是有理性的”，可符号化为

$$\exists x(F(x)\wedge\neg G(x))$$

即存在着是人但却不是有理性的事物。

这样，四种直言命题形式，即

所有 S 是 P (A)
所有 S 不是 P (E)
有 S 是 P (I)
有 S 不是 P (O)

在谓词逻辑中分别表示为

$$\forall x\,(S(x)\to P(x))$$
$$\forall x\,(S(x)\to\neg P(x))$$
$$\exists x\,(S(x)\land P(x))$$
$$\exists x\,(S(x)\land\neg P(x))$$

$\forall x\,(S(x)\to P(x))$，可记做“对所有 x，如果 x 是 S，则 x 是 P”。$\forall x\,(S(x)\to P(x))$ 表示：所有是 S 的东西都是 P。此即，所有 S 都是 P。

$\forall x\,(S(x)\to\neg P(x))$，可记做“对所有 x，如果 x 是 S，则 x 不是 P”。$\forall x\,(S(x)\to\neg P(x))$ 表示：所有是 S 的都不是 P。此即，所有 S 不是 P。

$\exists x\,(S(x)\land P(x))$，可记做“至少存在一 x，它是 S 并且是 P”。$\exists x\,(S(x)\land P(x))$表示：至少有一 S 是 P。

$\exists x\,(S(x)\land\neg P(x))$，可记做“至少存在一 x，它是 S 并且不是 P”。$\exists x\,(S(x)\land\neg P(x))$ 表示：至少有一 S 不是 P。

四种直言命题形式的否定的符号化为

$$\neg\forall x\,(S(x)\to P(x))$$
$$\neg\forall x\,(S(x)\to\neg P(x))$$
$$\neg\exists x\,(S(x)\land P(x))$$
$$\neg\exists x\,(S(x)\land\neg P(x))$$

其等值式分别为

$$\exists x\,(S(x)\land\neg P(x))$$
$$\exists x\,(S(x)\land P(x))$$
$$\forall x\,(S(x)\to\neg P(x))$$
$$\forall x\,(S(x)\to P(x))$$

3. 关系命题的符号化

关系命题是断定事物之间的关系及关系与关系之间的关系的命题。例如：

3 大于 2

所有观众都喜欢这部电影

传统逻辑也论及关系命题，但没有系统地加以研究．在传统逻辑中，常常把关系命题视为一般的主谓式命题。然而，关系命题实质上是另一种类型的命题，它不能被分析为一般的主谓式命题。一个最简单的关系命题至少需有两个主词和一个谓词。关系命题在谓词逻辑中得到很好的研究。在谓词逻辑中，构造关系命题的形式，只需在原有谓词符号的基础上，增加多元的谓词符号即可。

符号化关系命题，首先需了解其结构。关系命题一般由关系词、主词、量词、联结词组成。

关系词被用来表示事物之间的关系。在谓词逻辑中，关系词也被称做谓词，它是一种多元谓词。多元谓词的符号有变项符号和常项符号。变项符号表示一般的关系。结合一阶语言 $\mathscr{F}$，我们用大写拉丁字母 F，G，H，…，F_i，G_i，H_i，…（$i\geqslant1$）用括号括住个体变项的方式表示多元谓词，如 $G(x, y)$ 表示二元谓词，$H(x, y, z)$ 表示三元谓词，$R(x, y, z, x_1)$ 表示四元谓词。多元谓词常项符号表示在自然语言或科学语言中常用的某种关系符号，如>，<，=，≠，…表示大于、小于、等于、不等于等关系。

主词表示发生关系的事物。在关系命题形式中，主词一般用两类符号表示。一是个体常项。它表示发生关系的是特定的个体事物，如命题“哥德尔和爱因斯坦是同时代人”，其中表示“哥德尔”和“爱因斯坦”需用个体常项符号。个体常项可用 a，b，c，…，a_i，b_i，c_i，…（$i\geqslant1$）等小写拉丁字母表示，如“哥德尔”用“a”表示，“爱因斯坦”用“b”表示。二是个体变项。它表示发生关系的是某类中非特定的个体。可用小写拉丁字母 x，y，z，…，x_i，y_i，z_i，…（$i\geqslant1$）等表示。

量词被用来表示发生关系的个体的数量。量词有全称量词“∀”和存在量词“∃”。与直言命题相同，关系命题的个体常项和谓词都不带量词，但个体变项均须给出量的规定。也就是说，当主词是普通名词或表示事物的类的普遍概念时，均须带量词。

联结词是用来表示命题形式各部分之间的关系的，其使用方法与在直言命题形式中的一样。

现在我们知道了关系命题的结构，下面举例来说明关系命题形式的符号化。

1）不带量词的关系命题

例 1.36 符号化关系命题“5 大于 3”。

符号化为

$F(a, b)$

其中，F 表示大于关系；a 代表 5；b 代表 3。该命题亦可符号化为

$F(5, 3)$。从此例可看出，当主词是表示特定个体的词项时，主词不带量词。同时，在有些关系中发生关系的事物是有一定顺序的。因此，在关系命题中，个体词的位置不能随意变换。

2）带量词的关系命题

例 1.37 符号化下列关系命题。

（1）所有观众喜欢所有展品。符号化为

$$\forall x \forall y\ ((F(x) \wedge G(y)) \to H(x, y))$$

（2）所有观众喜欢一些展品。符号化为

$$\forall x \exists y\ (F(x) \to ((G(y) \wedge\ H(x, y)))$$

（3）有的观众喜欢所有展品。符号化为

$$\exists x\, \forall y\ (F(x) \wedge (G(y) \rightarrow H(x,\ y)))$$

（4）有的观众喜欢有的展品。符号化为

$$\exists x\, \exists y\ (F(x) \wedge G(y) \wedge H(x,\ y))$$

（5）所有展品为所有观众所喜欢。符号化为

$$\forall y\, \forall x\ ((F(x) \wedge G(y)) \rightarrow H(x,\ y))$$

（6）有的展品为所有观众所喜欢。符号化为

$$\exists y\, \forall x\ (F(x) \wedge G(y) \rightarrow H(x,\ y))$$

（7）所有展品都有观众喜欢。符号化为

$$\forall y\, \exists x\ (F(x) \rightarrow (G(y) \wedge\ H(x,\ y)))$$

（8）有的展品有观众喜欢。符号化为

$$\exists y\, \exists x\ (F(x) \wedge G(y) \wedge H(x,\ y))$$

若限定 H 表示喜欢，x 为观众，y 为展品，上面八种关系命题可分别符号化为

$$\forall x\, \forall y H(x,\ y)$$
$$\forall x\, \exists y H(x,\ y)$$
$$\exists x\, \forall y H(x,\ y)$$
$$\exists x\, \exists y H(x,\ y)$$
$$\forall y\, \forall r H(x,\ y)$$
$$\exists y\, \forall x H(x,\ y)$$
$$\forall y\, \exists x H(x,\ y)$$
$$\exists y\, \exists x H(x,\ y)$$

3）带否定词的关系命题

在关系命题的符号表达式中，主词、谓词之间的否定意义的联系可以用否定词来表示，此时否定词一般置于关系词之首。

例 1.38　①老李批评小王。符号化为 H（a，b）。其中，H 表示批评，a 表示老李，b 表示小王。②老李没批评小王。符号化为 $\neg H$（a，b）。

例 1.39　①小王未打败所有选手；②所有观众不喜欢某展品。

可分别符号化为

$$\forall x\ (F\ (x) \rightarrow \neg H\ (b,\ x))$$
$$\forall x\ (F\ (x) \rightarrow \exists y\ (G\ (y) \wedge \neg H\ (x,\ y)))$$

此外，否定词亦可置于用谓词形式表示的主词之首，以表示非主词的事物。

例 1.40　有些非大学教师不喜欢某些展品。

符号化为

$\exists x\,(\neg F(x) \wedge \exists y\,(G(y) \wedge \neg H(x, y)))$。

其中，H 表示喜欢，F 表示大学教师，G 表示展品。

这里的 $\neg F(x)$ 表示的是一个否定词项或负概念。

4）关系命题的否定

关系命题的否定是对整个关系命题加以否定。例如，命题“并非所有观众都喜欢所有展品”就是对命题“所有观众都喜欢所有展品”的否定。这相当于给出关系命题的矛盾命题。

情形 1：关系命题的主词是专名。

当关系命题的主词都是专名时，符号化关系命题的否定，只需将否定词置于该类命题的谓词之前即可。

例 1.41 并非老李没批评小王。

其符号化后的公式与命题“老李没批评小王”是相同的，皆为

$\neg G(a, b)$。

情形 2：关系命题的主词是普通名词。

举例说明如下。

例 1.42 ①并非所有对手打败小王。符号化为 $\neg \forall x\,(F(x) \rightarrow G(x, a))$。其等值式为 $\exists x\,(F(x) \wedge \neg G(x, a))$。②并非小王打败所有对手。符号化为 $\neg \forall x\,(F(x) \rightarrow G(a, x))$。其等值式为 $\exists x\,(F(x) \wedge \neg G(a, x))$。③并非有些对手打败小王。符号化为 $\neg \exists x\,(F(x) \wedge G(x, a))$。其等值式为 $\forall x\,(F(x) \rightarrow \neg G(x, a))$。④并非小王打败有些对手。符号化为 $\neg \exists x\,(F(x) \wedge G(a, x))$。其等值式为 $\forall x\,(F(x) \rightarrow \neg G(a, x))$。

情形 3：关系命题的两个主项都带量词。

例如，对“所有观众喜欢所有展品”这种关系命题的 8 种形式的否定为

$$\neg \forall x \forall y\,((F(x) \wedge G(y)) \rightarrow H(x, y))$$
$$\neg \forall x \exists y\,(F(x) \rightarrow ((G(y) \wedge H(x, y)))$$
$$\neg \exists x \forall y\,(F(x) \wedge (G(y) \rightarrow H(x, y)))$$
$$\neg \exists x \exists y\,(F(x) \wedge G(y) \wedge H(x, y))$$
$$\neg \forall y \forall x\,((F(x) \wedge G(y)) \rightarrow H(x, y))$$
$$\neg \exists y \forall x\,(F(x) \wedge G(y) \rightarrow H(x, y))$$
$$\neg \forall y \exists x\,(F(x) \rightarrow (G(y) \wedge H(x, y)))$$
$$\neg \exists y \exists x\,(F(x) \wedge G(y) \wedge H(x, y))$$

4. 带等词的公式

谓词逻辑研究带等词的公式，即带等词的命题形式。这是一种特殊的关系命题。等词“=”和“≠”在谓词逻辑中是一种谓词常项。使用这类谓词，谓词逻辑公式的表达能力将得到增强，尤其是在表达事物量的方面将会更加精确。

1）使用等词，可构成简单的公式

例如：

$$a=b，x=y$$

表示 a 等于 b，x 等于 y。等词联结的是个体以及单个的数，等等。不等于实际是对等于关系的一种否定，也就是否定一个等词公式。即

$$\neg (x=y) \text{ 或 } x\neq y$$

这些公式称做等词合式公式，简称等词公式。等词公式在谓词逻辑中的结合方式类似于一般的二元关系谓词。带等词的公式，实际上是指带有等词公式的公式。

2）使用等词公式，可构造较为复杂的谓词逻辑公式

例如：

$$\exists x (x=6)$$
$$\exists y (Fx \vee \forall y (x=y))$$
$$G(y) \wedge H(x) \rightarrow \exists y (x\neq y)$$

下面使用等词公式刻画一些量词概念。

至少有一个体。

至少有二个体。

至少有三个体。

至少有 n 个体。

分别表示为

$\exists x_1 (x_1=x_1)$

$\exists x_1 \exists x_2 (x_1\neq x_2)$

$\exists x_1 \exists x_2 \exists x_3 (x_1\neq x_2 \wedge x_2\neq x_3 \wedge x_1\neq x_3)$

$\exists x_1 \exists x_2 \exists x_3 \cdots \exists x_n (x_1\neq x_2 \wedge x_2\neq x_3 \wedge x_3\neq x_4 \wedge x_1\neq x_n \wedge \cdots \wedge x_{n-1}\neq x_n)$

至多有一个体。

至多有二个体。

至多有三个体。

至多有 n 个体。

分别为

$\forall x_1 \forall x_2 (x_1=x_2)$

$\forall x_1 \forall x_2 \forall x_3 (x_1=x_2 \vee x_1=x_3 \vee x_2=x_3)$

$\forall x_1 \forall x_2 \forall x_3 \forall x_4 (x_1=x_2 \vee x_1=x_3 \vee x_1=x_4 \vee x_2=x_3 \vee x_2=x_4 \vee x_3=x_4)$

$\forall x_1 \forall x_2 \forall x_3 \cdots \forall x_n \forall_{n+1} (x_1=x_2 \vee \cdots \vee x_1=x_{n+1} \vee \cdots \vee x_n=x_{n+1})$

恰好有一个体。

恰好有二个体。

恰好有三个体。

恰好有 n 个体。

"恰好"的意思是"不多不少正好是……"，"恰好有一个体"意思是"至少有一个体并且至多有一个体"。于是，上面的命题可分别符号化为

$\exists x_1\ (x_1=x_1)\wedge\forall x_1\forall x_2\ (x_1=x_2)$

$\exists x_1\exists x_2\ (x_1\neq x_2)\wedge\forall x_1\forall x_2\forall x_3\ (x_1=x_2\vee x_1=x_3\vee x_2=x_3)$

$\exists x_1\exists x_2\cdots\exists x_n\ (x_1\neq x_2\wedge\cdots\wedge x_1\neq x_n\wedge\cdots\wedge x_{n-1}\neq x_n)\wedge\forall x_1\forall x_2\cdots\forall x_{n+1}\ (x_1=x_2\vee\cdots\vee x_1=x_n\vee\cdots\vee x_n=x_{n+1})$

我们说"至少有一 G"等于说"至少有一个体是 G"，符号化为 $(\exists x)\ Gx$。这样命题"至少有二 G"，就是

$$\exists x_1\exists x_2\ (G\ (x_1)\wedge G\ (x_2)\wedge x_1\neq x_2)$$

命题"至多有二 G"就是

$$\forall x_1\forall x_2\forall x_3\ (G\ (x_1)\wedge G\ (x_2)\wedge G\ (x_3)\rightarrow x_1=x_2\vee x_1=x_3\vee x_2=x_3)$$

命题"恰好有一 G"就是

$$\exists x_1 G\ (x_1)\wedge\forall x_1\forall x_2\ (G\ (x_1)\wedge G\ (x_2)\rightarrow x_1=x_2)$$

这就是说，至少有一 x 是 G 并且任意 x_1 任意 x_2，若 x_1 是 G 并且 x_2 是 G 则 $x_1=x_2$。

命题"恰好有二 G"可符号化为

$\exists x_1\exists x_2\ (G\ (x_1)\wedge G\ (x_2)\wedge(x_1\neq x_2))\wedge\forall x_1\forall x_2\forall x_3\ (G\ (x_1)\wedge G\ (x_2)\wedge G\ (x_3)\rightarrow x_1=x_2\vee x_1=x_3\vee x_2=x_3)$

这是"至多有二 G"和"至少有二 G"的合取。据此，当然还可有"恰好有三 G"、"恰好有四 G"等命题的符号表达式。

等词符号，除 $=$ 和 $\neq$ 外，在逻辑中还可以根据我们的需要引进。它们大多是有确定含义的常见符号，如"$>$，$<$，$\geqslant$，$\leqslant$，$\equiv$，$\approx$，$\supseteq$，$\subseteq$"，等等。引进这些符号，将大大增强谓词逻辑符号语言的表达能力，从而使自然语言得到较为精确的描述。

5. 普效式、可满足式和不可满足式

我们曾在命题逻辑部分讲到重言式，重言式的特征主要在于不论其中的变项取什么值，公式的值总是真的。谓词逻辑公式是谓词逻辑讨论的命题形式。作为命题形式，这种公式反映了客观世界和思维的某些关系。这种公式也有一部分具有永真的性质。命题逻辑中的重言式是谓词逻辑中这些具有永真性质的公式的一部分。谓词逻辑的公式中只出现命题变项的那一部分不是真值形式，因此我们不把谓词逻辑中具有永真性质的公式称做重言式，而称其为永真式，

或普遍有效式（简称普效式）。与命题逻辑公式相似，谓词逻辑公式除普效式外，还有可满足式和不可满足式。

1）普效式

普效式：一谓词逻辑公式是普效的，当且仅当用任一命题代入其中的命题变项，用任一专名代入其中的自由个体变项，用任一谓词代入其中的谓词变项，其结果总得到真命题。

下面这些公式都是普效式。

①$\forall x\ (F\ (x) \to F\ (x))$

②$\neg \exists x\ (F\ (x) \wedge \neg F\ (x))$

③$\forall x\ (F\ (x) \vee \neg F\ (x))$

④$\forall x\ (F\ (x) \to G\ (x)) \to \forall x\ (F\ (x) \to \neg \neg G\ (x))$

⑤$\forall x\ (F\ (x) \to G\ (x)) \to \exists x\ (G\ (x) \wedge F\ (x))$

⑥$\forall x\ (F\ (x) \to G\ (x)) \wedge \forall x\ (G\ (x) \to H\ (x)) \to \forall x\ (F\ (x) \to H\ (x))$

⑦$\exists x\ (F\ (x) \wedge \forall y\ (Gy \to (x,\ y))) \to \forall y\ (Gy \to \exists y\ (F\ (x) \wedge H\ (x,\ y)))$

⑧$\forall xF\ (x) \vee \forall xG\ (x) \to \forall x\ (F\ (x) \vee G\ (x))$

⑨$\exists x\ (F\ (x) \wedge G\ (x)) \to \exists xF\ (x) \vee \exists xG\ (x)$

⑩$\forall x\ (F\ (x) \to G\ (x)) \to (\forall xF\ (x) \to \forall xG\ (x))$

上述公式中的①、②、③分别是传统逻辑中的同一律、矛盾律和排中律在谓词逻辑中的反映。公式①是说：任一事物如果它是 F 则它是 F。公式②是说：不存在 x 既是 F 又不是 F。公式③是说：任一 x 或是 F 或不是 F。④～⑩是传统逻辑中有效推理形式在谓词逻辑中的反应。④是直言命题的换质推理，⑤是直言命题的换位推理，即从“所有 F 是 G”推出“有 G 是 F”，⑥是直言三段论的 AAA 式，⑦是传统逻辑未考察的关系推理的有效形式。我们用 F 表示人，G 表示候选人，H 表示选举，可得一有效的推理实例：

有人选举所有候选人，因此所有候选人都有人选举。

⑧～⑩是传统逻辑未考察的由直言命题构成的有效推理形式。现给出⑩的一个推理实例：

如果所有人是大学生，所以如果所有东西是人则所有东西是大学生。

2）可满足式

可满足式：一谓词逻辑公式是可满足的，当且仅当至少有一组命题、个体词和谓词，将它们代入此公式的相应变项后可得到真命题。

例如：$\forall xF\ (x)$ 不是普效式，因为不是用任何谓词对 $\mathscr{F}$ 作代入后其结果总是真的。若用“疯狂的”代入谓词 F，所得到的命题“所有事物都是疯狂的”就是一个假命题。但是，我们至少可以找到一个谓词即“运动的”，将其代入公式F中后，所得命题“一切事物都是运动的”就是一个真命题。所以，公式$\forall xF(x)$是可满足的。

再如，$\forall x(F(x)\to G(x))$，$\exists xF(x)\land\exists x\neg F(x)$都是可满足式。实例从略。

凡普效式都是可满足的，但可满足的并非都是普效的。

3）不可满足式

不可满足式：谓词逻辑公式是不可满足的，当且仅当不论用什么命题、个体词和谓词代入此公式相应的变项之后，其结果都得到假命题。

例如：公式

$$\exists x(F(x)\land\neg F(x))$$

无论我们用什么谓词代入此公式中的F，也不可能存在一事物既有某一特定的性质又没有该性质。如，“有的整数既是负数又不是负数”，这是一个假命题，因为没有这样的整数存在。

普效式的矛盾或否定就是不可满足式。

例如：普效式

$$\forall x(F(x)\to G(x))\to\exists x(G(x)\land F(x))$$

的否定是

$$\forall x(F(x)\to G(x))\land\neg\exists x(G(x)\land F(x))$$

或者

$$\forall x(F(x)\to G(x))\land\forall x(G(x)\to\neg F(x))$$

这是不可满足式。对$\mathscr{F}$和$\mathscr{G}$的任何代入得到的都是假命题。

再如：普效式

$$\forall xF(x)\lor\forall xG(x)\to\forall x(F(x)\lor G(x))$$

的否定是

$$\forall xF(x)\lor\forall xG(x)\land\exists x(\neg F(x)\land\neg G(x))$$

对F和G的任何代入得到的都是假命题。

（三）解释与赋值

解释和赋值是用来判定逻辑公式类型的重要方法。

1. 解释

解释的功能在于确定谓词逻辑公式是否为普效式。在前一部分讨论普效式、可满足式和不可满足式时，提到的对符号作代入，实际上就是对符号作出解释。因而我们已接触到这种解释方法，只不过不那么严格罢了。下面给出谓词逻辑公式的解释的定义。

1）解释的定义

命题 B 是公式 A 相对于个体域 D 的解释，当且仅当能按以下方式从 A 得到 B：将对个体域 D 中的个体有意义的谓词和运算符号分别代入 A 中的谓词符号和运算符号，并且将 D 中个体的专名代入 A 中的个体常项或自由变项。

这个定义表明，所谓对谓词逻辑公式的解释，就是按一定规则用具体谓词、专名等对谓词逻辑公式作相应的代入，从一谓词逻辑公式得到一有真假的命题（包括推理）。

对公式进行解释，首先必须确定解释域。解释域就是被解释公式中个体变项的个体域或值域。解释域确定了，才能寻找对解释域有解释的谓词、专名，等等。也就是说能得到公式的有意义的解释。解释域未确定，解释就无从进行。解释域确定后，就要在此解释域中找到使公式中符号有意义的解释。例如，当解释域为动物的集合时，以“是书籍”、“是工具”等谓词代入谓词变项是无意义的，以“上海”、“贵州”代入公式中的自由个体变项也是无意义的。

解释需有规范的格式。解释的一般格式如下：

（1）确定解释域；

（2）明确谓词变项、个体常项、自由个体变项以及可能有的运算符号的解释；

（3）记下解释得到的命题或语句并指明其真．假．

例 1.43　根据解释的定义，用规范格式给出公式 $\exists x\ (F\ (x) \land G\ (x)) \land F\ (a) \to G\ (a)$ 的解释。

解　解释域：自然数的集合。

$F\ (x)$：x 是正整数；

$G\ (x)$：x 是奇数；

a：1。

该公式解释为 $\exists x$（x 是正整数 $\land$ x 是奇数）$\land$ 1 是正整数 $\to$ 1 是奇数（这实际上是一推理。它表示“有些正整数是奇数；1 是正整数；所以，1 是奇数”）。

该公式的解释为真。

2）解释的规则

下面给出解释方法必须遵守的几条规则。

规则一：原公式中所有约束个体变项和量词不应被解释。

这一规则表明，当解释域确定之后，约束变项就是该解释域中的分子。它们已是确定的，无须再解释。使它们保持不变，就是不再对它们作另外解释。否则就改变了解释域。

规则二：个体常项和自由个体变项的解释必须指称解释域中的个体。

规则三：解释中不能包含任何自由个体变项。

这一规则表明，公式中的自由个体变项必须加以代入，不能不作解释。此外，给出的解释中，如关于谓词的解释中，自由变项的解释中，不得包含不确定成分，即不得含有自由变项。

规则四：谓词变项的解释，必须与原谓词变项的元数相同。

这一规则表明，一元谓词变项只能代入一元谓词，二元谓词变项也只能代入二元谓词。

规则五：相同的谓词变项的解释应该是同一的。

规则六：运算符号的解释必须使得任一用该运算符号得到的项的解释都指称解释域中一个体。

这一规则表明，运算符号的解释要使运算结果在解释域内。

3）解释的功用

（1）定义和确定公式的普效性、可满足性和不可满足性。运用解释方法，前面讨论的普效式、可满足式和不可满足式可作如下定义。①普效性：一公式是普效的，当且仅当它在任一非空个体域中的解释都是真的。②可满足性：一公式是可满足的，当且仅当有一非空个体域，它在其中的解释是真的。③不可满足性：一公式是不可满足的，当且仅当它在任一非空个体域中的解释都是假的。运用解释方法确定一谓词逻辑公式不是普效的，只要能找到一公式有假解释即可；还可确定一谓词逻辑公式是可满足的，只要能找到一公式有真解释即可。解释方法也能确定一公式是普效的或是不可满足的。若假设一公式为假（不可满足），在解释时会导致矛盾，则它是普效的；若假设一公式为真（普效的），经解释导致矛盾，它就是不可满足的。

（2）可判定推理或论证是非有效的。由于解释方法能判定一谓词逻辑公式是非普效的，因此可以使用此法判定一具体推理或论证是非有效的。具体做法是，把推理符号化为逻辑公式，然后对逻辑公式进行解释。如果能有一解释，使得前提真而结论假，则该推理就是非有效的。

例 1.44 运用解释方法判定下面的推理是否有效。

金属是导电的；
铁是导电的；
所以，铁是金属。

解 首先符号化该推理

$$\forall x\ (F\ (x) \to G\ (x))$$
$$\forall x\ (H\ (x) \to G\ (x))$$
$$\therefore \forall x\ (H\ (x) \to F\ (x))$$

解释域：自然数的集合。

$F(x)$：x 是偶数

$H(x)$：x 是奇数

$G(x)$：x 是正整数

解释：

$\forall x$（x 是偶数→x 是正整数）

$\forall x$（x 是奇数→x 是正整数）

$\forall x$（x 又是奇数→x 是偶数）

解释的结果是前提真、结论假，所以该推理是非有效的。

(3) 可证明谓词公式组是一致的。谓词公式组是一致的，当且仅当它们的合取是可满足的。也就是说，只要在某一非空个体域找到一个解释，使得谓词公式组中所有公式为真，那么由此可证明这些公式是一致的。

例 1.45　运用解释方法证明下面三个公式是否一致。

$\exists x\forall yF(x, y)$

$\forall x\forall y(F(x, y)\to F(y, x))$

$\forall x\forall y\forall z(F(x, y)\wedge F(y, z)\to F(x, z))$

证明

解释域：

$D=\{1\}$

$F(x, y)$：$x=y$

解释：

$\exists x\forall yF(x, y)$（真）

$\forall x\forall y(F(x, y)\to F(y, x))$（真）

$\forall x\forall y\forall z(F(x, y)\wedge F(y, z)\to F(x, z))$（真）

由此可知，这三个公式是一致的。（证毕）

2. 赋值

赋值是另一种用来确定谓词逻辑公式类型的方法。本书介绍转换赋值法。

在命题逻辑中，它的公式是真值函项，可用一能行的真值表法判定其是否为重言式。谓词逻辑的公式有些不是真值函项。对谓词逻辑的公式没有一种能行可判定的方法。但是在个体域有限的情况下，可以把一谓词逻辑公式转换为命题逻辑的公式，从而可对之使用真值表法以确定公式属哪一类。此时，普效式的判定问题就归约为重言式的判定问题，这种方法被称做转换赋值法。

把谓词逻辑公式转换为命题逻辑公式的方法如下。

首先，设 $\{1, 2, \cdots, n\}$ 为一有穷个体域。然后，再来考察几种情形。

(1) 含有全称量词的公式 $\forall xF(x)$。该式表示“所有 x 都是 F”，在所设个体域中，它等于：1是F，并且2是F，…，并且n是F。
从而有

$$\forall xF(x)=F(1)\wedge F(2)\wedge\cdots\wedge F(n)$$

如此，一个全称式就是一个合取式。其中$F(1)$，$F(2)$，…，$F(n)$都不含个体变项和量词，它们实际上是一些命题变项。显然，该合取式是命题逻辑的公式。

（2）含有存在量词的公式$\exists xF(x)$。该式表示“至少有一个x是F”，在所设个体域中，它等于：1是F，或者2是F，…，或者n是F。
从而有

$$\exists xF(x)=F(1)\vee F(2)\vee\cdots\vee F(n)$$

如此，一个存在量词式就是一个析取式。该析取式即为命题逻辑的公式。

（3）含有自由个体变项的公式$F(x)$。由于x可以取个体域$\{1, 2, \cdots, n\}$中的任一个体为值，所以$F(x)$可以转换为$F(1)$，也可以转换为$F(2)$，…，还可以转换为$F(n)$。有此方法之后，较为复杂的谓词逻辑公式，也可以通过此法逐步转换为命题逻辑的公式。

例1.46 运用转换赋值法将下列公式转换为命题逻辑的公式。

（1）$\forall x(F(x)\rightarrow G(x))$

解 $\forall x(F(x)\rightarrow G(x))$

$=(F(1)\rightarrow G(1))\wedge(F(2)\rightarrow G(2))\wedge\cdots\wedge(F(n)\rightarrow G(n)$

（2）$\exists x(F(x)\wedge G(x))$

解 $\exists x(F(x)\wedge G(x))$

$=(F(1)\wedge G(1))\wedge(F(2)\wedge G(2))\wedge\cdots\wedge(F(n)\wedge G(n))$

我们知道，转换赋值法的适用条件是个体域的有限性。这是为什么呢？如果个体域是无限的，就会出现以下情形：

$$\forall xF(x)=F(1)\wedge F(2)\wedge\cdots$$

全称式变成一个无穷的合取式：

$$\exists xF(x)=F(1)\vee F(2)\vee\cdots$$

存在式变成一个无穷的析取。众所周知，无穷合取和无穷析取都不是命题逻辑中的合式公式。可见，当个体域无限时，谓词逻辑的公式不能转换为命题逻辑的公式。

当谓词逻辑的公式转换为命题逻辑的公式以后，就可用真值表方法或归谬赋值法判定其是否为重言式。如果转换成的公式是重言式，则相应的谓词公式在个体域内是真的。

例1.47 运用转换赋值法判定下列公式的类型。

（1）$\forall x(F(x)\rightarrow G(x))$。

解　此式可转换成

$$F(1)\wedge F(2)\wedge\cdots\wedge F(n)\rightarrow F(1)\vee F(2)\vee\cdots\vee F(n)$$

这显然是一重言式。

(2) $\forall x(F(x)\rightarrow F(y))$。

解　此式可转换成

$$F(1)\wedge F(2)\wedge\cdots\wedge F(n)\rightarrow F(1)$$
$$F(1)\wedge F(2)\wedge\cdots\wedge F(n)\rightarrow F(2)$$
$$\cdots\cdots\ \cdots\cdots$$
$$F(1)\wedge F(2)\wedge\cdots\wedge F(n)\rightarrow F(n)$$

这显然也是一重言式，且在此穷尽了对 x 在个体域上的所有解释，说明相应的谓词逻辑公式是普效的。

(3) $\forall x((F(x)\rightarrow G(x))\rightarrow\exists x(F(x)\wedge G(x))$。

解　此式可转换成

$$(F(1)\rightarrow G(1))\wedge(F(2)\rightarrow G(2))\wedge\cdots\wedge(F(n)\rightarrow G(n))$$
$$\rightarrow(F(1)\wedge G(1))\vee(F(2)\wedge G(2))\vee\cdots\vee(F(n)\wedge G(n))$$

不难看出，当 F 假或者 F 和 G 都假时，蕴涵式的前件真而后件假，因此不是重言式。由此可以说明相应的谓词逻辑公式不是普效式。

以上借助一元谓词说明了在有穷个体域的条件下谓词逻辑公式转换为命题逻辑公式的方法。如果涉及多元谓词和重叠量词，转换方法较为复杂。在此以二元谓词为例，并且为了简明起见，设个体域为 $\{1, 2\}$。

例 1.48　运用转换赋值法将下列含有二元谓词的公式转换为命题逻辑的公式。

(1) $\forall x\forall yG(x, y)$。

解　此式的转换可按以下步骤进行：

①$\forall x\forall yG(x, y)=\forall yG(1, y)\wedge\forall yG(2, y)$

②$\forall yG(1, y)=G(1, 1)\wedge G(1, 2)$

③$\forall yG(2, y)=G(2, 1)\wedge G(2, 2)$

④$\forall x\forall yG(x, y)=G(1, 1)\wedge G(1, 2)\wedge G(2, 1)\wedge G(2, 2)$

(2) $\forall x\exists yG(x, y)$。

解　此式的转换可按以下步骤进行：

①$\forall x\exists yG(x, y)=\exists yG(1, y)\wedge\exists yG(2, y)$

②$\exists yG(1, y)=G(1, 1)\vee G(1, 2)$

③$\exists yG(2, y)=G(2, 1)\vee G(2, 2)$

④$\forall x\exists yG(x, y)=(G(1, 1)\vee G(1, 2))\wedge(G(2, 1)\vee G(2, 2))$

(3) $\exists x\forall yG(x, y)$。

解 此式的转换可按以下步骤进行：

①$\exists x\forall yG(x,y)=\forall yG(1,y)\lor\forall yG(2,y)$

②$\forall yG(1,y)=G(1,1)\land G(1,2)$

③$\forall yG(2,y)=G(2,1)\land G(2,2)$

④$\exists x\forall yG(x,y)=(G(1,1)\land G(1,2))\lor(G(2,1)\land G(2,2))$

(4) $\exists x\exists yG(x,y)$。

解 此式的转换可按以下步骤进行：

①$\exists x\exists yG(x,y)=\exists yG(1,y)\lor\exists yG(2,y)$

②$\exists yG(1,y)=G(1,1)\lor G(1,2)$

③$\exists yG(2,y)=G(2,1)\lor G(2,2)$

④$\exists x\exists yG(x,y)=(G(1,1)\lor G(1,2))\lor(G(2,1)\lor G(2,2))$

例 1.49 运用转换赋值法判定公式$\exists x\forall yG(x,y)\to\forall y\exists xG(x,y)$是否常真。

解 此式可转换成

$$(G(1,1)\land G(1,2))\lor(G(2,1)\land G(2,2))$$
$$\to(G(1,1)\lor G(2,1))\land(G(1,2)\lor G(2,2))$$

不难看出，在个体域$\{1,2\}$中，该谓词逻辑公式是常真的。

必须注意，一谓词逻辑公式在某一个体域中常真，不能说这个公式就是普效的。例如，公式$\exists xF(x)\to\forall xF(x)$，在只有一个个体的个体域中常真，在有 2 个以上的个体域中不常真。

(四) 范式

谓词逻辑的公式与命题逻辑公式一样，也有范式。这种范式虽不能像命题逻辑的范式那样能够有判定作用，但它为某些类型的谓词公式的判定问题的解决提供了工具。此外，范式还能起简化公式的作用，能利用求范式来进行推理。本书讨论两种范式：前束范式和∃-前束范式。

1. 前束范式

前束范式是指其量词都非否定地处于公式最前端，并且它们的辖域都延伸至公式的末端的这类公式。

例如：

$$\forall x(F(x)\to G(x))$$
$$\forall x\forall y(R(x,y)\land S(x,y,z))$$
$$\forall x\exists y(R(x,y)\to S(y,y))$$

都是前束范式。这种范式的优点在于：当对谓词逻辑作一般性的研究时，在量词以后的整个表达式可作命题逻辑的复合命题处理。

例 1.50 根据前束范式的定义，判定下列公式是否为前束范式。

(1) $\forall x\exists y(F(x)\rightarrow\neg G(x,y))$。

解 该公式满足前束范式的定义，是前束范式。

(2) $F(x)\rightarrow G(x,y)$。

解 该公式满足前束范式的定义，是前束范式。

(3) $\forall x(F(x)\rightarrow\neg G(x,y))$。

解 该公式满足前束范式的定义，是前束范式。

(4) $\forall x\exists y((F(x)\rightarrow\neg G(x,y))\rightarrow\exists zH(z))$。

解 该公式不满足前束范式的定义，不是前束范式。因为量词并非都居于公式之前。

(5) $\forall x\exists y(F(x)\rightarrow\neg G(x,y))\rightarrow H(y)$。

解 该公式不满足前束范式的定义，不是前束范式。因为量词的辖域并非都延伸至公式的末端。

(6) $\forall x\exists y\exists z(F(x)\wedge G(x,y))\rightarrow H(y)$。

解 该公式不满足前束范式的定义，不是前束范式。因为前束词中出现的变项 z 没有在公式中出现。

(7) $\forall x\exists yF(x)$。

解 该公式不满足前束范式的定义，不是前束范式。因为出现有量词的重复约束。

前束范式存在定理：狭谓词逻辑的任一公式都有前束范式，而某公式的前束范式不是唯一的。

一个不带量词的谓词逻辑公式，如 Fa，$Fx\wedge Gx$ 可通过添加量词的方法使其成为带量词公式：$(\exists x)Fx$，$(\exists x)(Fx\wedge Gx)$。这两个公式也是前束范式。

下面介绍求前束范式的方法。

从一给定公式 A 出发，根据下面步骤可得到它的前束范式。

(1) 消去量词前的否定符，主要依赖以下等值式：

定理 1.16 $\neg(\forall\Delta)A\leftrightarrow(\exists\Delta)\neg A$（$A$ 为带 Δ 的公式）。

定理 1.17 $\neg(\exists\Delta)A\leftrightarrow(\forall\Delta)\neg A$。

(2) 使不同辖域的约束变项易字，即把不同辖域的约束变项（包括作为量词符号的）用不同的个体变项表示。例如，将公式

$$\forall xF(x)\vee\forall xG(x)$$

变项易字得

$$\forall xF(x)\vee\forall yG(y)$$

或

$$\forall yF(y)\vee\forall xG(x)$$

易字的作用是为了扩展量词辖域时避免重复约束，如

$$\forall xF(x)\land\forall xG(x)$$

就有重复约束。重复约束不是合式公式。

第（2）项要求在有些情况下可以省略。这时可以利用某些规律使两个或两个以上量词归约为一个量词，这称做归约量词，如

$$\forall xF(x)\land\forall xG(x)$$

运用等值式

$$(\forall\Delta)A\land(\forall\Delta)B\leftrightarrow(\forall\Delta)(A\land B)$$

可得

$$\forall x(F(x)\land G(x))$$

可归约量词的规律还有

定理 1.18 $(\exists\Delta)A\lor(\exists\Delta)B\leftrightarrow(\exists\Delta)(A\lor B)$。

定理 1.19 $(\forall\Delta)A\land(\exists\Delta)B\rightarrow(\exists\Delta)(A\land B)$。

（3）消去等值符号。例如：

$$(\forall x)Fx\leftrightarrow B$$

B 为任一公式，根据命题逻辑的规律

$$(p\leftrightarrow q)\leftrightarrow(p\leftrightarrow q)\land(q\rightarrow p)$$
$$(p\leftrightarrow q)\leftrightarrow(p\land q)\lor(\neg p\land\neg q)$$

可得

$$(\forall xF(x)\rightarrow B)\land(B\rightarrow\forall xF(x))$$

即

$$((\forall x)Fx\leftrightarrow B)\leftrightarrow(\forall xF(x)\rightarrow B)\land(B\rightarrow\forall xF(x))$$

（4）将量词移至公式前端，使其辖域延伸至公式末端。利用以下等值式：

定理 1.20 $B\lor(\forall\Delta)A\leftrightarrow(\forall\Delta)(B\lor A)$。

定理 1.21 $B\lor(\exists\Delta)A\leftrightarrow(\exists\Delta)(B\lor A)$。

定理 1.22 $B\land(\forall\Delta)A\leftrightarrow(\forall\Delta)(B\land A)$。

定理 1.23 $B\land(\exists\Delta)A\leftrightarrow(\exists\Delta)(B\land A)$。

公式定理 1.20～定理 1.23 表示，在析取式和合取式中，一析取（合取）支的量词可移至公式前端，且其辖域可延伸至公式末端。

定理 1.24 $B\rightarrow(\forall\Delta)A\leftrightarrow(\forall\Delta)(B\rightarrow A)$。

定理 1.25 $B\rightarrow(\exists\Delta)A\leftrightarrow(\exists\Delta)(B\rightarrow A)$。

定理 1.24、定理 1.25 表示，蕴涵式后件的量词可移至公式前端且其辖域可延伸至公式末端。

定理 1.26 $((\forall\Delta)A\rightarrow B)\leftrightarrow(\exists\Delta)(A\rightarrow B)$。

定理 1.27 $((\exists\Delta)A\rightarrow B)\leftrightarrow(\forall\Delta)(A\rightarrow B)$。

公式定理 1.26、定理 1.27 表示，当蕴涵式前件的量词移至公式前端且其辖域延伸至公式末端时，(∀Δ) 和 (∃Δ) 需互换。

通过以上运算，即可求得一公式的前束范式。下面举例说明。

例 1.51　求 $F(x)\vee\neg\forall yG(y)$ 的前束范式。

解　内移¬　$F(x)\vee\exists y\neg G(y)$

根据定理 1.20　$\exists y(F(x)\vee\exists y\neg G(y))$

例 1.52　求 $\forall x(F(x)\to G(x))\to\exists x(F(x)\wedge G(x))$ 的前束范式。

解　我们采取两种不同的步骤来求此公式的前束范式。

第一种情形：

变项易字　$\forall x(F(x)\to G(x))\to\exists y(F(y)\wedge G(y))$

根据定理 1.25　$\forall x\exists y(F(x)\to G(x))\to(F(y)\wedge G(y))$

根据定理 1.26　$\exists x\exists y(F(x)\to G(x))\to(F(y)\wedge G(y))$

第二种情形：

消去→　$\neg(\forall x(F(x)\to G(x))\vee\exists x(F(x)\wedge G(x))$

消去→　$\neg(\forall x(\neg F(x)\vee G(x))\vee\exists x(F(x)\wedge G(x))$

内移¬　$\exists x(F(x)\wedge\neg G(x))\vee\exists x(F(x)\wedge G(x))$

归约 (∃x)　$\exists x(F(x)\wedge\neg G(x))\vee\exists x(F(x)\wedge G(x))$

化简　$\exists x(F(x)\wedge(\neg G(x)\vee G(x))$

化简　$\exists xF(x)$

可见，由于步骤不同，所求得的前束范式也不同。这说明谓词逻辑的前束范式与命题逻辑中的一个真值形式的范式不具有唯一性的情况相同。

例 1.53　求 $\exists x\forall y\neg F(x,y)\vee\neg\exists y(\forall xG(x,y)\to\forall zH(y,z))$ 的前束范式。

解　消去∨　$\neg\exists x\forall y\neg F(x,y)\to\neg\exists y(\forall xG(x,y)\to\forall zH(y,z))$

内移¬　$\forall x\exists y\neg\neg F(x,y)\to\forall y\neg(\forall xG(x,y)\to\forall zH(y,z))$

消去¬¬　$\forall x\exists yF(x,y)\to\forall y\neg(\forall xG(x,y)\to\forall zH(y,z))$

量词前移　$\exists x(\exists yF(x,y)\to\forall y\neg(\forall xG(x,y)\to\forall zH(y,z)))$

量词前移　$\exists x\forall y(F(x,y)\to\forall y\neg(\forall xG(x,y)\to\forall zH(y,z)))$

变项易字　$\exists x\forall y(F(x,y)\to\forall x_1\neg(\forall y_2G(y_2,x_1)\to\forall zH(x_1,z)))$

量词前移　$\exists x\forall y\forall x_1(F(x,y)\to\neg(\forall y_2G(y_2,x_1)\to\forall zH(x_1,z)))$

量词前移　$\exists x\forall y\forall x_1(F(x,y)\to\neg\exists y_2(G(y_2,x_1)\to\forall zH(x_1,z)))$

量词前移　$\exists x\forall y\forall x_1(F(x,y)\to\neg\exists y_2\forall z(G(y_2,x_1)\to H(x_1,z)))$

内移¬　$\exists x\forall y\forall x_1(F(x,y)\to\forall y_2\exists z\neg(G(y_2,x_1)\to H(x_1,z)))$

量词前移　$\exists x\forall y\forall x_1\forall y_2(F(x,y)\to\exists z\neg(G(y_2,x_1)\to H(x_1,z)))$

量词前移　$\exists x\forall y\forall x_1\forall y_2\exists z(F(x,y)\rightarrow\neg(G(y_2,x_1)\rightarrow H(x_1,z)))$

前束范式有化简带量词公式的作用，如例 1.52 的第二种求范式方法，把

$$\forall x(F(x)\rightarrow G(x))\rightarrow\exists x(F(x)\wedge G(x))$$

简化为

$$\exists xF(x)$$

如果不经过求范式的过程，我们不可能直接得到这一结果。

2. ∃-前束范式

∃-前束范式，又称司寇伦（T. Skolem）范式，是一种特定类型的前束范式。

∃-前束范式是一前束范式，其中无自由个体变项，至少有一存在量词，且一切存在量词都在全称量词之前。

例 1.54 根据∃-前束范式的定义，判定下列公式是否为∃-前束范式。

(1) $\exists x\forall y(F(x)\rightarrow F(y))$。

解 该公式满足∃-前束范式的定义，是∃-前束范式。

(2) $\exists x\exists y\forall z(F(x,y,z)\wedge G(x,y,z)\rightarrow H(x,y,z))$。

解 该公式满足∃-前束范式的定义，是∃-前束范式。

(3) $\exists x\forall y(F(x,y)\wedge G(x,y,z))$。

解 该公式中有自由个体变项存在，不满足∃-前束范式的定义，不是∃-前束范式。

(4) $\forall x(F(x)\rightarrow G(x))$。

解 该公式中无存在量词，不满足∃-前束范式的定义，不是∃-前束范式。

(5) $\forall x\exists y((F(x)\rightarrow G(y))\rightarrow F(y)\wedge G(x))$。

解 该公式中全称量词在存在量词之前，不满足∃-前束范式的定义，不是∃-前束范式。

∃-前束范式的存在定理：狭谓词逻辑的每一公式 A 都有-∃-前束范式 B，并且 A 和 B 可互推，亦即 A 普遍有效是 B 普遍有效的充要条件。

在证明∃一前束范式的存在定理前，先给出一条规则和三条定理（证明留给读者去完成）。

全称概括（UG）规则：如果 $\vdash F(x)$，且 x 在其中自由出现，则 $\vdash\forall xF(x)$（UG 是本章公理系统 K 部分的重要推理规则）。

定理 1.28　$\vdash p\leftrightarrow\exists x(F(x)\vee\neg F(x)\wedge p)$　（其中 p 为一命题逻辑公式）。

定理 1.29　$\vdash\forall x(F(x)\rightarrow G(x))\rightarrow(\forall xF(x)\rightarrow\forall xG(x))$

定理 1.30　$\vdash\forall x(F(x)\rightarrow G(x))\rightarrow(\exists xF(x)\rightarrow\exists xG(x))$

以下证明∃一前束范式的存在定理。

证明　设给定一狭谓词逻辑公式 A。下面分情况证明：

（1）必有一前束范式 B_1，且 $\vdash A\leftrightarrow B_1$。

（2）如果 B_1 中有自由个体变项 Δ_1，Δ_2，…，Δ_i，根据 UG 规则得

$$B_2=(\Delta_1)(\Delta_2)\cdots(\Delta_i)B_1,\ i\geqslant 0$$

B_1 和 B_2 互推，如果 B_1 中无自由个体变项，则 B_2 即为 B_1。

（3）如果 B_2 中只有命题变项而无谓词变项，也就是说，B_2 为一命题逻辑的公式，则根据定理 1.28，引入一个处于最前端的存在量词。

（4）如果 B_2 为∃-前束范式，则 B_2 即为 B。否则 B_2 的形式为

$$\exists x_1\exists x_2\cdots\exists x_n\forall yF_1(x_1,\cdots,x_n,y)\quad(n\geqslant 0)$$

其中，$F_1(x_1,\cdots,x_n,y)$ 为一前束范式，只有 x_1，…，x_n，y 是自由个体变项。B_2 有两种可能：①全称量词"$\forall y$"之前无存在量词，其后也无存在量词；②"$\forall y$"后只有 $K-1$ 个全称量词出现于存在量词之前。

现在只需证明，在上述情形下，必然求得一前束范式 B_3，B_3 和 B_2 可以互推。并且，如果为情况①，则 B_3 的最前方为一存在量词，也就是说，B_3 是一个∃-前束范式；如果为情况②，则 B_3 中只有 $K-1$ 个全称量词出现于存在量词之前，也就是说，比 B_2 少一个这样的全称量词。在情况②下，经过 K 次这样的转换，就可以得到一∃-前束范式。存在定理从而得证。

为了求得 B_3，可先构造 B^* 如下：

$$\exists x_1\cdots\exists x_n(\exists y(F_1(x_1,\cdots,x_n,y)\\ \wedge\neg G_1(x_1,\cdots,x_n,y))\vee\forall zG_1(x_1,\cdots,x_n,z))$$

其中，$G(\cdots)$ 是在 A 中不出现的谓词变项，z 是在 A 中不出现的个体变项。现在需要证明：①B_2 和 B^* 可以互推；②从 B^* 可以得到所需要的 B_3，B^* 和 B_3 可以互推。

（5）B_2 和 B^* 可以互推。根据定理 1.28，可得

$$\vdash\forall yF(y)\rightarrow\exists y(F(y)\wedge\neg G(y))\vee\forall zG(z)$$

在上式中，以 $F_1(x_1,\cdots,x_n,\Delta)$ 代 $F(\Delta)$，以 $G_1(x_1,\cdots,x_n,\Delta)$ 代 $G(\Delta)$，可得

$$\vdash\forall yF_1(x_1,\cdots,x_n,y)\rightarrow\exists y((F_1(x_1,\cdots,x_n,y)\\ \wedge\neg G_1(x_1,\cdots,x_n,y))\vee\forall zG_1(x_1,\cdots,x_n,z)$$

根据 UG 规则和定理 1.30，可得

$$\vdash\exists x_1\cdots\exists x_n\forall yF_1(x_1,\cdots,x_n,y)\rightarrow\exists x_1\cdots\exists x_n(\exists yF_1(x_1,\cdots x_n,y)\\ \wedge\neg G_1(x_1,\cdots,x_n,y)\vee\forall zG_1(x_1,\cdots,x_n,z))$$

以上就是 $\vdash B_2\rightarrow B^*$。可见从 B_2 能够推出 B^*。

现在证明从 B^* 能够推出 B_2：

在 B^* 中作代入，以 $F_1(x_1,\cdots,x_n,\Delta)$ 代 $G_1(x_1,\cdots,x_n,\Delta)$，可得

$$\exists x_1\cdots\exists x_n(\exists y(F_1(x_1,\cdots,x_n,y)$$

$$\wedge\neg F_1(x_1, \cdots, x_n, y))\vee\forall zF_1(x_{1,\cdots,xn}, z))$$

消去其中的矛盾式，则有

$$\exists x_1\cdots\exists x_n\forall zF_1(x_1, \cdots, x_n, z)$$

再用约束变项易字可得 B_2，即

$$\exists x_1\cdots\exists x_n\forall yF_1(x_1, \cdots, x_n, y)$$

因而，B_2和 B^* 能够互推得证。

（6）从 B^* 能够推出 B_3。B^* 为

$$\exists x_1\cdots\exists x_n(\exists y(F_1(x_1, \cdots, x_n, y)$$
$$\wedge\neg G_1(x_1, \cdots, x_n, y))\vee\forall zG_1(x_1, \cdots, x_n, z))$$

F_1（…）为一前束范式，其中只有 $K-1$ 个全称量词出现于存在量词之前，设 F_1（…）为

$$Z_1Z_2\cdots Z_l F_1*(x_1, \cdots, x_n, y), l\geqslant K.$$

其中，Z_1，…，Z_l 皆为量词，且约束变项中无 z。现将量词$\exists y$，Z_1，Z_2，…，Z_i 等依次前移使其辖域延伸至公式的末端，最后将$\forall z$ 前移。这样前移的结果即为 B_3

$$\exists x_1\cdots\exists x_n(\exists yZ_1\cdots Z_i\forall z((F_1(x_1, \cdots, x_n, y)$$
$$\wedge\neg G_1(x_1, \cdots, x_n, y))\vee G_1(x_1, \cdots, x_n, z))$$

由于 Z_1前的"$\forall y$"已转换为一存在量词"$\exists y$"，同时"$\forall z$"已移至前束词末端，因而：①如果 B_2中原无存在量词，B_3的 第一个量词即为存在量词，所以 B_3是一个$\exists$-前束范式；②如果 B_2中原有 K 个全称量词出现于存在量词之前，在 B_3中只有 $K-1$ 个全称量词在某些存在量词之前，较之 B_2已减少一个。

B^* 和 B_3是等值的，因而也是可以互推的。

至此，$\exists$-前束范式的存在定理获证。（证毕）

例 1.55 求$\exists x_1\forall x_2\exists x_3F(x_1, x_2, x_3)$的$\exists$-前束范式。

解 此处的 $F(x, y)$ 即$\exists x_3F(x_1, x_2, x_3)$。首先作

$$\exists x_1((\exists x_2(\exists x_3F(x_1, x_2, x_3)\wedge\neg G(x_1, x_2))\vee\forall x_4G(x_1, x_4))$$

将$\exists x_2$，$\exists x_3$前移，得

$$\exists x_1\exists x_2\exists x_3((F(x_1, x_2, x_3)\wedge\neg G(x_1, x_2))\vee\forall x_4G(x_1, x_4))$$

再将$\forall x_4$前移，得

$$\exists x_1\exists x_2\exists x_3\forall x_4((F(x_1, x_2, x_3)\wedge\neg G(x_1, x_2))\vee G(x_1, x_4))$$

此即所求$\exists$-前束范式。

（五）摹状词

摹状词理论是现代逻辑的一个分支，本书不打算对之进行深入的探讨，在此仅介绍其最基本的内容。

1. 摹状词的特点

在传统逻辑中，我们知道，反映某一特定事物的概念被称做单独概念。在语言里有两种语词可表达单独概念。一种是专名，如“中国”、“贵阳”、“怀特海”；另一种是摹状词。摹状词是通过描述某个特定事物的特征来指称该事物的词组。摹状词具备两个特点：一是它指称的个体应当是唯一的；二是它所揭示的个体的某种属性应当是该个体独有的。例如，“中华人民共和国的首都”，“中国最长的河流”，“11 和 15 之间的那个素数”等语句所指的事物都是唯一的。摹状词通常用符号“lx”来表示。lx（…）表示：“满足…条件的那个唯一的 x”。设 F（x）表示“x 是中华人民共和国的首都”，G（x）表示“x 通过给定两点的那条直线”。则 $lx\,f$（x）就表示“是中华人民共和国的首都的那个唯一的城市北京”，$lx\,G$（x）就表示“11 和 15 之间的那个素数是 13”。当“满足……条件的 x”不存在或不止一个时，对表达式 lx（…）意义的规定并没有统一。按希尔伯特和贝尔奈斯在《数学基础》一书中的论述，则只有当摹状词所指的事物具有唯一性时，摹状词才有意义，否则摹状词就没有意义。

2. 摹状词的结构

在有冠词的语言中，摹状词的结构为

定冠词＋形容词组＋普通名词（单数）

在汉语里没有冠词，而且名词一般也没有区分单复数的标志。因此，在汉语里，摹状词的结构为

形容词组＋普通名词

例如，“世界上最高的山峰”，“中国的第一次太空飞行”，等等。在需要的时候除了形容词组以外，还可以用指示代词“那个”代替定冠词，如“6 和 8 之间的那个奇数”。

摹状词的一般形式为

$$lxF\ (x)$$

它表明：那个唯一具有性质 F 的个体 x，或者说，满足 x 是 F 条件的那个唯一的个体 x。

3. 含摹状词的命题的真假

一个含有摹状词的命题

$$H\ (lxF\ (x))$$

只有在以下三条都得到满足时才是真的：①至少有一 x 是 F；②至多有一 x 是 F；③这 x 是 H。

例如，“6 和 8 之间的那个奇数是 7”。此命题为真，因为

（1）在 6 和 8 之间有一奇数；

（2）在 6 和 6 之间只有一奇数；

(3) 此奇数是 7。

第 (1)、第 (2) 条就是所谓摹状词的唯一性，用符号表达为

$$\exists x F(x)$$

和

$$\forall x \forall y (F(x) \wedge F(y) \rightarrow x = y)$$

上面的公式也表达了“有且只有一个”或“恰好有一个”。上述三条是含有摹状词命题为真的条件，只有这三条都满足了，该命题才是真的。

但是，如果不能满足上述三条，则又是怎样的情况呢?

第一，如果满足第 (1)、第 (2) 条，而不能满足第 (3) 条，则含有摹状词的命题为假。例如，“在 6 和 8 之间的那个奇数是 5”就是假的，因为不满足条件 (3)。

第二，如果不能满足第 (1) 条或者第 (2) 条，就是说，个体 x 或没有或有许多，不具有唯一性，那么问题就较为复杂。摹状词的作用在于反映一特定事物，所以一般要求描述摹状词的语言所反映的对象是唯一的。如果摹状词的应用不符合这一要求，那就是“用词不当”，这些含有这样摹状词的句子在语法上就是欠缺的。比如：

在 5 和 6 之间的那个奇数;
在 5 和 16 之间的那个奇数。

在 5 和 6 之间的那个奇数是不存在的，这个摹状词根本无所指称。在 5 和 16 之间不止有一个奇数，然而命题“在 5 和 16 之间的那个奇数”到底指称哪一个是不明确的，所以命题的真假无从判定。以上两种句子，一种是摹状词所指称的对象根本不存在，另一种是摹状词所指称的对象不具有唯一性，这两种情况在日常语言中都不是正确规范的摹状词情况，在语法上都被认为是欠缺的。在日常语言的语法里，对于某些字的组合来说，“假”和“无意义”是没有严格区分的，对于摹状词来说亦如此。所以，上述命题我们说“假”也行，说“无意义”亦可。

4. 摹状词的处理

基础逻辑对摹状词问题有多种处理方法。本书仅介绍罗素、怀特海的《数学原理》一书所采用的方法。

如果一摹状词不具有唯一性，则含有此摹状词的命题为假。摹状词仅在如下两类命题中出现:

那个有性质 F 的事物存在;
那个有性质 F 的事物是 H。

我们用符号 E! 表示存在，于是，上面两类命题可表示为

$$E!\ lxF(x)$$
$$H(lxF(x))$$

如果再给出这两类命题的等值命题和转换规则，我们就会得到摹状词的定义。这种定义是一种“使用定义”。通过使用定义，可以将含有摹状词的语句转换为不含有摹状词的语句，实际上它们是两个关于摹状词的消去规则。

定义 1.6 E! $l\Delta_1 A(\Delta_1)$ 定义为

$$\forall\Delta_1\forall\Delta_2(A(\Delta_1)\wedge A(\Delta_2)\to\Delta_1=\Delta_2)\wedge\exists\Delta_1 A(\Delta)$$

定义项的前一部分表示至多有一 A，即对于所有Δ_1和所有Δ_2而言，如果Δ_1是Ax并且Δ_2也是A，那么Δ_1等于Δ_2。定义项的后一部分表示至少有一A，即有Δ_1，Δ_1是A。$l\Delta_1 A(\Delta_1)$ 存在，就等于说恰好有一A。

定义 1.7 $(l\Delta_1 A(\Delta_1))\ B(l\Delta_1 A(\Delta_1))$ 定义为

$\forall\Delta_1\forall\Delta_2(A(\Delta_1)\wedge A(\Delta_2)\to\Delta_1=\Delta_2)\wedge(\exists\Delta_1)(A(\Delta_1)\wedge B(\Delta_1))$。

定义的前一部分表示至多有一A，后一部分表示至少有一A并且此A是B。唯一不同之处在于，$B(l\Delta_1 A(\Delta_1))$ 之前有一 $(l\Delta_1 A(\Delta_1))$，此为辖域表达式。

上述两个定义的右方都没有摹状词，它们给出了如何把一个含有摹状词的公式转换为一个不含有摹状词的公式的规则。

1）关于摹状词的辖域

摹状词和量词有密切联系，都涉及辖域问题，辖域不确定就会出现歧义。例如；在公式$\neg H(lxF(x))$中，如果取部分公式$H(lxF(x))$作为摹状词的辖域，即把原公式理解为$\neg(lxF(x))H(lxF(x))$，则原公式等值于

①$\neg(\forall x\forall y(F(x)\wedge F(y)\to x=y)\wedge\exists x(F(x)\wedge H(x))$

此式又等值于

$$\neg(\forall x\forall y(F(x)\wedge F(y)\to x=y)\vee\neg\exists x(F(x)\wedge H(x))$$

它的解释是$lxF(x)$有性质H，这是假的。

如果取全部公式作为摹状词的辖域，即把原公式理解成：$(lxF(x))\neg H(lxF(x))$，则原公式等值于

②$\forall x\forall y(F(x)\wedge F(y)\to x=y)\wedge\exists x(F(x)\wedge\neg H(x))$。

它的解释是$lxF(x)$不是H。

如果$lxF(x)$不存在，没有唯一的$lxF(x)$，则①真而②假。

可见，如果摹状词的辖域是全部公式，那么除非摹状词所描述的对象存在，有关公式不能为真。但是如果摹状词的辖域只是部分公式，则即使摹状词所描述的对象不存在，有关公式还可能是真的。如果不指出辖域，那么一公式中摹状词的辖域可以有不同的取法，从而得到不同的解释和不同的与原公式等值的公式。因此，在上述摹状词的第二个定义里带有表示辖域的符号$(l\Delta_1 A(\Delta_1))$。

2）有关摹状词的几条重要定理

以下介绍根据上方法所得到的关于摹状词的几条重要定理，但不作证明。

（1）E! lxF（x）→(∀xG（x）→G（lxF（x））。该式表明，只有当lF（x）存在时，lxF（x）才有一切个体所具有的这个性质。

（2）E! lxF（x）→(lxF（x）$=lxF$（x））。该式表明，只有当lF（x）存在时，它才和本身相等。否则摹状词就无所指称，因而lxF（x）$=lxF$（x）是假的。

（3）G（lxF（x））→E! lxF（x）。该式表明，既然lxF（x）有某种性质G，那么lxF（x）必有所指，因而摹状词是存在的。

《数学原理》一书中的方法虽然简明，但是有缺陷。对一个含有摹状词的公式H（lxF（x）)，它不能与下面两种情形区别开来：①lxF（x）存在，但不是H，因而H（lxF（x））为假；②lxF（x）不存在，当然也无所谓有无性质H（…）。在情形②中，H（lxF（x））一般被认为是无意义的。《数学原理》的处理方法把上面两种情形的H（lxF（x））皆视为假的，未能区别“假”和“无意义”，离自然语言的习惯用法相去甚远。

二、谓词逻辑的演算系统

本部分介绍一个建立在一阶语言$\mathscr{L}$上的一阶逻辑公理系统K。在讨论公理系统K之前，我们先给出一阶语言$\mathscr{F}$。

（一）一阶语言$\mathscr{L}$

一阶语言$\mathscr{L}$是一种比一阶语言$\mathscr{L}_1$更加精练的语言。

一阶语言$\mathscr{L}$的定义如下。

1. 一阶语言$\mathscr{L}$的符号表

个体变项：x_1，x_2，…，x_i，…；

个体常项：a_1，a_2，…，a_i，…；

谓词符号：A_i^n（i，$n\geqslant1$）；

函数符号：f_i^n（i，$n\geqslant1$）；

量词符号：∀；

联结词：¬，→；

括号和逗号：(,),,。

说明：

（1）A_i^n表示第i个n元谓词，f_i^n表示第i个n元函数，其个数都是潜无穷的。函数关系是一种特殊的关系，给出它是为了使用上的方便，尤其在讨论特殊系统时。

(2) 联结词只给出¬和→，因为 {¬，→} 是完全集。

(3) 量词只给出∀，因为∃可以用∀来表示。∃与∀的替换可利用下面的等值式来实现：

$$\exists x_i A = \neg \forall x_i \neg A$$

2. $\mathscr{L}$的项

(1) 个体变项和个体常项是项；

(2) 如果 t_1，t_2，…，t_n是项，则 f_i^n (t_1，t_2，…，t_n) 是项；

(3) 项仅由 (1) 或 (2) 构成。

"项"是在一阶语言$\mathscr{F}$中未曾出现的概念，比之"个体词"这一概念更为丰富。但是，当我们对项进行解释时，它代表的仍然是那些作为主体或客体（名词）的成分。

3. $\mathscr{L}$的原子公式

如果 t_1，t_2，…，t_k是$\mathscr{L}$的项，则称 A_i^n(t_1，t_2，…，t_n) 为$\mathscr{L}$的原子公式。例如，A_1^2 (x_1，x_3)，A_2^3 (x_2，f_1^1 (x_5)，f_1^2 (x_5，x_8)) 都是 A 的原子公式。

4. $\mathscr{L}$的合式公式

(1) $\mathscr{L}$的原子公式为合式公式；

(2) 若 A 是$\mathscr{L}$的合式公式，则 ($\neg A$) 也是；

(3) 若 A，B 是$\mathscr{L}$的合式公式，则 ($A\rightarrow B$) 也是；

(4) 若 A 是$\mathscr{L}$的合式公式，则$\forall x_i A$ 也是 ($i\geqslant 1$)；

(5) 合式公式仅由有限次应用 (1) ～ (4) 构成。

例如，$\forall x_i A_1^1$ (x_1)，$\forall x_i A_2^1$ (x_1)→¬$\forall x_2 A_1^2$ (x_1，x_2) 都是$\mathscr{L}$的合式公式。(¬A) 的括号及任一合式公式的最外层括号皆可省去。合式公式可简称为公式。

此外，在$\mathscr{L}$的合式公式中，也有∀的辖域及变项 x_i是自由出现还是约束出现的问题，对该问题的处理与前述讨论过的同样内容相同。

下面，我们讨论一下在合式公式中，用项替换个体变项的问题。我们约定：如果有 x_i在公式A 中自由出现，则记为A (x_i)。此外，我们还约定：如果用项 t 替换了在A (x_i) 中自由出现的 x_i，则替换后的结果记做 A (t)。

5. 项是自由的

令 A (x_i) 是 $\mathscr{L}$ 的任意合式公式，其中有 x_i 自由出现。用项 t 去替换A (x_i)中自由出现的 x_i。我们称项 t 对 A (x_i) 中的 x_i是自由的，就是指如果 t 中有个体变项 x_j，则 x_i不出现在$\forall x_j$的辖域中。

当项 t 对 A (x_i) 中的 x_i是自由的，就意味着 t 替换每个自由出现的 x_i之后并不引起量词和辖域之间的关系发生变化，否则作用正好相反。

(二) 公理系统 K

1. 公理系统 K 的定义

公理系统 K 定义如下。

(1) 符号表：同一阶语言 $\mathscr{L}$。

(2) 合式公式：同一阶语言 $\mathscr{L}$。

(3) 公理模式：

(K_1) $(A \to (B \to A))$；

(K_2) $((A \to (B \to C)) \to ((A \to B) \to (A \to C)))$；

(K_3) $((\neg A \to \neg B) \to (B \to A))$；

(K_4) $(\forall x_i A \to A)$，如果 x_i 不自由出现在 A 中；

(K_5) $(\forall x_i A(x_i) \to A(t))$，如果 t 是对 $A(x_i)$ 中的 x_i 自由的项；

(K_6) $(\forall x_i(A \to B) \to (A \to \forall x_i B))$，如果 x_i 不自由出现在 A 中。

其中 A，B，C 为 $\mathscr{L}$ 中的任意公式，$A(x_i)$ 为有 x_i 自由出现的 $\mathscr{L}$ 的任意公式。在实际应用时，各公理模式最外层括号可省去。

(4) 推理规则：①假言推理规则：从 A 和 $(A \to B)$ 可以推出 B，简称 MP 规则。②全称概括规则：从 A 可以推出 $\forall x_i A$，简称 UG 规则。

2. 公理系统 K 中的证明

K 中的证明是指一个由 $\mathscr{L}$ 的合式公式 A_1，A_2，…，A_n 组成的序列，使得对每个 I $(1 \leqslant i \leqslant n)$，$A_i$ 或者是 K 的公理，或者是由序列前面的合式公式应用 MP 规则或 UG 规则推得的结论。序列中最后一个公式称做 K 的定理，记做 $\vdash_k A_n$。

下面举例说明 K 中的定理证明。

定理 1.31 $\vdash_k \forall x_i(A_1^1(x_1) \to A_1{}^1(x_1))$。

证明

① $(A_1^1(x_1) \to ((A_1^2(x_2, x_3) \to A_1^1(x_1)) \to A_1^1(x_1))$ (K_1)

② $(A_1^1(x_1) \to ((A_1^2(x_2, x_3) \to A_1^1(x_1)) \to A_1^1(x_1)))$

$\to ((A_1^1(x_1) \to (A_1^2(x_2, x_3) \to A_1^1(x_1))) \to (A_1^1(x_1) \to A_1^1(x_1)))$ (K_2)

③ $(A_1^1(x_1) \to (A_1^2(x_2, x_3) \to A_1^1(x_1))) \to (A_1^1(x_1) \to A_1^1(x_1))$ ①②MP

④ $A_1^1(x_1) \to (A_2^1(x_2, x_3) \to A_1^1(x_1))$ (K_1)

⑤ $A_1^1(x_1) \to A_1^1(x_1)$ ③④MP

⑥ $\forall x_i(A_1^1(x_1) \to A_1^1(x_1))$ ⑤UG

(证毕)

3. K 的演绎定理

为了缩短 K 中定理的证明，我们在此也给出与命题逻辑的公理系统 L 类似的 K 的演绎定理和 HS 规则。在给出演绎定理前我们先给出 K 中 Γ 的一个推演。

1）K 中 Γ 的一个推演

K 中 Γ 的一个推演：令 Γ 是 $\mathscr{L}$ 中的合式公式的集合。K 中 Γ 的一个推演是指一个 $\mathscr{L}$ 的合式公式序列 A_1，A_2，…，A_n，使得对于每个 i（$1\leqslant i\leqslant n$），A_i 为下列情况之一：

(1) A_i 是 K 中的公理；

(2) A_i 是 Γ 中的合式公式；

(3) A_i 为序列中前面的公式用 MP 规则或 UG 规则推出。

此序列中最后一个合式公式 A_n 称做 Γ 在 K 中的一个结论，记做 $\Gamma\vdash_k A_n$。Γ 中的合式公式称做假设。

2）K 的演绎定理

定理 1.32 K 的演绎定理 令 A，B 是 $\mathscr{L}$ 的合式公式，Γ 是 $\mathscr{L}$ 的合式公式集（可能空）。如果有 $\Gamma\cup\{A\}\vdash_k B$，并且在推演中没有应用 UG 规则于 A 中出现的自由个体变项，则有

$$\Gamma\vdash_k (A\rightarrow B)$$

证明 对从 $\Gamma\cup\{A\}$ 推演出 B 的合式公式序列中公式的数目进行归纳。

基础步骤：合式公式个数 $k=1$。B 是公理，或 A 或 Γ 中的公式。我们可按照证明 L 中的演绎定理的同样方式，推演出 $\Gamma\vdash_k (A\rightarrow B)$。

归纳步骤：设序列中公式个数 $1\leqslant k\leqslant n$ 时结论成立，要证 $k=n+1$ 时结论也成立。分五种情形证明。

证明

情形 1：B 是 K 的公理。

情形 2：B 是 Γ 中的合式公式。

情形 3：B 是 A。

情形 4：B 是由序列中前面两个合式用 MP 规则推出。

以上四种情形的证明同 L 中的演绎定理的证明方式。

情形 5：B 是由序列中前面的公式用 UG 规则推出的。比如说，此时 $B=\forall x_iC$，而 C 出现在 B 之前，因此根据归纳假设有

$$\Gamma\vdash (A\rightarrow C)$$

在推演 B 时用到 UG 规则是对变项 x_i 引进的，而此定理已给的条件是：在推演 B 的过程中没有对出现在 A 中的自由个体变项应用 UG 规则，由此可知 x_i 不会自由出现在 A 中。这样，我们有以下在 Γ 中的推演：

$$\left.\begin{array}{ll}(1) & \\ \vdots & \\ (1) & (A\rightarrow C)\end{array}\right\}\text{从 }\Gamma\text{ 推演出 }(A\rightarrow C)$$

(1+1)　$\forall x_i$ $(A\to C)$　(1) UG

(1+2)　$(\forall x_i\ (A\to C))\to(A\to\forall x_iC)$　(K_6)

(1+3)　$(A\to\forall x_iC)$　(1+1) (1+2) MP

这就得到$\Gamma\vdash(A\to B)$。　（证毕）

显然，K 的演绎定理比 L 的演绎定理多了个条件，即在推演中不能对出现在 A 中的自由个体变项应用 UG 规则。此外，在应用演绎定理时，根据所要求的条件，不仅当 x_i在 A 中自由出现时不能对 A 本身引进$\forall x_i$，就是当 x_i 自由出现在其他公式中时，只要 x_i是自由出现在 A 中的个体变项，也不能对其他公式使用 UG 规则引进$\forall x_i$。

推论 1.1　如果 $\Gamma\cup\{A\}\vdash_k B$，并且 A 中无自由出现的个体变项，则有 $\Gamma\vdash_k(A\to B)$。

尽管 K 的演绎定理的形式在表面上略显一般，但是我们仍能恰如在 L 中那样，有益地用它去证明某些公式是定理。

推论 1.2　HS 规则　对于$\mathscr{L}$的任意合式公式 A，B，C，有

$$\{(A\to B),(B\to C)\}\vdash_k(A\to C)$$

证明同命题逻辑中演绎定理的重要推论，此处不再赘述。

HS 规则可用于 K 中定理的证明或Γ的推演。当有$\Gamma\vdash_k(A\to B)$和$\Gamma\vdash_k(B\to C)$时，即可推得$\Gamma\vdash_k(A\to C)$（Γ可能空）。

推理规则——K 的演绎定理的逆定理：令 A，B 是$\mathscr{L}$的合式公式，Γ为$\mathscr{L}$的合式公式集。如果有$\Gamma\vdash_k(A\to B)$，则有$\Gamma\cup\{A\}\vdash_k B$。

证明同命题逻辑中演绎定理的逆定理，此处从略。

下面我们举例说明如何应用演绎定理及 HS 等规则来证明 K 中的定理。

定理 1.33　$\vdash_k(A\to\forall x_iB)\to\forall x_i(A\to B)$（$x_i$在 A 中不自由出现）。

证明

①　$A\to\forall x_iB$　假设

②　$\forall x_iB\to B$　(K_4或K_5)

③　$A\to B$　①②HS

④　$\forall x_i(A\to B)$　③UG

于是有

$$\{A\to\forall x_iB\}\vdash_k\forall x_i(A\to B)$$

由于 x_i在 A 中不自由出现，所以 x_i在$(A\to\forall x_iB)$中不自由出现。根据演绎定理，可得

$$\vdash_k(A\to\forall x_iB)\to\forall x_i(A\to B)\qquad\text{（证毕）}$$

定理 1.34　$\vdash_k\forall x_i(A\to B)\to(\forall x_iA\to\forall x_iB)$（$x_i$在 A 中不自由出现）。

证明

①	$\forall x_i\ (A\to B)$	假设
②	$\forall x_i\ (A\to B)\to(\forall x_i A\to\forall x_i B)$	（K_4或K_5）
③	$A\to B$	①②MP
④	$\forall x_i A$	假设
⑤	$\forall x_i A\to A$	（K_4或K_5）
⑥	A	④⑤MP
⑦	B	③⑥MP
⑧	$\forall x_i B$	⑦UG

根据演绎定理，有

$$\vdash_k \forall x_i\ (A\to B)\to(\forall x_i A\to\forall x_i B)\qquad\text{（证毕）}$$

为了证明上的方便，我们再引入符号“$\leftrightarrow$”，并用$\mathscr{L}$中的符号来加以定义

$$(A\leftrightarrow B)\ =\neg\ ((A\to B)\to\neg\ (B\to A))$$

A，B为$\mathscr{L}$中的任意公式。

我们再引入等价可证这一概念。

等价可证： 如果A，B为$\mathscr{L}$的任意公式且$\vdash_k A\leftrightarrow B$，则称$A$，$B$是等价可证的。

等值定理： 对于$\mathscr{L}$的任意公式A和B，$\vdash_k A\leftrightarrow B$当且仅当$\vdash_k A\to B$且$\vdash_k B\to A$。

该定理的主要作用在于当我们要证明两公式等价可证时，可以先分别证明两个蕴涵式都为K中的定理。这一定理的证明留给读者去完成。

推论： 对于$\mathscr{L}$的任意公式A，B，C，若$\vdash_k$（$A\to B$），$\vdash_k$（$B\to C$），则$\vdash_k$（$A\to C$）。

同理可由$\vdash_k$（$B\to A$）和$\vdash_k$（$C\to B$）推得$\vdash_k$（$C\to A$）。再次用上面的等值定理，则有$\vdash_k A\leftrightarrow C$。

下面再给出K中证明的两条附加规则。

BS规则： 如果x_i在A（x_i）中自由出现，而x_j是不出现在A（x_i）中的个体变项，则

$$\vdash_k \forall x_i A\ (x_i)\leftrightarrow\forall x_j A\ (x_j)$$

此规则即本章范式部分提到的约束变项易字规则。该规则也是K中的一条重要定理，现在给其证明。

证明　先证$\vdash_k \forall x_i A$（x_i）$\leftrightarrow\forall x_j A$（$x_j$）

① $\forall x_i A$（x_i）　　假设

② $\forall x_i A$（x_i）$\to A$（x_j）　　（K_5）（由x_j不出现在A（x_i）中知x_j对x_i自由）

③ $A(x_j)$ ①②MP

④ $\forall x_j A(x_j)$ ③UG

⑤ $\vdash_k \forall x_i A(x_i) \to \forall x_j A(x_j)$ ①④演绎定理

同法可证 $\vdash_k \forall x_j A(x_j) \to \forall x_i A(x_i)$。根据定理 1.31，可得

$$\vdash_k \forall x_i A(x_i) \leftrightarrow \forall x_j A(x_j)$$ （证毕）

RP 规则：令 A 是 $\mathscr{L}$ 的任意公式，A_0 是 A 的子公式。用 $\mathscr{L}$ 中公式 B_0 取代 A_0 在 A 中的一次或多次出现得到公式 B。如果 $\vdash_k A_0 \leftrightarrow B_0$，则 $\vdash_k A \leftrightarrow B$。

该定理表明，将公式 A 中的公式 A_0 用与之等价可证的公式 B_0 代换，则得到的公式 B 与 A 等价可证。RP 规则就是公理系统 K 中的“置换规则”。

RP 规则的推论：令 A 是 $\mathscr{L}$ 的任意公式，A_0 是 A 的子公式。用 $\mathscr{L}$ 中公式 B_0 取代 A_0 在 A 中的一次或多次出现得到公式 B。如果 $\vdash_k A_0 \leftrightarrow B_0$，且 $\vdash_k A$，则 $\vdash_k B$。

以下举例说明 BS 规则和 RP 规则的应用。

定理 1.35 $\vdash_k \forall x_1 \forall x_2 A_1^2(x_1, x_2) \to \forall x_2 \forall x_3 A_1^2(x_2, x_3)$。

证明

①$\forall x_1 \forall x_2 A_1^2(x_1, x_2)$ 假设

②$\forall x_2 A_1^2(x_1, x_2) \to \forall x_3 A_1^2(x_1, x_3)$ BS

③$\forall x_1 \forall x_3 A_1^2(x_1, x_3)$ ①RP

④$\forall x_2 \forall x_3 A_1^2(x_2, x_3)$ ③BS

⑤ $\vdash_k \forall x_1 \forall x_2 A_1^2(x_1, x_2) \to \forall x_2 \forall x_3 A_1^2(x_2, x_3)$ ①④演绎定理

（证毕）

定理 1.36 $\vdash_k \forall x_3 A_1^2(x_3, x_2) \to A_1^2(f_1^1(x_1), x_2)$。

证明

① $\vdash_k \forall x_1 A_1^2(x_1, x_2) \to A_1^2(f_1^1(x_1), x_2)$ （K_5）（$f_1^1(x_1)$ 对 $A_1^2(x_1, x_2)$ 中的 x_1 自由）

② $\vdash_k \forall x_1 A_1^2(x_1, x_2) \leftrightarrow \forall x_3 A_1^2(x_3, x_2)$ ①BS

③ $\vdash_k \forall x_3 A_1^2(x_3, x_2) \to A_1^2(f_1^1(x_1), x_2)$ ②RP

（证毕）

在公理系统 K 的证明中，运用 BS 和 RP 等规则可大大缩短证明过程。

4. K 的元逻辑问题[①]

公理系统 K 与公理系统 L 相似，也具有可靠性、一致性和完全性等逻辑系统的重要性质。

---

① K 的元逻辑问题的讨论可参阅 Hamilton A G. 1978. Logic For Mathematicians. London: Cambridge University Press: 89-96.

定理 1.37　如果在一特殊解释 I 中，L 的合式公式 A，$(A \to B)$ 对 I 皆真，那么，B 对 I 也真。

证明　令 v 是 I 中一任意赋值，当然 v 满足 A，并且 v 满足 $(A \to B)$，由 v 满足 $(A \to B)$ 知，或者 v 满足 $(\neg A)$，或者 v 满足 B，不然 v 不可能满足 $(\neg A)$，v 必须满足 B，由 v 的任意性知，I 一切赋值皆满足 B，所以 B 在 I 中真。(证毕)

定理 1.38　若 A，$(A \to B)$ 是普遍有效的，那么，B 也是普遍有效的。

证明方法同上，只需补充考虑，因为 I 也是任意的，所以 B 对任意解释皆真，所以 B 是普遍有效的。(证毕)

定理 1.39　令 A 是 L 中合式公式，I 是 L 的一个解释，有

$I \models A$，当且仅当，$I \models (\forall x_i) A$。

其中 x_i 是 A 中任意的个体变元。

证明　假设 $I \models A$，求证：$I \models \forall x_i A$。此时令 v 为任意赋值，据解释真定义，v 必满足 A，i-等值于 v 的任意赋值 v；也满足 A，所以 v 满足 $\forall x_i A$。考虑到选取 v 的任意性，I 中的一切赋值都满足 $\forall x_i A$。

现在假设 $I \models \forall x_i A$，求证 $I \models A$。令 v 为任意赋值，当 v 满足 $\forall x_i A$ 时，每个 i-等值于 v 的赋值 v' 都满足 A。v_i 等值于 v，所以 v 也满足 A。

重复上述的做法，我们可以得证：

$I \models A$，当且仅当，$I \models (\forall y_1) \cdots (\forall y_n) A$，其中 y_1，…，y_n 是 L 中的变元。(证毕)

定理 1.40　K 的可靠性定理　对于 $\mathscr{L}$ 的任意合式公式 A，若 $\vdash_K A$，则 A 是普效的。

证明　通过对 A 的证明序列中公式数目进行归纳，证明定理。

归纳基础：如果 A 的证明序列只有一个公式，那么 A 是 K 的一个公理。我们在引理中已经证明了 K 的五个公理都是普遍有效式。

归纳步骤：现在假设，K 中的有证明序列数小于 n 的定理都是普遍有效公式，要证 K 中一切证明序列数为 n 的定理也都是普遍有效的。

现在假设 A 为 K 中证明序列数为 n 的定理，A 出现在证明的第 n 步中，此时，或者 A 为公理，或者 A 由证明中在前的公式通过 MP 或 UG 得到。

如果 A 是公理，如前知其必为普遍有效。

如果 A 由证明中在前的公式 B 和 $(B \to A)$ 通过 MP 得到，显然 B 和 $(B \to A)$ 是证明序列数小于 n 的定理，由归纳假设知 B 和 $(B \to A)$ 普遍有效。根据前面的定理 1.38 知 B 和 $(B \to A)$ 普遍有效，可得 A 也普遍有效。

如果 A 由证明中在前的公式 C，通过 UG 得到，此时可以知道 A 为 $(\forall x_i)$ C 的形式。由于 C 是在前的公式，当然它是证明序列数小于 n 的定理，由归纳

假设知 C 普遍有效，根据前面的性质定理 1.39 知 C 和（$\forall x_i$）C 的普遍有效性是相同的，所以（$\forall x_i$）C 即 A 也普遍有效。（证毕）

定理 1.41　K 的一致性定理　K 是一致的，即不存在 $\mathscr{L}$ 的合式公式 A，使得 A 和 $\neg A$ 都是 K 的定理。

证明　运用反证法。令对于 $\mathscr{L}$ 中的某个公式 A，有 $\vdash_k A$ 和 $\vdash_k \neg A$。根据 K 的可靠性定理，A 和 $\neg A$ 都是普效的，即它们在任何解释下都为真，这是不可能的。所以 K 一定是一致的。（证毕）

下面证明 K 的完全性定理。但是需要以下几条性质定理作为基础。

定理 1.42　令 A 是 L 的合式公式，它的自由变元为 y_1，…，y_n，那么 $\vdash A$，当且仅当 $\vdash$（$\forall y_1$）…（$\forall y_n$）A。

证明　应用数学归纳法，对公式 A 中的自由变元个数 n 进行归纳证明定理。

归纳基础：$n=1$，公式 A 只有一个自由变元，如 y_1，此时由 $\vdash \forall y_1 A$（y_1）得到 $\vdash A$（y_1），只需应用 K_4 和 MP 即可；由 $\vdash A$（y_1）到 $\vdash$（$\forall y_1$）A（y_1），也很显然，只需应用一次全称概括 UG。

归纳步骤：假设对 L 中每个具有 $n-1$ 个自由变元的公式，上述结果是真实的，要求证明对具有 n 个自由变元的公式，结果也成立。

考虑到合式公式 A 有 n 个自由变元 y_1，…，y_n，（$\forall y_n$）A 有 $n-1$ 个自由变元，此时应归纳假设：$\vdash$（$\forall y_n$）A，当且仅当 $\vdash$（$\forall y_1$）…（$\forall y_{n-1}$）（$\forall y_n$）A。只需作类似于归纳基础中的证明，我们有 $\vdash A$，当且仅当，$\vdash$（$\forall y_n$）A。综上就有 $\vdash A$，当且仅当 $\vdash$（$\forall y_1$）…（$\forall y_n$）A。　　　　（证毕）

引理 1.2　令 S 是一致的一阶系统，A 为一闭合式公式且不是 S 的定理。如果 S^* 是通过对 S 补加（$\neg A$）为新公理而得到的扩充，那么 S^* 也一致。

该引理的证明方法同前面的定理 1.41 的方法完全相同。

证明　利用反证法。

假设 S^* 不一致，那么一定存在某个公式 B，使得 B 和 $\neg B$ 皆为 S^* 中的定理。即

$$\vdash_{S^*} B \qquad \text{且} \qquad \vdash_{S^*} \neg B$$

现在看（$\neg B \to (B \to A)$），由于是重言式，所以是 K 的定理，当然也是 K 的扩充 S^* 的定理。所以有

$$\vdash_{S^*} (\neg B \to (B \to A))$$

通过运用 MP 规则，有

$$\vdash_{S^*} (B \to A)$$

再与 $\vdash_{S^*} B$ 用 MP 得

$$\vdash_{S^*} A$$

S^* 中 A 的一个证明就是 S 中以（$\neg A$）为前提的一个演绎，即

$$(\neg A)\ \vdash_S A$$

根据演绎定理，上式为

$$\vdash_S ((\neg A)\to A)$$

于是有

$$\vdash_S (((\neg A)\to A)\to A) \qquad \text{(定理 1.10)}$$

也是由于上式为重言式，所以是S的定理。有

$$\vdash_S (((\neg A)\to A)\to A)$$

利用分离规则MP，有

$$\vdash_S A$$

这和合式公式A不是S中的定理相矛盾，所以假设S^*是不一致的不成立。所以S^*是一致的。(证毕)

定义1.8 如果对于$\mathscr{L}$的每个封闭公式A，A或者$\neg A$只有一个是S的定理，那么一阶系统S是完全的。

定理1.43 令S是一致的一阶系统，则存在有S的完全的一致的扩充。

证明方法同引理1.2。

定理1.44 令S是K的一致扩充，则存在有$\mathscr{L}$的解释，使S中的每个定理都为真。

证明 扩充语言$\mathscr{L}$，使其包含新的个体常项序列b_0，b_1，b_2，…。新语言记做$\mathscr{L}^*$，且从S和K各自得到的新系统分别记作S^*和K^*。从S^*开始，定义一个一队系统序列S_0，S_1，…如下。首先，枚举$\mathscr{L}$中所有仅包含一个自由变项的合式公式$F_0(x_{i0})$，$F_1(x_{i1})$，…。其中x_{i0}，x_{i1}，…并非都不相同。现在选择序列b_0，b_1，…的一个子序列c_0，c_1，…，使得

(1) c_0不出现在$F_0(x_{i0})$中；

(2) 对于$n>0$，$c_n\notin\{c_0, c_1, \cdots, c_{n-1}\}$并且$c_n$不出现在$F_0(x_{i0})$，$F_1(x_{i1})$，…，$F_n(x_{in})$任何一个中。

用G_k表示合式公式$\neg(\forall x_{ik}F_k(x_{ik}))\to\neg F_k(c_k))$，$k=0, 1, 2, \cdots$

令S_0为S^*，令S_1是由包括G_0作为公理得到的S_0的扩充。对于$n>1$，令S_n为包括G_{n-1}作为公理而得到的S_{n-1}的扩充。下面证明每个S_n是一致的。

S_n是一致的。令$n>0$，设S_n是一致的。若S_{n+1}不一致，则存在有$\mathscr{L}^*$的合式公式A，有$\vdash_{S_{n+1}} A$和$\vdash_{S_{n+1}}(\neg A)$。又，$\vdash_{S_{n+1}}(A\to(\neg A\to\neg B))$，再次用MP规则，$\vdash_{S_{n+1}}(\neg B)$，B为$\mathscr{L}^*$中任意合式公式，于是有$\vdash_{S_{n+1}}(\neg G_n)$

在S_{n+1}中的证明恰好是S_n中从G_n出发的推演，有$\{G_n\}\vdash_{S_n}(\neg G_n)$，由于$G_n$是封闭公式，由演绎定理，有$\vdash_{S_n}(G_n\to(\neg G_n))$，由于有$\vdash_{S_n}((G_n\to(\neg G_n))\to(\neg G_n))$，用MP规则，有$\vdash_{S_n}(\neg G_n)$。由$G_n$的定义，有

$$\vdash_{S_n}\neg(\neg(\forall x_{in}F_n(x_{in}))\to\neg F_n(c_n)) \qquad \text{(I)}$$

但是，由 K 中重言式，又有

$\vdash_{s_n}$（$\neg(\neg(\forall x_{in}F_n$（$x_{in}$））$\rightarrow\neg F_n$（$C_n$））$\rightarrow\neg(\forall x_{in}F_n$（$x_{in}$））　　(II)

和（I）式，利用 MP 规则，有

$\vdash_{s_n}\neg(\forall x_{in}F_n$（$x_{in}$））　　(III)

另外，由重言式

$\vdash_{s_n}$（$\neg(\neg(\forall x_{in}F_n$（$x_{in}$））$\rightarrow\neg F_n$（$c_n$））$\rightarrow F_n$（$c_n$））　　(IV)

和（I）式，利用 MP 规则，有

$\vdash_{s_n}F_n$（c_n）　　(V)

在 F_n（c_n）的证明过程中，将每个 c_n的出现换上 y，y 是未出现在该证明其他地方的个体变项。得到 F_n（y）在 S_n中的证明。由于 c_n不出现在任何公理 G_0，G_1，…，G_{n-1}中。现在有 $\vdash_{s_n}F_n$（y），利用 UG 规则，$\vdash_{s_n}\forall yF_n$（y）。利用约束变项易字等值式可知，将 $\forall yF_n$（y）中的约束变项换成 x_{in}，表达式的逻辑关系不变，即有 $\vdash_{s_n}\forall x_inF_n$（$x_{in}$）。但是，这与（III）式不能同时成立，否则和已设 S_n是一致的相矛盾。因此，如果 S_n是一致的，则 S_{n+1}也是一致的。由归纳可知，对于所有的 n，S_n是一致的。

令 S_∞为这样的系统，即由把那些至少存在一个 S_n的公理的 L^* 的合式公式包括进来作为公理而得到的。S_∞是一致的，否则仅用它的有限多个公理就会得到矛盾的结果 $\vdash_{S_\infty}A$ 和 $\vdash_{S_\infty}$（$\neg A$），而这个结果在某个 S_n中也成立，只要 n 足够大。这与 S_n的一致性相矛盾。

由定理 1.43 可知，存在 S_∞的完全的一致的扩充，设其为 T。

定义 L^* 的一个解释 I 如下：

（1）定义域 D_I是 L^* 的所有封闭项的集合（所谓封闭项是指不含有个体变项的项）；

（2）个体常项的解释是其自身；

（3）对（d_1，…，d_n）$\in I$，B_i^n（d_1，…，d_n）真，当且仅当 $\vdash_T A_i^n$（d_1，…，d_n），B_i^n（d_1，…，d_n）假，当且仅当 $\vdash_T\neg A_i^n$（d_1，…，d_n）。由于 T 是完全一致的，上式可以构造出来。

（4）对（d_1，…，d_n）$\in D_I$，F_i^n（d_1，…，d_n）给出 f_i^n（d_1，…，d_n）的值。由于（d_1，…，d_n）是封闭项，所以 f_i^n（d_1，…，d_n）也是封闭项。

下面证明 S 的每个定理在解释 I 中真。先证明下面的引理。

对 $\mathscr{L}^*$ 中的任意封闭公式 A，$\vdash_T A$，当且仅当 $I\vDash A$

是对 A 的层次进行归纳。

初始步骤　K＝0，A 是原子公式，比如说是 A_{in}（d_1，…，d_n）。由解释 I 定义（3），有 A_{2n}（d_1，…，d_n）在 I 中真，当且仅当 $\vdash_T A_{1n}$（d_1，…，d_n）。

归纳步骤　令 $0\leqslant k\leqslant n$ 时结论成立，要证 $k=k+1$ 时结论也成立。分情况证明。

情况 1: $A=(\neg B)$。如果 $\vdash_T A$ 即 $\vdash_T(\neg B)$，由 T 的一致性，可知 B 不是 T 的定理，由归纳假设 B 在 I 中不真。由 B 的封闭性，可知 $(\neg B)$ 在 I 中真，即有 $I\vDash(\neg B)$。

反之，如果 $I\vDash A$ 即 $I\vDash(\neg B)$，则 B 在 I 中不真，由归纳假设，B 不是 T 中定理，由 T 的完全性，有 $\vdash_T(\neg B)$。

情况 2: $A=(B\rightarrow C)$。如果 A 在 I 中不真，则 B 真且 C 假。由归纳假设，设 $\vdash_T(B)$ 而没有 $\vdash_T(C)$。由 T 的完全性，有 $\vdash_T(\neg C)$，现在有重言式

$(B\rightarrow(\neg C\rightarrow\neg(B\rightarrow C)))$，它也是 T 中定理，两次用 MP 规则，有 $\vdash_T\neg(B\rightarrow C)$，由 T 的一致性可知 $(B\rightarrow C)$ 即 A 不是 T 的定理。

反之，如果 A 不是 T 的定理，由 T 的完全性，有 $\vdash_T(\neg A)$，即有 $\vdash_T\neg(B\rightarrow C)$。又有重言式 $(\neg(B\rightarrow C)\rightarrow B)$ 和 $(\neg(B\rightarrow C)\rightarrow\neg C)$，所以有 $\vdash_T B$ 和 $\vdash_T(\neg C)$。由归纳假设，有 $I\vDash B$ 和非 $I\vDash C$，则 $(B\rightarrow C)$ 在 I 中不真。

情况 3: $A=\forall x_i B(x_i)$。如果 x_i 不在 B 中自由出现，则 B 是封闭的，因此根据归纳假设，$\vdash_T B$ 当且仅当 $I\vDash B$。又 $\vdash_T B$ 当且仅当 $\vdash_T\forall x_i B$，并且由定理 1.42，有 $\vDash B$ 当有仅当 $I\vDash\forall x_i B$，因此，有 $\vdash_T A$ 当且仅当 $I\vDash A$。

如果 x_i 自由出现在 $B(x_i)$ 中，则它是 $B(x_i)$ 中仅有的自由变项，因为 A 是封闭的。而 $B(x_i)$ 是序列 $F_0(x_{i0})$，$F_1(x_{i1})$，…中的一个合式，比如说是 $F_m(x_{im})$。则 A 是 $\forall x_{im}F_m{}^{(xim)}$。令 $I\vDash A$。由 k 中公理的逻辑有效性，有 $I\vDash(\forall x_{im}F_m)(x_{im})\rightarrow F_m(c_m)$。因此有 $I\vDash F_m(c_m)$，由归纳假设，有 $\vdash_T F_m(c_m)$。

假设 A 不是 T 的定理，由 T 的完全性，有 $\vdash_T(\neg A)$，即有

$$\vdash_T\neg(\forall x_{im}F_m(x_{im}))。$$

但是，由于 G_m 是 T 的公理，所以有

由 MP 规则，有 $\vdash_T(\neg(\forall x_{im}F_m(x_{im})\rightarrow\neg F_m(c_m))$。

$$\vdash_T\neg F_m(c_m)。$$

这和 T 的一致性矛盾，因此 $\vdash_T A$。

反之，令 $\vdash_T A$。假设 A 在 I 中不真。则存在着 I 中赋值，比如 v 不满足 $F_m(x_{im})$。现在 $v(x_{im})\in D_I$，即 $v(x_{im})$ 是封闭项，比如说是 d，则 d 必然对于 $F_m(x_{im})$ 中的 x_{im} 是自由的，且有 $v(d)=d$。于是有 $v(x_{im})=v(d)$。由定理 1.44 可知，v 满足 $F_m(x_{im})$ 当且仅当 v 满足 $F_m(d)$。已知 v 不满足 $F_m(x_{im})$，所以 v 也不满足 $F_m(d)$，即 $F_m(d)$ 在 I 中不真。$F_m(d)$ 为封闭公式，由封闭公式的性质可知，有 $I\vDash(\neg F_m(d))$。由 K_5，有 $\vdash_T\forall x_{im}F_m(x_{im})\rightarrow F_m(d)$，又知 $\vdash_T\forall x_{im}F_m(x_{im})$，由 MP 规则，得到 $\vdash_T F_m(d)$。再由归纳假设，有 $I\vDash F_m(d)$，这就产生了矛盾，因此由 $\vdash_T A$ 只能推出 $I\vDash A$。

由引理我们得出：对于封闭公式 A，有 $\vdash_T$A 当且仅当 I $\models$ A。对于 T 中那些非封闭公式 C，也有 $\vdash_T$C 当且仅当 I $\models$ C。这是因为，由 UG 规则及 K_4 或 K_5 可证得 $\vdash_T$C 当且仅当 $\vdash_T$C′，C′为 C 的全称封闭，由可“满足”和“真”诸定义可推得 I $\models$ C 当且仅当 I $\models$ C′，由引理我们有 $\vdash_T$C′，因此我们有 $\vdash_T$C 当且仅当 I $\models$ C。

到此为止我们证得 T 中的每个定理在解释 I 中都真。由于 S 的每个定理都是 T 的定理，这样，每一个作为 S 的定理的 $\mathscr{L}^+$ 的合式公式在 I 中都真。实际上，S 的每个定理仅仅是 $\mathscr{L}$ 的合式公式并且 I 自然包含了对这些合式公式的解释。让我们从 I 中排除个体常项 b_0，b_1，…和依赖于它们的项的解释来限定 I，这样就得到一个 $\mathscr{L}$ 的解释，在这个解释中 S 的每个定理为真。（证毕）

最后，我们证明 K 的完备性。

定理 1.45　K 的完全性定理 如果 A 是 $\mathscr{L}$ 中的普效式，则 $\vdash_k A$。

证明　令 A 是 $\mathscr{L}$ 中任一普遍有效公式，对 A 中自由变元全部加全称量词约束后得的公式 A'，我们称它为 A 的全称闭公式。由定理 1.32 知 A' 也是普遍有效公式。

现在利用反证法。假设当 A 为普遍有效式时，A 却不是 $K_{\mathscr{L}}$ 的定理，然后推出矛盾，从而否定假设，证明定理。

由于假设 A 不是 $K_{\mathscr{L}}$ 的定理，据定理 1.42，A' 也不是 $K_{\mathscr{L}}$ 的定理，此时，通过对 $K_{\mathscr{L}}$ 补加 $\neg A'$ 为新公理，可以得到 $K_{\mathscr{L}}$ 的扩充 $K'_{\mathscr{L}}$，据引理 1.2 知 $K'_{\mathscr{L}}$ 是一致的，再根据定理 1.37 必存在 $\mathscr{L}$ 的一个解释，使得系统 $K'_{\mathscr{L}}$ 每个定理在该解释中真，特别地有 $\neg A'$ 在解释中也真。当然 A' 在解释中假（因为 A' 是闭公式），这和 A' 是普遍有效式矛盾，可见 A 必然是 $K'_{\mathscr{L}}$ 的定理。（证毕）

至此，完成了对一阶逻辑的可靠性和完全性的证明。

（三）自然推理系统 Q

本书介绍一种建立在一阶语言 $\mathscr{F}$ 之上的自然推理系统 Q。

1. 自然推理系统 Q 的定义

自然推理系统 Q 定义如下。

首先，符号表，同一阶语言 $\mathscr{F}$。

其次，合式公式，同一阶语言 $\mathscr{F}$。

再次，推理规则：

（1）前提引入规则；

（2）结论引用规则；

（3）代入规则；

（4）置换规则；

（5）附加规则；

（6）化简规则；

（7）分离规则；

（8）逆分离规则；

（9）假言三段论规则；

（10）析取三段论规则；

（11）合取引入规则；

（12）构造性二难规则；

（13）破坏性二难规则。

以上 13 条规则均与命题逻辑自然推理系统 P 相同。不同之处在于这些规则中涉及的公式均应用 Q 的公式代换。

下面重点介绍几个涉及量词的一阶逻辑的规则。我们也用推理图式的形式给出这些规则。

（14）全称量词消去规则（UI 规则）

$$\frac{\forall x A(x)}{\therefore A(y)} \quad \text{或} \quad \frac{\forall x A(x)}{\therefore A(c)}$$

其中 $A(x)$ 是任意一个有 x 自由出现的合式公式，$A(y)$ 是用变项 y 处处代入 $A(x)$ 中自由出现的 x 得到的合式公式，要求用不曾在 $A(x)$ 中约束出现过的 y 去取代 x，是为了避免出现逻辑错误。例如，设个体域为实数集，谓词 $F(x, y)$ 表示 $x<y$，则 $\forall x\,\exists y F(x, y)$ 表示：对于所有的实数 x 而言，都存在着实数 y，使得 $x<y$。这是一个真命题。如果我们推出 $\exists y F(y, y)$，即“存在着实数 y，$y<y$”，是个错误的结论，那么推理不正确，原因在于使用了已在 $\exists y F(x, y)$ 中约束出现过的 y 去取代 x。公式中的 c 为个体域中任意给定的个体常项，c 对 $A(x)$ 中自由出现的 x 的代入也要处处进行。

（15）全称量词引入规则（UG 规则）

$$\frac{A(y)}{\therefore \forall x A(x)},$$

此规则要求前提 $A(y)$ 对 y 的任意取值都真，y 为在 $A(y)$ 中自由出现的个体变项。另外，还要求 x 对 y 的取代也要处处进行，并且要求取代 y 的变项 x 也不能在 $A(y)$ 中约束出现，否则，也会出现逻辑错误。例如，在上例中，$\exists x F(x, y)$ 表示：对于实数 x，存在着实数 y，使得 $x<y$。如果推出 $\forall x\,\exists x F(x, x)$，即“对于所有的实数 x，存在着 x，使得 $x<x$”，那么这个结论也是错误的，产生错误的原因在于用已在 $\exists x F(x, y)$ 中约束出现的 x 去取代 y。

（16）存在量词消去规则（EI 规则）

$$\frac{\exists xA(x)}{\therefore A(c)},$$

其中，c 为特定的个体常项，c 对 x 的代入要处处进行，并且要求 c 不曾在 $A(x)$ 中出现过。当 $A(x)$ 中有其他自由出现的个体变项时不能用此规则，否则，可能出现逻辑错误。

（17）存在量词引入规则（EG 规则）

$$\frac{A(c)}{\therefore \exists xA(x)},$$

其中，c 为特定的个体常项。要求取代 c 的个体变项 x 不曾在 $A(c)$ 中出现，以免出现逻辑错误。例如，在实数集中，若有 $\exists x(x<0)$，x 在式中自由出现，此时不能再用 x 代 0，否则会得到 $\exists x(x<x)$。又如，在自然数集中，有 $x\in W$（W 为自然数集），x 在式中自由出现。此时，不能再用 x 代 W，否则会得到 $x\in x$。

在系统 Q 中，除了前面的 17 个推理规则外，定理 1.28、定理 1.29 等也可以作为推理规则，从其前件（作为前提）推出其后件（作为结论）。例如，可以有以下的图式：

$$\frac{\forall x(F(x)\rightarrow G(x))}{\therefore \forall xF(x)\rightarrow \forall xG(x)} \qquad \text{（定理 1.28）}$$

$$\frac{\forall x(F(x)\rightarrow G(x))}{\therefore \exists xF(x)\rightarrow \exists xG(x)} \qquad \text{（定理 1.29）}$$

这些相应的图式在此不再一一列举，这些图式均可直接应用于 Q 的证明之中。

2. 自然推理系统 Q 的推演

根据以上规则，举例说明如何在自然推理系统 Q 中进行推演。

在自然推理系统 Q 中写出对应以下推理的证明。

例 1.56 没有不守信用的人是可以信赖的；有些可以信赖的人是受过教育的人。因此，有些受过教育的人是守信用的。

首先，将推理中的原子命题符号化。

设：$F(x)$：x 守信用的人，$G(x)$：x 是可以信赖的，$H(x)$：x 是受过教育的。

然后，将前提和结论分别符号化：前提：$\neg\exists x(\neg F(x)\wedge G(x))$，

$\exists x\ (G\ (x) \land H\ (x))$；结论：$\exists x\ (H\ (x) \land F\ (x))$。

证明

①$\exists x\ (G\ (x) \land H\ (x))$	前提引入
②$G\ (a) \land H\ (a)$	①EI
③$\neg \exists x\ (\neg F\ (x) \land G\ (x))$	前提引入
④$\forall x\ (\neg F\ (x) \rightarrow \neg G\ (x))$	③置换
⑤$\neg F\ (a) \rightarrow \neg G\ (a)$	④UI
⑥$G\ (a)$	②化简
⑦$F\ (a)$	⑤⑥逆分离
⑧$H\ (a)$	②化简
⑨$H\ (a) \land F\ (a)$	⑧⑦合取引入
⑩$\exists x\ (H\ (x) \land F\ (x))$	⑨EG

（证毕）

例 1.57　如果一个人怕困难就不会获得成功。所有的人或是获得成功的或是失败的。存在着没有失败的人，所以，存在着不怕困难的人（个体域为人的集合）。

首先，将推理中的原子命题符号化。

设：$F\ (x)$，x 怕困难；$G\ (x)$，x 获得成功；$H\ (x)$，x 失败。

前提：$\forall x\ (F\ (x) \rightarrow \neg G\ (x))$，$\forall x\ (G\ (x) \lor H\ (x))$，$\exists x \neg H\ (x)$。

结论：$\exists x \neg F\ (x)$。

证明

①$\exists x \neg F\ (x)$	前提引入
②$\neg H\ (c)$	①EI
③$\forall x\ (G\ (x) \lor H\ (x))$	前提引入
④ $(G\ (c) \lor H\ (c)$	③EI
⑤$G\ (c)$	②④析取三段论
⑥$\forall x\ (F\ (x) \rightarrow \neg G\ (x))$	前提引入
⑦$F\ (c) \rightarrow \neg G\ (c)$	⑥UI
⑧ $\neg F\ (c)$	⑤⑦逆分离
⑨$\exists x \neg F\ (x)$	⑧EG

（证毕）

例 1.58　凡合式公式不是可满足式就是不可满足式。如果一个合式公式是不可满足式，那么它就不是普效式。存在着普效式。所以，存在着可满足的合式公式（个体域为合式公式集）。

首先，将推理中的原子命题符号化。

设：$F(x)$，x 为可满足的合式公式；$G(x)$，x 不可满足式；$H(x)$，x 为普效式。

前提：$\forall x(F(x)\vee G(x))$，$\forall x(G(x)\to\neg H(x))$，$\exists xH(x)$。

结论：$\exists xF(x)$。

证明

①$\exists xH(x)$	前提引入
②$H(c)$	①EI
③$\forall x(G(x)\to\neg H(x))$	前提引入
④$G(c)\to\neg H(c)$	③UI
⑤$\neg G(c)$	②④逆分离
⑥$\forall x(F(x)\vee G(x))$	前提引入
⑦$F(c)\vee G(c)$	⑥UI
⑧$F(c)$	⑤⑦析取三段论
⑨$\exists xF(x)$	⑧EG

（证毕）

例 1.59 每个旅客或坐头等舱或坐二等舱。每个旅客当且仅当他富裕时坐头等舱。有些旅客富裕但并非所有的旅客都富裕。因此，有些旅客坐二等舱。

首先，将推理中的原子命题符号化。

设：$F(x)$，x 是旅客；$G_1(x)$，x 坐头等舱；$G_2(x)$，x 坐二等舱；$H(x)$，x 是富裕的。

前提：$\forall x(F(x)\to(G_1(x)\vee G_2(x)))$，$\forall x(F(x)\to(H(x)\leftrightarrow G_1(x)))$，$\exists x(F(x)\wedge H(x))\wedge\neg\forall x(F(x)\to H(x))$。

结论：$\exists x(F(x)\wedge G_2(x))$。

证明

①$\exists x(F(x)\wedge H(x))\wedge\neg\forall x(F(x)\to H(x))$	前提引入
②$\neg\forall x(F(x)\to H(x))$	①化简
③$\exists x(F(x)\wedge\neg H(x))$	②置换
④$F(c)\wedge\neg H(c)$	③EI
⑤$\forall x(F(x)\to(H(x)\leftrightarrow G_1(x)))$	前提引入
⑥$F(c)\to(H(c)\leftrightarrow G_1(c))$	⑤UI
⑦$F(c)$	④化简
⑧$H(c)\leftrightarrow G_1(c)$	⑥⑦分离
⑨$(H(c)\to G_1(c))\wedge(G_1(c)\to H(c))$	⑧置换
⑩$G_1(c)\to H(c)$	⑨化简
⑪$\neg H(c)$	④化简

⑫$\neg G_1(c)$	⑩⑪逆分离
⑬$\forall x(F(x)\rightarrow(G_1(x)\vee G_2(x)))$	前提引入
⑭$F(c)\rightarrow(G_1(c)\vee G_2(c))$	⑬UI
⑮$G_1(c)\vee G_2(c)$	⑦⑭分离
⑯$G_2(c)$	⑫⑮析取三段论
⑰$F(c)\wedge G_2(c)$	⑦⑯合取引入
⑱$\exists x(F(x)\wedge G_2(x))$	⑰EG

（证毕）

第四节　模态逻辑

一、模态逻辑概述

（一）模态词和模态命题

"模态"一词是英语 modal 的音译词，含有样式、程式的意思。此外，模态指事物或者认识的必然性和可能性等性质。

在传统的模态逻辑中，人们一般只考察必然性、或然性等模态性质，我们称这些模态为狭义模态。在基础逻辑文献中，又把这类模态称做真值模态(alethic modality)。

自 20 世纪 20 年代以来，逻辑的研究领域获得了很大的扩展，人们对模态的理解也更加宽泛。除了必然、可能以外，还把必须、允许、禁止、知道、相信，等等，这些非真值函项（或非外延的）性质都看成是模态，这种模态我们称之为广义模态。

模态按照性质还可以分成：命题模态和性质模态，客观模态和主观模态，逻辑模态和物理模态，此处不展开论述。

语言中用以表示模态性质的语词和符号被称为模态词。凡带有模态词的命题统一被称为模态命题。例如：

（1）物体摩擦必然生热；

（2）大学生应当遵守法律；

（3）地球上的物种可能会灭绝。

以上是对模态和模态命题的简单介绍，本书论述的模态命题主要有真值模态命题和规范模态命题（deontic modal proposition，也称道义模态命题）。为了论述的方便起见，本书将真值模态命题简称为“模态命题”，本节所说的模态逻辑也特指真值模态逻辑。

（二）模态命题及其形式

真值模态命题（模态命题）指的是含有“必然”、“可能”等模态词的命题。

模态命题和其他命题一样，也有其命题形式。命题形式即将命题的集体内容抽象出来之后保留下来的结构框架。命题形式一般由两个部分组成：命题变项和常项。命题常项指的是在命题中具有固定含义的词项，表示对命题中变项的联结和安排方式。变项指的是命题中某类事物的变程或变域。例如，上面的命题中的“必然”、“应当”和“可能”就是常项。

任何模态命题都是由模态词（常项）和它所制约的命题成分（变项）组成。在模态逻辑中，“必然”、“可能”是作为模态算子引入的，我们分别用符号“□”、“◊”表示必然算子和可能算子。例如，下面的模态命题：

（1）科技革命必然引起思维方式的变革。

（2）第三次世界大战可能爆发。

可以用符号分别表示为□p、◊p。□p 和◊p 是基本的模态命题形式。

（三）现代模态逻辑的产生

模态逻辑的思想最早可以追溯到古希腊的亚里士多德，他深刻准确地论述了“必然性”、“可能性”、“不可能性”等模态概念，还将“必然”、“可能”等模态词加入 AEIO 四种简单命题命题中，构成了模态命题，并进而研究了模态三段论。中世纪的一些逻辑学家扩大了人们对模态词和模态命题的认识。直到 20 世纪，随着普通逻辑命题演算的成熟，模态逻辑才获得了较大的发展，成为具有丰富内容的现代模态逻辑。

20 世纪初，罗素和怀特海以实质蕴涵为基础建立了经典的命题演算。但是，一些逻辑学家发现，经典命题演算会产生“蕴涵怪论”，因此，他们对这一系统不满意，希望能够建立能够反映日常关系的推理系统。为此，美国逻辑学家刘易斯（C. I. Lewis）提出了不同于实质蕴涵的严格蕴涵，并以罗素的古典命题演算为蓝本构造了一系列严格蕴涵系统 S_1～S_5，这就是最初的模态逻辑系统。

所谓严格蕴涵就是指在实质蕴涵的基础上增加一个必然性模态词而得到的蕴涵。严格蕴涵系统的提出标志着一种新的逻辑的出现，这就是现代模态逻辑。

在 20 世纪五六十年代，一些逻辑学家通过对莱布尼茨的可能世界概念加以改造，提出了可能世界语义学，模态逻辑获得了严格的语义对象和分析工具，模态逻辑变得更加完善，并形成了一个规模庞大的学科群，极大地拓宽了逻辑学的研究领域。

二、模态命题演算

模态命题演算是在普通的命题演算 P 的基础上，添加“必然”、“可能”等初始符号、形成规则，以及带有模态词的公理和推导规则拓展而成的。

模态逻辑著作常常是从介绍几个正规系统开始的。本书将介绍几个主要的正规系统。

(一) 系统 K

K 是古典命题演算 P 的最小模态扩张，因此是一个极小模态系统。

K 的初始基础包括如下几个方面。

1. 形式语言 L_m

这种语言是专门为模态命题逻辑设计的形式语言。这一语言的给出有两个出发点：第一，模态命题逻辑是古典命题逻辑的一种扩张；第二，要能够表达命题的模态形式，必须增加可以解释为模态算子的符号。

初始符号：

(1) 命题演算 P 的初始符号；

(2) 模态算子 $\Box$。

2. L_m公式的形成规则

(1) 命题逻辑的形成规则；

(2) 如果 A 是合式公式，则 $\Box A$ 也是合式公式；

(3) 如果 A 和 B 是合式公式，则 $\neg A$ 和 $(A\to B)$ 也是合式公式；

(4) 只有按照 (1)、(2)、(3) 三个条件，在有穷步内得到的公式才是合式公式。

L_m的公式简记为 F_m。

3. 定义

(1) 命题逻辑的定义；

(2) 模态算子定义

def $\Diamond$：$\Diamond A =_{\text{def}} \neg \Box \neg A$

4. 公理

(1) 命题演算 P 的公理；

(2) K 公理：$\Box(p\to q)\to(\Box p\to\Box q)$。

5. 初始推理规则

(1) 古典命题演算 P 的推理规则 R_1和 R_2；

(2) N（必然化规则）：如果 $\vdash A$，则 $\vdash\Box A$。

由上可知，K 系统是古典命题演算 P 的扩张，由于 K 不是 P 的定理，N 也不是 P 的推导规则，所以，K 是 P 的真扩张。

6. K 的定理和导出规则

定理 $\mathbf{MK_1}$　$\Box(p \to p)$。

证明

① $p \to p$	定理 P
② $\Box(p \to p)$	①N
	（证毕）

在这一证明中，除了初始规则以外，用的只是 P 定理。由于 K 是 P 的真扩张，所以这也是一个 K-证明。

定理 $\mathrm{MK_1}$ 表明 K 是一个有形如 $\Box A$ 定理的系统。按照同样的方法，我们可以对任意的 P 定理都作如下的操作，从而得到 K-定理。

定理 $\mathrm{MK_1}$ 还说明了，如果 AB 是重言式，则 AB 就是 K-定理。这反映了 K 接受这样的观点：凡是重言式的实质蕴涵都是加必然性的蕴涵。

在证明过程中，如果只用初始规则，则定理的证明可能会很长。为了简化证明，我们下面给出一些 K 的导出规则。

$\mathbf{RMK_1}$　如果 $\vdash A \to B$，则 $\vdash \Box A \to \Box B$。

证明

① $A \to B$	给定的假设
② $\Box(A \to B)$	①N
③ $\Box(A \to B) \to (\Box A \to \Box B)$	K
④ $\Box A \to \Box B$	②③MP
	（证毕）

定理 $\mathbf{MK_2}$　$\Box(p \wedge q) \to (\Box p \wedge \Box q)$。

证明

① $(p \wedge q) \to p$	定理 P
② $(p \wedge q) \to q$	定理 P
③ $\Box((p \wedge q) \to p)$	①N
④ $\Box((p \wedge q) \to q)$	②N
⑤ $\Box(p \wedge q) \to \Box p$	③K
⑥ $\Box(p \wedge q) \to \Box q$	④K
⑦ $((\Box(p \wedge q) \to \Box p) \wedge (\Box(p \wedge q) \to \Box q))$ $\to (\Box(p \wedge q) \to (\Box p \wedge \Box q))$	定理 P 代入规则
⑧ $\Box(p \wedge q) \to (\Box p \wedge \Box q)$	⑤⑥⑦MP

$\mathbf{RMK_2}$　如果 $\vdash A \leftrightarrow B$，则 $\vdash \Box A \leftrightarrow \Box B$。

证明

① $A \leftrightarrow B$　　给定的假设

② $(A \to B) \land (B \to A)$　　定理 P

③ $\Box((A \to B) \land (B \to A))$　　①N

④ $\Box(A \to B) \land \Box(B \to A)$　　定理 MK_2

⑤ $\Box(A \to B) \to (\Box A \to \Box B)$　　K 代入规则

⑥ $\Box(B \to A) \to (\Box B \to \Box A)$　　K 代入规则

⑦ $((\Box(A \to B) \to (\Box A \to \Box B)) \to (\Box(B \to A) \to (\Box B \to \Box A)))$ $\to(((\Box(A \to B) \land \Box(B \to A)) \to ((\Box A \to \Box B) \land (\Box B \to \Box A)))$ 定理 P 代入规则

⑧ $((\Box(A \to B) \land \Box(B \to A)) \to ((\Box A \to \Box B) \land (\Box B \to \Box A))$　　⑤⑥⑦MP

⑨ $(\Box A \to \Box B) \land (\Box B \to \Box A)$　　⑥⑧MP

⑩ $\Box A \leftrightarrow \Box B$

有了 RMK_2，我们就可以证明命题演算等值置换规则在系统 K 中有效。

定理 MK_3　$\Box p \leftrightarrow \neg\Diamond\neg p$。

证明

① $p \leftrightarrow \neg\neg p$　　定理 P

② $\Box p \leftrightarrow \neg\neg\Box p$　　①代入规则

③ $\Box p \leftrightarrow \neg\neg\Box\neg\neg p$　　①②代入规则

④ $\Box p \leftrightarrow \neg\Diamond\neg p$　　③（def $\Diamond$）

由定理 MK_3 很容易得到下列定理。

定理 MK_4　$\Box\neg p \leftrightarrow \neg\Diamond p$。

定理 MK_5　$\neg\Box p \leftrightarrow \Diamond\neg p$。

定理 MK_6　$\Diamond p \leftrightarrow \neg\Box\neg p$。

这些定理反映了必然算子和可能算子之间的互换规则。

定理 MK_7　$(\Box p \land \Box q) \to \Box(p \land q)$。

证明

① $p \to (q \to p \land q)$　　定理 P

② $\Box(p \to (q \to p \land q))$　　①N

③ $\Box p \to (\Box q \to \Box(p \land q))$　　②K

④ $(\Box p \land \Box q) \to \Box(p \land q)$　　③定理 P

由定理 MK_2 和定理 MK_7，可得到下列定理。

定理 MK_8　$\Box(p \land q) \leftrightarrow (\Box p \land \Box q)$。

定理 MK_9　$\Diamond p \lor \Diamond q \to \Diamond(p \lor q)$。

证明

① $\Box(p \land q) \to (\Box p \land \Box q)$　　定理 MK_2

②$\neg(\Box p\wedge\Box q)\rightarrow\neg\Box(p\wedge q)$ ①定理P假言易位律

③$(\neg\Box p\vee\neg\Box q)\rightarrow\Diamond\neg(p\wedge q)$ ②定理P德·摩根律

④$(\Diamond\neg p\vee\Diamond\neg q)\rightarrow\Diamond(\neg p\vee\neg q)$ ③def$\Box$

⑤$\Diamond p\vee\Diamond q\rightarrow\Diamond(p\vee q)$ ④定理P代入规则

类似地，我们可以得到下列定理。

定理 $\mathbf{MK_{10}}$ $\Diamond(p\vee q)\rightarrow(\Diamond p\vee\Diamond q)$。

定理 $\mathbf{MK_{11}}$ $\Diamond p\vee\Diamond q\leftrightarrow\Diamond(p\vee q)$。

以上说明$\Box\wedge$和$\Diamond\vee$满足分配律。

定理 $\mathbf{MK_{12}}$ $\Box \mathrm{p}\vee\Box \mathrm{q}\rightarrow\Box(\mathrm{p}\vee \mathrm{q})$。

证明

①$p\rightarrow(p\vee q)$ 定理P

②$q\rightarrow(p\vee q)$ 定理P

③$\Box p\rightarrow\Box(p\vee q)$ ①RMK_1

④$\Box q\rightarrow\Box(p\vee q)$ ②RMK_1

⑤$(p\rightarrow r)\rightarrow(q\rightarrow r)\rightarrow((p\vee q)\rightarrow r)$ 定理P

⑥$\Box p\vee\Box q\rightarrow\Box(p\vee q)$ ③④⑤代入规则

定理 $\mathbf{MK_{13}}$ $\Diamond(p\wedge q)\rightarrow(\Diamond p\wedge\Diamond q)$。

证明

①$\Box\neg p\vee\Box\neg q\rightarrow\Box(\neg p\vee\neg q)$ 定理MK_{12}

②$\neg\Diamond p\vee\neg\Diamond q\rightarrow\Box\neg(p\wedge q)$ ①def$\Diamond$

③$\neg(\Diamond p\wedge\Diamond q)\rightarrow\neg\Diamond(p\wedge q)$ ②定理P德·摩根律

④$\Diamond(p\wedge q)\rightarrow(\Diamond p\wedge\Diamond q)$ 定理P假言易位律

值得注意的是，定理MK_{12}和定理MK_{13}的逆公式不是K定理。

此外，还有一些重要的K-定理：

定理 $\mathbf{MK_{14}}$ $\Box(p\vee q)\rightarrow(\Diamond p\wedge\Box q)$；

定理 $\mathbf{MK_{15}}$ $\Box(p\vee q)\rightarrow(\Diamond q\wedge\Box p)$；

定理 $\mathbf{MK_{16}}$ $(\Box p\wedge\Diamond q)\rightarrow\Diamond(p\wedge q)$；

定理 $\mathbf{MK_{17}}$ $(\Diamond p\wedge\Box q)\rightarrow\Diamond(p\wedge q)$；

定理 $\mathbf{MK_{18}}$ $\Box(p\rightarrow q)\rightarrow(\Diamond p\rightarrow\Diamond q)$；

定理 $\mathbf{MK_{19}}$ $\Box(p\leftrightarrow q)\rightarrow(\Diamond p\leftrightarrow\Diamond q)$；

定理 $\mathbf{MK_{20}}$ $\Diamond(p\rightarrow q)\leftrightarrow(\Box p\rightarrow\Diamond q)$；

定理 $\mathbf{MK_{21}}$ $(\Diamond p\rightarrow\Box q)\rightarrow\Box(p\rightarrow q)$；

定理 $\mathbf{MK_{22}}$ $\Box p\rightarrow\Box(q\rightarrow p)$；

定理 $\mathbf{MK_{23}}$ $\Box\neg p\rightarrow\Box(p\rightarrow q)$；

定理 $\mathbf{MK_{24}}$ $\Diamond p\rightarrow\Diamond(p\vee q)$。

这些定理留给读者自己证明。

模态逻辑虽然是为了避免“实质蕴涵”而产生的，但它还是产生了另外的怪论。定理 MK_{22} 和定理 MK_{23} 就是我们常说的"严格蕴涵怪论"。

排中律和矛盾律在模态逻辑中以新的形式出现：

定理 MK_{25}　$\Box(p \vee \neg p)$；

定理 MK_{26}　$\neg \Diamond(p \wedge \neg p)$。

系统 K 还会产生一些叠置模态词的定理：

定理 MK_{27}　$\Box\Box p \leftrightarrow \neg \Diamond\Diamond \neg p$；

定理 MK_{28}　$\Box\Diamond p \leftrightarrow \neg \Diamond\Box \neg p$；

定理 MK_{29}　$\Diamond\Diamond p \leftrightarrow \neg \Box\Box \neg p$；

定理 MK_{30}　$\Diamond\Box p \leftrightarrow \neg \Box\Diamond \neg p$；

定理 MK_{31}　$\Box\Box(p \leftrightarrow p)$。

(二) 系统 D 和 T

系统 K 是一个极弱的模态系统，因此它的作用极为有限，一些重要的模态公式都不是其定理。但是，它是构造其他复杂的模态系统的基础。

1. 系统 D 和 T 的基础

模态系统 D 和 T 是通过分别增加下列特征公理而得到的：

$$D：\Box p \to \Diamond p$$

$$T：\Box p \to p$$

D 来源于道义逻辑。在道义逻辑中有这样一条规律，凡是应当的都是允许的。如果分别把 $\Box$ 和 $\Diamond$ 解释为"应当"和"允许"，则就有 $\Box p \to \Diamond p$。

T 又被称之为必然性公理。说的是：如果一个命题是必然的，则它就是实然的。

从形式构造上看，D 和 T 都是 K 的正规扩张，因此是正规系统。

2. D 的定理和导出规则

定理 D_1　$\Diamond(p \to p)$。

证明

① $\Box(p \to p) \to \Diamond(p \to p)$	D
② $\Box(p \to p)$	定理 MK_1
③ $\Diamond(p \to p)$	①②MP

D 系统还具有下面的导出规则。

RD　如果 $\vdash A$，则 $\vdash \Diamond A$。

证明

① A	假定
② $\Box A$	①N
③ $\Box A \to \Diamond A$	D
④ $\Diamond A$	②③MP

定理 D_2 $\Diamond p \vee \Diamond \neg p$。

证明

①$p \vee \neg p$ 定理 P

②$\Diamond(p \vee \neg p)$ ①RD

③$\Diamond(p \vee \neg p) \rightarrow \Diamond p \vee \Diamond \neg p$ 定理 MK_{12}

④$\Diamond p \vee \Diamond \neg p$ ②③MP

3. T 的定理

系统 T 可以证得下列定理。

定理 T_1 $p \rightarrow \Diamond p$；

定理 T_2 $\Box p \rightarrow \Diamond p$。

定理 T_2 说明了 D 是 T 的定理，因此 T 是 D 的扩张。

定理 T_3 $\Box \Diamond p \rightarrow \Diamond p$；

定理 T_4 $\Box p \rightarrow \Diamond \Box p$；

定理 T_5 $\Box (\Box p \rightarrow p)$；

定理 T_6 $\Box \Box p \rightarrow \Box p$；

定理 T_7 $\Diamond \Box p \rightarrow \Diamond p$；

定理 T_8 $\Box p \rightarrow \Box \Diamond p$；

定理 T_9 $\Diamond p \rightarrow \Diamond \Diamond p$。

（三）系统 S_4 和 S_5

如果一个模态命题中出现了一些叠置的模态词，如何简化它们呢？公理 4 和 E 就是为了解决这样的问题而被引入的。

4：$\Box p \rightarrow \Box \Box p$。

E：$\Diamond p \rightarrow \Box \Diamond p$。

在 T 系统的基础上，分别加入公理 4 和 E，就构成了系统 S_4 和 S_5。

1. S_4 的定理和导出规则

定理 $S_4 1$ $\Box p \leftrightarrow \Box \Box p$。

证明

①$\Box p \rightarrow \Box \Box p$ 4

②$\Box \Box p \rightarrow \Box p$ T

③$\Box p \leftrightarrow \Box \Box p$ ①②MP

我们还可证如下定理。

定理 $S_4 2$ $\Diamond p \leftrightarrow \Diamond \Diamond p$。

这两个定理说明了：两个相连的相同的模态算子可以消除一个，也可以由一个算子再引入一个相同的算子叠置起来。

S_4还有下列定理。

定理 $S_4$3　$\Diamond\Box\Diamond p\rightarrow\Diamond p$；

定理 $S_4$4　$\Box\Diamond p\rightarrow\Box\Diamond\Box\Diamond p$；

定理 $S_4$5　$\Box\Diamond p\leftrightarrow\Box\Diamond\Box\Diamond p$；

定理 $S_4$6　$\Diamond\Box p\leftrightarrow\Diamond\Box\Diamond\Box p$；

定理 $S_4$7　$\Box(p\rightarrow q)\rightarrow\Box(\Box p\rightarrow\Box q)$；

定理 $S_4$8　$\Box(p\vee q)\leftrightarrow\Box(\Box p\vee\Box q)$；

定理 $S_4$9　$\Box(\Box p\wedge\Box q)\leftrightarrow(\Box p\wedge\Box q)$。

定理 $S_4$4 和定理 $S_4$5 说明了以$\Box\Diamond$和$\Diamond\Box$为单位的序列可以只保留其中的一个单位而删除其他的单位，或者可以增加无穷多个这样的单位，所得的公式和原公式仍然等值。

由上述的定理，我们能够发现，在 S_4系统中至少存在 14 种不同的模态。读者可参见弓肇祥的著作《广义模态逻辑》①。

2. S_5的定理

系统 S_5是通过系统 T 添加公理 E 而得到的。

系统 S_5有下列重要定理。

定理 $S_5$1　$\Box\Diamond p\leftrightarrow\Diamond p$；

定理 $S_5$2　$\Diamond\Box p\rightarrow\Box p$；

定理 $S_5$3　$\Diamond\Box p\leftrightarrow\Box p$；

定理 $S_5$4　$\Box p\rightarrow\Box\Box p$；

定理 $S_5$4 表明 S_5是 S_4的扩张。

定理 $S_5$1 和定理 $S_5$3 表明，在系统 S_5中，任何两个不同的模态算子组成的系列都可以删除前一个模态算子，反之，在任一个模态算子的前面都可以加上一个不同的模态算子，所得的公式与原公式等值。

定理 $S_4$1，定理 $S_4$3，定理 $S_5$1 和定理 $S_5$3 结合起来说明：在任意的、有穷长的一元模态算子系列中，我们总是可以只保留最后一个模态算子而删除前面所有的算子，所得的公式与原公式等值，反之亦然。这常常被称为模态算子的归约律。这样 S_5中的所有模态都可以归约为六种模态情形之一，读者可参见弓肇祥的著作《广义模态逻辑》①。

定理 $S_5$5　$\Box(p\vee\Box q)\rightarrow\Box p\vee\Box q$；

定理 $S_5$6　$\Box(p\vee\Diamond q)\rightarrow\Box p\vee\Diamond q$；

定理 $S_5$7　$\Diamond(p\wedge\Diamond q)\rightarrow\Diamond p\wedge\Diamond q$；

定理 $S_5$8　$\Diamond(p\wedge\Box q)\rightarrow\Diamond p\wedge\Box q$。

---

① 弓肇祥．1993．广义模态逻辑．北京：中国社会科学出版社：64．

（四）模态逻辑的其他系统

如前所述，由古典模态系统 K 分别增加特征公理 D 和 T 就构成了系统 D 和 T，D 是 K 的真扩张，T 又是 D 的扩张。按照同样的模式，我们又得到了模态系统 S_4 和 S_5。因此，我们可以如法炮制，通过添加一些重要的特征公理构成不同的模态系统。

除了上面已经说过的特征公理以外，还有下面一些重要的特征公理。

B：$p \to \Box\Diamond p$

Tr：$\Box p \leftrightarrow p$

Dum：$\Box(\Box(p \to \Box p) \to p) \to (\Diamond\Box p \to p)$

M：$\Box\Diamond p \to \Diamond\Box p$

B 叫做布劳维尔公理（Brouwerian Axiom），Tr 叫做不足道公理，如果一个模态系统加入了 Tr，则可以把所有的模态词都消除掉，于是，模态逻辑就退化为经典命题逻辑，模态系统就坍塌了。Dum 和 M 分别是其提出者名字的缩写，即逻辑学家达姆特（Dummet）和麦肯锡（Mckingsey）。

由这些特征公理可以定义许多逻辑系统，比如：

D=K+D	道义逻辑标准系统
T=K+T	歌德尔/费斯/冯．赖特系统
S_4=T+4	S_4
S_5=T+E	S_5
B=T+B	布劳维尔系统
Dum= T+4+Dum	普赖尔模态系统 Q
Tr= T+4+B+M	不足道系统

在这些系统中，常见的正规模态系统是 K、T、D、S_4、S_5，故本书只论述这几种重要的模态系统。

（五）几种常见的模态系统之间的关系

此处主要介绍几种常见的模态系统之间的关系，如下图：

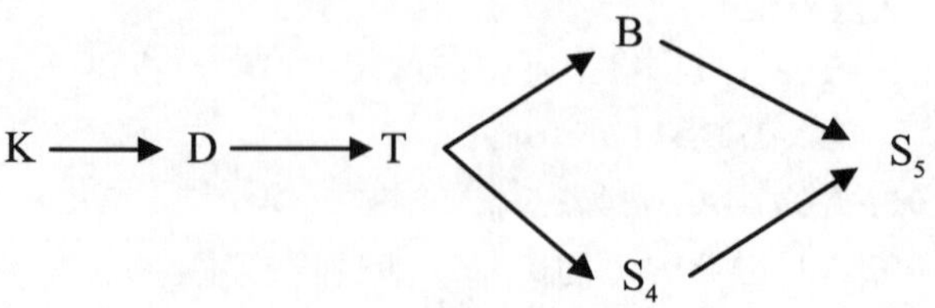

符号 K →D 表示 K 真包含于 D，即 D 是 K 的真扩张。

三、可能世界语义学

(一) 可能世界模型

模态逻辑的发展早期只有一些纯语法的公式，如刘易斯的 $S_1 \sim S_5$ 系统就没有给出它的形式语义解释。随着模态逻辑的发展，这种状态已经不能适应模态逻辑发展的需要，迫切需要一种形式的语义对模态逻辑进行解释。正是在这种背景之下，可能世界语义学就产生了。

可能世界语义学是模态逻辑的形式语义学。“可能世界”这一概念来源于莱布尼茨的思想，他说过，一个命题是必然的，仅当他在所有的可能世界中都真，可能是指在某个可能世界中真。

莱布尼茨只是对可能世界的思想进行了一些描述，这种描述由后来的逻辑学家加以阐发，就产生了可能世界语义学。其中，克里普克对模态逻辑语义学作出了重大贡献。

下面我们对可能世界思想进行一些形式的刻画，它是通过模型的方法来实现的。

定义 1.9　令 $\langle W, R\rangle$ 为任一二元组，$U=\langle W, R\rangle$ 为一个框架，当且仅当 W 是任一非空集，并且 R 是 W 上的任意二元关系，即 $R\subset W\times W$。

W 中的元素被称为可能世界，W 可以理解为可能世界的集合，$W=\{\omega_1, \omega_2, \omega_3, \cdots\}$，$R$ 是 W 之上的可通达关系，它将可能世界与可能世界联系起来。对于 W 中的任意元素 ω，我们将把 $\{x\in W:(\omega, x)\in R\}$ 记为 $R(\omega)$。

定义 1.10　令 $\langle W, R\rangle$ 为一个框架，V 是 $\langle W, R\rangle$ 上对模态公式的一个赋值，当且仅当 V 是 L_d 从笛卡儿积 $Fd\times W$ 到集合 $\{1, 0\}$ 的一个映射。

称三元组 $M=\langle W, R, V\rangle$ 为一个模型，仅当它满足下列条件：

(1) $[V\neg]$ $V(\neg A, \omega)=1$，当且仅当 $V(A, \omega)=0$；

(2) $[V\rightarrow]$ $V(A\rightarrow B, \omega)=1$，当且仅当或者 $V(A, \omega)=0$ 或者 $V(B, \omega)=1$；

(3) $[V\wedge]$ $V(A\wedge B, \omega)=1$，当且仅当 $V(A, \omega)=1$ 且 $V(B, \omega)=1$；

(4) $[V\vee]$ $V(A\vee B, \omega)=1$，当且仅当 $V(A, \omega)=1$ 或者 $V(B, \omega)=1$；

(5) $[V\Box]$ $V(\Box A, \omega)=1$，当且仅当对于每一个满足条件 $\omega R\omega'$（即 $(\omega, \omega')\in R$）的可能世界 ω' 都有 $V(A, \omega')=1$；

(6) $[V\Diamond]$ $V(\Diamond A, \omega)=1$，当且仅当对于某一个满足条件 $\omega R\omega'$（即 $(\omega, \omega')\in R$）的可能世界 ω' 有 $V(A, \omega')=1$。

(5) 说的是，$\Box A$ 在模型 M 中的可能世界 W 是真的，当且仅当 A 在与 W

通达的每一个可能世界中都真。（6）说的是，$\Diamond A$ 在模型 M 中的可能世界 W 是真的，当且仅当 A 在与 W 通达的某些可能世界中真。

这样的 V 被称为框架〈W，R〉上的一个赋值函数，一个模型是由一个框架及其上的一个赋值函数组成。

（二）有效性

以上我们介绍了模型的概念，以及在模型下公式的真值条件。下面我们介绍有效性概念，我们主要引入两种有效性概念：模型有效和模型类有效。

如前所述，当 V（A，ω）=1时，我们称 A 在可能世界 ω 中为真。

使 A 为真的所有可能世界组成的集合 $\{x \in W : V(A, x) = 1\}$ 将被记为 $\|A\|$。因此，□A在 ω 中真，当且仅当 R（ω）$\subseteq \|A\|$；◊A在 ω 中真，当且仅当 R（ω）$\cap \|A\| \neq \Im$ 。

给定一个模型 M=〈W，R，V〉，A 在世界 ω 中为真也可记为

$$M, \omega \models A$$

如果对于 M 中的每一个可能世界 A 都有 M，$\omega \models A$，则称 A 在模型 M 中有效。如果一公式 A 在任意模型中都有效，则称 A 在模型类 M 中有效。

有效性有不同的等级。最低等级的有效性指的是：一个公式 A 在一个模型的某一个可能世界中真，这种有效性常常被称做：A 被模型 M 中的某个可能世界 w 所满足。第二个等级的有效性就是模型有效，指的是公式 A 被模型 M 中的所有可能世界满足，则称 A 在该模型下有效。第三等级的有效性指的是公式 A 在所有模型组成的模型类中有效，这种有效性被称之为普遍有效性。

如果一个模态逻辑系统的所有定理都在一给定的模型类的每一个模型中有效，则称该系统相对于该模型来说是可靠的。

（三）可通达关系 *R*

此处，我们专门来探讨可通达关系 R，因为它与某一命题在一个模型中是否有效有着直接的关系。

前面我们所构造的模型中，对 R 没有施加任何的限制，因此这种模型是最简单的模型，我们称之为标准模型。

下面我们借助这些标准模型来证明一些重要的公式是否有效。

（1）$\models \Diamond p \leftrightarrow \neg \Box \neg p$；

（2）$\models \Box(p \to q) \to (\Box p \to \Box q)$；

（3）如果 $\models A$，则 $\models \Box A$。

此处，我们选择性地证明公式（2）。

证明 设 w_1，w_2 是 M=<W，R，V）中的世界，于是

① V（□（$p\to q$），w_1）$=1$ 假设

② V（□p，w_1）$=1$ 假设

③ 当且仅当对于每一个满足条件 $\omega_1 R\omega_2$（$(\omega_1,\omega_2)\in R$）的可能世界 ω_2 都有

V（$p\to q$，ω_2）$=1$ ①［V□］

④ 当且仅当对于每一个满足条件 $\omega_1 R\omega_2$（$(\omega_1,\omega_2)\in R$）的可能世界 ω_2 都有

V（p，ω_2）$=1$ ②［V□］

⑤ 当且仅当对于每一个满足条件 $\omega_1 R\omega_2$（$(\omega_1,\omega_2)\in R$）的可能世界 ω_2 都有

V（q，ω_2）$=1$ ③④MP

⑥ V（□q，w_1）$=1$ ⑤［V□］

所以，对于每一个标准模型中的每一个可能世界 ω_1，都有

M，$w_1 \models$□（$p\to q$）→（□$p\to$□q）。

（1）（3）的有效性留给读者自证。

由（1）～（3）在标准模型中有效可知，该模型是模态系统 K 的模型。换句话说，K 的所有定理在这一模型下都是有效的。

我们也可以证明下面的一些重要公式在该模型不是有效的。

D：□p →◊p；

T：□$p\to p$；

B：$p\to$□◊p；

4：□$p\to$□□p；

E：◊$p\to$□◊p。

要使得这些公式有效，必须在上述的标准模型中对关系 R 增加某些性质。

设 $M=<W, R, V)$ 是一标准模型，我们对这一模型加以扩充，关系 R 分别具有下列性质。

持续性（seriality）： 当且仅当 对于每一个在 M 中的每一个 W_1 都存在着一个 W_2，使得 w_1Rw_2；

自返性（reflexivity）：当且仅当 对于每一个在 M 中的每一个 W_1，都有 w_1Rw_1；

对称性（symmetry）：当且仅当 对于每一个在 M 中的每一个 W_1 和 W_2，如果 w_1Rw_2，则 w_2Rw_1；

传递性（transitivity）：当且仅当 对于每一个在 M 中的每一个 W_1，W_2 和 W_3，如果 w_1Rw_2，且 w_2Rw_3，则 w_1Rw_3；

欧性（Euclidean）： 当且仅当 对于每一个在 M 中的每一个 W_1，W_2 和

W_3，如果 w_1Rw_2，且 w_1Rw_3，则 w_2Rw_3。

R 的这些特性分别使得下列公式在其模型类中有效，它们之间的对应关系如下：

（1）D 在持续性的模型中有效；

（2）T 在自返性的模型中有效；

（3）B 在对称性的模型中有效；

（4）4 在传递性的模型中有效；

（5）E 在欧性的模型中有效。

这种对应性，本书将省略其证明。读者可参见周北海的著作《模态逻辑导论》[①] 和弓肇祥的著作《广义模态逻辑》[②]。

四、模态逻辑系统的元逻辑问题

（一）K，D，T，S_4，S_5的可靠性

可靠性定理 设 S 是任一模态逻辑系统，M 为任一模型类，A 为任一合式公式，若 $\vdash_S A$，则 $\models_M A$。

此处，可靠性的证明是采取这样的方法：施归纳于证明的结构，证明①某一模态系统的公理在某一模型类下是有效的；②基本的推理规则具有保真性的特点。

前面我们已经证明了 K 公理，N 必然化规则在 R 没有添加具体特性的标准模型类中是有效的，def ◇也是有效的，现在我们要证明 K 的可靠性，只需要证明其推理规则都具有保证性即可。而古典命题演算 P 的推理规则 R_1 和 R_2 已经被证明是具有保持有效性的特点，所以，我们说 K 是可靠的。

D，T，S_4，S_5 都是 K 的扩充，且每一后者都是前者的扩充，因此，前者的证明都是后者证明的一部分，因此我们只需要证明每一个系统的特征公理在它们对应的框架类下是有效的即可。

D 在 R 为持续性的模型类中有效。

证明 假设 w_1 是在 R 为持续性的模型 $M=<W, R, V>$中的世界，并且假定 $V(\Box p \to \Diamond p, w_1)=0$。按照前面的赋值［$V\to$］得：$V(\Box p, w_1)=1$ 且 $V(\Diamond p, w_1)=0$。由 $V(\Box p, w_1)=1$ 可得：当且仅当对于每一个满足条件 w_1Rw_2 的可能世界 w_2 都有 $V(\Box p, w_2)=1$；由 $V(\Diamond p, w_1)=0$ 可得：存在

① 周北海 . 1997. 模态逻辑导论 . 北京：北京大学出版社：127.

② 弓肇祥 . 1993. 广义模态逻辑 . 北京：中国社会科学出版社：93.

一个世界 w_2，且 $w_1 R w_2$，有 $V(\Box p, w_2)=0$，这样，在可能世界 w_2 中，就出现了赋值矛盾，原先的假定就不成立，即 $V(\Box p \rightarrow \Diamond p, w_1)=1$，因此，D 在 R 为持续性的模型类中是有效的。

我们还可证 T 在自返性的模型类中总是有效的，4 在传递性的模型类中总是有效的，E 在欧性的模型类中是有效的。

因此，K，D，T，S_4，S_5 系统具有可靠性。

（二）K，D，T，S_4，S_5 系统的一致性

一致性定理：不存在任何 S 的公式 A，使得 $\vdash A$ 又 $\vdash \neg A$。

由可靠性定理可知，一个公式如果不是有效的就不是定理，据此，根据赋值［$V\neg$］，A 和 $\neg A$ 不可能同时为真，所以不能同时是 S 的定理。因此，任何一个系统，只要是可靠的，就是一致的。

（三）K，D，T，S_4，S_5 系统的完全性

完全性是系统的性质，可分为语义完全性和语法完全性。大体是说，一个系统是语义完全的，则任一有效的公式都是该系统的可证公式。一个系统是语法完全的，则该系统不存在一致的真扩张。前者称为弱完全性。模态逻辑系统一般都只具有弱完全性。因此，本书所说的完全性实际上是指语义完全性。

完全性定理 设 S 是任一模态逻辑系统，M 为任一模型类，A 为任一合式公式，若 $\models_M A$，则 $\vdash_S A$。

K，D，T，S_4，S_5 系统都有上述的完全性。

完全性的证明向来都是逻辑研究中最困难的一环，可以有多种途径。模态逻辑的完全性证明主要有三种方法：一是范式的方法；二是语义图方法；三是亨金（Henkin）的证明。

下面简要介绍一下完全性的亨金证明。

定义 1.11 极大一致集 设 L 为任一语言，Γ 是任意 L-公式集，S 是 L 下的任一系统，Γ 是 S-极大一致集，当且仅当，Γ 是 S 一致的，并且对任意公式α，若 $\Gamma \cup \{\alpha\}$ 是 S 一致的，则 $\alpha \in \Gamma$。

定理 1.46 设 S 是任一 p-扩张，Γ 是任一 S-极大一致集，α，β 为任意一公式。

（1）$\alpha \in \Gamma$，当且仅当，$\neg\alpha \notin \Gamma$；

（2）如果 $\alpha \rightarrow \beta \in \Gamma$，那么 $\neg\alpha \in \Gamma$ 或者 $\beta \in \Gamma$；

（3）如果α，$\alpha \rightarrow \beta \in \Gamma$，那么 $\beta \in \Gamma$。

定理 1.47 设 L 是任一可数语言（公式定义如常），S 是 L 下的任一系统，Λ 是任一 L-公式集，若 Λ 是 S-一致的，则存在有 S-极大一致集 Γ，$\Lambda \subseteq \Gamma$。

证明 L 是可数语言，即只有可数多个符号，所以 L -公式也是可数的，可以把所有 L -公式排成一序列。设

$$\alpha_1, \alpha_2, \cdots, \alpha_n, \cdots$$

是一个这样的 L -公式序列，令

$$\Gamma_n = \Lambda$$

$$\Gamma_{n+1} = \begin{cases} \Gamma_n \cup \{a_{n+1}\}, & \Gamma_n \cup \{a_{n+1}\} \text{ 是S一致的} \\ \Gamma_{n'} & \text{否则} \end{cases}$$

于是得到一个公式集序列

$$\Gamma_1, \Gamma_2, \cdots, \Gamma_n, \cdots$$

令 $\Gamma = \bigcup_{n \in \omega} \Gamma_n$

Γ 是 S-一致的。因为若 Γ 不是 S-一致的，则有 Γ 的有穷子集 Γ' 不是 S-一致的。设 Γ' 中公式的最大下标是 m，则 $\Gamma' \subseteq \Gamma_m$，与 Γ_m 是 S-一致相矛盾。

Γ 是 S-极大一致的。因为根据 Γ 的构造，Γ 没有 S-一致的真扩张，即任α，若 Γ∪｛α｝是 S-一致的，则已有 $\alpha \in \Gamma$。（证毕）

定理 1.48 P-典型模型基本定理 设α是任意公式，Γ 是任 P 极大一致集，V_Γ（α）＝1，当且仅当，$\alpha \in \Gamma$。

证明 用结构归纳法

当α为命题变元时，由 V_Γ 定义，可得 V_Γ（α）＝1，当且仅当，$\alpha \in \Gamma$。

（1）当α＝ $\neg\beta$ 时：

如果 $\neg\beta \in \Gamma$，那么 $\beta \notin \Gamma$ （定理 1.46）

则 V_Γ（β）＝0，故 V_Γ（$\neg\beta$）＝1 （P -赋值定义）

同理：如果 $\neg\beta \notin \Gamma$，那么 $\beta \in \Gamma$

则 V_Γ（β）＝1，故 V_Γ（$\neg\beta$）＝0 （P-赋值定义）

（2）当 $\alpha = \beta \to \gamma$ 时：

如果 $\beta \to \gamma \in \Gamma$，那么 $\beta \notin \Gamma$ 或者 $\gamma \in \Gamma$ （定理 1.46）

则 V_Γ（β）＝0 或者 V_Γ（γ）＝1，故 V_Γ（$\beta \to \gamma$）＝1 （P-赋值定义）

如果 $\beta \to \gamma \notin \Gamma$，那么 $\beta \in \Gamma$ 且 $\gamma \notin \Gamma$ （定理 1.46）

则 V_Γ（β）＝1 且 V_Γ（γ）＝0，故 V_Γ（$\beta \to \gamma$）＝0 （P-赋值定义）（证毕）

定理 1.49 P-完全性定理 设α是任意公式，若 $\alpha \notin$ Th（P），则存在α的 P-反模型。

证明 若 $\alpha \notin$ Th（P），则 $\neg\alpha$ 是 P-一致的。由定理 1.47 可知，存在 P-极大一致集 Γ，$\neg\alpha \in \Gamma$。据定理 1.48，存在 P -典范模型〈V_Γ〉，V_Γ（$\neg\alpha$）＝1，〈V_Γ〉即α的 P -反模型。（证毕）

以上只给出了模态逻辑完全性的亨金证明，对于其他几种证明，读者可以参阅相关的文献。

第二章

描述逻辑

第一节　描述逻辑的语法与语义

一、描述逻辑简介

描述逻辑（DL）是知识表示体系族最近才使用的名称，首先，通过定义该领域内的相关概念（terminology），表示一个应用领域（the world）的知识；然后，使用这些概念指明出现在该领域（the world description）内的对象和个体的性质。正如 DL 的名字所显示的，这些语言的特点之一在于，不像它们的前辈一样，它们装备了一个形式的、基于逻辑的语义。另外一个显著的特点在于将以推理为中心的服务作为重点：推理允许我们从知识库中的外层知识得到蕴涵在其内部的知识。DL 支持出现在很多智能信息处理系统的应用中的推理模式中，它也是人们用来构建和理解世界的概念和个体的分类。概念的分类确定了给定的术语（terminology）中概念间的子概念/父概念的关系（在 DL 中称为包含），而且分类允许我们以包含层级的形式去构造术语。这种层级为不同概念间的联系提供了有用的信息，而且能被用来提高其他推理服务。个体的分类确定了一个给定的个体是否总是一个概念的实例（也就是说，这种实例关系是否由个体的描述和概念的定义来暗示），这样就提供了个体性质的有用信息，更为有用的是，实例关系可以触发那些向知识库中插入附加事实的规则的应用。

因为 DL 是知识表示的一种形式，而且在知识表示中，我们通常假设一个知识表示系统总能在一个合理的时间内回答用户的查询，所以，DL 研究者所感兴趣的推理过程，即决策过程，不管得到的是肯定或否定回答，总之是要结束的，这一点与一阶理论证明是不同的。答案在有限时间内给出，并不意味着这个有限时间是合理的，所以，调查一个包含决策推理问题的 DL 的计算复杂度是很重要的。推理问题的确定度和复杂度依赖于正在使用的 DL 的表达能力，一方面，表达能力很强的 DL 可能会使得推理问题很复杂，或者根本没法确定；另一方面，表达能力很弱的 DL（包含有效的推理过程）可能无法准确表示给定应用中的重要概念。调查 DL 的表达能力和它们的推理问题的复杂性的折中，已经是 DL 研究的最重要的主题之一。

DL 是由所谓的“结构化层级网络”（Brachman，1978）发展而来的，结构化层级网络是为了克服早期语义网络和框架的歧义性提出的，语义网络和框架最早是在 KL-One 系统中实现的（Brachman and Schmolze，1985）。下面这三点，首先在 Brachman 的有关结构化层级网络的著作中被提出，在很大程度上影响了 DL 接下来的发展。

（1）基本的依照造句法构建的模块有原子概念（一元谓词）、一元角色（二元谓词）和个体（常量）。

（2）因为它使用了一个相当小的构建复杂概念和角色的构造器（知识完备的）集合，语言的表达能力被束缚了。

（3）在推理过程的帮助下，概念和个体的内部知识能够被自动地推理。特别地，概念间的包含关系及个体和概念间的实例关系起到了重要的作用。这与语义网络中由用户明显给出的 IS _ A 关系是不一样的，包含关系和实例关系是由概念的定义及个体的性质推出的。

在第一个基于逻辑的语义学应用于 KL-One-like 知识表示语言之后，像包含这样的推理问题也能够有一个准确的意义，这导致了此类语言的计算特性的第一次正式调查。结果证明，早期 DL 系统使用的语言的表达能力太强，这使得包含问题无法确定。第一个最坏情况复杂度调查结果显示，即便对于表达能力很差的语言，包含问题也是难以处理的（也就是说，不是多项式级可以解决的），这本书是 KL-One-like 知识表示语言中的推理的最坏情况复杂度的彻底调查的开始（Baader and Nutt，2003）。

但是，后来的研究表明，推理的难处理性（最坏情况下复杂度是非多项式级的）并没有妨碍 DL 在应用中的有用性，在实现一个基于 DL 的系统时，只要使用那些复杂的最优化技术，就可以了（Baader and Nutt，2003）。可是，实现一个基于 DL 的系统时，基本的推理算法的有效实现并不是唯一的问题。一方面，起源系统服务（比如说分类，也就是说，构建一个 terminology 中定义的所有概念间的包含层级）也必须被最优化；另一方面，一个 DL 系统还需要一个好的使用者和好的应用程序接口（Baader and Nutt，2003）。大多数实现的 DL 系统提供了一种规则语言，规则语言可以被看做一种非常简单的，但是有效的应用编程机制。

二、基本形式的定义

基于 DL 的知识表示系统提供了建立知识库、推理知识库中的内容及处理这些内容的工具，图 2-1 概略地描绘出了这样一个系统的结构。

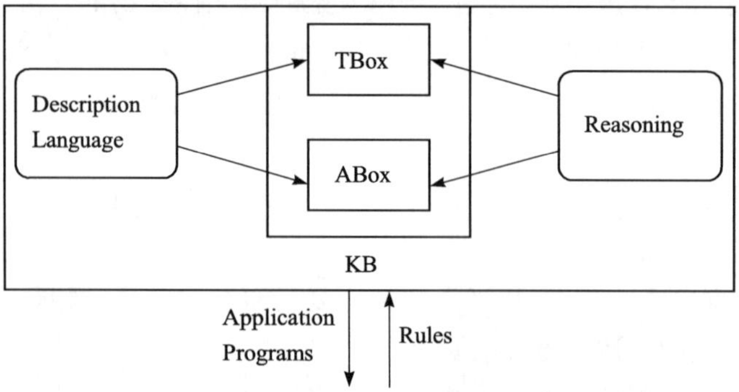

图 2-1　基于描述逻辑的知识表示系统的结构

一个知识库（KB）包含了两部分：TBox 和 ABox。Tbox 介绍术语，也就是一个应用领域的词汇表，而 Abox 中则包含了根据这个词汇表的命名个体的声明。

这个词汇表包含了表示个体的集合的概念（concept），以及表示个体之间二元关系的角色（roles），除了原子概念和角色（概念和角色名）之外，所有的 DL 系统都允许它们的使用者构建复杂的概念和角色描述。Tbox 可以被用来将名字分配给复杂的描述，用来构建描述的语言是每个 DL 系统的特性，而且不同的系统是通过它们的描述语言区分开来的，描述语言有一个 model-theoretic 语义，这样，TBox 和 Abox 中的陈述就可以用一阶逻辑的公式来区分，或者在有些时候，使用这个公式（it 指代什么）的简单扩展。

一个 DL 系统不仅要存储 terminology 和 assertion，还要提供 terminology 和 assertion 的推理服务。terminology 的典型的推理任务，是要确定一个描述是否是可以满足的（也就是说是没有矛盾的），或者一个描述是否比另外一个更加概括，即第一个是否包含第二个。ABox 的重要问题是要弄清楚它的陈述（assertion）集合是否是一致的，也就是说，它是否有一个模型，而且 Abox 中的陈述是不是使得一个特定的个体是一个给定概念描述的实例。描述的可满足性检查和陈述集合的一致性检查，在确定一个知识库是否有意义时，是很重要的。通过包含性测试，我们可以根据 terminology 中的概念的一般性，把这些概念组织成一个层级结构，一个概念描述也可以被认为是一个我们感兴趣的对象集合的查询，这样，通过实例测试，我们就可以取回满足查询的个体了。

在任何一个应用中，一个知识表示系统都是被嵌入一个更大的环境中的，该环境中的其他组件通过查询和修改知识库来与知识表示组件相联系，也就是通过增加和取消概念、角色及陈述达到的。规则（rules）就是增加陈述的束缚机制，是逻辑的核心形式的扩展，它仍然是被逻辑地解释的。但是，包括提供应用程序接口的很多系统，都有定义好的逻辑语义的功能，通过提供一个 escape hatch，应用程序就可以任意地操作知识库了。

(一) 描述语言

基本的描述有原子概念和原子角色，通过使用概念构造器，复杂的描述可以在基本描述的基础上归纳性地构建，在抽象符号中，我们使用字母 A、B 代表原子概念，使用字母 R 代表原子角色，使用 C、D 代表概念描述，描述语言因为它们本身提供的构造器的不同而不同，下面，我们将讨论 AL 语言族中各种各样的语言，AL 语言（定语语言），作为有实用价值的最小的语言，在 Schmidt-Schauβ 和 Smolka，1991）的著作中被介绍过。该族系中的其他语言都是 AL 语言的扩展。

1. AL 语言的基本描述

AL 语言中的概念描述根据下面的语法规则构成：

$C, D \rightarrow A$ |	（原子概念）
$\top$ |	（全局概念）
$\bot$ |	（底层概念）
$\neg A$ |	（原子否定形式）
$C \sqcap D$ |	（交集）
$\forall R.C$ |	（值束缚）
$\exists R.$	（有限制的存在变量）

需要注意的是，在 AL 语言中，否定只能被应用于原子概念，而且，在某角色的存在变量的范围内，只允许全局变量使用。因为历史的因素，AL 语言的子语言中，不允许否定应用于原子概念的被称为 FL^-，FL^- 的子语言中，不允许使用有限制的存在变量的，叫 FL_0。

为了给 AL 语言中描述的概念一个形象的例子，我们假设 Person 和 Female 是原子概念，那么，Person $\sqcap$ Female 和 Person $\sqcap \neg$ Female 就是 AL 语言中描述的概念，很直观的，有一些人是女人，而有些人不是女人。另外，如果我们假设 hasChild 是一个原子角色，我们可以使用概念 Person $\sqcap \exists$ hasChild. 和 Person $\sqcap \forall$ hasChild. Female 表示那些有一个孩子的人，以及那些所有的孩子都是女孩的人。使用底层概念，我们也可以用 Person $\sqcap \forall$ hasChild. $\bot$ 描述那些没有孩子的人。

为了定义 AL 语言中概念的形式语义，我们使用解释 I，I 包含一个非空集合 Δ^I（解释的领域），以及一个解释功能，解释功能分配给每一个原子概念 A 一个集合 $A^I \subseteq \Delta^I$，分配给每一个角色 R 一个二元关系 $R^I \subseteq \Delta^I \times \Delta^I$。通过下面的诱导定义，解释功能被扩展为概念描述。

$$T^I = \Delta^I$$
$$\bot^I = \Phi$$
$$(\neg A)^I = \Delta^I \setminus A^I$$
$$(C \sqcap D)^I = C^I \cap D^I$$
$$(\forall R.C)^I = \{a \in \Delta^I \mid \forall b.(a, b) \in R^I \to b \in C^I$$
$$(\exists R.T)^I = \{a \in \Delta^I \mid \exists b.(a, b) \in R^I\}$$

如果对于所有的解释 I 都有 $C^I = D^I$，那么，我们说这两个概念 C、D 是等价的，写做 $C \equiv D$。例如，回到概念语义的定义，我们可以很容易地证明 ∀hasChild. Female ⊓∀hasChild. Student 和∀hasChild.（Female⊓Student）是等价的。

2. AL 语言族系

如果我们给 AL 语言另外添加构造器，就可以获得表达能力更强的语言，概念的合并（用字母 U 表示）写做 $C \sqcup D$，并且解释为 $(C \sqcup D)^I = C^I \cup D^I$。

完全的存在变量（用字母 ε 表示）写做 $\exists R.C$，解释为 $(\exists R.C)^I = \{a \in \Delta^I \mid \exists b.(a, b) \in R^I \wedge b \in C^I\}$，需要注意的是，$\exists R.C$ 允许任何概念出现在存在变量的范围内，这一点是和 $\exists R.T$ 不同的。

数量限制（用字母 N 表示）写做 $\geqslant nR$（至少的限制）、$\leqslant nR$（最多的限制），此处的 n 是非负的整数，它们可以被分别解释为 $(\geqslant nR)^I$ $\{a \in \Delta^I \| \{b \mid (a, b) \in R^I\} \mid \geqslant n$ 和 $(\leqslant nR)^I$ $\{a \in \Delta^I \| \{b \mid (a, b) \in R^I\} \mid \leqslant n$，这里的"|.|"表示集合的势。从语义的观点来看，数量限制中的数字译码是非实质的，但是，对于推理的复杂度分析来说，n 是由二进制（或十进制）表示，还是由字符串表示，是有关系的，因为二进制（十进制）表示更为简洁、紧凑。

任何概念的否定（用字母 C 表示，complement）写做 $\neg C$，解释为 $(\neg C)^I = \Delta^I \setminus C^I$。

举个例子，使用这些附加的构造器，我们可以描述那些或者最多有一个孩子，或者至少有三个孩子，并且其中一个是女孩的人：

$$\text{Person} \sqcap (\leqslant 1\text{hasChild} \sqcup (\geqslant 3\text{hasChild} \sqcap \exists \text{hasChild.Female}))$$

通过以上提到的构造器的任意子集，扩展 AL 语言，可以生成一个特殊的 AL 语言，我们用字符串的形式命名 AL［U］［ε］［N］［C］，名字中的字母代表相应的构造器的存在。例如，AlεN 是 AL 语言的扩展，其中包含了完全的存在变量和数量限制（要了解如何扩展命名方案，以得到表达能力更强的 DL，参见关于 DL terminology 的附录）。

但是，从语义的观点来看，并不是所有的语言都与其他的不同，语义学强制规定了两个等式，$C \sqcup D \equiv \neg(\neg C \sqcap \neg D)$ 和 $\exists R.C \equiv \neg \forall R.\neg C$，因此，合并及完全的存在变量可以使用否定来表达，反过来说，结合使用合并及完全存在的变量，给我们提供了一种表示否定概念的可能。因此，我们假设 w. l. o. g.，那么在每个包含否定和 Vice Versa 的语言中，合并及完全存在的变量是可以使用的。接下来不难看出，用这种方法得到的这八种语言事实上不是成对等价的，结果是，我们不能区分含有否定的 AL 语言，含有合并及完全的存在变量的与之相对应的 AL 语言。同样，在语言的名字中，我们可以使用 C 代替 U_ε。例如，我们可以用 ALC 代替 ALU_ε，ALCN 代替 $ALU_\varepsilon N$。

3. 谓词逻辑的片断：描述语言

概念的语义，把描述语言看做是一阶谓词逻辑的片断，因为，一个解释 I 在集合 ΔI 上给每一个原子概念和原子角色分别分配了一个一元关系和二元关系，所以，我们可以把原子概念和原子角色看做一阶和二阶谓词。那么，任何概念 C 都可以被有效地翻译成带有一个自由变量 x 的谓词逻辑形式 $\Phi_C(x)$，对于每个解释 I，满足 $\Phi_C(x)$ 的 ΔI 元素的集合就是 C^I：原子概念 A 被翻译成 $A(x)$形式；交集、合并、否定构造器被分别翻译成逻辑的联合、分离和否定；如果概念 C 已经被翻译成谓词逻辑形式 $\Phi_C(x)$，而且 R 是一个原子角色，那么，数量限定和存在变量由如下形式表示：

$$\Phi\exists R.C(y) = \exists x.R(y, x) \wedge \Phi C(x)$$

$$\Phi\forall R.C(y) = \forall x.R(y, x) \rightarrow \Phi C(x)$$

在这里，y 是一个新的变量，数量限制由如下形式表示：

$$\Phi\geqslant nR(x) = \exists y_1, \cdots, y_n \cdot R(x, y_1) \wedge \cdots \wedge R(x, y_n) \wedge \bigwedge_{i<j} y_i \neq y_j$$

$$\Phi\leqslant nR(x) = \forall y_1, \cdots, y_{n+1} \cdot R(x, y_1) \wedge \cdots \wedge R(x, y_{n+1}) \rightarrow \bigvee_{i<j} y_i \neq y_j$$

需要注意的是，此处的等价谓词“＝”只用来描述数量限制，没有数量限制的概念可以被翻译为没有等价的形式。

有人可能会认为，既然概念可以被翻译成谓词逻辑，那么就没有必要再定义特殊的语法了，但是，从以上的翻译可以看出，数量限制是比较特殊的，不含变量语法的描述逻辑更为准确。在本章第三节中可以看到，这也容易地促进了算法的发展。

在剩余部分我们将通过分析描述逻辑知识库的 Tbox 和 Abox 来介绍一个基础的 Tell&Ask 接口。

1）TBox

描述逻辑知识库的一个关键元素是用来构造术语学的操作给定的。这种操作直接和在 Tbox 中宣称的形式和意义相关。

在 Tbox 中断言的基本形式是概念定义，也就是，根据另外的先前定义的概念来定义一个新的概念。例如，一个女人可以用一个女性的人来定义，如下断言：

Woman PersonFemale

这样的一个断言通常被理解成一个逻辑等式，它提供了判断一个个体是女人的充分必要条件。这种形式的定义比其他种类的知识表示中使用的形式更强，其他的表示形式只施加了必要条件，这种断言的强度通常被认为是描述逻辑知识库的一个标志特征。因此在描述逻辑知识库中，一个术语学是由以上形式的概念定义集合构成的。

然而，通常使用描述逻辑术语时有一些重要的一般假设：一个概念名称仅允许一个定义。

定义是非循环的，也就是说概念既不能根据它们自己来定义，也不能根据那些不直接引用了它们的概念来定义。

这种限制对许多描述逻辑知识库都是普遍的，这意味着每个定义的概念（A）能够通过用定义概念（B）的右边替换定义概念（B）来将概念（A）拓展为一个只包含原子概念的复杂表达式。

Nebel 说明了即使像这样简单的扩展也会引起不可避免的复杂度。然而事实上，紊乱的增长推理复杂度的定义似乎没有发生过。在这种假设下，推理复杂度的计算能够通过从术语学的抽象和考虑所有给定概念的完全扩展表达来研究。因此，描述逻辑中的许多推理方法的研究聚焦在概念表达以及更特殊的如上面讨论的包含关系，这可以认为是 Tbox 的基本推理服务。

特别地，构造一个属于的基本任务是分类，也就是在一个概念分类层次的正确位置上放置一个新的概念。分类可以通过验证每个已定义的层次中的概念和新的概念之间的包含关系来完成。概念必须放置在最特定的包含新概念的点和新概念包含的最广泛的概念点之间。

概念定义更一般的集合最近受到了一些注意，这是从建立在描述逻辑、另外的形式以及满足增长的表达力之间的需求的努力衍生的。特别地，对循环定义的认可带来了断言的不同语义解释，众所周知的如最大/最小固定点以及描述语义。虽然不同的语义依赖目标应用而被接受受到争议，但是最普通的被接受的一个解释是描述语义，这仅仅需要所有的断言在解释中都满足。而且，如果放弃定义的左边只能是一个原子概念名称的要求的话，可以定义称为（广义的）包含公式的形式：

$$CD$$

其中，C 和 D 是人为的概念表达式。注意一个概念定义能够表达为两个包含。这就产生了一些关注循环 Tbox 的决策和实现技术的理论研究成果，最近的描述逻辑系统承认定义概念有相当有力的构造。

这种 Tbox 的基本推理服务可以被看做是逻辑蕴涵，也就是验证一个原子关系（例如两个概念表达之间的包含关系）是否是一个 Tbox 断言的逻辑推论。我们重点处理了在循环 Tbox 语义标志中提出的课题，而循环 Tbox 的推理技术也会在后面得到阐述，其中富表达描述逻辑也会得到介绍。

2）ABox

Abox 包含关于感兴趣领域的扩展知识，也就是说，关于个体的断言，被通常称为隶属断言。例如：

```
Female Person(ANNA)
```

指出个体 ANNA 是一个女人。由以上女人的定义，一个人可以从这个断言中推论出 ANNA 是一个女人这个概念的实例。类似的有

```
hasChild(ANNA,JACOPO)
```

指定 ANNA 有个 JACOPO 的小孩。第一种断言也称为概念断言，而第二种断言也称为角色断言。

正如这些例子所显示的，在 Abox 中可以指定概念断言和角色断言的知识。在概念断言中，通用的概念表达是允许的，而角色断言，其中的角色不是一个原子角色而是一个角色表达式，这是不允许的，这将仅在富表达力的语言中得到处理。

在 Abox 中基本的推理任务是实例检查，这是验证一个给定的个体是否是一个特定概念的实例。虽然通常也考虑和使用另外的推理服务，但这些服务也可以根据实例检查来定义。其中我们有知识库一致性，也就是验证知识库中的每个概念是否都承认至少有一个个体；实现，就是找到一个个体对象是最特定概念的一个实例；检索，找到为知识库中某个给定概念实例的个体。这些都可以通过实例检查的手段来达到。

从计算观点来看，在一个知识库中存在的个体使得推理服务更加复杂，并且也许需要一些 Tbox 推理技术的重要扩展。Baader 和 Nutt（2003）阐述 Abox 中的推理。

值得强调的是，虽然我们为了方便将 Abox 的推理服务分离开来，但 Tbox 并不能通过对多个非循环的 Tbox 使用简单的替换机制来处理，推理服务也许必须考虑所有的在 Tbox 和 Abox 中包括的知识，因而对应的推理问题会变得更复杂。Baader 和 Nutt（2003）阐述了包括 Tbox 和 Abox 的一个完整集合，该章也讨论了富表达力的描述逻辑。

定义 Abox 的更普遍的语言也曾被考虑过。提供用于 Abox 有力逻辑语言的知识表示系统和用于 Tbox 的一个描述逻辑语言常常被认为是混合式推理系统，因为完全不同的知识表示语言也许用于指定不同构件中的知识。混合式系统在 20 世纪 80 年代已经很流行；后来，这个课题重新获得了关注，聚焦在用于概念

定义的描述逻辑组件的知识库和用于个体断言的逻辑编程组件上。只要在知识组件之间存在严格的交互，设计用于混合知识库的优良的和完整的推理方法就很困难。

（二）Terminologies TBox

我们已经知道了如何组织复杂的概念描述，以便描述对象的类别，现在，我们介绍一下术语公式（terminological axioms），它是对于如何将概念和角色互相联系起来做出的陈述，那么，我们挑选出定义作为特殊的公式，把 terminology 作为定义的集合，通过这种方法，我们可以将原子概念作为缩写词或者复杂概念的名字。如果 terminology 中的定义含有循环，我们可以使用固定点语义使得它们意义明确，我们只讨论那些存在固定点模型的 terminologies。

1. terminological 公式

在最一般的情况下，terminological axioms 的形式：$C\sqsubseteq D$（$R\sqsubseteq S$）或者 $C\equiv D$（$R\equiv S$），这里 C，D 是概念（而 R，S 是角色）。第一类公式被称为包含，第二类的公式被称为等价，为了简化说明，下面我们只介绍含有概念的公式。

公式的语义都是根据我们的期望定义的，如果解释 I 满足 $C^I\subseteq D^I$，那么 $C\sqsubseteq D$，还有，如果解释 I 满足 $C^I=D^I$，那么 $C\equiv D$。假设 T 是一个公式的集合，那么，如果解释 I 满足 T 中的每一个公式，也就是说 I 满足 T，如果解释 I 满足一个公式（一个公式集合），那么，我们说解释 I 就是这个公式（一个公式集合）的一个模型，如果两个公式或者两个公式集合有同样的模型，那么它们就是等价的。

2. 定义

左边是一个原子概念的公式，就是一个定义，定义被用来为复杂的描述给出符号化的名字。例如，通过公式 $\text{Mother}\equiv\text{Woman}\sqcap\exists\text{hasChild.Person}$，我们给出了等式右边的名称 Mother 的描述，符号化的名字可以在其他的描述中被用作缩写词，举个例子，如果我们像定义 Mother 那样类似地定义 Father，那么，就可以这样定义 Parent：$\text{Parent}\equiv\text{Mother}\sqcup\text{Father}$。

定义的集合必须是意义明确的，我们把一个有限的定义集合 T 叫做一个 terminology 或者 TBox，这里符号化的名字不允许被多次定义，也就是说，在 T 中，每一个原子概念 A 都只能最多有一次出现在等式左边，图 2-2 给出了有关家庭关系的概念的 terminology。

$$
\begin{aligned}
&\text{Woman} \equiv \text{Person} \sqcap \text{Female}\\
&\text{Man} \equiv \text{Person} \sqcap \neg \text{Woman}\\
&\text{Mother} \equiv \text{Woman} \sqcap \exists \text{haschild.Person}\\
&\text{Father} \equiv \text{Man} \sqcap \exists \text{haschild.Person}\\
&\text{Parent} \equiv \text{Mother} \sqcup \text{Father}\\
&\text{Grantmother} \equiv \text{Mother} \sqcap \exists \text{haschild.Parent}\\
&\text{MotherWithManyChildren} \equiv \text{Mother} \sqcap \geqslant 3\text{haschild}\\
&\text{MotherWithoutDaughter} \equiv \text{Mother} \sqcap \forall \text{haschild.} \neg \text{Woman}\\
&\text{Wife} \equiv \text{Woman} \sqcap \exists \text{hasHusband.Man}
\end{aligned}
$$

图 2-2 家庭关系的概念的 terminology

假设 T 是一个 terminology。我们把出现在 T 中的原子概念分成两个集合，名字符号 N_T（那些出现在某些公式左边的概念），以及基本符号 N_B（那些指出现在公式右边的概念）。名字符号经常被称为被定义的概念，而基本符号被称为基本概念。我们希望 terminology 根据基本符号来定义名字符号，关于这一点我们将在这里做详细地介绍。

T 的基本解释是只解释基本符号的，假设 J 是这样一个基本解释，如果同时解释名字符号的 I 和 J 是在同一个领域上的（也就是说，$\Delta^I=\Delta^J$，并且 I 和 J 的基本符号是一致的），那么，I 就是 J 的一个扩展，换句话说，如果我们知道了基本符号代表什么，那么，T 就是可被定义的，名字符号的意义也完全可被定义，很明显，如果 terminology 是可被定义的，那么，每一个和它等价的 terminology 也就是可被定义的。

terminology 是否可被定义的问题，和它的定义是否是循环的是联系在一起的。例如，一个 terminology 只包含这样一个公式

$$\text{Human}' \equiv \text{Animal} \sqcap \forall \text{hasParent.Human}' \tag{2-1}$$

包含了一个循环，一般地说，在 terminology 中，我们如下定义循环，假设 A、B 是出现在 T 中的原子概念，如果 B 出现在 A 的定义的右边，那么，我们说 A 直接使用了 B，我们也把使用传递闭包称为直接使用，如果 T 中存在使用自己定义自己的原子概念，则 T 中包含循环，否则，T 被称为非循环的。

如果 terminology 中包含循环，就不能存在唯一的扩展，我们来考虑一下，比如说，只包含式（2-1）的 terminology，在这里，Human′是一个名字符号，Animal 和 hasParent 都是基本符号，对于一种用 hasParent 把每个动物和它的先人联系起来的解释，以式（2-1）被满足的方式来解释 Human′，很多扩展都是可能的：在其他的解释扩展中，Human′可以作为一些物种，被解释为所有动物的集合，或者是动物的其他集合，只要每个动物都包含它的先人就可以了。相反的，如果 T 是非循环的，那么它就是可以定义的，原因是，对于出现在定义的右边的名字，可以使用它们的定义来代替，反复地进行这个过程，就可以对

名字符号进行扩展了，因为定义的集合中不存在循环，所以替代的过程终将结束，最后我们得到一个 T'，其中只包含 $A\equiv C'$形式的定义，C'中只有基本符号而没有名字符号，我们把 T' 称为 T 的扩展，需要注意的是，在基本的 terminology 中，扩展的大小是以指数级增长的，图 2-2 中的家庭 TBox 是非循环的，因此，我们可以得到相应的扩展，如图 2-3 所示。

```
Woman≡Person⊓Female
Man≡Person⊓¬(Person⊓Female)
Mother≡(Person⊓Female)⊓∃haschild.Person
Father≡(Person⊓¬(Person⊓Female))⊓∃haschild.Person
Parent≡((Person⊓Female)⊓∃haschild.Person)⊔
((Person⊓¬(Person⊓Female))⊓∃haschild.Person)
Grantmother≡((Person⊓Female)⊓∃haschild.Person)
⊓∃haschild.(((Person⊓Female)⊓∃haschild.Person)⊔
((Person⊓¬(Person⊓Female))⊓∃haschild.Person))
MotherWithManyChildren≡((Person⊓Female)⊓∃haschild.Person)
⊓≥3haschild
MotherWithoutDaughter≡((Person⊓Female)⊓∃haschild.Person)
⊓∀haschild.¬(Person⊓Female)
Wife≡(Person⊓Female)⊓∃hasHusband.(Person⊓¬(Person⊓Female))
```

图 2-3　图 2-2 中的家庭 TBox 的扩展

命题 2.1　假设 T 是一个非循环的 terminology，而 T'是它的扩展，那么

(1) T 和 T'有着异样的名字符号和基本符号；

(2) T 和 T'是等价的；

(3) T 和 T'都是可以定义的。

证明　如果 T_1是一个 terminology，我们假设 $A\equiv B$ 和 $C\equiv D$ 是 T_1中的定义，B 出现在 C 中，C'是把每个出现在 C 中的 B 用 D 来替换而得到的，再假设 T_2是通过将 T_1中的 $A\equiv C$ 替换为 $A\equiv C'$得到的，那么，两个 terminology 就有了一样的名字符号和基本符号，因为 T_2是通过 T_1得到的，这两个 terminology 就有了一样的模型，因为 T'正是通过类似上面的代替步骤得到的，这就证明了 (1) 和 (2) 成立。

现在假设 J 是基本符号的解释，如果 T'中有 A 的定义 $A\equiv C'$，那么，我们通过设置 $A^I=C'^J$，把 J 扩展到同样覆盖名字符号的解释 I，很明显，I 是 T'的模型，而且它也是 T'的模型 J 的唯一的扩展，这就说明了 T'是可以定义的，而且，因为 T 和 T'是等价的，所以也是可以定义的。

在某种意义上，根据基本符号唯一地定义名字符号，这是非循环的 terminology 的特性。

当然，有些循环的 terminology 也是可以定义的，让我们考虑一下包含公式

$$A \equiv \forall R.B \sqcup \exists R.(A \sqcap \neg A) \tag{2-2}$$

该例是循环的，但是，因为$\exists R.(A \sqcap \neg A)$和底层概念是等价的，所以，式（2-2）就和非循环的公式

$$A \equiv \forall R.B \tag{2-3}$$

是等价的，这个例子对于一般情况来说，是很典型的。

定理 2.1　每一个可以定义的 ALC-terminology 和非循环的 terminology 都是等价的。

这个定理是 Beth's Definability Theorem（模型建议逻辑 K_n，是 ALC 的一个符号变量）的再定义。

3. 循环 terminology 的固定点语义

使用我们已经学到的那些一阶逻辑的语义，只有基本的非循环的 terminology 才是可以定义的，按照 Nebel（1991），我们将把这种语义称为描述语义，以与下面介绍的固定点语义相区别。提出固定点语义，是因为事实上存在的那些直观的循环定义是有意义的，而且这些直观的知识可以通过最大或最小固定点语义表述。

例 2.1　假设我们想要详细说明“只有男性后代的人”（简称 Momo）这个概念，特别地，把“只有儿子的人”称为 Mos，那么，Mos 可以不含循环地被定义为

$$\text{Mos} \equiv \text{Man} \sqcap \forall \text{hasChild}.\text{Man}$$

但是，对于 Momo，我们想要描述关于角色 hasChild 的传递闭包的 filler，这里很自然地要使用 Momo 的迭代定义，一个只有男性后代的人他自己本身是个男人，而且他的孩子也是只有男性后代的男人

$$\text{Momo} \equiv \text{Man} \sqcap \forall \text{hasChild}.\text{Momo} \tag{2-4}$$

为了能够得到想要表达的意思，我们必须在一个合适的固定点语义下解释这个定义，下面我们将给出最大固定点语义来解释这个直观的知识。

当我们想要为迭代的结构（如二叉树）建立模型时，循环也会出现在定义中。

例 2.2　假设我们有这样一个集合，集合中的对象是树，还有一个对象间的二元关系 has-branch，这个关系把一棵树和它的子树相联系，那么，所谓二叉树，就是最多有两个子树，而且本身又是二叉树的树

$$\text{BinaryTree} \equiv \text{Tree} \sqcap \leqslant 2\,\text{has-branch} \sqcap \forall \text{has-branch}.\text{BinaryTree}$$

通过 Momo 的定义，固定点语义能够产生我们想要的意思，但是，对于这个例子我们必须要使用最小固定点语义。

现在，我们给出固定点语义的形式定义。在一个 terminology T 中，每一个名字符号 A 都会在公式 $A \equiv C$ 的左边出现一次，因此，我们可以把 T 看做是一个映射，这个映射联系了名字符号 A 和概念描述 $T(A)=C$，如果使用这种符号，当且仅当 $A^I=(T(A))^I$，解释 I 是 T 的一个模型，这个特点有固定点等式的特性，我们使用这种相似性，来介绍映射的族系，如果一个解释是这样一个映射的固定点，那么这个解释就是 T 的一个模型。

假设 T 是一个 terminology，J 是 T 的基本解释，我们用 Ext_J 表示 J 的所有扩展的集合，用 T_J：$Ext_J \to Ext_J$ 表示 I 到 $T_J(I)$ 的映射，而 $T_J(I)$ 是由 $A^{T_J(I)}=(T(A))^I$ 定义的，其中 A 是名字符号。

现在，如果 $I=T_J(I)$，也就是说，对于所有的名字符号 A 来说，有 $A^I=A^{T_J(I)}$，那么，I 是 T_J 的一个固定点，这意味着，对于 T 中所有的定义 $A \equiv C$，我们有 $A^I=A^{T_J(I)}=(T(A))^I C^I$，这说明 I 是 T 的模型，这证明了下面的结果。

命题 2.2 如果 T 是一个 terminology，I 是一个解释，J 是对于 T 的基本符号来说 I 的限制，那么，当且仅当 I 是 T_J 的一个固定点时，I 是 T 的一个模型。

根据前面的证明，如果每一个基本解释 J 都有唯一的扩展（也就是说 T_J 的一个固定点），那么，T 就是可以定义的。

例 2.3 为了更形象地体会一下为什么循环的 terminologies 是不可以定义的，我们来讨论只包含式（2-4）的 terminology T^{Momo}，让我们来考虑如下定义的基本解释 J

$\Delta^J=\{\text{Charles}_1, \text{Charles}_2, \cdots\} \cup \{\text{James}_1, \cdots, \text{James}_{\text{last}}\}$

$\text{Man}^J=\Delta^J$

$\text{hasChild}^J=\{(\text{Charles}_i, \text{Charles}_{i+1}) \mid i \geqslant 1\} \cup \{(\text{James}_i, \text{James}_{i+1}) \mid 1 \leqslant i \leqslant \text{last}\}$

这意味着，查里斯王朝没有灭绝，而詹姆斯王朝却存在最后一位成员。

我们想要确定一下 T_J^{Momo} 的固定点，需要注意的是，一个没有孩子的人，也就是没有角色 hasChild 的承载者的个体，无论 Momo 怎么解释，这个个体总是 $\forall$hasChild. Momo 的解释，因此，如果 I 是 J 的扩展的固定点，那么，$\text{James}_{\text{last}}$ 就在（$\forall$hasChild. Momo)^I 中，因此也就在 Momo^I 中，我们断定每一个詹姆斯都是 Momo。那么，检查是不是固定点就很容易了，除詹姆斯王朝之外，如果某一个查里斯是 Momo，那么，查里斯王朝中在他之前和在他之后的所有成员都是 Momo，我们可以容易地检查到，在整个领域内解释 Momo 的 I_2 扩展也是一个固定点，而且不存在其他的固定点。

为了使循环的 T 可以定义，如果映射 T_J 的固定点不止一个，那么，我们必须挑选出 T_J 的一个特殊固定点，最后，我们定义 J 的扩展中的一个偏序“$\leqslant$”，

如果对于 T 中的每一个名字符号 A，都有 $A^I \subseteq A^{I'}$，那么，我们说 $I \leqslant I'$，在上面的例子中，Momo 是唯一的名字符号，因为 $\text{Momo}^{T_1} \subseteq \text{Momo}^{T_2}$，所以，$I_1 \leqslant I_2$。

如果对于 T_J 中的其他固定点 I'，都有 $I \leqslant I'$，那么 I 是最小固定点（lfp）。对于一些基本解释 J 来说，如果 I 是 T_J 的最小固定点，I 就是 T 的最小固定点模型。在最小固定点语义下我们只承认 T 的最小固定点模型为扩展的解释。最大固定点（gfp），与最大固定点模型及最大固定点语义的定义类似。在例 Momo 中，I_1 是 T_J 的最小固定点，而 I_2 是最大固定点。

4. 固定点模型的存在性

并不是每一个 terminology 都存在最小和最大固定点模型。

例 2.4 作为一个简单的例子，我们来考虑公式

$$A \equiv \neg A \tag{2-5}$$

如果 I 是这个公式的一个模型，那么，$A^I = \Delta^I \setminus A^I$，这个式子暗含着一个谬论：$\Delta^I = \varnothing$。

这样，包含式（2-5）的 terminology 不可能有任何的模型，因此也就不会有最大固定点或最小固定点模型了。

也存在这样的情况，就是模型（即固定点）存在，但不存在最小的或最大的，举个例子，一个 terminology 只包含一个公式

$$A \equiv \forall R.\neg A \tag{2-6}$$

假设 J 是基本解释 $\Delta^J = \{a, b\}$，并且 $R^J = \{(a, b), (b, a)\}$，那么，有两个固定点扩展 I_1 和 I_2，被定义为 $A^{T_1} = \{a\}$ 和 $A^{T_2} = \{b\}$，但是，根据“$\leqslant$”它们是不可比较的。

为了识别具有对每个基本解释存在一个最小固定点扩展和最大固定点扩展的特性 terminologies，我们利用格理论的结果，回想一下，如果元素的每个族系有一个最小的上限，那么格子是完全（complete）的。

在 Ext_J 中我们介绍了偏序“$\leqslant$”，对于 Ext_J 中的解释族（I_i），我们定义 $I_0 = \bigcup_{i \in I} I_i$ 作为 I_i 的 pointwise 集合，也就是说，对于每个名字符号 A，我们有 $A^{I_0} - \bigcup_{i \in I} A^{I_i}$，那么，$I_0$ 就是 I_i 的最小上界，这说明（Ext_J，$\leqslant$）是一个完全的格。

在格（L，$\leqslant$）上，如果当 $x \leqslant y$ 时，$f(x) \leqslant f(y)$，那么函数 f：$L \to L$ 是单调的，Tarski 不动点定理指出，对于完全格上的单调函数，固定点集合是非空的，而且固定点集合本身形成一个完全格，特别地，存在一个最小固定点和最大固定点。

如果对于 terminology$T$ 所有的基本解释 J，映射 T_J 是单调的，我们就定义 T 是单调的，根据 Tarski 不动点定理，这样的 terminology 有最大和最小固定

点，但是，要应用这个理论，我们必须能够确认 terminology 是单调的，下面是一个简单的造句法规则，如果 terminology 中不出现否定形式，我们就称这个 terminology 是 negation free，通过对概念描述深度的归纳，我们可以检查得知每一个不含否定的 ALCN-terminology 都是单调的。

定理 2.2 如果 T 是一个不含否定的 terminology，J 是一个基本解释，那么存在 J 的扩展，分别是 T 的最小固定点和最大固定点。

不含否定的 terminology，并不是拥有最小固定点和最大固定点的最一般的 terminology，正如我们在定理 2.1 中指出的，非循环的 terminology 是可以定义的，这样对于一个给定的基本解释，只允许有一个作为模型的扩展，这个模型既是最小固定点模型，也是最大固定点模型。

如果我们注意一下循环和否定之间的相互影响，就可以得到有关最小固定点和最大固定点存在性的，更为精确的规则。最后，我们把 terminology T 和一个依赖图 G_T 联系起来，这个图的节点是 T 中的名字符号，如果 T 包含公式 $A\equiv C$，那么 T 中每次出现名字符号 A'，图 G_T 中就存在一条从 A 到 A' 的弧，弧被标记为正的或负的，如果 A' 出现在 C 中，在有偶数个否定的范围内，则 A 到 A' 的弧是正的；如果 A' 出现在有奇数个否定的范围内，则 A 到 A' 的弧是负的。如果图 G_T 中有一条从 A_i 到 A_{i+1} 的弧（$i=1$，…，$n-1$），那么节点序列 A_1，…，A_n 就是一条路经，如果 $A_1=A_n$，那么这条路径式循环的。

定理 2.3 如果 T 是没有 $\neg$ 出现的 Tbox，J 是 T 的基本解释，则 J 的扩张 Ext_J 中存在 T 的最小、最大语义不动点模型。

证明 根据 Tarski 不动点定理（Tarski，1955，完备格上的单调映射存在不动点），只需证 Ext_J 上定义的映射 T_J 单调即可。

考虑 T 中的任意定义式 $A\equiv B$，由 $I_1\leqslant I_2$ 得 $I_1(A)\subseteq I_2(A)$，要证 T_J 单调，只需证 $T_J(I_1)(A)\subseteq T_J(I_2)(A)$，由 $T_J(I)(A)$ 的定义有

$T_J(I_1)(A)=I_1(T(A))=I_1(B)$，$T_J(I_2)(A)=I_2(T(A))=I_2(B)$，所以要证 $T_J(I_1)(A)=T_J(I_2)(A)$，只需证 $I_1(B)\subseteq I_2(B)$。下面对概念描述 B 的复杂性进行归纳证明 $I_1(B)\subseteq I_2(B)$。

基始：B 是原子公式，即是单个 base symbol 或 name symbol，由 $I_1\leqslant I_2$ 有 $I_1(B)\subseteq I_2(B)$。

归纳：假设复杂度小于 B 的概念都成立。

(1) B 是 $C\cap D$ 的形式，$I_1(B)=I_1(C)\cap I_1(D)$，$I_2(B)=I_2(C)\cap I_2(D)$，由归纳假设有 $I_1(C)\subseteq I_2(C)$ 及 $I_1(D)\subseteq I_2(D)$，于是有 $(I_1(C)\cap I_1(D))\subseteq(I_2(C)\cap I_2(D))$，即 $I_1(B)\subseteq I_2(B)$。

(2) B 是 $C\cup D$ 的形式，$I_1(B)=I_1(C)\cup I_1(D)$，$I_2(B)=I_2(C)\cup I_2(D)$，由归纳假设有 $I_1(C)\subseteq I_2(C)$ 及 $I_1(D)\subseteq I_2(D)$，于是有

$(I_1(C) \cup I_1(D)) \subseteq (I_2(C) \cup I_2(D))$，即 $I_1(B) \subseteq I_2(B)$。

(3) B 是 $\forall R.C$ 的形式，任取 $x \in I_1(\forall R.C)$，即 x 满足 $\forall y. <x, y> \in I_1(R) \rightarrow y \in I_1(C)$，由归纳假设有 $I_1(C) \subseteq I_2(C)$，而 $I_1(R) = I_2(R)$，故 x 满足 $\forall y. <x, y> \in I_2(R) \rightarrow y \in I_2(C)$，即 $x \in I_2(\forall R.C)$，从而有 $I_1(\forall R.C) \subseteq I_2(\forall R.C)$，即 $I_1(B) \subseteq I_2(B)$。

(4) B 是 $\exists R.C$ 的形式，任取 $x \in I_1(\exists R.C)$，即 x 满足 $\exists y. <x, y> \in I_1(R) \wedge y \in I_1(C)$，由归纳假设有 $I_1(C) \subseteq I_2(C)$，而 $I_1(R) = I_2(R)$，故 x 满足 $\exists y. <x, y> \in I_2(R) \wedge y \in I_2(C)$，即 $x \in I_2(\exists R.C)$，从而有 $I_1(\exists R.C) \subseteq I_2(\exists R.C)$，即 $I_1(B) \subseteq I_2(B)$。

(5) B 是 $\geqslant n R$ 的形式，因为 $I_1(R) = I_2(R)$，显然 $I_1(\geqslant n R) = I_2(\geqslant n R)$ 成立，即 $I_1(B) \subseteq I_2(B)$。

(6) B 是 $\leqslant n R$ 的形式，因为 $I_1(R) = I_2(R)$，显然 $I_1(\leqslant n R) = I_2(\leqslant n R)$ 成立，即 $I_1(B) \subseteq I_2(B)$。

由于以上各种情况下都有 $I_1(B) \subseteq I_2(B)$ 成立，于是 $T_J(I_1)(A) = T_J(I_2)(A)$，由概念 A 的任意性知 T 单调，从而命题得证。(证毕)

为了说明当 ALCN 的 Tbox 中出现¬时，T_J 不一定单调，给出如下例子。

一个 Tbox 含有如下的一条公理 $A \equiv \neg C \wedge (A \cup B)$，其中 C、A、B 都是 name symbol，设 $I_1 \leqslant I_2$，则有 $I_1(A) \subseteq I_2(A)$，$I_1(C) \subseteq I_2(C)$，$I_1(B) \subseteq I_2(B)$，而 $I_1(\neg C) \supseteq I_2(\neg C)$，这时候我们考虑

$I_1(A) = I_1(\neg C \cap (A \cup B)) = I_1(\neg C) \cap (I_1(A) \cup I_1(B))$

$I_2(A) = I_2(\neg C \cap (A \cup B)) = I_2(\neg C) \cap (I_2(A) \cup I_2(B))$

由于 $I_1(A) \subseteq I_2(A)$，$I_1(B) \subseteq I_2(B) \Rightarrow (I_1(A) \cup I_1(B)) \subseteq (I_2(A) \cup I_2(B))$，但是由于 $I_1(\neg C) \supseteq I_2(\neg C)$，所以 $I_1(A)$ 与 $I_2(A)$ 大小无法判断，从而有 T 不单调的可能。

定理 2.4　如果一个 Tbox T 的定义式中的所有的 name symbol 只出现在偶数个¬的作用域内，则 Tbox T 单调，从而该 Tbox T 存在最大、最小语义不动点模型。

我们把满足这个定理的前提的 terminology，称为语义单调。

为了对定理 2-4 给出证明，我们先做以下准备工作。

引理 2.1　B 为由 base symbols 形成的合式公式，I 为 J 的扩充解释，则 $B^I = B^J$。

证明　对 B 的复杂性进行归纳证明。

基始：B 是由单个 base symbol 形成的，则由 I 为 J 的扩充解释的定义知 $B^I = B^J$。

归纳：假设对于复杂度小于 B 的合式公式命题都成立，考虑最后一步的形

成方式。

(1) B 是$\neg C$ 的形式，$B^I=(\neg C)^I=\Delta^I\setminus C^I$，由归纳假设有 $C^I=C^J$，于是 $B^I=(\neg C)^I=\Delta^I\setminus C^I=\Delta^I\setminus C^J=B^J$。

(2) B 是$C\cap D$ 的形式，$B^I=C^I\cap D^I$，$B^J=C^J\cap D^J$，由归纳假设有 $C^I=C^J$ 及 $D^I=D^J$，于是 $(C^I\cap D^I)=(C^J\cap D^J)$，即 $B^I=B^J$。

(3) B 是$C\cup D$ 的形式，$B^I=C^I\cup D^I$，$B^J=C^J\cup D^J$，由归纳假设有 $C^I=C^J$ 及 $D^I=D^J$，于是 $(C^I\cup D^I)=(C^J\cup D^J)$，即 $B^I=B^J$。

(4) B 是$\forall R.C$ 的形式，任取 $x\in(\forall R.C)^I$，即 x 满足$\forall y.<x,y>\in R^I\rightarrow y\in C^I$，由归纳假设有 $C^I=C^J$，而 $R^I=R^J$，故 x 满足$\forall y.<x,y>\in R^J\rightarrow y\in C^J$，即 $x\in(\forall R.C)^J$。同理，反之也成立。

(5) B 是$\exists R.C$ 的形式，任取 $x\in(\exists R.C)^I$，即 x 满足$\exists y.<x,y>\in R^I\wedge y\in C^I$，由归纳假设有 $C^I=C^J$，而 $R^I=R^J$，故 x 满足$\exists y.<x,y>\in R^J\wedge y\in C^J$，即 $x\in(\exists R.C)^J$。同理，反之也成立。

(6) B 是$\geqslant nR$ 的形式，由 $R^I=R^J$，显然有 $(\geqslant nR)^I=(\geqslant nR)^J$成立。

(7) B 是$\leqslant nR$ 的形式，由 $R^I=R^J$，显然有 $(\leqslant nR)^I=(\leqslant nR)^J$成立。(证毕)

引理 2.2 B 为由 name symbol 不出现在$\neg$的作用域内而形成的合式公式，$I_1\leqslant I_2$，则 $I_1(B)\subseteq I_2(B)$。

证明 对 B 的复杂性进行归纳证明。

基始：B 是单个 base symbol 或 name symbol，由 $I_1\leqslant I_2$有 $I_1(B)\subseteq I_2(B)$。

归纳：假设复杂度小于 B 的概念都成立。

(1) B 是$\neg C$ 的形式，此时 C 中只能含 base symbol，故由引理 2.1 有 $I_1(B)=I_2(B)$。

(2) B 是 $C\cap D$ 的形式，$I_1(B)=I_1(C)\cap I_1(D)$，$I_2(B)=I_2(C)\cap I_2(D)$，由归纳假设有 $I_1(C)\subseteq I_2(C)$ 及 $I_1(D)\subseteq I_2(D)$。于是 $(I_1(C)\cap I_1(D))\subseteq(I_2(C)\cap I_2(D))$，即 $I_1(C\cap D)\subseteq I_2(C\cap D)$，即 $I_1(B)\subseteq I_2(B)$。

(3) B 是 $C\cup D$ 的形式，$I_1(B)=I_1(C)\cup I_1(D)$，$I_2(B)=I_2(C)\cup I_2(D)$，由归纳假设有 $I_1(C)\subseteq I_2(C)$ 及 $I_1(D)\subseteq I_2(D)$。于是 $(I_1(C)\cup I_1(D))\subseteq(I_2(C)\cup I_2(D))$，即 $I_1(C\cup D)\subseteq I_2(C\cup D)$，即 $I_1(B)\subseteq I_2(B)$。

(4) B 是$\forall R.C$ 的形式，任取 $x\in I_1(\forall R.C)$，即 x 满足$\forall y.<x,y>\in I_1(R)\rightarrow y\in I_1(C)$，由归纳假设有 $I_1(C)\subseteq I_2(C)$，而 $I_1(R)=I_2(R)$，故 x 满足$\forall y.<x,y>\in I_2(R)\rightarrow y\in I_2(C)$，即 $x\in I_2(\forall R.C)$，从而 $I_1(\forall R.C)\subseteq I_2(\forall R.C)$，即 $I_1(B)\subseteq I_2(B)$。

(5) B 是$\exists R.C$ 的形式，任取 $x\in I_1$ ($\exists R.C$)，即 x 满足$\exists y.<x, y>\in I_1$ (R) $\wedge y\in I_1$ (C)。由归纳假设有 I_1 (C) $\subseteq I_2$ (C)，而 I_1 (R) $=I_2$ (R)，故 x 满足$\exists y.<x, y>\in I_2$ (R) $\wedge y\in I_2$ (C)，即 $x\in I_2$ ($\exists R.C$)，从而 I_1 ($\exists R.C$) $\subseteq I_2$ ($\exists R.C$)，即 I_1 (B) $\subseteq I_2$ (B)。

(6) B 是$\geqslant nR$ 的形式，由 I_1 (R) $=I_2$ (R)，显然有 I_1 ($\geqslant nR$) $=I_2$ ($\geqslant nR$) 成立。

(7) B 是$\leqslant nR$ 的形式，由 I_1 (R) $=I_2$ (R)，显然有 I_1 ($\leqslant nR$) $=I_2$ ($\leqslant nR$) 成立。(证毕)

引理 2.3 如果合式公式 A 的描述中的每一个 name symbol 只出现在偶数个$\neg$的辖域中，则 A 等价于一个每一个 name symbol 不出现在$\neg$的辖域中的合式公式。

证明 对 A 的复杂性进行归纳证明。

基始：A 是单个 base symbol 或 name symbol B，此时没有$\neg$出现，$B\equiv B$。

归纳：假设对所有复杂度小于 A 的合式公式，命题成立。考虑 A 最后一步的形成方式。

第一，A 是$\neg C$ 的形式，由已知条件知 C 中的 name symbol 出现在奇数个$\neg$的辖域内，此时要对 C 的复杂性进行归纳证明。

基始：C 是原子概念，则只能是单个 base symbol，此时 C 不是 name symbol，否则若 C 是 name symbol，则该 name symbol 出现在奇数个$\neg$的辖域内，矛盾，故命题成立。

归纳：

(1) C 是$\neg E$ 的形式，则 E 中的每一个 name symbol 只出现在偶数个$\neg$的辖域中，由归纳假设有 E 等价于 E'，E' 中每一个 name symbol 不出现在$\neg$的辖域中，A 的字符串是 $A\equiv\neg\neg E$，又$\neg\neg E\equiv E$，$E\equiv E'$，故 $A\equiv\neg\neg E=E'$，从而命题成立。

(2) C 是 $E\cap F$ 的形式，由一阶逻辑知 $A\equiv\neg(E\cap F)\equiv\neg E\cup\neg F$，$\neg E$ 中的每一个 name symbol 只出现在偶数个$\neg$的辖域中，由归纳假设知，$\neg E$ 等价于 E'，E' 中每一个 name symbol 不出现在$\neg$的辖域中，$\neg F$ 中的每一个 name symbol 只出现在偶数个$\neg$的辖域中，由归纳假设知，$\neg F$ 等价于 F'，F' 中每一个 name symbol 不出现在$\neg$的辖域中，由一阶逻辑有 $A\equiv\neg E\cup\neg F\equiv E'\cup F'$，从而命题成立。

(3) C 是 $E\cup F$ 的形式，由命题 1 知 $A\equiv\neg(E\cup F)\equiv\neg E\cap\neg F$，$\neg E$ 中的每一个 name symbol 只出现在偶数个$\neg$的辖域中，由归纳假设知，$\neg E$ 等价于 E'，E' 中每一个 name symbol 不出现在$\neg$的辖域中，$\neg F$ 中的每一个 name symbol 只出现在偶数个$\neg$的辖域中，由归纳假设知，$\neg F$ 等价于 F'，F' 中每一个 name

symbol 不出现在$\neg$的辖域中，由一阶逻辑有 $A\equiv\neg E\cup\neg F\equiv E'\cup F'$，从而命题成立。

(4) C 是 $\forall R.E$ 的形式，由一阶逻辑知 $A\equiv\neg\forall R.E\equiv\exists R.\neg E$。由归纳假设知，$\neg E$ 中的每一个 name symbol 只出现在偶数个$\neg$的辖域中，$\neg E$ 等价于 E'，E' 中每一个 name symbol 不出现在$\neg$的辖域中，由一阶逻辑有 $A\equiv\neg\forall R.E\equiv\exists R.\neg E\equiv\exists R.E'$，从而命题成立。

(5) C 是 $\exists R.E$ 的形式。由归纳假设知，E 中的每一个 name symbol 只出现在偶数个$\neg$的辖域中，$\neg E$ 等价于 E'，E' 中每一个 name symbol 不出现在$\neg$的辖域中，由一阶逻辑有 $A\equiv\neg\exists R.E\equiv\forall R.\neg E\equiv\forall R.E'$，从而命题成立。

(6) C 是 $\geqslant n\,R$ 或 $\leqslant n\,R$ 的形式时，C 中都不含 name symbol，从而 $A\equiv\neg C$ 中不含 name symbol，所以命题成立。

第二，A 是 $C\cap D$ 的形式，由归纳假设知，C 中的每一个 name symbol 只出现在偶数个$\neg$的辖域中，C 等价于 C'，C' 中每一个 name symbol 不出现在$\neg$的辖域中，D 中的每一个 name symbol 只出现在偶数个$\neg$的辖域中，D 等价于 D'，D' 中每一个 name symbol 不出现在$\neg$的辖域中，故 $A\equiv C\cap D\equiv C'\cap D'$，从而命题成立。

第三，A 是 $C\cup D$ 的形式，由归纳假设知，C 中的每一个 name symbol 只出现在偶数个$\neg$的辖域中，C 等价于 C'，C' 中每一个 name symbol 不出现在$\neg$的辖域中，D 中的每一个 name symbol 只出现在偶数个$\neg$的辖域中，D 等价于 D'，D' 中每一个 name symbol 不出现在$\neg$的辖域中，故 $A\equiv C\cup D\equiv C'\cup D'$，从而命题成立。

第四，A 是 $\forall R.C$ 的形式，由归纳假设知，C 中的每一个 name symbol 只出现在偶数个$\neg$的辖域中，C 等价于 C'，C' 中每一个 name symbol 不出现在$\neg$的辖域中，故 $A\equiv\forall R.C\equiv\forall R.C'$，从而命题成立。

第五，A 是 $\exists R.C$ 的形式，由归纳假设知，C 中的每一个 name symbol 只出现在偶数个$\neg$的辖域中，C 等价于 C'，C' 中每一个 name symbol 不出现在$\neg$的辖域中，故 $A\equiv\exists R.C\equiv\exists R.C'$，从而命题成立。

第六，A 是 $\geqslant n\,R$ 或 $\leqslant n\,R$ 的形式，此两种情形下 A 中都不含 name symbol，故命题成立。

综上所述，该命题成立。(证毕)

定理 2.5 如果 T 中所有的 name symbol 都不出现在$\neg$的作用域内，则 T 单调。

证明 考虑 T 中的任意定义式 $A\equiv B$，由 $I_1\leqslant I_2$ 得 $I_1(A)\subseteq I_2(A)$，要证 T 单调，只需要证明 $T_J(I_1)(A)\subseteq T_J(I_2)(A)$。

而由 $T_J(I)(A)$ 的定义，有 $T_J(I_1)(A)=I_1(T(A))=I_1(B)$。

T_J (I_2) (A) $=I_2$ (T (A)) $=I_2$ (B)，所以要证 T_J (I_1) (A) $\subseteq$ T_J (I_2) (A)，只需证 I_1 (B) $\subseteq I_2$ (B) 即可，若 B 的字符中只含 base symbol 时，由引理 2.1 得 I_1 (B) $=I_2$ (B)，若 B 的字符中含 name symbol 时，由引理 2.2 得 I_1 (B) $\subseteq I_2$ (B)。

所以总有 I_1 (B) $\subseteq I_2$ (B) 成立，故 T 单调。(证毕)

定理 2.6 如果一个 Tbox T 的定义式中的所有的 name symbol 只出现在偶数个$\neg$的作用域内，则 Tbox T 单调，从而该 Tbox T 存在最大、最小语义不动点模型。

证明 任取 Tbox T 中的定义式 $A\equiv B$，由引理 2.3 有 $B\equiv B'$，其中 B'中的任意 name symbol 不出现在$\neg$的辖域内，任取两解释 I_1，$I_2\in Ext_J$，满足 $I_1\leqslant I_2$，从而 T_J (I_1) (A) $=I_1$ (B) $=I_1$ (B')，T_J (I_2) (A) $=I_2$ (B) $=I_2$ (B')，再由命题 5 的证明有 I_1 (B') $\subseteq I_2$ (B')，从而有 T_J (I_1) (A) $\subseteq$ T_J (I_2) (A)，由定义式 $A\equiv B$ 的任意性知 Tbox T 单调，从而根据单调的定义，Tbox 任意固定的基解释 J，都有 Ext_J 上定义的映射 T_J 单调，进一步根据命题 3，Ext_J 与关系$\leqslant$形成完备格，由 Tarski 不动点定理知道，则定义在 Ext_J 上的映射 T_J 存在不动点，从而 Tbox T 存在最大、最小语义不动点模型。(证毕)

第二节 描述逻辑的非标准推理

一、非标准推理简介

描述逻辑是一种基于对象的形式化工具，是一阶谓词逻辑的可判定性子集，它可以用来表示知识。关于描述逻辑推理机制的研究一直是研究的热点问题，在过去的几十年里人们主要研究的是概念之间的包含关系和实例检测，这两种推理并称为描述逻辑的标准推理。研究者们也得到了一系列的标准推理的推理算法并且得到了广泛的应用。但是所有标准推理算法都是在假定知识库已经建好的基础之上得到的，而对知识库如何构建，我们建立的知识库中是否存在矛盾、知识库本身是否一致是我们无法回避的问题，如果知识库存在矛盾和不一致，我们所有的标准推理算法就会变成空中楼阁。为了解决这一矛盾，研究者提出了另外一种新的推理问题——非标准推理。非标准推理主要包括最具体概念、最小公共包含、匹配问题、概念的重写等。以上几种推理对知识库的构建特别是对自下而上来构建知识库提供了很大的帮助。对知识库的构建过去一直是采用传统的从上到下（top-down）的方式，但是按照这种构建方式来构建某个领域的知识库有很多不尽如人意的地方，后来人们提出了从下而上（bottom-up）的构建方式，具体如下：如果我们要定义一个概念但我们不知道如何来定义它，我们可以先找满足该概念的典型实例，然后计算该个体的最具体概念。对于求多个个体的最具体概念，我们先求单个个体的最具体概念，然后再求这些概念的最小公共包含概念。虽然这样不一定马上得到我们要定义的概念，但是这些概念却给知识库构建者提供了一些备选项并具有重要的参考意义。它就像黑暗里的一盏明灯，指引着我们前行，指引着我们继续向前探索。

二、最小公共交集和最多特定概念

一套概念的最小公共交集（LCS）是包含所有概念的最小的概念。最小条件意味着没有另外的概念包含所有集合中的概念并且比 LCS 更小的概念（被 LCS 包含）。这个概念首先在（Cohen et al，1992）中得到研究并且随后已经在一些任务中得到应用：从实例中的概念描述的感应学习；知识库苏醒（一种表示语言中没有接受的分离的知识）；DL 知识库的倒置构造（从概念的实例开始）。

LCS 的概念和一个个体的最大特定概念（MSC）密切相关，也就是说，在知识库的断言中，个体为最小的概念的描述的实例；最小的条件如前所述。更一般地，个人能够定义关于个体的一套断言的 MSC 以及和每一个个体的 MCS 的 LCS。基于关于个体的一套断言的 MSC 的计算，个人能够增量地构造一个知识库。

有意思的是，注意到已经提出的计算 LCS 和 MCS 的技术依赖于固定表示的紧凑的表示，这是紧随着结构化包含途径或通过合适的正规形式的定义来构造的。

近年来以 Franz Baader 为代表的研究者们在这方面得到了一些重要的结果，如 Baader 等（1999）给出了描述逻辑系统 EL、FLE 和 ALE 中的概念的最小公共包含算法；Baader 和 Küsters（1999）给出了 EL 和 ALE 中的匹配算法等。但是这些描述逻辑系统的语言中都不含数量限制，我们在 Baader 的基础上研究了 FLEN 中概念的最小公共包含推理算法，它同时含有存在限制和数量限制，是对前人工作的推广，具有理论上和现实上的意义。

在这里我们定义两个后面我们将要用到的概念：概念 A 的大小 size（A）和概念 A 的角色深度 depth（A）。我们定义 size（A）如下：

（1）size（$\bot$）：= size（$\top$）：= size（P）：= 1。

（2）size（$\leqslant nR$）：= size（$\geqslant nR$）：= 2+size（n）；其中 size（n）是 n 用二进制表示时的长度。

(3) size（$\exists R.C$）：= size（$\forall R.C$）：= 3+size（C）。

(4) size（$C \sqcap D$）：= 1+size（C）+ size（D）。

递归的定义 depth（A）如下：

(1) depth（$\bot$）：= depth（$\top$）：= depth（P）：= 0。

(2) depth（$C \sqcap D$）：= Max（depth（C），depth（D））。

(3) depth（$\leqslant nR$）：= depth（$\geqslant nR$）：= 1。

(4) depth（$\exists R.C$）：=depth（$\forall R.C$）：=1+ depth（C）。

FLEN 的语义将概念解释为论域的一个子集，将角色解释为论域上的二元关系。一个解释 $I=(\Delta^I, \cdot^I)$ 由论域 Δ^I 和解释函数 $\cdot^I$ 所构成，具体如下。

(1) $\bot^I=\varnothing$。

(2) $\top^I=\Delta^I$。

(3) $A^I \subseteq \Delta^I$。

(4) $R^I \subseteq \Delta^I \times \Delta^I$。

(5) $(C \sqcap D)^I = C^I \cap D^I$。

(6) $(\exists R.C)^I=\{x \in \Delta^I | \exists y \in \Delta^I, (x, y) \in R^I \wedge y \in C^I\}$。

(7) $(\forall R.C)^I=\{x \in \Delta^I | \forall y \in \Delta^I, (x, y) \in R^I \rightarrow y \in C^I\}$。

(8) $(\geqslant nR)^I=\{x \in \Delta^I \mid |\{y \in \Delta^I | (x, y) \in R^I\}| \geqslant n\}$。

(9) $(\leqslant nR)^I=\{x \in \Delta^I \mid |\{y \in \Delta^I | (x, y) \in R^I\}| \leqslant n\}$。

解释 $I=(\Delta^I, \cdot^I)$ 满足 $A \equiv D$，如果 $A^I=D^I$，如果解释 I 满足 Tbox 中的每一条公理，则它是该 Tbox 的一个模型。

在 FLEN 中有以下几条规则。

(1) $C \sqcap \top \rightarrow C$。

(2) $C \sqcap \bot \rightarrow \bot$。

(3) $\forall R.\top \rightarrow \top$。

(4) $\exists R.\bot \rightarrow \bot$。

(5) $\forall R.C \sqcap \forall R.D \rightarrow \forall R.(C \sqcap D)$。

(6) $\forall R.C \sqcap \exists R.D \rightarrow \forall R.C \sqcap \exists R.(C \sqcap D)$。

(7) $\geqslant nR \sqcap \geqslant mR \rightarrow \geqslant nR$ 如果 $n \geqslant m$。

(8) $\leqslant nR \sqcap \leqslant mR \rightarrow \leqslant nR$ 如果 $n \leqslant m$。

(9) $\geqslant nR \sqcap \leqslant mR \rightarrow \bot$ 如果 $n > m$。

我们运用以上的规则可以将每个概念写成如下的标准形式：$A \equiv P_1 \sqcap \cdots \sqcap P_n \sqcap \exists R_1.C_1 \sqcap \cdots \sqcap \exists R_m.C_m \sqcap \forall R_1.D_1 \sqcap \cdots \sqcap \forall R_k.D_k \sqcap \leqslant n_1 R_1 \sqcap \cdots \sqcap \leqslant n_s R_s \sqcap \geqslant m_1 R_1 \sqcap \cdots \sqcap \geqslant m_j R_j$；其中 P_i（$1 \leqslant i \leqslant n$）或是初始概念或是$\top$或是$\bot$。

(一) FLEN 中概念的描述树和概念之间包含关系的推理算法

定义 2.1　描述树　在 FLEN 中概念 A 所对应的概念描述树 $G=(V, E,$

υ_0，l)，V 是顶点集，E 是边集，υ_0 是树根，l 是顶点的标记。在 G 中便具有如下的形式：$\upsilon_i mQRn\upsilon_j$，其中 $Q\in$ {∃，∀}，m 即 $\geqslant mR$ 中的 m，n 对应的是 $\leqslant nR$ 中的 n。如果概念描述中不含 $\geqslant mR$，此时 $m=0$，如果不含 $\leqslant nR$，此时 n 为任意大的正整数，我们用 M 表示这个任意大的数，即此时 $n=M$。当 Q 为∃时，我们称之为存在边，否则我们称之为任意边；l 是定义在 V 到 2^{Prim} 上的映射，即 l 把 V 中的每个顶点映到一个由初始概念构成的集合，用一个初始概念的集合来标记每一个顶点，如果 l (υ) $=\varnothing$，则此时 υ 的标记为⊤。

由定义 2.1 我们可以知道概念的描述树是一棵带标记的有向树，每一个概念描述都对应着一棵概念描述树，我们可以通过概念的角色深度递归而得到它对应的概念描述树。当 depth (A) $=0$ 时，则 $V=\{\upsilon_0\}$，$E=\varnothing$，$l(\upsilon_0)=\{P_1, P_2, \cdots, P_n\}$；当 depth ($A$) >0 时，对于 $1\leqslant i\leqslant m=$depth (A)，$G_i=(V_i, E_i, \upsilon_{0i}, l_i)$ 可以递归的定义如下。

(1) $V=\{\upsilon_0\}\cup\bigcup\limits_{1\leqslant i\leqslant m} V_i$，其中当 $i\neq j$ 时，$V_i\cap V_j=\varnothing$。

(2) $E=\{\upsilon_0 m_0 QR_i n_0 \upsilon_{0i} \mid 1\leqslant i\leqslant m\}\cup\bigcup\limits_{1\leqslant i\leqslant m} E_i$。

(3) $l(\upsilon)=\{P_1, P_2, \cdots, P_n\}/\{\top\}$，当 $\upsilon=\upsilon_0$；$l(\upsilon)=l_i(\upsilon)$，当 $\upsilon\in V_i$，$1\leqslant i\leqslant m$。

例如：概念描述 $A\equiv P_1\sqcap\forall R.(P_2\sqcap\exists R.(P_1\sqcap P_2))\sqcap\exists R.(\forall R.(Q_1\sqcap Q_2))\sqcap\geqslant 4R$ 所对应的描述树，如图 2-4 所示。

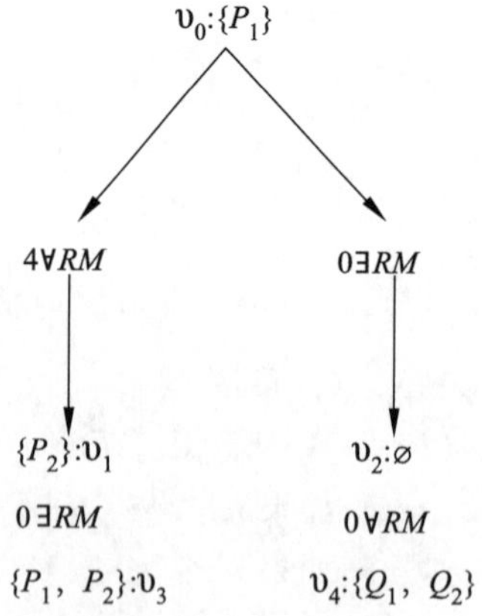

图 2-4 描述树 G_A

其实我们也可以通过概念的描述树写出它对应的概念描述。当 depth (G) $=0$ 时，$V=\{\upsilon_0\}$，$E=\varnothing$，如果 $l(\upsilon_0)=\varnothing$，此时 $C_G\equiv\top$；否则我们有 $l(\upsilon_0)=\{P_1, P_2, \cdots, P_n\}$，此时 $C_G\equiv\sqcap l(\upsilon_0)$。当 depth ($G$) >0 时，我们可以递归的得到 C_G。我们以集合 $\{\upsilon_1, \upsilon_2, \cdots, \upsilon_m\}$ 为 υ_0 的所有后继节点，则有 $\upsilon_0 m_1 QR_i n_i \upsilon_i\in E$，$1\leqslant i\leqslant m$，$Q\in$ {∀，∃}。我们以 C_1，C_2，…，C_m 表示以 υ_i 为树根的子树所

对应的概念，从而我们有 $C_G \equiv P_1 \sqcap \cdots \sqcap P_n \sqcap QR_1.C_1 \sqcap \cdots \sqcap QR_m.C_m \sqcap \leqslant n_1 R_1 \sqcap \cdots \sqcap \leqslant n_s R_s \sqcap \geqslant m_1 R_1 \sqcap \cdots \sqcap \geqslant m_j R_j$，$Q \in \{\forall, \exists\}$。

定义 2.2 描述树的同态 概念 A 的描述树 $G_A =(V_A, E_A, \upsilon_0, l_A)$，概念 B 的描述树 $G_B =(V_B, E_B, \omega_0, l_B)$，$\varphi: V_A \rightarrow V_B$ 是 G_A 到 G_B 的一个同态映射当且仅当 φ 满足以下几个条件。

(1) $\varphi(\upsilon_0)=\omega_0$；

(2) $l_A(\upsilon) \subseteq l_B(\varphi(\upsilon))$；对任意的 $\upsilon \in V_A$；

(3) 边 $\varphi(\upsilon_i)\ m_B \forall R \varphi(\upsilon_j)\ n_B \in E_B$ 如果边 $\upsilon_i m_A \forall R \upsilon_j n_A \in E_A$，并且有 $m_A \leqslant m_B$，$n_A \geqslant n_B$；边 $\varphi(\upsilon_i)\ m_B \exists R \varphi(\upsilon_j)\ n_B \in E_B$ 如果边 $\upsilon_i m_A \exists R \upsilon_j n_A \in E_A$，并且有 $m_A \leqslant m_B$，$n_A \geqslant n_B$。

定义 2.3 A、B 是两个概念描述，我们说 $A \sqsubseteq B$ 当且仅当 $A^I \subseteq B^I$ 对任意的解释 I 都成立，$A \equiv B$ 当且仅当对任意的解释 I 都有 $A^I = B^I$。

由定义 2.3 我们知道，$A \sqsubseteq B$ 当且仅当在任意的解释下，概念 A 都解释成概念 B 的一个子集，即概念 A 的任何个体都是概念 B 的个体，$A \equiv B$ 当且仅当在任意解释下，A、B 都被解释为同一个集合。但是描述逻辑中所有概念的语义解释都是由构成它的初始概念、原子角色和它含有的概念构造子的语义解释来决定的。在描述逻辑系统 FLEN 中不含的概念构造子$\neg$，所有的构造子都是单调的，从而我们可以通过比较概念的语法结构来判断概念之间的包含关系。我们用概念的描述树来表示概念的语法结构，所以我们可以通过概念描述树之间的同态来刻画概念之间的包含关系。于是我们有以下定理。

定理 2.7 在 FLEN 中 $A \sqsubseteq B$ 当且仅当 $A \equiv \bot$ 或者 $B \equiv \top$ 或者概念描述树 $G_B =(V_B, E_B, \omega_0, l_B)$ 和 $G_A =(V_A, E_A, \upsilon_0, l_A)$ 之间存在一个同态映射。

证明 第一，对于当 $A \equiv \bot$ 或者 $B \equiv \top$ 定理很明显成立，因为 $\bot \sqsubseteq B$，$A \sqsubseteq \top$ 对任意概念 A，B 都成立。当下证 A 不等于$\bot$和 B 不等于$\top$的情况。

第二，先证如果概念存在一个描述树 G_B 到 G_A 的同态映射 φ，则 $A \sqsubseteq B$。我们证明归纳的证明于概念描述树的顶点的个数 $|V|$。

当 $|V_B|=1$ 时，此时 $V_B=\{\omega_0\}$，$E=\varnothing$，$l(\omega_0)=\{P_1, P_2, \cdots, P_n\}$，$B \equiv \sqcap\, l(\omega_0) \equiv P_1 \sqcap P_2 \sqcap \cdots \sqcap P_n$。由于 φ 是 G_B 到 G_A 的同态映射，由定义 2.2 我们有 $\upsilon_0 = \varphi(\omega_0)$ 且 $l_B(\omega_0) \subseteq l_A(\varphi(\upsilon_0)) = l_A(\upsilon_0)$，从而对任意的 $P \in l_B(\omega_0)$ 都有 $P \in l_A(\upsilon_0)$，所以对任意的解释 $I=(\Delta^I, \cdot^I)$，有 $x \in A^I$ 一定有 $x \in P_i{}^I$，其中 $1 \leqslant i \leqslant n$，从而有 $x \in B^I$，由定义 2.3 我们可以得到 $A \sqsubseteq B$。

当 $|V_B|>1$ 时，我们记 $G(\upsilon_i)$ 为 G 中以 υ_i 为树根的子树 C_G 表示描述树 G 所对应的概念描述，于是我们有

$$A \equiv C_{GA} = \bigsqcap_{P \in l_A(\upsilon_0)} P \sqcap \bigsqcap_{\upsilon_0 m \exists R n \upsilon \in E_A} \exists R.C_{GA}(\upsilon) \sqcap \bigsqcap_{\upsilon_0 m \forall R n \upsilon \in E_A} \forall R.C_{GA}(\upsilon) \sqcap$$

$$\bigcap_{v_0 m QRnv \in E_A} \geqslant mR \cap \bigcap_{v_0 m QRnv \in E_A} \leqslant nR;$$

$$B \equiv C_{G_B} = \bigcap_{P \in l_A(\omega_0)} P \cap \bigcap_{\omega_0 m' \exists Rn' \omega \in E_B} \exists R.C_{G_B}(\omega) \cap \bigcap_{\omega_0 m' \forall Rn' \omega \in E_B} \forall R.C_{G_B}(\omega)$$

$$\bigcap_{\omega_0 m' QRn' \omega \in E_B} \geqslant m'R \cap \bigcap_{\omega_0 m' QRn' \omega \in E_B} \leqslant n'R;$$

其中，$Q \in \{\exists, \forall\}$。

（1）对于任意的模型 I，$x \in A^I \equiv C_{G_A}$，由于 G_B 到 G_A 存在同态映射 φ，由定义 2.2 有 $l_B(\omega_0) \subseteq l_A(\varphi(\upsilon_0)) = l_A(\upsilon_0)$，从而有 $x \in P^I$，对任意的 $P \in l_B(\omega_0)$。

（2）对任意的边 $\omega_0 m_B \exists R n_B \omega \in E_B$，有 $\upsilon_0 m_A \exists R n_A \varphi(\omega) \in E_A$ 且有 $m_B \leqslant m_A$，$n_B \geqslant n_A$。递归的我们有子树 $G_B(\omega)$ 到 $G_A(\upsilon)$ 之间有同态映射，从而有 $C_{G_A(\varphi(\omega))} \sqsubseteq C_{G_B(\omega)}$。由于 $\upsilon_0 m_A \exists R n_A \varphi(\omega) \in E_A$，所以 $\exists R.C_{G_A(\varphi(\omega))}$，$\geqslant mR$，$\leqslant nR$ 出现在概念 A 的顶层，从而对任意的 $x \in A^I \equiv (C_{G_A})^I$，一定有 $x \in (\geqslant m_A R)^I$，$x \in (\leqslant n_A R)^I$，$x \in (\exists R.C_{G_A(\varphi(\omega))})^I$。由于 $m_B \leqslant m_A$，$n_B \geqslant n_A$，从而有 $x \in (\geqslant m_B R)^I$，$x \in (\leqslant n_B R)^I$ 成立，并且存在 $y \in \Delta^I$，$(x, y) \in R^I$，$y \in (C_{G_A(\varphi(\omega))})^I$。由于 $C_{G_A(\varphi(\omega))} \sqsubseteq C_{G_B(\omega)}$，从而 $y \in (C_{G_B(\omega)})^I$，从而可以得到 $x \in (\exists R.C_{G_B(\omega)})^I$。

（3）对任意的边 $\omega_0 m_B \forall R n_B \omega \in E_B$，有 $\upsilon_0 m_A \forall R n_A \varphi(\omega) \in E_A$ 且有 $m_B \leqslant m_A$，$n_B \geqslant n_A$。同样有 $C_{G_A(\varphi(\omega))} \sqsubseteq C_{G_B(\omega)}$。由于 $\upsilon_0 m_A \forall R n_A \varphi(\omega) \in E_A$，所以 $\exists R.C_{G_A(\varphi(\omega))}$，$\geqslant mR$，$\leqslant nR$ 出现在概念 A 的顶层，从而对任意的 $x \in A^I \equiv (C_{G_A})^I$，一定有 $x \in (\geqslant m_A R)^I$，$x \in (\leqslant n_A R)^I$，$x \in (\forall R.C_{G_A(\varphi(\omega))})^I$。由于 $m_B \leqslant m_A$，$n_B \geqslant n_A$，从而有 $x \in (\geqslant m_B R)^I$，$x \in (\leqslant n_B R)^I$ 成立，并且对任意的 $y \in \Delta^I$，如果 $(x, y) \in R^I$，则 $y \in (C_{G_A(\varphi(\omega))})^I$。由于 $C_{G_A(\varphi(\omega))} \sqsubseteq C_{G_B(\omega)}$，从而 $y \in (C_{G_B(\omega)})^I$，从而可以得到 $x \in (\forall R.C_{G_B(\omega)})^I$。

综合上面的（1）、（2）、（3），我们可以知道 $x \in B^I$，即有 $A \sqsubseteq B$，结论成立。

第三，下证：如果 $A \sqsubseteq B$，则在 G_B 和 G_A 之间存在一个同态映射 φ。在这里我们可以证明它的逆否命题，即证明如果 G_B 和 G_A 之间不存在同态映射 φ，则我们可以构造一个模型 I，使得 $x \in A^I$，但是 $x \notin B^I$，即有 A 不包含于 B。我们归纳于概念的角色的深度。

基始：当 depth $(B) = 0$ 时，$B \equiv P_1 \cap P_2 \cap \cdots \cap P_n$，此时 $G_B = (\{\omega_0\}, \varnothing, \omega_0, l_B)$ 且 $l_B(\omega_0) = \{P_1, P_2, \cdots, P_n\}$。由于 G_B 和 G_A 之间不存在同态映射 φ，有定义 2.2 知 $l_B(\omega_0) \not\subseteq l_A(\upsilon_0)$，即存在一个 $P_i \in l_B(\omega_0)$ 但是 $P_i \notin l_A(\upsilon_0)$，所以我们可以找到一个模型 I 使得 $x \in A^I$ 但是 $x \notin (P_i)^I$，从而 $x \notin B^I$，从而有 A 不包含于 B。

归纳：当 depth $(B) > 0$ 时，此时 E_B 不再为空，如果有 $\omega_0 m_B \exists R n_B \omega \in E_B$，

则有 $P_1 \cap P_2 \cap \cdots \cap P_n$，$\geqslant m' R$，$\leqslant n' R$，$\exists R.C_{G(\omega)}$出现在 B 的顶层，由于 G_B和G_A之间不存在同态映射φ，此时有以下情况。

(1) E_A中没有边$\upsilon_0 m_A \exists R n_A \upsilon$。这说明在 A 的描述的顶层概念中不含关于角色R 的存在限制$\exists R.D$，这时我们找到一个模型 I 使得 $x \in A^I$但是 $x \notin (\exists R.C_{G(\omega)})^I$，即 $x \notin B^I$。

(2) E_A中有边$\upsilon_0 m_A \exists R n_A \upsilon$，但是 m_B不小于m_A或等于或者 n_B不大于或等于 n_A。这个时候我们也可以找到模型 I 使得 $x \in A^I$但是 $x \notin (\geqslant m_B R)^I$或者 $x \notin (\leqslant n_B R)^I$，即 $x \notin B^I$。

(3) E_A中有边$\upsilon_0 m_A \exists R n_A \upsilon$ 且 m_B小于或等于 m_A且 n_B大于或等于 n_A，但是 G_B的子树$C_{G(\omega)}$与G_A的子树$C_{G(\upsilon)}$之间不存在同态映射。这时说明在 A 的描述的顶层概念中不含关于角色 R 的存在限制$\exists R.C_{G(\upsilon)}$，由递归我们知道可以找到模型 I 使得 $y \in (C_{G(\upsilon)})^I$但是 $y \notin (C_{G(\omega)})^I$，此时我们在 I 中添加 $(x, y) \in R^I$得到模型 I_0并且有 $x \in (\exists R.C_{G(\upsilon)})_0^I$且 $x \notin (\exists R.C_{G(\omega)})_0^I$，$I_0$就是要找的模型。同理如果有 $\omega_0\, m' \exists R n'\, \omega \in E_B$的情况，也可以类似地证明。综上所述结论成立。(证毕)

由定理 2.7 可知要计算两个概念之间的包含关系，只需看与之对应的概念描述树之间是否有同态关系，而计算两棵树之间是否存在同态关系是有算法的，从而可以得到 FLEN 中概念之间包含关系的推理算法如下。

算法 2.1

(1) 输入任意的 FLEN 概念描述 A、B。

(2) 运用重写规则将 A、B 写成标准形式。如果 $A \equiv \bot$，执行 (4)；如果 $B \equiv \bot$，执行 (5)；如果 $A \equiv \top$，执行 (5)；如果 $B \equiv \top$，执行 (4)。否则执行 (3)。

(3) 画出 A、B 对应的概念描述树 G_A、G_B并判断 G_A和 G_B之间是否存在同态映射。如果存在 G_A到 G_B的同态映射，执行 (5)；如果存在 G_B到 G_A的同态映射，执行 (4)。否则执行 (6)。

(4) 输出：$A \subseteq B$，算法结束。

(5) 输出：$B \subseteq A$，算法结束。

(6) 输出：A 和 B 之间不具有包含关系，算法结束。

(二) FLEN 中的最小公共包含推理

定义 2.4　A、B 是两个概念，E 是 A、B 的最小公共包含概念必须满足以下条件。

(1) $A \subseteq E$，$B \subseteq E$；

(2) 对于任意的 D，如果有 $A \subseteq D$ 且 $B \subseteq D$，则 $E \subseteq D$；

通常情况下我们以 LCS（A，B）来表示概念 A、B 的最小公共包含概念，并且它在“$\equiv$”意义下是唯一的。

定义 2.5 $G_A=(V_A, E_A, \upsilon_0, l_A)$ 和 $G_B=(V_B, E_B, \omega_0, l_B)$ 是两棵概念描述树，$G(\upsilon)$ 是以 υ 为顶点的子树。笛卡儿积 $G_A \times G_B=(V, E, (\upsilon_0, \omega_0), l)$ 定义如下。

（1）(υ_0, ω_0) 是 $G_A \times G_B$ 的树根，$l(\upsilon_0, \omega_0)=l(\upsilon_0) \cap l(\omega_0)$；

（2）对 $G_A \times G_B$ 中任意的顶点 (υ_i, ω_i)，有 $l(\upsilon_i, \omega_i)=l(\upsilon_i) \cap l(\omega_i)$。如果有 $\upsilon_i m_A QRn_A \upsilon_j \in E_A$，$\omega_i m_B QRn_B \omega_j \in E_B$，则 $G_A \times G_B$ 中有边 (υ_i, ω_i) $\min(m_A, m_B) QR \max(n_A, n_B)$ (υ_j, ω_j)，$Q \in \{\exists, \forall\}$ 且有 $l(\upsilon_j, \omega_j)=l(\upsilon_j) \cap l(\omega_j)$。

定理 2.8 $G_C=(V_C, E_C, \upsilon_0, l_C)$ 和 $G_D=(V_D, E_D, \omega_0, l_D)$ 分别是概念 C、D 对应的描述树，$C_{G_C \times G_D}$ 是 $G_C \times G_D=(V, E, (\upsilon_0, \omega_0), l)$ 对应的概念，则 $C_{G_C \times G_D}=$ LCS（C，D）。

证明 我们要证明 $C_{G_C \times G_D}=$ LCS（C，D），由定义 2.5 可知，我们只需要证明以下几点。

（1）$C \sqsubseteq C_{G_C \times G_D}$ 且 $D \sqsubseteq C_{G_C \times G_D}$；

（2）对任意的 E，如果 $C \sqsubseteq E$ 且 $D \sqsubseteq E$ 则 $C_{G_C \times G_D} \sqsubseteq E$。

我们定义映射 φ_i，$\varphi_{i(\upsilon_1, \upsilon_2)}=\upsilon_i$，$i=1, 2$；由定义 2.2 我们可以得到 φ_1 是 $C_{G_C \times G_D}$ 到 G_C 的同态映射，φ_2 是 $C_{G_C \times G_D}$ 到 G_D 的同态映射。由定理 2.7 可以得到 $C \sqsubseteq C_{G_C \times G_D}$ 且 $D \sqsubseteq C_{G_C \times G_D}$ 从而（1）得证。

令 E 为包含 C 和 D 的任意概念，$G_E=(V_E, E_E, \upsilon_0^E, l_E)$ 为与之对应的描述树，定义 φ：$G_E \to G_C \times G_D$，$\varphi=\langle \varphi_3, \varphi_4 \rangle$，即 φ 是 φ_3 和 φ_4 的笛卡儿积，对任意的 $\upsilon^E \in V_E$，$\varphi(\upsilon^E)=\langle \varphi_3(\upsilon^E), \varphi_4(\upsilon^E) \rangle$，$\varphi_3$，$\varphi_4$ 分别是 G_E 到 G_C，G_E 到 G_D 的同态。下面我们要证明：φ 是 G_E 到 $G_C \times G_D$ 的同态映射。

首先要证明 φ 是一个映射。我们递归的证明于 $\delta(\upsilon^E)$ 的长度，其中 $\delta(\upsilon^E)$ 是 G_E 中 υ_0^E 到 υ^E 的路径。证明如下：当 $\delta(\upsilon^E)=0$ 时，此时 $\upsilon^E=\upsilon_0^E$，则 $\varphi(\upsilon_0^E)=\langle \varphi_3(\upsilon_0^E), \varphi_4(\upsilon_0^E) \rangle=(\upsilon_0, \omega_0) \in V$。当 $\delta(\upsilon^E)>0$ 时，由于 G_E 是一棵树，对于任意的结点 υ^E 都有唯一的一个父结点 υ^D。假设 $\upsilon^D m_E \exists Rn_E \upsilon^E \in E_E$，此时 $\delta(\upsilon^D)=\delta(\upsilon^E)-1$。我们假设有 $(\varphi_3(\upsilon^D), \varphi_4(\upsilon^D)) \in V$，又由于 φ_i（$i=1, 2$）是同态所以 $\varphi_3(\upsilon^D)\, m_C \exists Rn_C \varphi_3(\upsilon^E) \in E_C$，$\varphi_4(\upsilon^D)\, m_D \exists R n_D \varphi_4(\upsilon^E) \in E_D$ 且 $m_E \leqslant \min(m_C, m_D)$，$n_E \geqslant \max(n_C, n_D)$ 由 2.5 我们可以得到 $(\varphi_3(\upsilon^E), \varphi_4(\upsilon^E))$ 是 $G_C \times G_D$ 中 $(\varphi_3(\upsilon^D), \varphi_4(\upsilon^D))$ 的子结点，从而 $(\varphi_3(\upsilon^E), \varphi_{4(\upsilon^E)}) \in V$。对于 $\upsilon^D m_E \forall Rn_E \upsilon^E \in E_E$ 的情况也可以类似的证明。这说明 φ 是一个映射。下证 φ 是同态映射由定义 2.2 即要证明 φ 满足同态的三个条件，下面我们一一的证明如下。

(1) 由于 φ_i ($i=1$, 2) 是同态，所以有 φ (υ_0^E) = (υ_0, ω_0)；

(2) 任意的 $\upsilon^E \in V_E$ 有 l (υ^E) $\subseteq l_C$ (υ^E)，l (υ^E) $\subseteq l_D$ (υ^E)，所以 l (υ^E) $\subseteq l_C$ (υ^E) $\cap l_D$ (υ^E) $= l$ (φ_3 (υ^E), φ_4 (υ^E))；

(3) 任意的边 $\upsilon^D m_E \exists R n_E \upsilon^E \in E_E$，我们有 φ_3 (υ^D) $m_C \exists R n_C \varphi_3$ (υ^E) $\in E_C$，φ_4 (υ^D) $m_D \exists R n_D \varphi_4$ (υ^E) $\in E_D$ 且 $m_E \leqslant \min$ (m_C, m_D)，$n_E \geqslant \max$ (n_C, n_D)，那么由定义 2.5 可以得到 (φ_3 (υ^D), φ_4 (υ^D)) min (m_C, m_D) $\exists R$ max (nC, n_D) (φ_3 (υ^E), φ_4 (υ^E)) $\in E$，从而有 (φ_3 (υ^D), φ_4 (υ^D)) $\in V$。同理我们可以证明 $\upsilon^D m_E \forall R n_E \upsilon^E \in E_E$ 的情况。

综合以上三点我们可以得到 φ 是一个同态映射，由定理 2.7 说明 $C_{G_C \times G_D} \subseteq E$。又由 E 的任意性可知定理得证。（证毕）

由以上定理我们可以给出计算两个 FLEN 中概念的最小公共包含概念的算法如下。

算法 2.2

(1) 输入任意两个 FLEN 中的概念 A、B。

(2) 运用重写规则将 A、B 写成标准形式，启动算法 2.1 判断 A、B 之间是否具有包含关系。如果有 $A \subseteq B$，执行 (5)，如果有 $B \subseteq A$，则执行 (6)。否则执行 (3)。

(3) 写出 A、B 对应的概念描述树 G_A、G_B 并计算出 $G_A \cdot G_B$。

(4) 写出与 $G_A \cdot G_B$ 对应的概念 $C_{G_A \cdot G_B}$，转执行 (7)。

(5) 输出 LCS (A, B) $=B$，算法结束。

(6) 输出 LCS (A, B) $=A$，算法结束。

(7) 输出 LCS (A, B) $=C_{G_A \cdot G_B}$，算法结束。

Baader 指出在 FLE 中两个概念 A、B 的最小公共包含概念 LCS (A, B) 的大小 size (LCS (A, B)) 是随着 size (A)、size (B) 成指数增长的。FLEN 是在 FLE 的基础上加进了数量限制，由重写规则我们可以知道对于一个角色符号 R 只有两个数量限制：$\geqslant mR$，$\leqslant nR$。我们可以把这样的两个数量限制看成两个初始概念符号，因为 m 或 n 一旦确定，$\geqslant mR$ 或 $\leqslant nR$ 也随之确定。所以 FLEN 中两个概念 A、B 的最小公共包含概念 LCS (A, B) 的大小 size (LCS (A, B)) 也是随着 size (A)、size (B) 成指数增长的。

三、统一和匹配

另外的支持 DL 知识库的构造和维护的工具是概念的统一，这个 DL 知识库超出了 DL-KRS 提供的标准推理服务。

概念统一可以被认为是弱化两个概念表达之间的等同性的一个操作。更精确地讲，如果能够找到概念变量的替换为概念表达因而应用了替换的结果生成了相当的概念，这样两个概念是统一的。直觉的是为了寻找概念定义之间的可能的重叠，能够将某一个概念名字看做变量和发现，经过联合，两个概念（可能通过不同的知识设计者独立定义的）实际上是等价的。结果能够通过介绍一个统一概念的定义来简化。

一般地，匹配可以被定义为统一的特殊情况，其中变量仅在两个概念表示的一个当中出现。另外，在描述逻辑的框架中，能够定义基于相关包含的匹配和联合来替换相等。

对另一些非标准的推理而言，匹配和统一的计算依赖于概念表达的特定表示的使用，并且已经显现出相当简单的描述逻辑的可决定性（decidable）。

四、概念重写

假设给定一个用源语言表示的概念，概念重写就是寻找另一个概念，这个概念也许用一个目标语言表示，这个概念是按照等价、包含或其他关系和给定概念相关的。

为了指定重写，个人应能够提供在语言概念和目标语言概念之间的一套合适的约束集合。概念重写能够应用到将一个知识库的概念翻译到另一个知识库的过程，或者在知识库的构造和维护的处理过程中用于概念再形成。

另外，概念重写已经在数据库管理使用视图查询的重写的上下文中得到阐述，并且已经在信息集成框架中得到研究了。在这个机制下，能够应用概念重写技术来自动生成建立从一套来源数据获取信息的系统的查询。假设给定按照公共、全局的语言的查询规格与一套表达全局策略和存储信息的个体来源之间关系的约束，这个问题是计算施加到提供答案近似得到原始查询的局部数据源的查询。

第三节　描述逻辑的扩展

这一节中，我们探讨一下已经在描述逻辑中提出的一些类型的扩展。这样的扩展一般都是由在应用中的需求激发所致的。不幸的是，在实现的 DL-KRS 中的一些扩展特点并没有精确和形式化的创建，在其他一些情形下，这样的形式化通过使用一个不是严格限制在一阶逻辑的形式化框架来提供。

第一个扩展是向 DL 语言中加入一些在框架系统中或与某些类型的应用相关的表示特征。这样的扩展提供了一些新的认知概念，阐述了在扩展框架中引起的推理问题。

第二种扩展是在知识库的开发过程中有用的且典型的推理服务。这种服务的实现在于认为非标准的额外推理技术，因为它们超出了 DL-KRS 提供的基础推理服务。

下面我们首先阐述知识表示框架的扩展，然后阐述非标准的推理。

一、语言扩展

一些有关语言扩展的研究深入地研究了扩展的语义，但是重点常常仅在寻找扩展语言的推理过程。在这些语言扩展中，我们发现非单调、认知的和临时推理的概念，以及表示信念和不确定及模糊知识的概念。另外一些概念阐述了在固定领域的推理。

（一）非单调推理

当基于框架的系统开始被正规地标志为一阶逻辑的片断时，很明显，那些实际施用的基于框架的系统以及一些 DL-KRS 系统偶尔提供给用户的概念并没有给予一个在一阶逻辑框架下的精确语义特征。因注意到这些问题的概念和默认观点中相关的概念的联系，一段时间已经在非单调推理的领域得到研究。

在语义网络中经常出现的一个问题被称为“NIXON DIAMOND”，在单调推理的整个研究中，开发通过研究网络的结构属性来标志系统的特征。例如，一般属性“鸟会飞”也许不从企鹅继承，因为企鹅不会飞将引起在网络中的一条弧阻断默认的推理。但是一旦网络变得相当复杂了，我们能够看到尝试提供网络结构的术语的标志是不明智的。

已经被用于语义网络的非单调推理形式化另外一个途径的是基于默认逻辑的使用。后来一个类似的途径是在基于 DL 的系统中默认的对待，其从非单调推理中已经适应描述逻辑框架的形式化工具借鉴而来。然而这种适应不是微不足道的，因为描述逻辑一般不是提议（propositional）语言。

（二）知识和信念的模态表示

模态逻辑已经被广泛地用于对一阶逻辑中的不同特征进行建模，这些特点需要某种形式化的元素的特定约束的应用。例如，我们能够通过介入模态算子而获得某事或相信某个语句是真的，这种算子标志了语句所有的属性。

例如，有断言 B（MARRIED（ANNA））陈述了有关系统信念的一个明确的事实（系统相信 ANNA 结婚了），而不是断言关于建模世界的某事的真实性（不需要具有世界坚固的知识的真实性，系统能够相信某事是真实的）。

一般地，通过介绍一个模态算子将获得建模属性的能力，像知识、信念、时间依赖、义务等。一方面，使用模态算子的描述逻辑的扩展可以被看做非常类似于一阶逻辑对应的模态扩展。特别地，数量模态语句（也就是在数量范围内出现的模态操作语句）解释中引起的语义与此相同。另一方面，适合描述逻辑语言的语法限制带来形式化，这种形式化的表达和推理问题从一些特定描述逻辑语言的特征中继承。描述逻辑和模态算子的扩展包括 Baader 和 Ohlbach（1995）讨论的知识和信念的表示。

（三）认知推理

提供默认语义获得基于框架的系统的完整语义是不够的。基于框架的系统已经包括过程规则和另外形式的需要语义和推理算法覆盖的闭合和认知推理。特别地，如果看看最广泛使用的基于描述逻辑，这样的特点仍然是存在的，并可能表现出新的风味，然而它们的语义并不会被正式地给出，并且相应的推理结果有时并不能被完全解释。

在基于、基于框架的系统和基于知识的应用实际中，常使用非一阶特征规则，如以下规则。

（1）过程规则（也称为触发规则），正常情况下可以被描述为 IF-THEN 语句，并且被用于推理关于已知个体的新的事实。

（2）默认规则，使得能够进行在继承层次下的默认推理。

（3）角色闭合，在知识库中，可以明确地将角色转为个体的一限制推理。

（4）集成约束，提供了在可接纳的知识库中的约束限制。

在《逻辑哲学引论》（人民出版社，1990 年出版）第六章中，详细阐述了另外的描述逻辑和模态算子的认知扩展的途径。在作为结果的形式化中，个人能够通过承认一个在知识库中简单形式的认知语句表达来认知查询并形式化前述的过程规则。这种根据一个认知算子的过程规则的特征已经在 DL 社区中得到广泛的接受并且因而也被第二章讲述。这种途径已经被更进一步地扩展到称为自动认知描述逻辑（adls）中，其中混合了默认推理。这种混合通过依赖非单调模态逻辑 mknf 来获得，因此介绍了另一个解释为自动认知假设的模态算子。以上提到的特点能够统一地在知识库中被当做认知语句，而不需要给它们像在知识库中的过程规则和认知约束下的默认一样具有特殊的状态。没有更困难的进行推理不会带来这个表达。然而，针对描述逻辑的一阶逻辑片断的非单调推理的提议形式化中推断所用的推理方法的扩展已经将要确定下来了。

（四）时间推理

在应用领域中常常需要的形式化的概念是时间。描述逻辑的暂时扩展已经成为一种特殊种类的模态扩展。处理在 DL 框架中的时间的第一个建议是在 DL 系统 back 的上下文中产生的。后来，紧随着时间表示的标准化途径，基于间隔和基于点的途径得到了研究，尤其是推理问题中的决策和复杂度得到了关注。

（五）不确定和模糊知识的表示

有时，在关于应用领域中表示和推理有用的另一个途径是不确定性。正如在另一些知识表示框架中所示，有一些表示描述逻辑中的不确定性知识的途径。其中的两个，可能逻辑和模糊逻辑，已经在描述逻辑的上下文中提出。在可能描述逻辑的情况下，关于领域的知识根据可能术语学公理即允许人们表示关于领域的统计信息，或者根据可能性断言即指定断言属性信念的程度来表示。推理的任务是寻找包含关系和断言的可能性。一个最近的工作是努力混合描述逻辑和贝叶斯网络。

在模糊描述逻辑的情况下，目标是标志不能使用一个“易碎的”（crisp）数字来正确定义的概念。例如，靠近罗马居住的概念不能总是用地图上一个易碎的数字来定义，但是必须用一个表示在连续的路径上离城市的接近程度的成员或程度函数来表示。

模糊描述逻辑提议的途径不仅定义了根据模糊集定义的断言语义，而且介绍了表示像“最可能的”、“非常”等概念的新的算子。推理算法也提供了在基于生动的（tableau）的方法的框架下计算模糊包含关系的方法。

（六）一种格值的模糊动态描述逻辑

为了使 DL 能处理模糊信息，Straccia 提出了一种模糊描述逻辑 FALC；为了使 DL 能处理更一般化的模糊信息，Straccia 将经典描述逻辑 ALC 的真值空间扩充到完备格上，提出了模糊描述逻辑$\mathcal{L}$-ALC；李淑英等人在$\mathcal{L}$-ALC 基础上提出了$\mathcal{L}$-ALCN，增强了表达能力；史忠植等人根据语义 Web 的需求和特点，提出了一种动态描述逻辑 DDL；王驹等根据语义 Web 需要处理模糊或不精确知识的需求和特点，在 DDL 的基础上，提出了一种模糊动态描述逻辑 FDDL。本文将模糊动态描述逻辑 FDDL 的真值空间扩充到完备格上，提出了格值的模糊动态描述逻辑$\mathcal{L}$-DDL，使该系统能处理更一般的模糊静动态信息，为语义 Web 提供了更合理的逻辑基础。

关于模糊动态描述逻辑$\mathcal{L}$-DDL 介绍如下。

1. $\mathcal{L}$-DDL 的语法

令$\mathcal{L}=\langle\mathcal{T},\ \leq\rangle$ 是一个完备格，$\mathcal{T}$是备值集合，$\leq$是偏序关系，与$\leq$相关的

算子有$\oplus$和$\otimes$，称为并与交。令 t 与 f 是$\mathcal{T}$上的最大元与最小元，并假设存在$\mathcal{T}$上的一个关于$\leq$的反单调否定函数$\neg$且$\forall c\in\mathcal{T}$有$\neg\neg c=c$。

约定 以$\triangleright$记$\geq$和$\not\leq$的统称，以$\triangleleft$记$\leq$和$\not\geq$的统称，以$\boxtimes$记$\geq$、$\not\leq$、$\leq$、$\not\geq$的统称，$\triangleright$，$\triangleleft$，$\boxtimes$的反身分别记为$\triangleright^-$，$\triangleleft^-$，$\boxtimes^-$。

$\mathcal{L}$-DDL 有两个最基本的元素：概念和关系。令 A 表示原子概念，C 和 D 表示概念，r 表示原子关系，R 表示关系，α 是动作，则$\mathcal{L}$-DDL 中复杂概念和关系由以下语法规则形成：

$$C, D \rightarrow \top \mid \bot \mid A \mid \neg C \mid C\cap D \mid C\cup D \mid \exists R.C \mid \forall R.C \mid [\alpha]C \mid$$
$$R \rightarrow r \mid [\alpha]R \mid$$

定义 2.6 $\mathcal{L}$-DDL 中的公式定义如下：

（1）断言公式：形如$\langle\pi\boxtimes c\rangle$的表达式，其中 $\pi=C(a)$，$R(a, b)$，$[\alpha]C(a)$ 或 $[\alpha]R(a, b)$；

（2）一般公式：形如$\langle\pi'\boxtimes c\rangle$的表达式，其中 $\pi'=C(x)$，$R(x, y)$，$[\alpha]C(x)$ 或 $[\alpha]R(x, y)$；

（3）若 φ 和$\varnothing$是公式，则$\neg\varphi$，$\varphi\wedge\varnothing$，$\varphi\rightarrow\varnothing$，$\forall x\varphi$ 也是公式；

（4）若 φ 是公式，α 是动作，则 $[\alpha]\varphi$ 也是公式。

定义 2.7 $\mathcal{L}$-DDL 中的条件包括：$\forall C\boxtimes c$，$C(p)\boxtimes c$，$R(p, q)\boxtimes c$，$p=q$ 和 $p\neq q$。

定义 2.8 在$\mathcal{L}$-DDL 中，一个动作描述是一个形如 $A(q_1, \cdots, q_n)\equiv(P_A, E_A)$ 的表达形式，其中：

（1）A 是动作名，动作标志符；

（2）q_1，…，q_n 为个体常元或个体变元，指定动作的操作对象；

（3）P_A 为动作 $A(q_1, \cdots, q_n)$ 的前提公式集，指定动作执行前必须满足的前提条件集；

（4）E_A 为动作 $A(q_1, \cdots, q_n)$ 的结果公式集，指定动作执行后得到的结果集。

定义 2.9 设 x_1，…，x_n 是出现在公式 φ 中的个体变元，a_1，…，a_n 是个体常元，称形如 $\{a_1/x_1, \cdots, a_n/x_n\}$ 的有穷集为一个实例代换，其中个体常元称为代换项，个体变元称为代换基；若 φ'为 φ 上通过实例代换得到的，则称 φ'为 φ 的一个实例公式；对于动作描述 $A(q_1, \cdots, q_n)\equiv(P_A, E_A)$，若 $A(a_1, \cdots, a_n)$ 为 $A(x_1, \cdots, x_n)$上经过实例代换 $\{a_1/x_1, \cdots, a_n/x_n\}$ 得到的，则称 $A(a_1, \cdots, a_n)$ 为 $A(x_1, \cdots, x_n)$ 的动作实例，并称 $A(x_1, \cdots, x_n)$ 为原子动作，$P_A(x_1, \cdots, x_n)$ 为 $A(a_1, \cdots, a_n)$ 的前提集，$E_A(x_1, \cdots, x_n)$ 为 $A(a_1, \cdots, a_n)$ 的结果集。

定义 2.10 令 $A(a_1, \cdots, a_n)$ 是原子动作，α 和 β 是动作，φ 是断言公式，则

$\mathcal{L}$-DDL中的复杂动作由以下语法规则形成：

$$\alpha,\ \beta \to A\ (a_1,\ \cdots,\ a_n)\ \mid \alpha;\ \beta \mid \alpha\cup\beta \mid \alpha^* \mid \varphi^? \mid$$

例如，“考完高考考试”、“可能报考本科院校”、“可能报考专科院校”、“可能不报考”和“考完高考考试（可能报考本科院校∪可能报考专科院校∪可能不报考）”都是动作。

定义 2.11　一个$\mathcal{L}$-DDL 知识库$\mathcal{L}\,\kappa=\langle\mathcal{L}\,\mathcal{T},\ \mathcal{L}\,A\rangle$由两部分组成：$\mathcal{L}\,\mathcal{T}$是由形如$C\sqsubseteq D$，$C\equiv D$，$\alpha\subseteq\beta$和$\alpha\equiv\beta$的表达式组成的集合（可能为空）；$\mathcal{L}\,A$是由所有形如$a\neq b$、断言公式$\varphi$及$[\alpha]\ \varphi$的表达式组成的集合。若$\mathcal{L}\,\mathcal{T}$为空，则$\mathcal{L}\,\kappa$是纯断言知识库。

2. $\mathcal{L}$-DDL 的语义

我们主要通过一个模糊解释$FI\ (u)\ =\ (\Delta,\ \cdot^{I(u)})$来定义$\mathcal{L}$-DDL 的语义，其中$\Delta$是论域，$\cdot^{I(u)}$是解释函数，且$\cdot^{I(u)}$：①将个体$a$映为$\alpha^{I(u)}\in\Delta$；②将概念$C$映为一个隶属函数$C^{I(u)}:\Delta\to\mathscr{I}$；③将关系$R$映为一个隶属函数$R^{I(u)}:\Delta\times\Delta\to\mathscr{I}$。则$\mathcal{L}$-DDL 的概念和关系的语义解释如下。

(1) $\top^{I(u)}(d)=t$；

(2) $\bot^{I(u)}\ (d)\ =f$；

(3) $(\neg C)^{I(u)}\ (d)\ =\neg C^{I(u)}\ (d)$；

(4) $(C\sqcap D)^{I(u)}\ (d)\ =C^{I(u)}\ (d)\ \otimes D^{I(u)}\ (d)$；

(5) $(C\sqcup D)^{I(u)}\ (d)\ =C^{I(u)}\ (d)\ \oplus D^{I(u)}\ (d)$；

(6) $(\exists R.C)^{I(u)}\ (d)\ =\oplus_{e\in\Delta}\ \{R^{I(u)}\ (d,\ e)\ \otimes C^{I(u)}\ (e)\}$；

(7) $(\forall R.C)^{I(u)}\ (d)\ =\otimes_{e\in\Delta}\ \{\neg R^{I(u)}\ (d,\ e)\ \oplus C^{I(u)}\ (e)\}$；

(8) $(\ [\alpha]\ C)^{I(u)}\ (d)\ =C^{I(v)}\ (d)$，假设${}^{uT}\alpha^{v}$；

(9) $(\ [\alpha]\ R)^{I(u)}\ (d)\ =R^{I(v)}\ (d)$，假设${}^{uT}\alpha^{v}$。

而$\mathcal{L}$-DDL 的公式的语义可以解释如下：

(1) 模糊解释$FI\ (u)$满足$\langle C\ (a)\ \boxtimes c\rangle$，当且仅当$C\ (a)^{I(u)}\ (a^{I(u)})\boxtimes c$；

(2) 模糊解释$FI\ (u)$满足$\langle R\ (a,\ b)\boxtimes c\rangle$，当且仅当$R\ (\mathrm{a},\ b)^{I(u)}\ (a^{I(u)},\ b^{I(u)})\boxtimes c$；

(3) 模糊解释$FI\ (u)$满足，$\langle\ [\alpha]\ C\ (a)\boxtimes c\rangle$当且仅当$C\ (a)^{I(v)}\ (\mathrm{a}^{I(v)})\boxtimes c$；

(4) 模糊解释$FI\ (u)$满足$\langle\ [\alpha]\ R\ (a,\ b)\boxtimes c\rangle$，当且仅当$R\ (a,\ b)^{I(v)}\ (a^{I(v)},\ \mathrm{b}^{I(v)})\boxtimes c$。

给定动作$A\ (q_1,\ \cdots,\ q_n)\ \equiv\ (P_A,\ E_A)$，$N_X^A$是发生在$A$中所有变量的集合，$Fl\ (u)\ =\ (\Delta,\ \cdot^{I(u)})$是状态$u$下的一个模糊解释，映射$\zeta$：$N_X^A\to\Delta$是对动作$A$中变量的赋值，$\cdot^{I(u)}$将个体常元$a$解释为$a^{I(u)}\in\Delta$，将个体常元$p\in N_C$解释为$p^{I(u),\zeta}=p^{I(u)}$；将个体变量$p\in N_x$解释为$p^{I(u)\zeta}=\zeta\ (p)$。则$\mathcal{L}$-DDL 的条件的语义解释如下：

（1）若对任意的状态 u 和个体 d，$C^{I(u)}$（$d^{I(u)\zeta}$）$\boxtimes c$，则 I（u）和 ζ 满足条件 $\forall C\boxtimes c$；

（2）若在任意的状态 u 下 $C^{I(u)}$（$p^{I(u),\zeta}$）$\boxtimes c$，则 I（u）和 ζ 满足条件 C（p）$\boxtimes c$；

（3）若在任意的状态 u 下 $R^{I(u)}$（$p^{I(u)\zeta}$，$q^{I(u)\zeta}$）$\boxtimes c$，则$^{I(u)}$ 和 ζ 满足条件 R（p，q）$\boxtimes c$；

（4）若在任意的状态 u 下 $p^{I(u),\zeta}=q^{I(u)\zeta}$，则$I$（$u$）和 ζ 满足条件 $p=q$；

（5）若在任意的状态 u 下 $p^{I(u)\zeta}\neq q^{I(u)\zeta}$，则$I$（$u$）和 ζ 满足条件 $p\neq q$。

3. $\mathcal{L}$-DDL 的推理

$\mathcal{L}$-DDL 的推理主要包括断言公式集的可满足性推理、概念可满足性推理、动作描述的一致性推理和动作推理等，而$\mathcal{L}$-DDL 的概念推理和动作描述的一致性推理都能转化为断言公式集的可满足性推理。本节重点讨论$\mathcal{L}$-DDL 的断言公式集的可满足性推理问题，有关动作推理问题请参考王驹等（2007）的著作。

不失一般性，我们只考虑纯断言知识库。当系统的真值集扩充到完备格$\mathcal{L}=\langle\mathcal{T},\leq\rangle$ 时，为了保证算法的可靠性与完全性，若 $\mathcal{T}$ 不是全序集时，则限定 $\mathcal{T}$ 是有限的；为了保证判定程序终止，我们限定讨论的对象为可靠格。

定义 2.12 $\mathcal{L}$-DDL 的$\mathcal{L}$D-约束包括：

（1）断言公式是$\mathcal{L}$D-约束；

（2）若 φ 和$\varnothing$是$\mathcal{L}D$-约束，α 是动作，则 $\neg\varphi$，$\varphi\wedge\varnothing$，$\varphi\vee\varnothing$，$[\alpha]\varphi$ 也是$\mathcal{L}D$-约束。

一个$\mathcal{L}$D-约束集 F 含有矛盾当且仅当 F 含有一个原始断言集 $\{\langle\pi_i\boxtimes c_i\rangle\mid i\in N\}$，使得约束集 $\{\langle x_i\boxtimes c_i\rangle\mid i\in N\}$ 中的 x_j 在$\mathcal{L}$中无解。另外，若 F 含一个断言公式的共轭对，则 F 中也含有矛盾。

为了简便，我们不考虑添加形如 $\langle\pi\geq f\rangle$ 和 $\langle\pi\leq t\rangle$ 的断言。

算法 2.3 ABox 可满足性的基于约束传播的 Tableau-算法。

输入：$\mathcal{L}$-DDL 的断言公式集。

输出：备值。

第一，使用以下规则对 F 中的断言公式进行扩充，直到没有规则可用。

（1）$\neg\boxtimes$规则：若 $\langle\neg C(a)\boxtimes c\rangle\in F$，且 $\langle C(a)\boxtimes^{-}\neg c\rangle\notin F$，则将 $\{\langle C(a)\boxtimes^{-}\neg c\rangle\}$ 并入 F 中；

（2）$\sqcap_{\rhd}$规则：若 $\langle C\sqcap D(a)\rhd c\rangle\in F$，$\langle C(a)\rhd c\rangle\notin F$ 或 $\langle D(a)\rhd c\rangle\notin F$，则将 $\{\langle C(a)\rhd c\rangle, \langle D(a)\rhd c\rangle\}$ 并入 F 中；

（3）$\sqcap_{\lhd}$规则：若 $\langle C\sqcap D(a)\lhd c\rangle\in F$，$\langle C(a)\lhd c\rangle\notin F$ 且 $\langle D(a)\lhd c\rangle\notin F$，则将 $\{\langle C(a)\lhd c\rangle\}$ 或 $\langle D(a)\lhd c\rangle\}$ 并入 F 中；

（4）$\sqcup_{\rhd}$规则：若 $\langle C\sqcup D(a)\rhd c\rangle\in F$，$\langle C(a)\rhd c\rangle\notin F$ 且 $\langle D(a)$

$\triangleright c\rangle \notin F$，则将 $\{\langle C(a) \triangleright c_1\rangle\}$ 或 $\{\langle D(a) \triangleright c_2\rangle\}$ $((c_1, c_2) \in D_{\mathcal{L}}(c))$ 并入 F 中；

(5) $\sqcup_{\triangleleft}$ 规则：若 $\langle C \sqcup D(a) \triangleleft c\rangle \in F$，$\langle C(a) \triangleleft c\rangle \notin F$ 或 $\langle D(a) \triangleleft c\rangle \notin F$，则将 $\{\langle C(a) \triangleleft c_1\rangle, \langle D(a) \triangleleft c_2\rangle\}$ $(\forall (c_1, c_2) \in D_{\mathcal{L}}(c))$ 并入 F 中；

(6) $\forall_{\triangleright}$ 规则：令 $\Psi = \langle R(a, b)_{\triangleleft} \neg c\rangle \in F$，若 $\langle \forall R.C(a) \triangleright c\rangle \in F$，$\Psi^c \in F$ 且 $\langle C(a) \triangleright c\rangle \notin F$，则将 $\{\langle C(a) \triangleright c\rangle\}$ 并入 F 中；

(7) $\forall_{\triangleleft}$ 规则：若 $\langle \forall R.C(a) \triangleleft c\rangle \in F$，并且没有 b 使得 $\langle R(a, b) \triangleright \neg c\rangle \in F$ 且 $\langle C(b) \triangleleft c\rangle \in F$，则将 $\{\langle R(a, b) \triangleright \neg c_1, \langle C(b) \triangleleft c_2\rangle\}$ $((c_1, c_2) \in D_{\mathcal{L}}(c) \setminus \{c, f\})$ 并入 F 中；

(8) $\exists_{\triangleright}$ 规则：若 $\langle \exists R.C(a) \triangleright c\rangle \in F$，并且没有 b 使得 $\langle R(a, b) \triangleright c\rangle \in F$ 和 $\langle C(b) \triangleright c\rangle \in F$，则将 $\{\langle R(a, b) \triangleright c\rangle, \langle C(b) \triangleright c\rangle\}$ 并入 F 中；

(9) $\exists_{\triangleleft}$ 规则：令 $\Psi = \langle R(a, b) \triangleleft c\rangle \in F$，若 $\langle \exists R.C(a) \triangleleft c\rangle \in F$，$\Psi^c \in F$ 且 $\langle C(a) \triangleleft c\rangle \notin F$，则将 $\{\langle C(a) \triangleleft c\rangle\}$ 并入 F 中；

(10) $[\alpha] \boxtimes$ 规则：若 $< [\alpha] C(a) \boxtimes c > \in F$，其中 $\alpha = (P_\alpha, E_\alpha)$，则将 P_α 中所有的条件从 F 中删除且将执行动作 α 后所得结果 E^α 及 $\{\langle C(a) \boxtimes c\rangle\}$ 并入 F 中。

第二，检测 F 中是否含有矛盾，若 F 中不含有矛盾，则 F 是可满足的；否则 F 是不可满足的。

算法终止。

对于一个$\mathcal{L}$D-约束集 F，若没有规则可再应用于它，我们称它是完全的。将以上规则应用于$\mathcal{L}$D-约束集 F 得到的完全约束称为 F 的一个完全，当然这样的完全可能有多个。

定理 2.9　$\mathcal{L}$-DDL 的 ABox 可满足性的基于约束传播的 Tableau-算法能在有限步停止。

定理 2.10　对可靠完备格$\mathcal{L}$，一个有限约束集 F 是可满足的当且仅当存在一个 F 的无矛盾的完全。

证明　(1) 可靠性。因推理算法能在有限步内停止，故我们只需对应用于 F 的规则按情形来分析其可靠性即可：若 F 是可满足的，则存在一个 F 的无矛盾的完全 F' 也是可满足的。现以证明 $(\exists_{\triangleright})$ 是可靠的为例。假定解释 FI 满足 $\langle \exists R.C(a) \triangleright c\rangle \in F$，由$\mathcal{L}$-DDL 的语义解释知 $(\exists R.C)^1(a) = \bigoplus_{b\in\Delta}\{R^I(a, b) \otimes C^I(b)\}$，而 FI 满足 $\exists R.C(a) \triangleright c$，故 $(\exists R.C)^I(a) \triangleright c$，从而有 $\bigoplus_{b\in\Delta}\{R^I(a, b) \otimes C^I(b)\} \triangleright c$，所以存在 b，使得 $R^I(a, b) \triangleright c$ 和 $C^I(b) \triangleright c$。

（2）完全性。假设 F 存在一个无矛盾的完全 F'，故只需证明 F 是可满足的，而 $F \subseteq F'$，于是我们只需构建 F' 的一个模型 FI。对 F' 中的任意原始约束 φ，令 $N_1[\varphi] = \{c \geqslant \mid <\varphi \geq c> \in F'\}$，$N_2[\varphi] = \{c \geqslant \mid <\varphi \not\leq c> \in F'\}$，$N_3[\varphi] = \{c \geqslant \mid <\varphi \leq c> \in F'\}$ 和 $N_4[\varphi] = \{c \geqslant \mid <\varphi \not\geq c> \in F'\}$。由于 F' 是无矛盾的，故对任意的原始约束 φ，我们都能通过 $N_i[\varphi]$ 找到一个合适的 $N[\varphi]$ 使得 $\varphi \boxtimes N[\varphi]$。故我们可如下构造 F' 的模型 FI：①FI 的论域是 Δ^{FI} 中的所有个体的集合；②对任意个体 $a \in \Delta^{FI}$ 有 $a^I = a$；③$\pi^I = N[\pi]$，其中 $\pi = C(a)$，$R(a, b)$，$[\alpha]C(a)$ 或 $[\alpha]R(a, b)$，α 是动作。

二、额外的推理服务

非标准的推理任务能够完成许多目的，其中包括支持构建和维护知识库，以及获得关于其中表示的知识的信息。

在描述逻辑中更加有用的非标准的推理中，我们叙述最小包含父集和最多特定概念，匹配/合一和概念重写的计算。

（一）最小公共包含集和最多特定概念

最小公共包含集和最多特定概念的内容前文已述及，在此不再赘述。

（二）统一和匹配

另外的支持 DL 知识库的构造和维护的工具因其超出了 DL-KRS 提供的标准推理服务而被称为概念的统一。

概念统一可以被认为是弱化两个概念表达之间的等同性的一个操作。更精确地，如果能过找到概念变量的替换为概念表达因而应用了替换的结果生成了相当的概念，这样两个概念是统一的。直觉的是为了寻找概念定义之间的可能的重叠，能够将某一个概念名字看做变量和发现，经过联合，两个概念（可能通过不同的知识设计者独立定义的）实际上是等价的。结果能够通过介绍一个统一概念的定义来简化。

一般地，匹配可以定义为统一的特殊情况，其中变量仅在两个概念表示的一个当中出现。另外，在描述逻辑的框架中，能够定义基于相关包含的匹配和联合来替换相等。

对另一些非标准的推理而言，匹配和统一的计算依赖于概念表达的特定表示的使用，并且已经显现出相当简单的描述逻辑的可决定性（decidable）。

第三章

模糊逻辑

第一节　模糊逻辑概述

模糊逻辑的产生是为了解决控制论、系统论和计算机科学提出的新课题。

在20世纪60～70年代，系统科学和信息科学逐渐形成，控制论的研究已有了飞速的发展，科学技术日新月异，这一切迫使人们必须对大系统进行充分研究。而这些大系统，要涉及大量参数和变量，关系错综复杂，呈现出模糊性。复杂性和模糊性之间产生了尖锐的矛盾。扎德（Zadeh）说："从本质上说，互克性原理的实质是：当系统的复杂性日益增长时，我们做出系统特征精密然而有意义的描述的能力将相应降低，直到这样一个界限，即精密性有意义（或适当性）变成两个几乎互相排斥的特性。"显然，现有的以精确性为特征的数学和逻辑等，无法刻画和处理大系统的模糊性。

人脑的低精度、高效性是任何机器都无法比拟的，因此计算机难以理解具有模糊性的自然语言，人机对话就成为人工智能的一大障碍。为了克服这一障碍，就必须对自然语言加以刻画，使之形式化，以便构造数学模型，编制计算机程序。

面对着研究大系统模糊性的需要和第五代计算机的挑战，建立在取真假[0，1]二值基础上的传统逻辑，简直束手无策，于是作为二值逻辑的直接推广——模糊逻辑应运而生了。

产生模糊逻辑的理论基础是模糊集合论。

为了刻画模糊思维和模糊语言活动的表述过程，扎德于1965年提出了模糊集合论，用数学的方法来刻画模糊事物，为研究某种类型的不清晰性提供了一套理论和方法，产生了应用数学的重要分支——模糊数学。由于逻辑与数学有着内在联系，模糊集合论很快地被运用于逻辑的研究中。1966年马利诺斯（P. N. Marinos）发表了关于模糊逻辑的内部研究报告，标志着模糊逻辑的产生。接着扎德又提出了"模糊语言变量"这一重要概念。到1974年扎德制定了模糊推理复合规则，奠定了模糊逻辑的基础。与此同时，古根、马丹尼、斯卡勒等人也为模糊逻辑的产生和发展做出了巨大的贡献。

1976年，模糊理论首次介绍到我国，很快引起了不少学者的关注。关于模糊逻辑的研究，在应用方面，如模糊控制、人工智能、模糊开关电路、集成电路模糊元件等，已初见成效；在理论方面，如模糊命题逻辑、$t \vee R$ 似然推理法、最优模糊蕴涵、模糊递归论和模糊模型论等，已有所开展。

十几年来，我国已有不少模糊逻辑的论文发表，一些模糊数学的著作也论及模糊逻辑。但是，总的来说，国内外关于模糊逻辑的研究还很薄弱，理论探讨不深刻，应用研究不全面，没有建立起完整的体系，至今没有一本系统论述的专著问世。

模糊逻辑的产生和发展，冲破了经典逻辑的束缚，更接近于人类的真实思维和语言实际，有着广阔的发展前景。相信在国内外的模糊学家和逻辑学家的共同努力下，模糊逻辑的研究必将飞速发展，取得可喜的成果。正如扎德所预言："在今后十几年里，这门学科必将得到大力发展，也必然在人类和科学方法的宝库中占有一席之地。"

第二节　模糊逻辑的研究对象和特点

模糊逻辑是一门新兴的学科，逻辑界对它尚无一致的定义。至目前，关于模糊逻辑的定义有以下几种。

(1) 模糊逻辑是一种运用取无穷连续值的模糊集去研究模糊性对象（包括模糊的物质对象和思维语言过程）的形式和规律并使研究对象适当确切化的科学。

(2) 模糊逻辑是建立在多值逻辑的基础上，运用模糊集合论的方法研究模糊性思维与语言的形式及其规律的科学。

(3) 模糊逻辑是一种真值域为 [0, 1] 区间，析取和合取分别按照最大值和最小值之意的多值逻辑。

(4) 模糊逻辑是关于使用含混的或不精确的命题进行推理的逻辑科学。

(5) 模糊逻辑是用模糊集合论把逻辑结构模糊化，运用不精确命题进行推理的逻辑科学。

我们认为给一个学科下定义，应当遵守给概念下定义的规则，并用简练的语言，揭示出这个学科的内涵和外延。据此，模糊逻辑可被定义为以模糊集合论为工具研究模糊思维的推理和模糊语言的形式及规律的科学。

模糊逻辑具有工具性、应用性和人类性。在阶级社会里，它没有阶级性，对各个阶级是一视同仁的，它不分地域，不分民族，为全人类服务。它为应用而产生，与科学技术密切相关，是一门应用逻辑。

模糊逻辑研究的对象是模糊思维和模糊语言。

模糊思维是关于模糊事物的理性认识活动。在日常生活和科研活动中，人们所接触和处理的对象，绝大多数构成的类的边界是不确定的。对于某事物是否具有某属性的问题，往往不能简单地用“是”或“非”来回答。在实践中，人们需要灵活地处理模糊现象，及时地适应外界条件的变化，有所发现，有所前进。例如中医诊断，在望闻问切之后做出模糊判断，治疗疾病。人类的这种模糊思维能力，使只懂得“是”或“非”这种精确语言的电脑，相形见绌。

模糊语言是指具有模糊性的自然语言，这种语言的表达式使用了不能产生严格划定范围的词语，如胖瘦、高矮、美丑、明暗、好坏等词之间没有一个绝对分明的界限。说某人胖或瘦，只能靠直观比较，不能测量脂肪厚薄，也无法定出区分脂肪厚薄的标准。

模糊逻辑的主要任务是：运用集合论方法，对模糊思维和模糊语言进行定量分析，使之形式化。

从定义、性质、对象和任务看，模糊逻辑有以下特征。

(1) 理论基础是模糊集合理论。

(2) 真值是在［0，1］区间取值的模糊子集。

(3) 真值可由给定的语法生成，可由给定的语义加以解释。

(4) 坚持取大取小原则：析取取大值，合取取小值，在实践中，两利相权取大，两害相权取小。

(5) 推理规则是似然的，结论是近似的。

(6) 是局部性的应用逻辑。

综上所述，模糊逻辑研究的内容应该是：模糊概念的结构、模糊命题的演算、模糊推理的规则和模糊逻辑公式的极小化等问题。

第三节　研究模糊逻辑的意义和方法

一、研究模糊逻辑的意义

首先，模糊逻辑为人们进一步认识世界和改造世界提供了有力的武器，模糊性和精确性构成了客观世界的整体性。可能世界充满了模糊性。传统逻辑只研究精确性，而不研究模糊性。模糊性至今还是个必然王国。要认识它，攻克它，使之变成自由王国，需要模糊逻辑为之提供有力的武器。

其次，模糊逻辑为现代科学技术的发展提供了崭新的工具。当前，在科学技术领域里正在进行着一场信息革命，这场革命以电子计算机航天技术和原子能为代表，其特点是高度自由化。面对非线性、变系数的复杂情况，特别是由“大科学、大技术、大工程、大企业”所形成的大系统，传统的数学和逻辑都望而生畏，而模糊逻辑却能解决其中的某些难题。模糊数学及其分支——模糊逻辑，把软科学（研究模糊对象）和硬科学（研究精确对象）结合起来，解决一些悬而未决的问题，涉及科学技术和国民经济的各个领域。近年来，它显示出巨大的力量，产生了显著的效益。

再次，模糊逻辑具有重要的方法论意义。模糊逻辑提供的模糊论方法是现代科学思维的基础方法之一，它在人们认识世界的征途中有着巨大的功能。世界按其本质来说是模糊的，模糊性是绝对的，精确性是相对的。模糊论方法能够按照“逻辑规则”，运用“逻辑推演”进行判断和推理，预测未来，为人类描绘出一幅可能世界的宏伟蓝图；模糊论方法能够把“非此即彼”的二值逻辑转化为连续值，用隶属度进行分界，引导人们窥视到真理的殿堂；人们运用模糊论方法，处理模糊信息，计算模糊变量，描述模糊概念，刻画模糊命题，进行模糊推理，可以提高科学思维水平；模糊方法论能够帮助人们探索定量描述自然语言的途径，给电子计算机跟人直接对话奠定基础，为人工智能的研究做出重大的贡献。模糊论方法还能使自然语言形象化，增强文学作品的感染力，给读者一种扑朔迷离的美的享受。

最后，模糊逻辑能为人类拓宽研究领域，成为哲学、心理学、语言学、社会学、管理学及其他学科的方法基础。

二、研究模糊逻辑的方法

首先，要钻研模糊集合论。模糊集合论是模糊逻辑的基础理论。不掌握它，就无法研究模糊逻辑。

其次，要运用数理逻辑和非标准逻辑的知识来研究模糊逻辑。模糊逻辑是数理逻辑和非标准逻辑的自然拓广和实际应用。当前，大多数模糊逻辑是借用数理逻辑和非标准逻辑并加以模糊化而形成的。因此，运用数理逻辑和非标准逻辑的知识来研究模糊逻辑有助于模糊逻辑的深化和发展。

再次，要善于观察各种模糊现象，广泛收集模糊信息，进行分类整理工作，探求其内在规律性。

最后，要注意联系实际，重视运用模糊逻辑来描述和处理现实世界的模糊现象。一方面，要关注国内外应用模糊逻辑的动态，从中得到启示和鼓舞。例如，在国内，有的医生把名医的医疗经验编成程序存入计算机中，用来代替医生治病，疗效显著。在国外，有人利用模糊条件语句成功研制出了热水控制器，还有人制造出机器人。这些科学成果的取得都与模糊逻辑分不开。另一方面，要善于思考，注重用模糊理论去处理日常生活和工作中的模糊问题。

模糊逻辑和模糊数学来源于现实应用，应用范围广是其生命力所在。

第四节　模糊数学相关知识

模糊逻辑与模糊数学的关系密切，是模糊语言的具体应用，因此研究模糊逻辑，必先掌握模糊数学和模糊语言的基本知识。下面，我们把与模糊有密切关系的模糊数学和模糊语言知识作一介绍。

一、模糊数学概述

模糊数学诞生于1965年，到现在已有40多年的历史。它是一门具有强大生命力和渗透力的学科，发展非常迅速，简直是“异军突起”。

经典数学认为，越精确越好，“精益求精”是科研工作者的一种美德。诚然，近代科学技术的发展同精密数学的发展是密切相关的。例如，牛顿和莱布尼茨创立的微积分，准确地表述了力学、热力学、电磁学的基本规律；人们根据万有引力定律，运用精确数学的方法，推导出行星环绕太阳运行的轨道，发现了海王星；人们运用精确定义的概念和严格的定理来描述数量关系和空间形式，建立诸如物理、化学、天文、力学等自然科学的理论体系，形成了精密的学科群。可见，经典数学的作用不容抹杀。

随着科学研究的深化，特别是电子计算机的发展，人们研究的对象越来越复杂，难以精确化。互克性原理指出：“当一个系统复杂性增大时，人们使它精确化的能力将减少。在达到一定阈值（即限度）之上时，复杂性和精确性将互相排斥。”人们在寻求一套能处理模糊性的数学方法。模糊数学应运而生。

模糊数学是用数学方法来研究和处理具有模糊性现象的一门科学。它为人类的思维和语言建立起数学模型，它是架在形式化思维和复杂大系统之间的一座桥梁。

模糊数学并不取代精确数学，而是精确数学的延伸和推广，是模糊化思维在数学形式化基础上的重现。只有在精确数学获得充分发展的条件下，模糊数学才能得到长足的发展。模糊数学是在计算机科学、系统科学（系统论、控制论、信息论）和人工智能科学的促使下发展的，反过来，它又推动着这些科学的进步。当前，它的应用触角已涉及很多领域。例如，气象学、预测学、心理学、医疗学，军事学、电子学、生物学等。甚至从前不能应用数学的学科，如语言学、文学、管理等，也都能运用模糊数学并有着广阔的发展前景。

二、模糊集合

模糊集合论是模糊数学的基础理论部分。模糊集合是普通集合（又叫经典集合）的推广，在此，先介绍普通集合。

所谓集合就是具有某种共同属性的事物的总体。总体中的每个个体叫集合的元素。通常用大写字母表示集合，如 A、B、X、Y 等，用小写字母表示元素，如 a、b、c、d 等。

若元素 a 属于集合 A，记做 $a\in A$。

设 A，B 是任意两个集合，若 A 的每个元素都是 B 的成员，则 A 叫 B 的子集，记做 $A\subseteq B$ 或 $B\supseteq A$。不包含任何元素的集合叫空集，记做 $\varnothing$。

在一定范围内，如果所有集合都是某一集合的子集，那么这个集合叫做全集，记做 E。

给定集合 A，由集合 A 的所有子集为元素组成的集合，叫做集合 A 的幂集记做 P（A）。

如果 A 的元素都是 B 的元素，B 的元素都是 A 的元素，那么 A 与 B 叫做相等的集，记做 $A-B$。

如果 A 的元素与 B 的元素不同，但基数（指集合中元素的个数）相同，那么 A 与 B 叫做等价集，记做 $A\leftrightarrow B$。

一个具体的集合有两种表示方法。

(1) 列举法：$A=\{a, b, c, d, \cdots\}$。例如：行星＝｛金星，木星，水星，火星，土星，天王星，海王星，冥王星｝。

(2) 描述法：$A=\{x \mid \cdots\}$ 或 $A=\{x: \cdots\}$。例如：$A=\{x \mid x^2-1=0\}=\{1, -1\}$。

每个集合的各个元素都要有这个集合的共同属性，如散文、诗歌、戏剧、小说是集合“文学”的四个元素，它们都必须有“文学”的共同属性。

集合中的任何一个元素在集合中只能出现一次，这叫元素的不重复性，如能整除 6 的正整数＝｛1，2，3，6｝，而不能是｛1，1，2，3，3，6，6｝。

集合中的各个元素可以任意排列，这叫元素的无序性，如语言＝｛语言，词汇，语法｝＝｛语法，词汇，语言｝。

按照普通集合论的要求，元素 x 与集合 A 之间，$x\in A$ 与 $x\notin A$，二者必居其一，其值域为｛0，1｝，给定论域 U，子集 A 由其特征函数 x_A 唯一确定。

$$x_A: U\rightarrow \{0, 1\}$$

$$x_A(x)=\begin{cases}1, & 当 x\in A\\ 0, & 当 x\notin A\end{cases}$$

特征函数具有三个演算性质。

(1) $\mu_A(x)\cup\mu_B(x)=\max(\mu_A(x),\ \mu_B(x))$，取最大值1。

(2) $\mu_A(x)\cap\mu_B(x)=\min(\mu_A(x),\ \mu_B(x))$，取最小值0。

(3) $\mu_A{}^{-}(x)=1-\mu_A(x)$，$\mu_A{}^{-}(x)$ 是的补集 A^{-} 的特征函数。

普通集合的特征函数只允许取 {0，1} 两个值，它同二值逻辑相对应。

普通集合不能描述类属不分明的模糊事物。这就需要研究模糊集合。扎德的“模糊集合”就是用来解决这个问题的。

我们要有这样一个认识：论域上的对象从属于集合是逐渐过渡的，而不是突然改变的。基于这个认识，就要把元素属于集合的概念模糊化，承认论域上存在着既非完全属于某集合，又非完全不属于某集合的元素。把属于概念量化，承认论域上的不同元素对同一集合有不同的隶属度。模糊集合强调的不是集合中包含哪些元素，而是集合中包含元素的程度如何变化，它是以普通集合作为参考集的，是定义在普通集合上的模糊自集。

设 $\underset{\sim}{A}$ 为论域 U 上的模糊集合。为了对 $\underset{\sim}{A}$ 进行定量刻画，我们把特征函数推广为隶属函数，记为 $\mu_{\underset{\sim}{A}}(x)$，表示元素 x 属于模糊合 $\underset{\sim}{A}$ 的程度或资格。它满足：$0\leqslant\mu_{\underset{\sim}{A}}(x)\leqslant1$。记为 $\mu_{\underset{\sim}{A}}(x)\in[0,1]$。

在这里 $\mu_{\underset{\sim}{A}}(x)$，的值接近1，表示 x 隶属于 $\underset{\sim}{A}$ 的程度高；$\mu_{\underset{\sim}{A}}(x)$ 的值接近于0，表示隶属于 $\underset{\sim}{A}$ 的程度低。如果 $\mu_{\underset{\sim}{A}}(x)$ 的值取闭区间 [0，1] 的两个端点1或0，则模糊集合就退化为普通集合，隶属函数也就变成了特征函数。

由于隶属函数的论域 U 和值域 [0，1] 相对应，所以它也是一种映射。论域 U 到闭区间 [0，1] 的任一映射为

$$\mu_{\underset{\sim}{A}}(x):U\rightarrow[0,1],\quad \forall x\in U,\quad x\rightarrow\mu_{\underset{\sim}{A}}(x)$$

设有限论域 $U=\{x_1,x_2,\cdots,x_n\}$，$\underset{\sim}{A}$ 为 U 上的模糊集合，μ_i 记为 x_i $(i=1,2,3\cdots,n)$对 $\underset{\sim}{A}$ 的隶属度，则

$$\underset{\sim}{A}=\frac{\mu_1}{x_1}+\frac{\mu_2}{x_2}+\cdots+\frac{\mu_n}{x_n}\quad（扎德记法）$$

这个表达式表示有 n 个元素的模糊子集，$\frac{\mu_j}{x_j}$ 中的分母是论域中的元素，分子是该元素对 $\underset{\sim}{A}$ 的隶属度，取分式的形式只表示 μ_j 与 x_j 的对应关系。“+”号叫扎德记号，不是分式求和，而表示将各项汇总。

当论域为无限集时，模糊集合可以表示为

$$\underset{\sim}{A}=\int_{x\in U}\mu_{\underset{\sim}{A}}(x)/x$$

同普通集合一样，模糊集合也有并、交、补三种运算。$\underset{\sim}{A}$ 与 $\underset{\sim}{B}$ 的并集记做

$\underset{\sim}{A}\cup\underset{\sim}{B}$，交记做 $\underset{\sim}{A}\cap\underset{\sim}{B}$，$\underset{\sim}{A}$ 的补集记做 $\underset{\sim}{A}^-$。

$(\underset{\sim}{A}\cup\underset{\sim}{B})(x)=\max(\underset{\sim}{A}(x), \underset{\sim}{B}(x))=\vee(\underset{\sim}{A}(x), \underset{\sim}{B}(x))=\underset{\sim}{A}(x)\vee\underset{\sim}{B}(x)$，$x\in U$

$(\underset{\sim}{A}\cap\underset{\sim}{B})(x)=\min(\underset{\sim}{A}(x), \underset{\sim}{B}(x))=\wedge(\underset{\sim}{A}(x), \underset{\sim}{B}(x))=\underset{\sim}{A}(x)\wedge\underset{\sim}{B}(x)$，$x\in U$

$\underset{\sim}{A}^-(x)=1-\underset{\sim}{A}(x)$，　$x\in U$

模糊集合的并、交、补运算具有下列性质：

(1) 幂等律：$\underset{\sim}{A}\cup\underset{\sim}{A}=\underset{\sim}{A}$，$\underset{\sim}{A}\cap\underset{\sim}{A}=\underset{\sim}{A}$；

(2) 交换律：$\underset{\sim}{A}\cup\underset{\sim}{B}=\underset{\sim}{B}\cup\underset{\sim}{A}$，$\underset{\sim}{A}\cap\underset{\sim}{B}=\underset{\sim}{B}\cap\underset{\sim}{A}$；

(3) 结合律：$(\underset{\sim}{A}\cup\underset{\sim}{B})\cup\underset{\sim}{C}=\underset{\sim}{A}\cup(\underset{\sim}{B}\cup\underset{\sim}{C})$，$(\underset{\sim}{A}\cap\underset{\sim}{B})\cap\underset{\sim}{C}=\underset{\sim}{A}\cap(\underset{\sim}{B}\cap\underset{\sim}{C})$；

(4) 吸收律：$\underset{\sim}{A}\cap(\underset{\sim}{A}\cup\underset{\sim}{B})=\underset{\sim}{A}$，$\underset{\sim}{A}\cup(\underset{\sim}{A}\cup\underset{\sim}{B})=\underset{\sim}{A}$；

(5) 分配律：$(\underset{\sim}{A}\cup\underset{\sim}{B})\cap\underset{\sim}{C}=(\underset{\sim}{A}\cap\underset{\sim}{C})\cup(\underset{\sim}{B}\cap\underset{\sim}{C})$；

$(\underset{\sim}{A}\cap\underset{\sim}{B})\cup\underset{\sim}{C}=(\underset{\sim}{A}\cup\underset{\sim}{C})\cap(\underset{\sim}{B}\cup\underset{\sim}{C})$；

(6) 复原律：$\underset{\sim}{A}^{--}=\underset{\sim}{A}$；

(7) 对偶律：$(\underset{\sim}{A}\cup\underset{\sim}{B})^-=\underset{\sim}{A}^-\cap\underset{\sim}{B}^-$，$(\underset{\sim}{A}\cap\underset{\sim}{B})^-=\underset{\sim}{A}^-\cup\underset{\sim}{B}^-$；

(8) $\varnothing$与 X 满足：$X\cap\underset{\sim}{A}=\underset{\sim}{A}$，$X\cup\underset{\sim}{A}=X$，$\varnothing\cap\underset{\sim}{A}=\varnothing$，$\varnothing\cup\underset{\sim}{A}=\underset{\sim}{A}$。

三、隶属函数及其范式

表示普通集合特征的函数叫特征函数，设 M，N 为二实数集，X，Y 为 M，N 中的变元，若 $\forall x\in M$ 依某种法则 F，有元素 $Y\in N$ 唯一确定值，则称在 M 上定义了一个取值在 N 内的函数，记为 $Y=F(X)$，简记为 F：$X\in M\rightarrow Y=F(X)$，其中 M 被称为函数 $Y=F(X)$ 的定义域，则 $\{Y=F(X): x\in M\}$ 为函数 $Y=F(X)$ 的值域。

表示模糊集合的特征的函数叫隶属函数，它刻画的是元素从属于集合到不从属于集合的渐变过程，也就是隶属度在值域上的分布，记为 $\mu_{\underset{\sim}{A}}(x)$。论域 U 上的模糊集合 $\underset{\sim}{A}$ 由 $\mu_{\underset{\sim}{A}}(x)$ 来表征。$\mu_{\underset{\sim}{A}}(x)$ 在实轴的闭区间 $[0, 1]$ 中取值，$\mu_{\underset{\sim}{A}}(x)$ 的大小反映了 X 对于 $\underset{\sim}{A}$ 的隶属度。

例如：某人属于“老年人”集合的隶属函数，可按下式算出

$$\mu_{老年人}(x)=\begin{cases}0, & 0\leqslant x<50\\ \dfrac{1}{1+\left(\dfrac{x-50}{5}\right)^{-2}}, & 50\leqslant x\leqslant 100\end{cases}$$

设某人 65 岁，即 $x=65$，则

$$\mu_{老年人}(x)=\frac{1}{1+\left(\dfrac{65-50}{5}\right)^{-2}}=0.875$$

隶属函数在模糊数学中占有极其重要的地位，它是应用模糊数学方法的关键，因此，确定隶属函数显得特别重要。

那么如何确定隶属函数？按理，隶属函数的确定应该有一个客观的标准，但事实上没有这个标准，因此，它的值的确定，是由专家评定的，带有主观性。对初步确定的隶属函数需要通过实践检验，逐步修改，使之完善化。

目前，确定隶属函数的方法大体有以下几种：统计法、例证法、子集比较法、相对选择法、可变模型法、滤波函数法和蕴涵解析定义法。

对一个具体的模糊对象，先要选取切合实际的隶属函数，才能运用模糊数学的方法进行定量分析。如果选取不当，脱离实际，就会影响分析效果。

我们从 A. 卡夫曼的著作《模糊子集引论》中摘引常用的隶属函数两组十四种，供选用。

第一组：使用于 x 很小的函数。

(1) $\mu(x)=\begin{cases}1, & 0\leqslant x<a\\ 0, & a\leqslant x\end{cases}$

(2) $\mu(x)=e^{-Kx},\quad K>0$

(3) $\mu(x)=e^{-Kx^2},\quad K>0$

(4) $\mu(x)=\begin{cases}1, & 0\leqslant x<a_1\\ \dfrac{a_2-x}{x-a_1}, & a_1<x\leqslant a_2\\ 0, & a_2<x\end{cases}$

(5) $\mu(x)=\begin{cases}1-ax^K, & 0\leqslant x\leqslant\dfrac{1}{\sqrt[K]{a}}\\ 0, & \dfrac{1}{\sqrt[K]{a}}<x\end{cases}$

(6) $\mu(x)=\dfrac{1}{1+Kx^4},\quad K>1$

(7) $\mu(x)=\begin{cases}1, & x\leqslant a\\ \dfrac{1}{2}-\dfrac{1}{2}\sin\dfrac{\pi}{b-a}\left(x-\dfrac{a+b}{2}\right), & a<x<b\\ 0, & b\leqslant x\end{cases}$

第二组：使用于 x 较大的隶属函数。

(8) $\mu(x)=\begin{cases}0, & 0\leqslant x\leqslant a\\ 1, & a<x\end{cases}$

(9) $\mu(x)=\begin{cases}0, & 0\leqslant x\leqslant a\\ 1-e^{-K(x-a)}, & a<x,\ K>0\end{cases}$

(10) $\mu(x)=\begin{cases}0, & 0\leqslant x\leqslant a\\ 1-e^{-K(x-a)^2}, & a<x,\ K>0\end{cases}$

(11) $\mu(x)=\begin{cases}0, & 0\leqslant x<a_1\\ \dfrac{x-a_1}{a_2-x}, & a_1<x\leqslant a_2\\ 0, & a_2<x\end{cases}$

(12) $\mu(x)=\begin{cases}a(x-a)^K, & a<x<a+\dfrac{1}{\sqrt[K]{a}}\\ 1, & a+\dfrac{1}{\sqrt[K]{a}}\leqslant x\end{cases}$

(13) $\mu(x)=\begin{cases}0, & 0\leqslant x\leqslant a\\ \dfrac{K(x-a)^2}{1+K(x-a)^4}, & a<x<\infty\end{cases}$

(14) $\mu(x)=\begin{cases}0, & 0\leqslant x\leqslant a\\ \dfrac{1}{2}+\dfrac{1}{2}\sin\dfrac{\pi}{b-a}\left(x-\dfrac{a+b}{2}\right), & a<x\leqslant b\\ 1, & b<x\end{cases}$

此外，还有两组十四种，这里从略。

四、隶属度与贴近度

隶属度是模糊集合论所赖以建立的基石，是度量模糊对象的模糊性的重要方法。隶属函数和隶属度的引入，标志着模糊数学的诞生。

隶属度指一个元素属于某一集合的程度，在隶属函数 $\mu_{\underset{\sim}{A}}(x)\in[0,1]$ 中，$\mu_{\underset{\sim}{A}}(x)$ 叫做 x 对 $\underset{\sim}{A}$ 的隶属程度，隶属度是用隶属函数来刻画的：

设论域

$$U=\{x_1,x_2,x_3,x_4\}$$

则

$$\underset{\sim}{A}=\frac{0.5}{x_1}+\frac{0.3}{x_2}+\frac{0.6}{x_3}+\frac{0.2}{x_4}$$

$$\underset{\sim}{B}=\frac{0.2}{x_1}+\frac{0}{x_2}+\frac{0.6}{x_3}+\frac{1}{x_4}$$

说明：x_1，x_2，x_3，x_4 对 $\underset{\sim}{A}$ 的隶属度分别是 0.5，0.3，0.6，0.2，x_1，x_2，x_3，x_4 对于 $\underset{\sim}{B}$ 的隶属度分别是 0.2，0，0.6，1，

为了度量模糊度，我们还要引入贴近度概念。在定义贴近度之前，先定义内积和外积两个概念。

设U为论域，$\underset{\sim}{A}$和$\underset{\sim}{B}$是上的两个模糊子集。则$\underset{\sim}{A}\cdot\underset{\sim}{B}=\bigvee_{x\in U}(\mu_{\underset{\sim}{A}}(x)\wedge\mu_{\underset{\sim}{B}}(x))$

$\underset{\sim}{A}\odot\underset{\sim}{B}=\bigwedge_{x\in U}(\mu_{\underset{\sim}{A}}(x)\vee\mu_{\underset{\sim}{B}}(x))$，$\underset{\sim}{A}\cdot\underset{\sim}{B}$叫$\underset{\sim}{A}$与$\underset{\sim}{B}$的内积，它取最小中的最大值。$\underset{\sim}{A}\odot\underset{\sim}{B}$叫$\underset{\sim}{A}$与$\underset{\sim}{B}$的外积，它取最大中的最小值。

$(\underset{\sim}{A},\underset{\sim}{B})=\frac{1}{2}[\underset{\sim}{A}\cdot\underset{\sim}{B}+(1-\underset{\sim}{A}\odot\underset{\sim}{B})]$，$(\underset{\sim}{A},\underset{\sim}{B})$叫做$\underset{\sim}{A}$与$\underset{\sim}{B}$的贴近度。

经过计算，若贴近度为1，则表示非常接近；若贴近度为0，则表示不贴近；贴近度越靠近1，越贴近；越靠近0，越不贴近。

五、模糊矩阵

矩阵是线性代数研究的对象之一，它能够简洁地储存信息。用一个矩形来表示数与数之间关系的表格叫矩阵。例如，把$m\times n$个元素a_{11}，a_{12}，…，a_{1n}，a_{21}，a_{22}…，a_{2n}，…，a_{mn}排成m行（横排是行），n列（竖排是列），则为如下矩阵：

$$\begin{bmatrix} a_{11} & a_{12} & \cdots & a_{1n} \\ a_{21} & a_{22} & \cdots & a_{2n} \\ \vdots & \vdots & & \vdots \\ a_{m1} & a_{m2} & \cdots & a_{mn} \end{bmatrix}$$

这就叫m行n列的矩阵，可以记为$A_{m\times n}=(a_{ij})_{m\times n}$。矩阵中各个位置的数叫矩阵元素。$m\times n$叫矩阵的阶。

若矩阵中的元素都在一列中，叫列矩阵。若矩阵的元素都在一行中，叫行矩阵。行数等于列数的矩阵（$m=n$）叫方阵。设如下两个矩阵

$$A_{m\times n}=(a_{ij})_{m\times n}=\begin{bmatrix} a_{11} & a_{12} & \cdots & a_{1n} \\ a_{21} & a_{22} & \cdots & a_{2n} \\ \vdots & \vdots & & \vdots \\ a_{m1} & a_{m2} & \cdots & a_{mn} \end{bmatrix}$$

$$B_{m\times n}=(b_{ij})_{m\times n}=\begin{bmatrix} b_{11} & b_{12} & \cdots & b_{1n} \\ b_{21} & b_{22} & \cdots & b_{2n} \\ \vdots & \vdots & & \vdots \\ b_{m1} & b_{m2} & \cdots & b_{mn} \end{bmatrix}$$

如果A，B的行数和列数分别相等，则A和B可以相加，得新矩阵$C_{m\times n}=(c_{ij})_{m\times n}$，即

$$A+B=(c_{ij})_{m\times n}=\begin{bmatrix} c_{11} & c_{12} & \cdots & c_{1n} \\ c_{21} & c_{22} & \cdots & c_{2n} \\ \vdots & \vdots & & \vdots \\ c_{m1} & c_{m2} & \cdots & c_{mn} \end{bmatrix}$$

$$=\begin{bmatrix} a_{11}+b_{11} & a_{12}+b_{12} & \cdots & a_{1n}+b_{1n} \\ a_{21}+b_{21} & a_{22}+b_{22} & \cdots & a_{2n}+b_{2n} \\ \vdots & \vdots & & \vdots \\ a_{m1}+b_{m1} & a_{m2}+b_{m2} & \cdots & a_{mn}+b_{mn} \end{bmatrix}$$

如果前一个矩阵的列数等于前一个矩阵的行数，则两个矩阵可以相乘，得新矩阵。

设 $A_{m\times n}=(a_{ij})_{m\times n}$，$B_{n\times p}=(b_{ij})_{n\times p}$，$A$ 的列数 n 和行数 m 相等，则 $C=A\times B=A_{m\times n}\times B_{n\times p}=(c_{ij})_{m\times p}$，即 $C_{ij}=\sum_{k=1}^{h}a_{ik}b_{kj}$，$k=1$，2，…表示 A 的列数，B 的行数。

如果矩阵 A 里的任意元素 a_{ij} 都能满足 $0\leqslant a_{ij}\leqslant 1$，（$i=1$，2…，$m$；$j=1$，2，…，$n$）则这个矩阵叫模糊矩阵，用 $\underset{\sim}{A}$ 表示。如果 a_{ij} 只取 0 和 1 两个数值，叫布尔矩阵。

两个模糊矩阵的关系有以下五种。

（1）当且仅当它们对应的元素两两相等，则这两个模糊矩阵相等。记做

$a_{ij}=b_{ij}, i=1, 2, \cdots, m, j=1, 2, \cdots, n$，所以 $\underset{\sim}{A}=\underset{\sim}{B}$

（2）当且仅当 $\underset{\sim}{A}$ 的每个元素小于或等于 $\underset{\sim}{B}$ 的对应元素，则 $\underset{\sim}{A}$ 包含于 $\underset{\sim}{B}$ 中。记做

$a_{ij}\leqslant b_{ij}, i=1, 2, \cdots, m, j=1, 2, \cdots, n$，所以 $\underset{\sim}{A}\cap\underset{\sim}{B}$

（3）模糊矩阵 $\underset{\sim}{A}$ 和 $\underset{\sim}{B}$ 的并仍是模糊矩阵，记做 $\underset{\sim}{A}\cup\underset{\sim}{B}=(d_{ij})\ d_{ij}=a_{ij}\vee b_{ij}$，$i=1, 2, \cdots, m,\quad j=1, 2, \cdots, n$

（4）模糊矩阵 $\underset{\sim}{A}$ 和 $\underset{\sim}{B}$ 的交仍是模糊矩阵，记做

$\underset{\sim}{A}\cap\underset{\sim}{B}=(d_{ij})\ d_{ij}=a_{ij}\wedge b_{ij},\quad i=1, 2, \cdots, m,\quad j=1, 2, \cdots, n$

（5）模糊矩阵 $\underset{\sim}{A}$ 的补仍是模糊矩阵，记做

$\underset{\sim}{A}^{-}=(a_{ij}^{-})$，$a_{ij}^{-}=1-a_{ij},\quad i=1, 2, \cdots, m,\quad j=1, 2, \cdots, n$

模糊矩阵的合成运算和普通矩阵的乘法相似，所不同的是在模糊矩阵的合成中是布尔运算。用公式表示：

$\underset{\sim}{A}\circ\underset{\sim}{B}=\underset{\sim}{C}=\underset{\sim i}{C}=\max_{k}\min(a_{ik}, b_{kj})=\bigvee_{k}(a_{ik}\wedge b_{kj})$

设 $\underset{\sim}{A}=\begin{bmatrix} a_{11} & a_{12} \\ a_{21} & a_{22} \end{bmatrix}$，$\underset{\sim}{B}=\begin{bmatrix} b_{11} & b_{12} \\ b_{21} & b_{22} \end{bmatrix}$，则

$$\underset{\sim}{A}\circ\underset{\sim}{B}=\underset{\sim}{C}=\begin{bmatrix}(a_{11}\wedge b_{11})\vee(a_{12}\wedge b_{12}) & (a_{11}\wedge b_{11})\vee(a_{12}\wedge b_{22})\\(a_{21}\wedge b_{21})\vee(a_{22}\wedge b_{22}) & (a_{21}\wedge b_{12})\vee(a_{22}\wedge b_{22})\end{bmatrix}$$

要注意，只有在有限论域上的模糊关系，才可以用模糊矩阵来表示；在无限论域的情况下，不能用模糊矩阵来描述模糊关系。

六、模糊关系的复合

模糊关系是普通关系的推广，由两个或两个以上的模糊关系而形成的一个新的关系，叫模糊关系的复合。例如，在一个家庭中，子女和父母外貌相似的关系和父母与祖父母外貌相似关系之综合，就是关系的复合。

设 $\underset{\sim}{R}$ 为子女与父母外貌的相似关系，$\underset{\sim}{S}$ 为父母与祖父母外貌的相似关系，$\underset{\sim}{T}$ 为 $\underset{\sim}{R}$ 与 $\underset{\sim}{S}$ 的复合，记做 $\underset{\sim}{T}=\underset{\sim}{R}\circ\underset{\sim}{S}$。

$\underset{\sim}{R}$	父	母
子	0.7	0.2
女	0.2	0.5

$$\underset{\sim}{R}=\begin{bmatrix}0.7 & 0.2\\0.2 & 0.5\end{bmatrix}$$

$\underset{\sim}{S}$	祖父	祖母
父	0.6	0.7
母	0.3	0.1

$$\underset{\sim}{S}=\begin{bmatrix}0.6 & 0.7\\0.3 & 0.1\end{bmatrix}$$

$$\underset{\sim}{T}=\underset{\sim}{R}\circ\underset{\sim}{S}=\begin{bmatrix}0.7 & 0.2\\0.2 & 0.5\end{bmatrix}\circ\begin{bmatrix}0.6 & 0.7\\0.3 & 0.1\end{bmatrix}$$

$$=\begin{bmatrix}(0.7\wedge 0.6)\vee(0.2\wedge 0.3) & (0.7\wedge 0.7)\vee(0.2\wedge 0.1)\\(0.2\wedge 0.6)\vee(0.5\wedge 0.3) & (0.2\wedge 0.2)\vee(0.5\wedge 0.1)\end{bmatrix}$$

$$=\begin{bmatrix}0.6\vee 0.2 & 0.7\vee 0.1\\0.6\vee 0.2 & 0.7\vee 0.1\end{bmatrix}$$

$$=\begin{bmatrix}0.6 & 0.7\\0.3 & 0.2\end{bmatrix}$$

$\underset{\sim}{T}$ 作为 $\underset{\sim}{R}$ 和 $\underset{\sim}{S}$ 的复合，表示在这个家庭中，孙子与祖父母外貌相似的程度为 0.6 和 0.7，孙女与祖母外貌相似的程度为 0.3 和 0.2。

模糊关系的复合用隶属函数表示为

$$
\begin{aligned}
\underset{\sim}{T}(X, Z) &= (\underset{\sim}{R} \circ \underset{\sim}{S})(X, Z) \\
&= \sup_{Y \in V} \min(\underset{\sim}{R}(X, Y), \underset{\sim}{S}(Y, Z)) \\
&= \bigvee_{\substack{Y \in V \\ \sup}} (\underset{\sim}{R}(X, Y) \wedge \underset{\sim}{S}(Y, Z))
\end{aligned}
$$

这里的 $Y \in V$ 表示对所有的 $Y \in V$ 取最小的上界。

当论域为有限集时，模糊关系的复合运算可以转化为模糊矩阵的乘法运算，这种关系是不满足交换律的，如上例，$\underset{\sim}{R} \circ \underset{\sim}{S} \neq \underset{\sim}{S} \circ \underset{\sim}{R}$。$\underset{\sim}{T} = \underset{\sim}{R} \circ \underset{\sim}{S}$ 有明确的意义，而 $T' = \underset{\sim}{S} \circ \underset{\sim}{R}$ 未必有明确的意义。

目前，模糊数学已有长足的发展。在理论方面，它从模糊集合拓展到格论、拓扑、代数、逻辑、概率论、范畴论、博弈论、泛函分析、算法语言和程序理论等领域。在应用方面，它应用于语言学、教育学、心理学、生理学、环境科学、医疗诊断、图像识别、信息处理、预测决策、情报检索、人工智能、天气预报、交通运输调控、控制与系统等领域。实践证明模糊数学是推动科学技术飞速发展的有力工具，它是构建模糊逻辑体系的理论基础。

第五节　模糊概念

传统观点认为，模糊概念是一种非科学的概念，这种概念产生的原因在于人们的认识水平低下。其实这是一种误解。科学概念有两种：一种是清晰概念，反映对象的清晰性，能够用数量化、形式化的方法加以描述；另一种是模糊概念，反映对象的模糊性，不能用数量化、形式化的方法加以描述，它的产生主要由于对象自身的模糊性。这两种概念都是反映对象特有属性的思维形式。在实践中模糊概念的数量远远超过了清晰概念，对正确表达思想有着巨大的作用。人们能够认识它，重视它，运用它，恰恰说明了人们对对象的认识已更加深刻，水平更上了一层楼。

一、模糊概念的形成

模糊概念是指特有属性不分明或适用范围不确切的概念。模糊概念必须用模糊词语来表达，举例如下。

表示人的模糊概念：老大爷、中年人、好学生、矮个儿、胖子；

表示物的模糊概念：事物、新产品、大礼帽、老式设备、漂亮衣服；

表示时间的模糊概念：拂晓、中午、从前、很久、片刻；

表示空间的模糊概念：宇宙、市郊、南方、北方方言区、黄河流域；

表示性质状态的模糊概念：浓度、标志、陡峭、急切、狂笑；

表示数量的模糊概念：无双、许多、有些 一部分、大多数；

表示程度的模糊概念：十分勇敢、无比激动、特别伤心、充分显示、稍微了解。

模糊概念形成的特定条件包括三个。

(1) 时间和空间的无限延伸性和不可分割性，决定了人脑所形成的概念具有绝对的模糊性和相对的精确性，如春、夏、秋、冬和东、南、西、北，这些时间和空间的划分，只能是相对而言的，而没有绝对准确的分界线。又如，长短、深浅、大小、胖瘦、年轻、新旧等概念，可以相对地延伸和收缩，没有确定的限度。

(2) 人们的主观认识总是要落后于客观实际的，因而经抽象概括客观对象之后所形成的概念，难免带有不同程度的模糊性。

(3) 人们对客观事物的感觉具有不确定性。例如，颜色、气味、味道、气候、爱憎等，不同的人在不同的心态、时间、环境中，感受体验不同，适应性也不大一样，这样形成的概念也必然带有模糊性。

二、模糊概念的特征

模糊概念的基本特征就是具有模糊性。具体表现在五个方面。

(1) 没有明确的外延。在同一论域里，任何一个模糊概念至少存在一些对象既不完全属于，又不完全不属于它的外延，有亦此亦彼的中介对象存在。从一个人的发展来说，婴儿、幼年、少年、儿童、童年、青年、中年、壮年、老年等阶段，没有一个准确的分界点；从人的身高来说，侏儒、低个、中等个、高个、巨人等，也无法用一个准确的尺码来衡量；从人的头发根数来区分秃子与否，根本无法划分。凡此种种，不一而足。如果把模糊概念的外延分成核心和边缘两部分，则从核心向边缘逐渐扩展，其内涵所代表的属性程度逐渐降低，外延的范围也逐渐扩大，这就是模糊概念内涵与外延的反变关系。

(2) 具有变异性。变异性是指属于同一模糊概念的不同对象在程度上存在着差异和变化。例如，“笑”是一个模糊概念，“笑”的外延的不同对象有微笑、强笑、冷笑、惨笑、媚笑、狞笑、狂笑、皮笑肉不笑、哈哈大笑……它们的内涵在程度上有细微的差别。

(3) 具有非定量性。模糊概念不能用准确的数据加以量化刻画，不能进行定量分析，只能用约定俗成的近似量加以鉴别，如“清洁”与“肮脏”、“漂亮”

与“丑陋”等。

(4) 具有粘连性。同一论域里的模糊概念之间，内涵相对，外延交错，经常存在着中间地带，外延的中间过渡是渐变的和连续的，因而是粘连的，不能一刀切，如“开放”与“闭关”、“快乐”与“忧愁”、“勤劳”与“懒惰”、“大方”与“吝啬”、“优秀学生”与“后进学生”等概念，中间可以插入第三者，但不能用$A+\neg A$来表示。

(5) 具有随意性。由于民族的差异及世界观、审美观、心理状态和生活阅历的不同，人们对概念的理解迥然有别，所用的词语也显示出各自的意识形态。什么样的人算“漂亮”，什么样的人算“丑陋”，不同的人有不同的看法。

三、模糊概念与精确概念的关系

模糊概念与精确概念互相依赖，互相制约，构成了矛盾的统一体，成为人们正确思维不可缺少的“细胞”。在实践中，人们应该正确把握这二者的实质，巧妙灵活地运用这两种都具有科学性的概念。在需要精确的地方一定要精确，不能模糊。例如，《长安导游》中有一段介绍大雁塔的文字：“塔初为五层，高十八丈，砖表土心，仿佛西域佛塔形式。武则天长安年间（公元701～704年）又重新修建。大雁塔现高六十四公尺，共七层，平面为正方形，是我国楼阁式砖塔的优秀典型。”而在需要模糊的地方一定要模糊，不能精确，如盛唐时期著名诗人刘长卿有一首诗歌叫《逢雪宿芙蓉山主人》：

日暮苍山远，天寒白屋贫。
柴门闻犬吠，风雪夜归人。

加点的词都是模糊概念。作者用清新流畅的笔触、模糊朦胧的词语，寥寥几笔，形象地描写了自己在一个风雪夜晚投宿到芙蓉山村时所见到的景色，以“归真返璞”的形式，抒发了自己孤愤沉闷的感情。如果用精确概念来描写，那就会失尽诗意，索然无味。在文学作品中，模糊概念好像云雾中的花一样，能放出异彩。

在一定的条件下，模糊概念与精确概念能够互相转化，如“夏季”本来是模糊概念，当人们给它规定了时间界限（五月至七月）之后，它就变成了精确概念。又如，“我等了你半天”中的“半天”，本来有确定的时间（十二小时），是精确概念，但在这句话里却表示“很长时间”，变成了模糊概念。

四、模糊概念的种类

在模糊思维日益发展的今天，模糊概念浩如烟海。为了便于研究和应用，明确其各种特性，我们从不同的角度把模糊概念分成若干类。

（一）性质模糊概念和关系模糊概念

这是根据模糊概念所反映对象的不同内涵来分类的。其中，性质模糊概念是反映某类对象具有模糊属性的概念，多用抽象名词、形容词、动词或词组表示，如人性、道德、伟大、平坦、阐明、气候温和、不能磨灭的印象等。关系模糊概念是反映两个或两个以上的对象之间具有某种模糊关系概念。它的外延不是一个个的对象，而是由至少两个对象按一定次序排列所构成的集合，叫做有序 n 元组。设 $\underset{\sim}{R}$ 为模糊关系，a，b，c…为元素。根据模糊关系的逻辑性质，关系模糊概念可以分成以下三种。

（1）对称性模糊概念。①对称关系：当 $a\underset{\sim}{R}b$ 存在，$b\underset{\sim}{R}a$ 也存在，如相似、远近。②反对称关系：由 $a\underset{\sim}{R}b$ 存在，$b\underset{\sim}{R}a$ 不存在，如高于、压倒。③非对成关系：由 $a\underset{\sim}{R}b$ 存在，$b\underset{\sim}{R}a$ 不一定存在，如佩服、讨厌。

（2）传递性模糊概念。①传递关系：当 $a\underset{\sim}{R}b$ 和 $b\underset{\sim}{R}c$ 存在 $a\underset{\sim}{R}c$ 也存在，如早于、稍高。②反传递关系：当 $a\underset{\sim}{R}b$ 和 $b\underset{\sim}{R}c$ 存在。$a\underset{\sim}{R}c$ 不存在，如矛盾、孕育。③非传递关系：当 $a\underset{\sim}{R}b$ 和 $b\underset{\sim}{R}c$ 存在。$a\underset{\sim}{R}c$ 不一定存在，如摧毁、害怕。

（3）自反性模糊概念。①自反关系，$a\underset{\sim}{R}a$，如相当、大体一样。②反自反关系：$a\underset{\sim}{R}a$，如小于、在先。③非自反关系：$a\overline{\underset{\sim}{R}}a \vee a\underset{\sim}{R}a$，如了解、约束。

（二）正模糊概念与负模糊概念

这是根据概念是否具有某种模糊属性来分类的。其中，正模糊概念是肯定所反映对象具有某种模糊性质的概念，如第三世界、条件、原则、舒服。负模糊概念是否定所反映的对象具有某种模糊性质的概念，如非第三世界、无条件、没原则、不舒服。

（三）形式模糊概念与非形式模糊概念

这是根据模糊概念的不同作用来分类的。其中形式模糊概念是表示模糊命题常项的概念，如所有、有的、并非、或者、要么、如果……那么……、只有……、当且仅当……则。非形式概念是表示模糊命题逻辑变项的概念，如精神、文明、满意、高兴、说唱、摇摆、你们、大家。

（四）聚类模糊概念与非聚类模糊概念

这是根据模糊概念所反映对象有无共同特征来分类的。其中聚类模糊概念是反映对象具有某种共同特征的模糊概念，如天气包括晴天、阴天、雨天；下雨包括暴雨、中雨、小雨；年龄包括老年、中年、青年；气质包括胆汁质、多血质、抑郁质。非聚类模糊概念是反映对象不具有某种共同特征的模糊概念，如许多、笼统、想念、歌声阵阵、繁星点点。

（五）基本模糊概念与合成模糊概念

基本模糊概念是不能用其他概念按逻辑手段构成的模糊概念，它是人们长期以来，对模糊事物进行聚类分析所形成的，如把“人”分为“好人”和“坏人”，把“物质世界”分为“宇观”、“宏观”和“微观”，这类概念的分类不具有唯一性，可以因民族、时代、地域、具体环境和知识水平的不同而有差异。如颜色系统，一般分为七色（红、黄、橙、绿、青、蓝、紫），而英国人把颜色分为六色（没有橙色）。合成模糊概念是由两个或两个以上的概念按一定逻辑手段组合成的模糊概念。合成的方式有三种。

(1) 设基本概念为 A，前缀限制概念为 H，合成模糊概念为 T，则 $T=HA$。例如，微胖、极胖、有点糊涂、非常糊涂、部分提高、基本合格、非常非常标致等。

(2) 设基本概念为 A 和 B，否定词为“非”（$\neg$）和联结词“且”（$\wedge$）“或”（$\vee$），合成模糊概念为 T，则 $\underset{\sim}{T}=\neg A$，如不漂亮；$\underset{\sim}{T}=A\wedge B$，如漂亮且庄重；$\underset{\sim}{T}=A\vee B$，如漂亮或丑陋。

(3) 设限制概念，如“非常”为 H_2，“有点”为 $H_{\frac{1}{2}}$，合成模糊概念为 $\underset{\sim}{T}$，则 $\underset{\sim}{T}=\neg\ (H_2A)\vee H_{\frac{1}{2}}B$，如不非常年轻或有点老。

(3) 是 (1) 和 (2) 合成方式的重复或交叉使用。

与普通逻辑相比，模糊逻辑没有模糊单独概念，因为单独概念的内涵和外延都是明确的。

五、模糊概念的刻画

传统逻辑和普通集合通过特征函数来刻画概念。

$\mu_A\ (x)\ =\begin{cases}1,\ (x\in A)\\0,\ (x\notin A)\end{cases}$，$\mu_A\ (x)$ 叫 A 的特征函数。$\mu_A\ (x)$ 只允许在 $\{0,1\}$ 中取 0 或 1 两个值。它不能用来刻画模糊概念。

模糊理论告诉我们，用模糊集合的隶属函数来刻画模糊概念最贴切。隶属函数是从内涵到外延的对应关系中来刻画概念的，它能把内涵和外延统一在一个数学实体中。例如，我们可以这样刻画性质模糊概念：$\mu_A\ (x)\ =\int_U\frac{\mu\ (x)}{x}$，这里的$U$代表论域，分母中的$x$代表概念的外延，分子$\mu(x)$代表概念的内涵，$\mu_{\underset{\sim}{A}}(x)$的大小反映了$x$对于模糊集合$\underset{\sim}{A}$的隶属程度。$\mu_{\underset{\sim}{A}}(x)$的值接近于1，则$x$隶属于$\underset{\sim}{A}$的程度高；$\mu(x)$的值接近于0，则$x$隶属于$\underset{\sim}{A}$的程度就低。隶属函数将$U$和$[0, 1]$相对应，因此，它是一种映射，表示为$\mu_{\underset{\sim}{A}}(x): U \rightarrow [0, 1]$。这样来刻画，能充分显示出论域上的不同对象具有$\underset{\sim}{A}$这种属性的程度差异和变化。

设论域U为$[0, 150]$，则“老年人”可以表示为

$$\mu_{\text{老年人}}(x)=\begin{cases}0, & 0\leqslant x<50\\ \left[1+\left(\dfrac{x-50}{5}\right)^{-2}\right]^{-1}, & 50\leqslant x\leqslant 150\end{cases}$$

以60岁代之，得

$\mu_{\text{老年人}}(60)=\left[1+\left(\dfrac{60-50}{5}\right)^{-2}\right]^{-1}=\left[1+2^{-2}\right]^{-1}=0.8$，即60岁属于“老年人”的隶属函数为0.8。

六、模糊概念的作用

与精确概念相比较，模糊概念有着特殊的作用。

第一，模糊概念能够把客观世界中的绝大部分现象改造成为意识形态的东西，从而组建精神世界的宏大殿堂。在客观世界的诸现象中，能够进行精确测量计算的仅是一小部分，而大部分现象只能用模糊方法构成模糊概念。大到一个国家的科学水平、民主程度、军队士气、群众情绪，小到一个人经验多少、阅历深浅、贡献大小、文化素质、健康状况，都不能用精确概念来表达，而只能通过大脑，运用模糊方法，按照两利相权取其大两害相权取其小的原则，把这些模糊现象改造为意识形态，为人类造福。例如，领导者运用模糊概念来进行预测和决策，确定最佳方案，灵活地处理错综复杂的问题，以便获得良好的效应。作家运用模糊概念，表达朦胧虚幻的意境，塑造栩栩如生的人物，产生形象凝练的语言，以诱发读者创造性的想象力，给读者以美的陶冶和深刻的启迪。医生在望闻问切之后，获得关于某病人疾病的信息，如血沉快、心率慢、血压低、胆固醇高等，这些都是模糊概念，进而运用模糊聚类分析法和模糊综合评估法，提出几种方案，对几种治疗方案分析比较，最后确定最佳方案。

第二，模糊概念能够概括地反映事物的部分质变。唯物辩证法认为，事物量的变化总是要引起质的变化，在量变引起根本质变之前，事物总是要经历若干部分质变。在日常实践中，人们要处理的问题大部分涉及部分质变。反映部

分质变的就是模糊概念。例如，在社会主义初级阶段，人们生活水平的质变过程是：一部分人先富起来→大部分人富裕起来→全民共同富裕起来。清末著名学者王国维引用三句宋词，说明做学问的过程："望尽天涯路"（苦思）→"衣带渐宽终不悔"（求索）→"众里寻他千百度"（顿悟）。这些都是事物的部分质变，所使用的概念都是模糊概念。

第三，模糊概念能帮助人们进行辩证思维。辩证思维是唯物辩证法在人们思维中反映。它要求人们从事物发展变化中观察事物，把握事物的一切方面、一切联系和"中介"。引进运动的观点来刻画事物的"中介"，唯有模糊概念能胜此任。因为，运用模糊概念，能打破形而上学的"绝对分明"，反对一刀切，使人们恰当地表达事物，科学辩证地进行思维活动。

第四，模糊概念能恰当地表达人的主观情绪和愿望，能帮助人们协调人际关系，做好本职工作。在日常生活中，人们表现出的喜、怒、哀、乐、悲、恐、惊和色欲、形貌欲、威仪姿态欲、言语音声欲、细滑欲、人想欲等七情六欲，都是抽象的，不能观察，只有根据情绪行为加以推论，才能了解。由此而产生的各种概念只能是模糊的，而不会是精确的。

人们在进行物质交换和精神交流过程中，必然要发生、发展和建立起人与人之间的各种关系。每个人总要正确对待和处理这些人际关系。在人际关系中，平等、信用、互利、相容等都是至关重要的原则，自傲、嫉妒、猜疑、羞怯等都是必须清除的心理障碍。这些都是模糊概念。只有妥善地运用这些原则，从社会和个人两方面着手，清除心理障碍，才能协调人际关系。

人们要搞好本职工作，也必须恰当运用模糊概念。例如，搞人事管理工作，必须坚持用人的原则：任人唯贤，不拘一格；扬长避短，人尽其才；互相信任，放手使用；合理搭配，调整效能；爱护关心，培养教育。搞政工工作，必须牢记并运用思想工作的原则：平等疏导、实事求是、既往不咎。这些原则都是模糊概念，如果换成精确概念，效果反倒很差。

第六节　模糊命题

一、什么是模糊命题

二值逻辑的真值，用 1 和 0 来刻画，非此即彼，二者必居其一。但是在现实生活中，特别在信息的传递、感情的表达过程中，有很多命题不能用 1 和 0 来刻画。例如：

（1）他是一个英俊潇洒的青年；

（2）史鉴使人明智；诗歌使人巧慧；数学使人精细；博物使人深沉；伦理之学使人庄重；逻辑与修辞使人善辩。（培根）

（1）中的“英俊潇洒”和（2）中的“明智”、“巧慧”、“精细”、“深沉”、“庄重”和“善辩”，都是模糊概念，由它们所构成的命题，不能说是单纯的“真”，也不能说是单纯的“假”，而只能用“非常真”、“十分真”、“有点真”、“基本上真”、“非常假”、“有点假”等来表示真假的程度。

我们把具有模糊性的陈述句叫模糊命题，它是模糊推理的基础。

命题必须有真假。尽管具有模糊性的陈述句其真假不那么确定，但总还是有真假，而模糊祈使句、模糊正问句和模糊感叹句，本身都没有真假，因此模糊祈使句（如你快走!）、模糊正问句（如什么叫思维敏捷?）和模糊感叹句（如真妙啊!）都不是模糊命题。

扎德将语言真假的典型辞集假定如下：（真假）＝真＋不真＋非常真＋有点真＋非常非常真＋基本上真＋非常（不真）＋不非常真＋…＋假＋不假＋…＋非常假＋…＋不非常真又不非常假＋…

由此可见，模糊命题的真假有其客观标准，即在［0，1］区间取连续值。设模糊命题 $\underset{\sim}{P}$，记为 $T(\underset{\sim}{P})=X$，$0\leqslant X\leqslant 1$，即 $T\in[0,1]$。则当 $X=1$ 时，$\underset{\sim}{P}$ 完全真；当 $X=0$ 时，$\underset{\sim}{P}$ 完全假。可见，在 $T(\underset{\sim}{P})=X$ 中，X 越接近 1，真的程度越大；X 越接近 0，假的程度越大。

二、模糊命题的种类

根据表达方式的不同，模糊命题可分为以下几种。

（一）模糊简单命题

模糊简单命题指含有模糊谓词和量词的简单句。同传统逻辑一样，它也可分为性质命题和关系命题。

第一，模糊性质命题：模糊谓项表示对象性质的命题。

例如：①语言是思维的物质外壳。②一个人的力量是渺小的。③海南岛的气温很高。④有的人是生活的强者。

①的“思维的物质外壳”，②的“渺小的”，③的“很高”，④的“强者”，都是模糊概念，作性质命题的模糊谓项，因此①～④都是模糊性质命题。

设 $\underset{\sim}{P}$ 为模糊性质命题，$\underset{\sim}{A}$ 为模糊谓项，$\triangleq$代表记为式根据定义等于，L 为语

言变量，则 $\underset{\sim}{P} \triangleq X$ 是 $\underset{\approx}{A}$，记做 $\underset{\approx}{A}$（X）。$\underset{\approx}{A}$（X）可解释为赋值方程：$\underset{\sim}{L}$（$\underset{\sim}{X}$）$=\underset{\approx}{A}$。

第二，模糊关系命题：模糊命题谓项表示对象之间关系的命题。

例如：①曹雪芹和康德是同时代人。②心灵美胜过外表美。③地球绕太阳旋转。④前提蕴涵结论。

①的“同时代人”，②的“胜过”，③的“绕…旋转”，④的“蕴涵”，都是模糊概念，作关系命题的谓项，表示模糊关系，因此，①～④都是模糊关系命题。

设 $\underset{\sim}{Q}$ 为模糊关系命题，$\underset{\sim}{R}$ 为模糊谓项，＝表示模糊关系，X 为关系前项，它的取值范围叫关系的前域，Y 为关系后项，它的取值范围叫关系的后域，则 $\underset{\sim}{Q}=X\underset{\sim}{R}Y$ 或 $\underset{\sim}{Q}=\underset{\sim}{R}XY$。

这里讲的都是二元模糊关系命题，还有三元、四元、五元以至 n 元模糊关系命题。

(二) 模糊复合命题

指由两个或两个以上模糊支命题和真值联结词构成的命题。与数理逻辑一样，模糊逻辑也有五个真值联结词，这就是：¬（否定词）、∧（合取词）、∨（析取词）、→（蕴涵词）、↔（等值词），不过这些真值联结词都已经模糊化了。

设 $\underset{\sim}{p}$，$\underset{\sim}{q}$ 为两个模糊支命题，则上述五个真值联结词分别定义为

$$T(\neg \underset{\sim}{p}) = 1 - T(\underset{\sim}{p})$$
$$T(\underset{\sim}{p} \wedge \underset{\sim}{q}) = \min(T(\underset{\sim}{p}),\ T(\underset{\sim}{q}))$$
$$T(\underset{\sim}{p} \vee \underset{\sim}{q}) = \max(T(\underset{\sim}{p}),\ T(\underset{\sim}{q}))$$
$$T(\underset{\sim}{p} \rightarrow \underset{\sim}{q}) = \min(1,\ 1 - T(\underset{\sim}{p}) + T(\underset{\sim}{q}))$$
$$T(\underset{\sim}{p} \leftrightarrow \underset{\sim}{q}) = T((\underset{\sim}{p} \rightarrow \underset{\sim}{q}) \wedge (\underset{\sim}{q} \rightarrow \underset{\sim}{p}))$$
$$= \min[(1,\ 1 - T(\underset{\sim}{p}) + T(\underset{\sim}{q})),$$
$$(1,\ 1 - T(\underset{\sim}{q}) + T(\underset{\sim}{p}))]$$

根据模糊真值联结词的不同定义，模糊复合命题可分为以下五种。

第一，模糊负命题：$T(\neg \underset{\sim}{p}) = 1 - T(\underset{\sim}{p})$。

例如：①并非所有战争都是正义的。②说失足青年都教育不好是不对的。

设“所有战争都是正义的”（$\underset{\sim}{p}$）的真值为 0.1，则①的真值为 $T(\neg \underset{\sim}{p}) = 1 - 0.1 = 0.9$。

设“失足青年都教育不好”（$\underset{\sim}{p}$）的真值为 0.3，则②的真值为 $T(\neg \underset{\sim}{p}) = 1 - 0.3 = 0.7$。

第二，模糊合取命题：$T(\underset{\sim}{p}\wedge\underset{\sim}{q})=\min(T(\underset{\sim}{p}),T(\underset{\sim}{q}))$。

例如：①知人者智，自知者明。②某人不但身体好、学习好，而且工作好。

设“知人者智”（$\underset{\sim}{p}$）的真值为0.8，“自知者明”（$\underset{\sim}{q}$）的真值为0.6，则①的真值为$T(\underset{\sim}{p}\wedge\underset{\sim}{q})=\wedge(0.8,0.6)=0.6$。

设某人“身体好”（$\underset{\sim}{p}$）的真值为0.4，“学习好”（$\underset{\sim}{q}$）的真值为0.6，“工作好”（$\underset{\sim}{r}$）真值为0.8，则②的真值为$T(\underset{\sim}{p}\wedge\underset{\sim}{q})=\wedge(0.4,0.6.0.8)=0.4$。

第三，模糊析取命题$T(\underset{\sim}{p}\vee\underset{\sim}{q})=\max(T(\underset{\sim}{p}),T(\underset{\sim}{q}))$。

例如：①《渴望》受到好评，或因思想性强，或因艺术性高。②老弱病残者应受到照顾。

设“思想性强”（$\underset{\sim}{p}$）的真值为0.9，“艺术性高”（$\underset{\sim}{q}$）的真值为0.6，则①的真值为$T(\underset{\sim}{p}\vee\underset{\sim}{q})=\wedge(0.9,0.6.)=0.9$（即《渴望》受到好评的原因是思想性强）。

设某人“老”（$\underset{\sim}{p}$）的真值为0.9，“弱”（$\underset{\sim}{q}$）的真值为0.6，“病”$\underset{\sim}{r}$的真值为0.4，“残”$\underset{\sim}{S}$的真值为0.2，则②的真值为$T(\underset{\sim}{p}\vee\underset{\sim}{q}\vee\underset{\sim}{r}\vee\underset{\sim}{s})=(0.9,0.6,0.4,0.2)=0.9$（即某人受到照顾的原因是年龄大）。

第四，模糊蕴涵命题。当前对模糊蕴涵命题有不同的定义：

$$T(\underset{\sim}{p}\to\underset{\sim}{q})=\min(1,1-T(\underset{\sim}{p})+T(\underset{\sim}{q}))$$

$$T(\underset{\sim}{p}\to\underset{\sim}{q})=\max(\min(T((\underset{\sim}{p})\ T(\underset{\sim}{q})\vee(1-T(\underset{\sim}{p}))$$

$$T(\underset{\sim}{p}\to\underset{\sim}{q})=\begin{cases}1, & \text{当}\ T(\underset{\sim}{p})\leqslant T(\underset{\sim}{q})\\ T(\underset{\sim}{p}) & \text{当}\ T(\underset{\sim}{p})>T(\underset{\sim}{q})\end{cases}$$

我们采用第一个定义。例如：①如果谁游戏人生，那么谁就一事无成。②如果货币发行量超过流通中的需要量，那么货币就会贬值。

设“谁游戏人生”（$\underset{\sim}{p}$）的真值为0.8，“谁就一事无成”（$\underset{\sim}{q}$）的真值为0.7，则①的真值为$T(\underset{\sim}{p}\to\underset{\sim}{q})=\min(1,1-0.8+0.7)=0.9$。

设“货币发行量超过流通中的需要量”（$\underset{\sim}{p}$）的真值为0.7，“货币就会贬值”（$\underset{\sim}{q}$）的真值为0.5，则②的真值为$T(\underset{\sim}{p}\to\underset{\sim}{q})=\min(1,1-0.7+0.5)=0.8$。

要注意我们所讲的是前后件都是模糊支命题的模糊蕴涵命题，$\underset{\sim}{p}\to q$（如果他发高烧，那么他患的是出血热病），$p\to\underset{\sim}{q}$（如果他是专家，那么他在某方面的造诣深），也都是模糊蕴涵命题。

第五，模糊等值命题：$T(\underset{\sim}{p}\leftrightarrow\underset{\sim}{q})=T((\underset{\sim}{p}\to\underset{\sim}{q})\wedge(\underset{\sim}{q}\to\underset{\sim}{p}))$。

例如：①当且仅当商品生产存在，则价值规律起作用。②当且仅当计划生育搞好了，那么就能控制住人口增长。

设“商品生产存在”（$\underset{\sim}{p}$）的真值为0.8，“价值规律起作用”（$\underset{\sim}{q}$）的真值为0.6，则①的真值为$T(\underset{\sim}{p}\leftrightarrow\underset{\sim}{q})=T((\underset{\sim}{p}\rightarrow\underset{\sim}{q})\wedge(\underset{\sim}{q}\rightarrow\underset{\sim}{p}))=\min[\min(1, 1-0.8+0.6), \min(1, 1-0.6+0.8)]=0.8$。

设“计划生育搞好了”（$\underset{\sim}{p}$）的真值为0.65，“能控制住人口增长”（$\underset{\sim}{q}$）的真值为0.6，则②的真值为$T(\underset{\sim}{p}\leftrightarrow\underset{\sim}{q})=T((\underset{\sim}{p}\rightarrow\underset{\sim}{q})\wedge(\underset{\sim}{q}\rightarrow\underset{\sim}{p}))=\min[\min(1, 1-0.65+0.6), \min(1, 1-0.6+0.65)]=0.95$。

上面，我们对五种模糊复合命题作了结构分析并计算了真值，利用上面的公式，还可以计算更为复杂的模糊复合命题。

例如，在学校教育中，或者只抓业务而不抓政治，或者只抓政治而不抓业务，或者既抓政治有抓业务。

设“抓业务”（$\underset{\sim}{p}$）的真值为0.8，“抓政治”（$\underset{\sim}{p}$）的真值为0.9，则

$$T(\underset{\sim}{p}\wedge\neg\underset{\sim}{q})\vee T(\underset{\sim}{q}\wedge\neg\underset{\sim}{p})\vee T(\underset{\sim}{q}\wedge\underset{\sim}{p})$$
$$=\max[(0.8\wedge(0-0.9)\vee(0.9\wedge(1-0.8))\vee(0.9\wedge 0.8)]$$
$$=\max[0.1\vee 0.2\vee 0.8]$$
$$=0.8$$

三、模糊命题的模糊性

模糊命题的模糊性主要表现在：谓项和量项的模糊性，模糊算子的模糊性，真值联结词的模糊性和命题真值的模糊性。

(一) 谓项和量项的模糊性

设$\underset{\sim}{A}$为模糊谓项，H为限制词，则x是$H\underset{\sim}{A}$，记为$H\underset{\sim}{P}$。例如，他的话是比较可靠的。可见，加限制词能增强模糊谓项的模糊性，进而增强模糊命题的模糊性。

我们将全称量项（$\forall$）和存在量项（$\exists$）模糊化，其定义是：$\forall x\underset{\sim}{A}(x)=\min\underset{\sim}{A}(x)$，$\exists x\underset{\sim}{A}(x)=\max\underset{\sim}{A}(x)$。

例如：全体同志都在积极工作。

设把大部分同志也分为三类，他们“积极工作”的隶属度分别为0.9，0.8，0.7。则$\forall x\underset{\sim}{A}(x)=\min\underset{\sim}{A}(0.9, 0.8, 0.7)=0.7$

例如：大部分同志都积极工作。

设把大部分同志也分为三类，他们“积极工作”的隶属度分别为0.9，0.8，

0.7。则$\exists x\underset{\sim}{A}(x)=\max\underset{\sim}{A}(0.9, 0.8, 0.7)=0.9$

(二) 模糊算子的模糊性

模糊算子是指前置于模糊谓项前的限制性词语，如很、极、较、微、大概等。

设 H_2 代表“很”，则 $(H_2\underset{\sim}{A})(X)=[\underset{\sim}{A}(X)]^2$，如这消息是很可靠的。

设 H_4 代表“极”，$(H_4\underset{\sim}{A})(X)=[\underset{\sim}{A}(X)]^4$，如这消息是极可靠的。

设 $H_{\frac{1}{2}}$ 代表“较”，则 $(H_{\frac{1}{2}}\underset{\sim}{A})(X)=[\underset{\sim}{A}(X)]^{\frac{1}{2}}$，如这消息是比较可靠的。

设 $H_{\frac{1}{4}}$ 代表“微”，则 $(H_{\frac{1}{4}}\underset{\sim}{A})(X)=[\underset{\sim}{A}(X)]^{\frac{1}{4}}$，如这消息是稍微可靠的。

设 $H_{\frac{1}{6}}$ 代表“大概”则，$(H_{\frac{1}{6}}\underset{\sim}{A})(X)=[\underset{\sim}{A}(X)]^{\frac{1}{6}}$，如这消息是大概可靠的。

(三) 真值联结词的模糊性

前边讲的五种真值联结词（非、且、或、如果…则、当且仅当…则）都是模糊化了的。用它们构成的复合命题必然是模糊的。被模糊化的真值联结词与基础逻辑的真值联结词的含义不同。例如，“非”，表示好像非而不是严格的非，有否定又不完全否定。

(四) 命题真值的模糊性

当一个命题的真假状态很难确定时，便可以用一个模糊真值来近似地描述。

什么叫模糊真值？一个命题所得的个体对于它们的谓项所确定的模糊集的隶属度，即在 [0，1] 区间的每一个实数，叫做模糊真值。常见的模糊真值有

$T_{\text{真}}(X)=X$，　$T_{\text{假}}(X)=1-X$，　$T_{\text{很真}}(X)=X^2$，　$T_{\text{很假}}(X)=(1-X)^2$，

$T_{\text{较真}}(X)=X^{\frac{1}{2}}$，　$T_{\text{较假}}(X)=(1-X)^{\frac{1}{2}}$，$T_{\text{绝对真}}(X)=\begin{cases}0, & X\neq 1\\1, & X=1\end{cases}$，

$T_{\text{绝对假}}(X)=\begin{cases}0, & X\neq 0\\1, & X=0\end{cases}$。

四、模糊命题的演算

模糊命题的演算是指通过模糊复合命题逻辑形式的分析，计算模糊变量之

间的模糊逻辑函数，求出模糊复合命题的真值。

设 $\underset{\sim}{p}$，$\underset{\sim}{q}$，$\underset{\sim}{r}$ 为模糊变量，$\underset{\sim}{p}$，$\underset{\sim}{q}$，$\underset{\sim}{r}\in[0, 1]$，$F$ 为模糊逻辑函数，则

逻辑并：$\underset{\sim}{p}\vee\underset{\sim}{q}\vee\underset{\sim}{r}=\max(\underset{\sim}{p}, \underset{\sim}{q}, \underset{\sim}{r})$

逻辑交：$\underset{\sim}{p}\wedge\underset{\sim}{q}\wedge\underset{\sim}{r}=\min(\underset{\sim}{p}, \underset{\sim}{q}, \underset{\sim}{r})$

逻辑补：$\neg\underset{\sim}{p}=1-\underset{\sim}{p}$

$$F(\underset{\sim}{p}, \underset{\sim}{q}) = (\neg\underset{\sim}{p}\wedge\underset{\sim}{q})\vee\underset{\sim}{p}$$
$$=\max[\min(1-\underset{\sim}{p}, \underset{\sim}{q}), \underset{\sim}{p}]$$

模糊集合并、交、补演算的规律，适用于模糊命题的演算，需要注意的是二值逻辑中的矛盾律和排中律在模糊命题演算中不能成立。

若 $0<T(p)<1$，则

①$T(\underset{\sim}{p}\wedge\neg\underset{\sim}{q}) = T(\underset{\sim}{p})\wedge T(\neg\underset{\sim}{q})>0$

②$T(\underset{\sim}{p}\vee\neg\underset{\sim}{q}) = T(\underset{\sim}{p})\vee T(\neg\underset{\sim}{q})<1$

①式表明，一个命题和它的否定命题所构成的合取命题不一定是假命题，因此，矛盾律不能成立。②式表明，在命题 $\underset{\sim}{p}$ 和它的否定命题 $\neg\underset{\sim}{p}$ 之间，还存在着别的命题，因此，排中律不能成立。

第七节　模 糊 推 理

模糊推理是利用模糊集理论研究不确定性推理的一种方法。1965 年，扎德发表了名为“Fuzzy Sets”的文章，引进了模糊集理论。1966 年，马里诺斯首先提出了模糊逻辑的概念。1969 年，古根（Guguen）研究了不精确概念的逻辑问题。此后，扎德又提出了可能度理论，杜波依斯（Dubois）与普拉德（Prade）发展了基于可能度的模糊推理理论。以模糊推理为核心的人工智能技术在许多领域取得了明显的成果。特别是在日本，小到家用电器，大到工业控制都成功地应用模糊推理技术，取得了显著的经济效益。模糊推理理论和技术将不断地发展和完善，并为人工智能的研究与应用开拓新天地。

一、什么是模糊推理

在经典的二值逻辑里，像“如果 p 那么 q”这样的充分条件假言判断，p，q

同真或同假或 p 假 q 真，“$p \rightarrow q$”的值总是真的，并不考虑它们实际上有没有内在联系。因此对“二加三在什么情况下不等于五?”的问题，其回答是“如果一加一不等于二，那么二加三就不等于五”。其推理形式是：如果一加一不等于二，那么二加三就不等于五。

$$\frac{\text{一加一不等于二，}}{\text{所以，二加三就不等于五}}$$

即 $(p \rightarrow q) \wedge p \rightarrow q$。

这是一个有效的充分条件假言推理的肯定前件式，是精确性的推理，但是并没有什么实际意义。在思维实践中，人们并不要求所有对象都是非常精确的。正如扎德讲的：“大多数人的推理——几乎所有人的推理都是不精确的，而一阶逻辑太精确了，限制性很强，不能作为常识性推理的一个好的典型。”为了符合思维实际，人们另辟蹊径，运用模糊理论进行模糊推理。

模糊推理，又叫似然推理，是以模糊命题为前提，运用模糊推理规则，推出模糊命题的结论的推理。它是模糊逻辑研究的重点。我们把普通推理形式，如“p，$p \rightarrow q$，$\therefore q$”与模糊推理形式，如“$\underset{\sim}{p_1}$，$\underset{\sim}{p_2} \rightarrow \underset{\sim}{q_2}$ 所以，$\underset{\sim}{q_3}$”相比较，可以看出，模糊推理的特征如下：

（1）$\underset{\sim}{p_1}$，$\underset{\sim}{p_2}$，$\underset{\sim}{q_2}$ 可以都是模糊子集；

（2）$\underset{\sim}{p_1}$ 与 $\underset{\sim}{p_2}$ 不必相同；

（3）结论 $\underset{\sim}{q_3}$ 不是从前提中必然推出来的，而是近似地推出来的，无论模糊归纳推理还是模糊演绎推理，结论都是近似的，不是唯一的。以似然推理为例。设 $\underset{\sim}{p}$ 表示晴天，$\underset{\sim}{q}$ 表示暖和，则 $\underset{\sim}{p} \rightarrow \underset{\sim}{q}$（如果是晴天，那么就暖和），$\underset{\sim}{q} \rightarrow \underset{\sim}{p}$（如果暖和，那么就是晴天）。

二、模糊推理的种类

根据方向的不同，模糊推理可分为模糊演绎推理和模糊归纳推理两大类。

（一）模糊演绎推理

模糊演绎推理是从一般性的模糊前提推出特殊性模糊结论的推理。它又可分为以下几种推理形式。

（1）模糊三段论，是指借助于一个模糊中项把两个模糊命题联结起来，得出一个近似性结论的模糊演绎推理。

例如：①爱国的知识分子应当受到尊重，大多数的教授是爱国的知识分子，所以，大多数教授是应当受到尊重的。②40 岁左右的知识分子年富力强，易出成果，老周刚过 40 岁，研究员，所以，老周年富力强，成果累累。③张三和李四的工作能力相当，张三的工作能力强，所以，李四的工作能力也很强。④小明和小华高考成绩差不多，小华考上了重点大学，所以，小明也会考上重点大学。

例①和例②的推理形式是

$$\begin{array}{l} \underset{\sim}{M_1} \text{———} \underset{\sim}{P_1} \\ S \text{———} \underset{\sim}{M_2} \\ \hline \therefore S \text{———} \underset{\sim}{P_2} \end{array}$$

这里的中项$\underset{\sim}{M_1}$和$\underset{\sim}{M_2}$是同一论域中既有联系又有区别的模糊概念，不像传统逻辑那样，$\underset{\sim}{M_1}$和$\underset{\sim}{M_2}$的外延必须同一。大项$\underset{\sim}{p_1}$和$\underset{\sim}{p_2}$也是同一论域中的模糊概念，不必相同，不像传统逻辑那样，如果$\underset{\sim}{p_1}$不周延，则$\underset{\sim}{p_2}$不能周延，$\underset{\sim}{p_2}$若周延就会犯大项误周的错误。

例③和例④的推理形式是

$$\begin{array}{c} q\ (M \wedge Y) - \underset{\sim}{q} \\ M - \underset{\sim}{p} \\ \hline \therefore Y - \underset{\sim}{p} \circ \underset{\sim}{q} \end{array}$$

其中，$\underset{\sim}{p}$ 为模糊集合；$\underset{\sim}{q}$ 为模糊关系，$\underset{\sim}{p} \circ \underset{\sim}{q}$ 为 $\underset{\sim}{p}$ 和 $\underset{\sim}{q}$ 的复合。

(2) 模糊关系推理，大前提中的两个模糊假言命题，前件和后件都不相同，小前提的模糊选言命题分别肯定了大前提的不同前件，结论肯定了大前提的不同前件。它与传统逻辑的二难推理的复杂构成式相类似。

例如：如果是人民内部矛盾，则应用民主的方法来解决；如果是敌我矛盾，则应用专政方法来解决；

或者是人民内部矛盾，或者是敌我矛盾；

所以，或者用民主的方法来解决，或者用专政的方法来解决。

此例的推理形式是

$$(((\underset{\sim}{p} \rightarrow \underset{\sim}{q}) \wedge (\underset{\sim}{r} \rightarrow \underset{\sim}{s})) \wedge (\underset{\sim}{p} \vee \underset{\sim}{r})) \rightarrow (\underset{\sim}{q} \vee \underset{\sim}{s})$$

(3) 模糊关系推理，是指运用模糊关系的组合规则所进行的关于事物之间的模糊推理，它可以分为两种。

第一，纯粹模糊关系推理，是指前提和结论都是模糊关系命题的推理。

例如：①张三和李四的表达水平相当，李四比王五的表达水平高得多，所以，张三比王五的表达水平可能要高得多。②林黛玉和薛宝钗长得一样漂亮，薛宝钗比杨玉环要丑一些，所以，林黛玉比杨玉环可能要丑一些。

我们用 $\underset{\sim}{R}$ 表示模糊关系，用“≈”表示大体相等，用“～”表示大体相似。

例①的推理形式是

$$X \approx Y$$
$$Y\underset{\sim}{R}Z$$
$$X\underset{\sim}{R}Z$$

其特点是：关系项必须是统一论域中的元素；“≈”所表示的大体相等，多指数量、长度、距离、水平、智能、轻重等。

例②的推理形式是

$$X \sim Y$$
$$Y\underset{\sim}{R}Z$$
$$X\underset{\sim}{R}Z$$
$$X\underset{\sim}{R}Z$$

其特点是：关系项 X，Y，Z 必须是同一论域中的元素；“～”所表示的大体相似，多指长相、外形、标本、图样等。

运用模糊合成推理规则来进行推理，有效性会大大增强。

例：若 X 与 Y 近似相等，且 Y 大于 Z，求 X 与 Y 的关系。

依题意列公式：

$$X\underset{\sim}{R}Y$$
$$Y\underset{\sim}{S}Z$$
$$X\ (\underset{\sim}{R}\circ\underset{\sim}{S})\ Z$$

则$$\underset{\sim}{R}\circ\underset{\sim}{S}=\begin{bmatrix}1 & 0.5 & 0 & 0\\ 0.5 & 1 & 0 & 0\\ 0 & 0.5 & 1 & 0.5\\ 0 & 0 & 0.5 & 1\end{bmatrix}\circ\begin{bmatrix}0 & 0 & 0 & 0\\ 0 & 0 & 0 & 0\\ 0.5 & 0 & 0 & 0\\ 1 & 0.5 & 0 & 0\end{bmatrix}$$

$$=\begin{bmatrix}0 & 0 & 0 & 0\\ 0 & 0 & 0 & 0\\ 0.5 & 0.5 & 0 & 0\\ 1 & 0.5 & 0 & 0\end{bmatrix}$$

第二，混合模糊关系推理：前提中有一个模糊关系命题和一个模糊性质命题的推理。

例如：①俏俏和冬冬个子一样高。俏俏身高 1.5 米，所以，冬冬也身高 1.5 米。②刘慧芳和王亚茹容貌相似，刘慧芳长得眉目清秀，所以，王亚茹也长得眉目清秀。③按劳分配是社会主义的分配原则，按劳分配是符合群众利益的，所以，社会主义分配原则是符合群众利益的。④数学家和文学家是交叉关系，数学家是进行抽象思维的，所以，文学家是进行文学思维的。

例①的推理形式是：$A \approx Y$

$$X\text{ 是}\underset{\sim}{A}$$

$$Y\text{ 是}\dot{\underset{\sim}{A}}$$

其特点是：关系前域 X 和关系后域 Y 表示某些数量方面近似相等；$\dot{\underset{\sim}{A}}$近似于$\underset{\sim}{A}$；$\underset{\sim}{A}$必须在同一数量方面与关系前域 X 一致。

例②的思维形式是

$$X \sim Y$$

$$X\text{ 是}\underset{\sim}{A}$$

$$Y\text{ 是}\dot{\underset{\sim}{A}}$$

其特点是：关系前域 X 和关系后域 Y 必须具有某种相似关系；$\dot{\underset{\sim}{A}}$相似于$\underset{\sim}{A}$；$\underset{\sim}{A}$必须由同一语言变量联系着。设$\underset{\sim}{G}$代表同一关系，则例③的推理形式是

$$X\underset{\sim}{G}Y$$

$$X\text{ 是}\underset{\sim}{A}$$

$$Y\text{ 是}\underset{\sim}{A}$$

其特点是：关系前域 X 和关系后域 Y 具有同一关系$\underset{\sim}{G}$；$\underset{\sim}{G}$和模糊属性$\underset{\sim}{A}$由同一语言变量联系着。

设$\underset{\sim}{H}$代表交叉关系，

则例④的推理形式是

$$X\underset{\sim}{H}Y$$

$$X\text{ 是}\underset{\sim}{A}$$

$$Y\text{ 是}\underset{\sim}{B}$$

其特点是：关系前域 X 和关系后域 Y 具有交叉关系$\underset{\sim}{H}$；$\underset{\sim}{H}$与模糊属性$\underset{\sim}{A}$由同一语言变量联系着；$\underset{\sim}{B}$是由$\underset{\sim}{H}$和$\dot{\underset{\sim}{A}}$近似地决定着。

若运用模糊推理合成规则进行这样的推理，有效性也会增强。

例如：已知张三和李四年龄相仿，若张三很年轻，问李四如何？

设 $\underset{\sim}{R} \triangleq$年龄相仿，$\underset{\sim}{A} \triangleq$年轻。

依题意列公式：

$$X\underset{\sim}{R}Y$$

$$X\text{ 是}\underset{\sim}{A}$$

$$Y\text{ 是 }(\underset{\sim}{A} \circ \underset{\sim}{R})$$

若年龄论域$U=\{24, 26, 28, 30, 32\}$，

A（很年轻）$=\frac{1}{24}+\frac{0.92}{26}+\frac{0.55}{28}+\frac{0.25}{30}+\frac{0.11}{32}$，

$$\underset{\sim}{R}=\begin{bmatrix}1 & 0.6 & 0.2 & 0 & 0\\0.6 & 1 & 0.6 & 0 & 0\\0.2 & 0.6 & 1 & 0.6 & 0\\0 & 0.2 & 0.6 & 1 & 0.6\\0 & 0 & 0.2 & 0.6 & 1\end{bmatrix}$$

$$\therefore \underset{\sim}{A}\circ\underset{\sim}{R}=(1, 0.92, 0.6, 0.55, 0.25)$$

可见，它与$\underset{\sim}{A}$相似。故李四和张三近乎同样很年轻。

(4) 模糊条件推理，有三种情形。

第一，$\underset{\sim}{p}\rightarrow\underset{\sim}{q}\equiv\bar{\underset{\sim}{p}}\wedge\underset{\sim}{q}$。

例如：如果非常骄傲，那么就会落后没有非常骄傲，但是仍然很落后。

第二，$(\underset{\sim}{p}\rightarrow\underset{\sim}{q})\wedge\bar{\underset{\sim}{q}}\rightarrow\bar{\underset{\sim}{r}}$。

例如：如果出现某种情况，我就这样处理，否则，我就那样处理。

第三，$(\underset{\sim}{p}\rightarrow\underset{\sim}{q})(X, Y)\triangleq(\underset{\sim}{p}(X)\wedge\underset{\sim}{q}(Y))\vee(1-\underset{\sim}{p}(X))$。

其中，$\underset{\sim}{p}(X)$和$\underset{\sim}{q}(Y)$可取$[0, 1]$中的任何值。如果输入一个模糊集$\underset{\sim}{p}'\in F(X)$，则$\underset{\sim}{q}'(X, Y)=\bigvee_{x\in X}((\underset{\sim}{p}(X)\wedge(\underset{\sim}{p}\rightarrow\underset{\sim}{q})(X, Y))$，即$\underset{\sim}{q}'=\underset{\sim}{p}'\circ(\underset{\sim}{p}\rightarrow\underset{\sim}{q})$。

例如：①若X小，则Y大。已知X较小，问：Y如何？

像这样的问题，本来不用“逻辑演算”，光凭常识就可以推出“Y比较大”。但是为了给复杂的模糊推理打下基础，不妨详细推导一下。

设论域$X=Y=(1, 2, 3, 4, 5)$，“较小”$(x)=\frac{1}{1}+\frac{0.4}{2}+\frac{0.2}{3}$，记为$\underset{\sim}{A}$。“问$Y$如何？”记为$\underset{\sim}{B}$。

$$\text{矩阵 } R=\begin{bmatrix}0 & 0 & 0 & 0.5 & 1\\1.5 & 0.5 & 0.5 & 0.5 & 0.5\\1 & 1 & 1 & 1 & 1\\1 & 1 & 1 & 1 & 1\\1 & 1 & 1 & 1 & 1\end{bmatrix}$$

$$\text{则 } \underset{\sim}{A}\circ\underset{\sim}{R}=(1, 0.4, 0.2, 0, 0)\circ\begin{bmatrix}0 & 0 & 0 & 0.5 & 1\\1.5 & 0.5 & 0.5 & 0.5 & 0.5\\1 & 1 & 1 & 1 & 1\\1 & 1 & 1 & 1 & 1\\1 & 1 & 1 & 1 & 1\end{bmatrix}$$

$$=(0.4,\ 0.4,\ 0.4,\ 0.5,\ 1)$$

$$=\frac{0.4}{1}+\frac{0.4}{2}+\frac{0.4}{3}+\frac{0.5}{4}+\frac{1}{5}$$

再与“大”（Y）$=\frac{0}{1}+\frac{0}{2}+\frac{0}{3}+\frac{0.5}{4}+\frac{5}{1}$相比较，得结果：$Y$ 比较大。

例如：②若 X 轻，则 Y 重，否则 Y 不很重，已知 X 很轻，问 Y 如何？

设论域 $X=Y=(1,\ 2,\ 3,\ 4,\ 5)$

A（轻）$=\frac{1}{1}+\frac{0.8}{2}+\frac{0.6}{3}+\frac{0.4}{4}+\frac{0.2}{5}$

B（重）$=\frac{0.2}{1}+\frac{0.4}{2}+\frac{0.6}{3}+\frac{0.8}{4}+\frac{1}{5}$

A（很轻）$=\frac{1}{1}+\frac{0.64}{2}+\frac{0.36}{3}+\frac{0.16}{4}+\frac{0.04}{5}$

B（很重）$=\frac{0.04}{1}+\frac{0.16}{2}+\frac{0.36}{3}+\frac{0.64}{4}+\frac{1}{5}$

C（不很重）$=\frac{0.96}{1}+\frac{0.84}{2}+\frac{0.64}{3}+\frac{0.36}{4}+\frac{0}{5}$

$$则A\to B(X,Y)=\begin{bmatrix}0.2 & 0.4 & 0.6 & 0.8 & 1\\0.2 & 0.4 & 0.6 & 0.8 & 0.8\\0.2 & 0.4 & 0.6 & 0.6 & 0.6\\0.2 & 0.4 & 0.4 & 0.4 & 0.4\\0.2 & 0.2 & 0.2 & 0.2 & 0.2\end{bmatrix}$$

$$\bar{\underset{\sim}{A}}\to C(X,Y)=\begin{bmatrix}0 & 0 & 0 & 0 & 0\\0.2 & 0.2 & 0.2 & 0.2 & 0\\0.4 & 0.4 & 0.4 & 0.36 & 0\\0.6 & 0.6 & 0.6 & 0.36 & 0\\0.8 & 0.8 & 0.64 & 0.36 & 0\end{bmatrix}$$

$$\mu\underset{\sim}{R}(X,Y)=\begin{bmatrix}0.2 & 0.4 & 0.6 & 0.8 & 1\\0.2 & 0.4 & 0.6 & 0.8 & 0.6\\0.4 & 0.4 & 0.6 & 0.6 & 0.6\\0.6 & 0.6 & 0.6 & 0.4 & 0.4\\0.8 & 0.8 & 0.64 & 0.36 & 0.2\end{bmatrix}$$

$$A\circ R=[1,\ 0.64,\ 0.36,\ 0.16,\ 0.04]\circ\underset{\sim}{R}$$

$$=[0.36,\ 0.4,\ 0,\ 1]$$

当 X“很轻”时，Y 为如下模糊集：$\frac{0.66}{1}+\frac{0.4}{2}+\frac{0.6}{3}+\frac{0.8}{4}+\frac{1}{5}$，由此可见，$Y$ 近似于“重”，但并不是“重”。

当 X“重”时，Y 为如下模糊集：$\frac{0.8}{1}+\frac{0.8}{2}+\frac{0.64}{3}+\frac{0.6}{4}+\frac{0.6}{5}$，由此可见，$Y$ 近似于“不很重”，但并不是“很轻”。

（5）模糊假言直推理，可分为肯定式和否定式两种。

第一，模糊肯定式假言推理。

设 T 为模糊命题，p 和 $p\rightarrow q$ 的真实性用语言真值给出，如果 p 是凸且正规的，$R\triangleq p\rightarrow q$ 是可能真和凸的，则 $q=(\neg(R\rightarrow(\bar{p})))\circ R$。

由此可见：①若 p 是可能真的和凸的，则 q 也是可能真的和凸的。②若 p 是可能假的，则 q 变为不知道。

例如：$\underset{\sim}{p_1}\rightarrow\underset{\sim}{q_1}$：$U$ 与 V 近似相等，$\underset{\sim}{p_2}$：U 是小的。求 $\underset{\sim}{q_3}=?$

设 U 的论域为（1，2，3，4），则“$\underset{\sim}{p_1}\rightarrow\underset{\sim}{q_1}$：$U$ 与 V 近似相等”可刻画为

V \ U	1	2	3	4
1	1	0.5	0	0
2	0.5	1	0.5	1
3	0	0.5	1	0.5
4	0	0	0.5	1

“$\underset{\sim}{p_2}$：U 是小的”可刻画为

论域	1	2	3	4
隶属度	1	0.6	0.2	0

运用模糊推理复合规则，再把 $\underset{\sim}{p_1}\rightarrow\underset{\sim}{q_1}$ 和 $\underset{\sim}{p_2}$ 转化为模糊矩阵的运算。

由模糊关系公式 $\underset{\sim}{q_3}=\underset{\sim}{p_2}\circ(\underset{\sim}{p_1}\rightarrow\underset{\sim}{q_1})$，得

$$\underset{\sim}{q_3}=(1,\ 0.6,\ 0.2,\ 0)\circ\begin{bmatrix}1 & 0.5 & 0 & 0\\ 0.5 & 1 & 0.5 & 0\\ 0 & 0.5 & 1 & 0.5\\ 0 & 0 & 0.5 & 1\end{bmatrix}$$

$$=(1,\ 0.6,\ 0.3,\ 0.1)$$

即 $\underset{\sim}{q_3}$ 为

论域	1	2	3	4
隶属度	1	0.6	0.3	0.1

将 $\underset{\sim}{q_3}$：（1，0.6，0.3，0.1）与 $\underset{\sim}{p_2}$：（1，0.6，0.2，0）相比较，可得出 V 与 U 小的差不多。

这种推理的过程是：先把模糊命题转化为不同隶属度的矩阵运算，再把这

些运算转化为求最小值和最大值的运算。这种推理的方法是扎德于 1973 年提出来的，叫做 CRI（compositional rule inference）法。CRI 法使用比较麻烦。鲍德温（J. F. Baldwin）于 1979 年提出模糊真值推理法，叫做 TVR（truth valuer reasoning）推理法。TVR 推理法用真值限度的方法把命题转化为模糊真值，自用一个统一的模糊真值见的蕴涵关系来推理。步骤如下。

第一步：设 $\underset{\sim}{p}\to\underset{\sim}{q}$ 的 $\underset{\sim}{p}$ 和 $\underset{\sim}{q}$ 都是真的，则模糊关系 R 就能定在［0，1］×［0，1］之上，隶属函数为

μ_R（$\mu_{真}$（U），$\mu_{真}$（V））$=\mu_R$（U，V），$U=V=$［0，1］

第二步：使 $\underset{\sim}{p}$ 的真值与 $\underset{\sim}{p}\to\underset{\sim}{q}$ 中的 $\underset{\sim}{p}$ 保持一致，求 $\underset{\sim}{q}$ 的模糊值。以 μP（X）为自变量，以 $\mu\underset{\sim}{p}$（X）为相应的数值，构成的模糊真值的隶属函数。

第三步：经过推理运算，$T\underset{\sim}{\acute{p}}\circ R$ 得到的结果是$\underset{\sim}{\acute{q}}$相对于$\underset{\sim}{q}$的模糊真值 $T\underset{\sim}{q}$。

第四步：由 $T\underset{\sim}{q}$ 和 $\underset{\sim}{q}$ 做出真值限定的逆运算，得到 $\underset{\sim}{\acute{q}}$：$\mu\underset{\sim}{\acute{q}}$（$Y$）$=\mu t\underset{\sim}{\acute{q}}(\mu\underset{\sim}{q}$（$Y$））。

CRI 法和 TVR 法得到的结果是相等价的。这一点从两种推理法的运算过程图中可以清楚地看出来。

第二，模糊否定式假言直言推理。

设 Q 与 $P\to Q$ 的真实性用语言真值 q 和 r 分别给出，则 p（$r\to q$）επ。

由此可见：①若 Q 是可能假且凸的，则 P 也是可能假且凸的；②若 Q 是可能真的，则 P 是不知道的，即使取最高的真值状况也是这样。

这种推理过程与模糊肯定式假言直言推理过程大体相同。

（二）模糊归纳推理

前提中含有模糊概念的归纳推理。根据前提中是否考察了某类的全部对象，它可分为模糊完全归纳推理和模糊不完全归纳推理。

1. 模糊完全归纳推理

根据某类中所有对象具有互相联系的模糊属性，从而推出一个共同的近似性的结论。

例如：①曹操的诗歌表现出建功立业的雄心，曹丕的诗歌吐露出离愁别恨的情调，曹植的诗歌体现出恃才傲物的骨气。所以，三曹的诗歌“志深而笔长”、“慷慨而多气”。

例如：②奴隶社会的法律维护奴隶主的利益，封建社会的法律为满足封建社会的利益而指定，资本主义的法律为资本家剥削工人服务，社会主义社会的法律是无产阶级专政的重要工具，所以，法律是统治阶级意志的体现。

例①和例②的推理形式是

$$S_1 \text{ 是} \underset{\sim}{p_1}$$
$$S_2 \text{ 是} \underset{\sim}{p_2}$$
$$\cdots\cdots$$
$$S_n \text{ 是} \underset{\sim}{p_n}$$

S_1，S_2，…，S_n 是 S 类的全部对象，所以，若 $S=\bigcup_{i=1}^{n} S_i$，则 S 是 $\underset{\sim}{p}$，这里的 $\underset{\sim}{p_1}$，$\underset{\sim}{p_2}$，…，$\underset{\sim}{p_n}$ 是互有联系的模糊概念，$US=\{S_1, S_2, \cdots, S_n\}$ 即 S 的并集，$\bigcup_{i=1} S_i$ 是指在 US 中，$i=(1, 2, \cdots, n)$。

2. 模糊不完全归纳推理

根据某类中一部分对象具有相互联系的模糊属性，从而推出一个共同的近似性的结论。

例如：数学家哥德巴赫在计算中发现

$$15=5+7+3$$
$$337=313+17+7$$
$$461=449+7+5$$
$$561=537+19+5$$
$$\cdots\cdots$$

据此，他于 1742 年提出："所有大于 5 的奇数都可以分解为三个素数之和"的猜想，称为哥德巴赫猜想。

他的推理形式是

$$S_1 \text{ 是} \underset{\sim}{p_1}$$
$$S_2 \text{ 是} \underset{\sim}{p_2}$$
$$\cdots\cdots$$
$$S_n \text{ 是} \underset{\sim}{p_n}$$

S_1，S_2，…，S_n 是 S 部分对象，所以，若 $S=\bigcup_{i=1}^{n} S_i$，则 S 是 $\underset{\sim}{p}$。

三、模糊推理原理

在形式逻辑中我们经常使用三段论的演绎定理，即由大前提、小前提和结论构成的推理。在演绎推理中，大前提是绝对正确的命题，它由条件和结论构成，只要满足一定的条件，结论一定成立，小前提要与大前提的条件部分完全一致，这样演绎定理得出结论也是绝对正确的。在模糊推理中则不然，大前提是一个似然命题，不一定是绝对正确的命题，小前提也是一个似然命题，因为它使用了模糊概念，最重要的是小前提与大前提中的条件部分并不完全一致。因此，所得到的结论，也不与大前提中的结论完全一致。比如：

大前提：如果西红柿红了，则熟了

小前提：这个西红柿有点红

结论：这个西红柿差不多熟了

在上面的例子中，有了许多模糊概念，“红了”、“熟了”、“有点红”、“差不多”等都是人的自然语言，是一些模糊概念。因此，大前提与小前提是不完全确定的。特别是小前提中的“有点红”与小前提中的“红了”不一致，结论“差不多熟了”与大前提中的“熟了”也不完全一致。模糊推理就是把以上的实际模型归结为数学模型并给出解答。

模糊推理的数学模型：设 X 和 Y 是两个论域，$\underset{\sim}{A}$和$\underset{\sim}{A}'$是 X 上的模糊集，$\underset{\sim}{B}$和$\underset{\sim}{B}'$是 Y 上的模糊集。模糊推理的数学模型为

若 X 是$\underset{\sim}{A}$，Y 是$\underset{\sim}{B}$

X 是$\underset{\sim}{A}'$

Y 是$\underset{\sim}{B}'$

要给出模糊推理数学模型的解答，需要解决以下两个问题。

(1) 关系生成规则：$\underset{\sim}{A}$是 X 上的模糊集，$\underset{\sim}{B}$是 Y 上的模糊集，怎样描述“当 X 是$\underset{\sim}{A}$，那么 Y 是$\underset{\sim}{B}'$”这句话，并给出数学表达式，即关系生成规则。关系生成规则是由 X 上的模糊集$\underset{\sim}{A}$和 Y 上的模糊集$\underset{\sim}{B}$给出“如果…，那么…”的数学表达式

$$R=\underset{\sim}{A}\Rightarrow\underset{\sim}{B} \tag{3-1}$$

(2) 推理合成规则：$\underset{\sim}{A}'$是 X 上的模糊集，R 表示“如果……，那么……”的关系生成表达式，怎样由 X 上的模糊集$\underset{\sim}{A}'$和“如果……，那么……”的关系 R，得到 Y 上的模糊集$\underset{\sim}{B}'$，即给出运算

$$\underset{\sim}{B}'=\underset{\sim}{A}'\circ R \tag{3-2}$$

以上模型是单输入和单输出的模糊推理模型。在实际问题中，大前提中的规则可能有多个，这样就构成多条推理规则的模型，即

$\underset{\sim}{A}\Rightarrow\underset{\sim}{B}$

……

$\underset{\sim}{A}_n\Rightarrow\underset{\sim}{B}_n$

$\underset{\sim}{A}'$

$\underset{\sim}{B}'$

对多条规则的模糊推理模型，主要由$\underset{\sim}{A_i}\Rightarrow\underset{\sim}{B_i}$（$i\leqslant n$）计算出 X 和 Y 上的模糊关系

$$R=\underset{\sim}{A_i}\Rightarrow\underset{\sim}{B_i}\ (i\leqslant n) \tag{3-3}$$

再由$\underset{\sim}{B'}=\underset{\sim}{A'}\circ R$ 即可得到模糊推理的结果$\underset{\sim}{B'}$。

对于模糊推理可以建立更一般的数学模型：

$$\frac{\begin{array}{c}\underset{\sim}{A_{11}},\ \underset{\sim}{A_{12}},\ \cdots,\ A_{1m}\Rightarrow B_1\\ \cdots\ \cdots\ \cdots\\ \underset{\sim}{A_{n1}},\ \underset{\sim}{A_{n2}},\ \cdots,\ \underset{\sim}{A_{nm}}\Rightarrow\underset{\sim}{B_n}\\ \underset{\sim}{A'_1},\ \underset{\sim}{A'_2},\ \cdots,\ \underset{\sim}{A'_m}\end{array}}{\underset{\sim}{B'}}$$

其中，$\underset{\sim}{A_{i1}}$（$i\leqslant n$）是 X_1 上的模糊集，$\underset{\sim}{A_{i2}}$（$i\leqslant n$）是 X_2 上的模糊集合，…，$\underset{\sim}{A_{im}}$（$i\leqslant n$）是 X_m 上的模糊集，$\underset{\sim}{B_i}$（$i\leqslant n$）及$\underset{\sim}{B'}$是 Y 上的模糊集。如果记

$$X=X_1\otimes X_2\otimes\cdots\otimes X_m$$

$$\underset{\sim}{A_i}=\underset{\sim}{A'_{i1}}\otimes\underset{\sim}{A'_{i2}}\otimes\cdots\otimes\underset{\sim}{A'_{im}},\ i\leqslant n$$

则多个条件规则的模糊集的模糊推理问题转化为多条规则的模糊推理问题。

例 3.1 设一个系统输入为误差 e 和误差变化率 de，误差 e 与误差变化率 de 用“正大”、“负大”等这样一些语言值来表示。用 U 来表示控制阀门大小的语言值，也是用“正大”，“负大”一些语言值来表示。其中“正大”、“负大”等用一些符号来表示。即

PB：正大；PM：正的中等；PS：正小；Z：近似零；NS：负小；NM：负的中等；NB：负大。

于是我们可以得到以下的控制规则表 3-1。

表 3-1 模糊控制规则

e de	NB	NM	NS	Z	PS	PM	PB
PB	—	—	NM	NB	NB	NB	NB
PM	—	—	NM	NB	NB	NB	NB
PS	PS	PS	Z	NB	NB	NB	NB
Z	PM	PM	PS	Z	NS	MN	MN
NS	PB	PB	PM	PM	PM	Z	NS
NM	PB	PB	PB	PB	PM	—	—
NB	PB	PB	PB	PB	PB	PM	—

表 3-1 给出了两个条件下的 40 条规则。比如，“若误差是正大，误差变化率为负小，则控制输出为负的中等”。由控制规则也可以看出，可以将 40 条规则作一些合并。比如，“误差与误差变化率为正时，控制输出为负大”。

我们也可以进一步研究多输入与多输出的模糊推理模型。

$$\underset{\sim}{A}_{11},\ \underset{\sim}{A}_{12},\ \cdots,\ \underset{\sim}{A}_{1m}\Rightarrow \underset{\sim}{B}_{11},\ \underset{\sim}{B}_{12},\ \cdots,\ \underset{\sim}{B}_{1L}$$

$$\cdots\cdots$$

$$\underset{\sim}{A}_{n1},\ \underset{\sim}{A}_{n2},\ \cdots,\ \underset{\sim}{A}_{nm}\Rightarrow \underset{\sim}{B}_{n1},\ \underset{\sim}{B}_{n2},\ \cdots,\ \underset{\sim}{B}_{nL}$$

$$\frac{\underset{\sim}{A}'_1,\ \underset{\sim}{A}'_2,\ \cdots,\ \underset{\sim}{A}'_m}{\underset{\sim}{B}'_1,\underset{\sim}{B}'_2,\cdots,\ \underset{\sim}{B}'_L}$$

其中，$\underset{\sim}{A}_{ij}$及$\underset{\sim}{A}'_j$（$i\leqslant n$，$j\leqslant m$）为X_j（$j\leqslant m$）上的模糊集合；$\underset{\sim}{B}_{ik}$及$\underset{\sim}{B}'_k$（$i\leqslant n$，$k\leqslant L$）为Y_k（$k\leqslant L$）上的模糊集合。

对于多输入与多输出的模糊推理模型可以归结为多输入与单输出的模糊推理模型。在模型中如果仅考虑一个输出B_{ij}（$i\leqslant n$）得到关系B_j（$j\leqslant L$），利用$\underset{\sim}{B}'_j=\underset{\sim}{A}\circ B_j$（$j\leqslant L$）即可得到输出结果。

由此可见，解决模糊推理问题，最关键的是确定单输入与单输出系统的关系生成规则与推理合成规则。

四、宏观模糊推理

宏观模糊推理是基于可能性测度与必然性测度的模糊推理，它将规则作为一个整体给出真值并进行推理运算．

设X是一个论域，C（X）表示X中全体经典子集合，F（X）表示X上全体模糊子集合。若$\underset{\sim}{G}$是上的正则模糊集，对于任意$\underset{\sim}{A}\in F$（X），有

$$\Pi\ (\underset{\sim}{A})\ =\sup_x\ (\underset{\sim}{A}\ (x)\wedge \underset{\sim}{G}\ (x)) \tag{3-4}$$

是F（X）上可能性测度，而

$$N\ (\underset{\sim}{A})\ =\inf_x\ (\underset{\sim}{A}\ (x)\vee \underset{\sim}{G}^c\ (x)) \tag{3-5}$$

是F（X）上必然性测度，且

$$N\ (\underset{\sim}{A})\ \leqslant \Pi\ (\underset{\sim}{A}),\quad \underset{\sim}{A}\in F\ (X) \tag{3-6}$$

$$N\ (\underset{\sim}{A}^c)\ =1-\Pi\ (A) \tag{3-7}$$

若$\underset{\sim}{A}\in C$（X），则

$$\Pi\ (A)\ =\sup_{x\in A}\underset{\sim}{G}\ (x) \tag{3-8}$$

$$N\ (A)\ =\inf_{x\in A}\underset{\sim}{G}^c\ (x) \tag{3-9}$$

分别为C（X）上可能性测度与必然性测度。

假设$\underset{\sim}{A}\in F$（X），则“X是$\underset{\sim}{A}$”构成一个命题p。同样，如果$\underset{\sim}{B}\in F$（X），“X是$\underset{\sim}{B}$”也构成一个命题q。于是记

$\Pi(p)=\Pi(\underset{\sim}{A})$，$\Pi(q)=\Pi(\underset{\sim}{B})$

$\Pi(p\vee q)=\Pi(\underset{\sim}{A}\cup\underset{\sim}{B})=\Pi(\underset{\sim}{A})\cup\Pi(\underset{\sim}{B})=\Pi(p)\vee\Pi(q)$

同样可以记

$N(p)=N(\underset{\sim}{A})$，$N(q)=N(\underset{\sim}{B})$

$N(p\wedge q)=N(\underset{\sim}{A}\cap\underset{\sim}{B})=N(\underset{\sim}{A})\cap N(\underset{\sim}{B})=N(p)\wedge N(q)$

若$A\in C(X)$，$p=$“X是A”称为经典命题，否命题$\bar{p}=$“X是A^c”。于是$p\vee\bar{p}=1$，$p\wedge\bar{p}=0$。1表示真命题，对应于“X是X”；0表示假命题，对应于“X是$\varnothing$”。于是有

$$\Pi(p)\vee\Pi(\bar{p})=1$$

$$N(p)\wedge N(\bar{p})=0$$

从而得到经典命题的以下性质：

(1) $\forall p$，$N(p)\leqslant\Pi(p)$；

(2) 若$N(p)>0$，则$\Pi(p)=1$；

(3) 若$\Pi(p)<1$，则$N(p)=0$；

(4) $N(p)+N(\bar{p})\leqslant 1$；

(5) $\Pi(p)+\Pi(\bar{p})\geqslant 1$。

若$\underset{\sim}{A}\in F(X)$，$p=$“$X$是$\underset{\sim}{A}$”是模糊命题，显然有

$$\Pi(p)\vee\Pi(\bar{p})\geqslant\frac{1}{2}$$

$$N(p)\wedge N(\bar{p})\leqslant\frac{1}{2}$$

模糊命题有比较复杂的情况。

下面我们对经典命题讨论宏观模糊推理，对于关系生成规则采用两种不同的方法。

定义 3.1 设Π和N分别为$C(X)$上的可能性测度与必然性测度，对于命题$p=$“X是A”和$q=$“X是B”，称$N(p\to q)=N(\bar{p}\vee q)=N(A^c\cup B)$为关系生成规则（Ⅰ），而称$\Pi(p\to q)=\sup\{t：\Pi(p\wedge q)=T(t,\Pi(p)\}$为关系生成规则（Ⅱ）。其中$T$为三角模。

定理 3.1 对于经典命题，由关系生成规则（Ⅰ）得到的宏观模糊推理具有以下性质：

(1) 若$N(p\to q)\geqslant\alpha$，$\Pi(p)\geqslant\beta$，则$N(q)\geqslant\alpha\wedge\beta$

(2) 若$N(p\to q)\geqslant\alpha$，$\Pi(p)\geqslant\beta$，则

$$\Pi(q)\geqslant\begin{cases}\beta, & \alpha>1-\beta\\ 0, & \alpha\leqslant 1-\beta\end{cases}$$

(3) 若 $\Pi(p\to q)\geqslant\alpha$，$N(p)\geqslant\beta$，则

$$\Pi(q)\geqslant\begin{cases}\alpha, & \alpha>1-\beta\\ 0, & 1-\beta\end{cases}$$

(4) 若 $N(p\to q)\geqslant\alpha$，$\Pi(q)\leqslant\beta$，则

$$N(p)\geqslant\begin{cases}1, & \alpha<\beta\\ \beta, & \alpha>\beta\end{cases}$$

(5) 若 $N(p\to q)\geqslant\alpha$，$\Pi(q)\leqslant\beta$，则

$\Pi(p)\leqslant(1-\alpha)\vee\beta$

证明　(1) 对于经典命题有

$$p\wedge q=p\wedge(\bar{p}\vee q)$$

由必然性测度 N 的性质，即得

$$N(q)\geqslant N(p\wedge q)=N(p)\wedge N(\bar{p}\vee q)$$
$$=N(p)\wedge N(p\to q)\geqslant\alpha\wedge\beta$$

(2) 由于

$$\bar{q}\vee\bar{p}=\bar{q}\wedge(\bar{p}\vee q)$$

则

$$N(\bar{p})\geqslant N(\bar{q})\wedge N(p\to q)\geqslant N(\bar{q})\wedge\alpha$$

由假定 $\Pi(p)\geqslant\beta$，于是 $N(\bar{p})\leqslant 1-\beta$，从而 $N(\bar{q})\wedge\alpha\leqslant 1-\beta$。

若 $\alpha>1-\beta$，则 $N(\bar{q})\leqslant 1-\beta$，于是 $\Pi(q)=1-N(\bar{q})\geqslant\beta$。若 $\alpha\leqslant 1-\beta$，则 $N(\bar{q})\leqslant 1$，于是 $\Pi(q)\geqslant 0$。

(3) 由于

$$\Pi(p\to q)=\Pi(\bar{p}\vee q)=\Pi(\bar{p})\vee\Pi(q)\geqslant\alpha$$

而 $N(p)\geqslant\beta$，$\Pi(\bar{p})\leqslant 1-\beta$。若 $1-\beta\leqslant\alpha$，必有 $\Pi(q)\geqslant\alpha$。若 $1-\beta\geqslant\alpha$，则 $\Pi(q)>0$。

(4) 由于

$$N(q)\geqslant N(p\wedge q)\geqslant N(p)\wedge N(p\to q)\geqslant N(p)\wedge\alpha$$

而 $N(q)\leqslant\beta$。当 $\alpha<\beta$ 时 $N(p)\leqslant 1$，若 $\alpha>\beta$，则 $N(p)\leqslant\beta$。

(5) 由于

$$N(\bar{p})\geqslant N(\bar{q}\wedge\bar{p})\geqslant N(\bar{q})\vee N(p\to q)\geqslant\alpha\wedge(1-\beta)$$

于是 $\Pi(p)\leqslant(1-\alpha)\vee\beta$。

定理 3.2 若 $N(p\to q)\geqslant\alpha$，$N(q\to p)\geqslant\alpha'$，$\beta\leqslant N(p)\leqslant\beta'$，$r\leqslant \Pi(p)\leqslant r'$，则

$$\alpha\wedge\beta\leqslant N(q)\leqslant\begin{cases}1, & \alpha'\leqslant\beta' \\ \beta', & \alpha'>\beta'\end{cases}$$

$$(1-\alpha')\vee r'\geqslant\Pi(q)\geqslant\begin{cases}r, & \alpha>1-r \\ 0, & \alpha\leqslant 1-r\end{cases}$$

证明 由定理 3.1 可证。

定理 3.3 对于经典命题，利用可能性测度，由关系生成规则（Ⅱ）得到的宏观模糊推理具有以下性质：

（1）若 $\Pi(p\to q)\geqslant\alpha$，$\Pi(p)\geqslant\beta$，则 $\Pi(q)\geqslant T(\alpha,\beta)$，其中 T 为三角模；

（2）若 $\Pi(p\to q)\geqslant\alpha$，$\Pi(p)\leqslant\beta$，则 $\Pi(p)\leqslant\alpha a_r\beta$，其中 $\alpha a_r\beta=\sup\{t: T(a,t)\leqslant\beta\}$，$T$ 为三角模。 (3-10)

（3）若 $\Pi(p\to q)\geqslant\alpha$，$\Pi(q\to p)\geqslant\alpha'$，$\beta\leqslant\Pi(p)\leqslant\beta'$，则 $T(\alpha,\beta)\leqslant\Pi(q)\leqslant\alpha' ar\beta'$， (3-11)

其中，a_r 由式（3-10）定义，T 为三角模。

证明 （1）对于经典命题有

$$q=(p\wedge q)\vee(\bar{p}\wedge q)$$

对于可能性测度Ⅱ有

$$\Pi(q)=\Pi(p\wedge q)\vee(\bar{p}\wedge q)$$

由关系生成规则（II）有

$$\Pi(p\wedge q)=T(\Pi(p\to q),\Pi(p))$$

$$\Pi(\bar{p}\wedge q)=T(\Pi(\bar{p}\to q),\Pi(\bar{p}))$$

于是

$$\Pi(q)=T(\Pi(p\to q),\Pi(p))\vee T(\Pi(\bar{p}\to q),\Pi(\bar{p}))$$

由于 T 的单调性及 $\Pi(p\to q)\geqslant\alpha$，$\Pi(p)\geqslant\beta$，则

$$\Pi(q)\geqslant T(\Pi(p\to q),\Pi(p))\geqslant T(\alpha,\beta)$$

（2）由式（3-11）有

$$\Pi(q)\geqslant T(\Pi(p\to q),\Pi(p))$$

若 $\Pi(p\to q)\geqslant\alpha$，$\Pi(p)\leqslant\beta$，则

$$T(\alpha,\Pi(p))\leqslant\beta$$

于是

$$\Pi(p)\leqslant\sup\{t: T(a,t)\leqslant\beta\}=\alpha a_r\beta$$

（3）由（1）与（2）则证。

定理 3.3 是利用关系生成规则（II），从可能性测度出发研究宏观模糊推理，也可以利用关系生成规则（II），从必然性测度出发研究宏观模糊推理。由于

$$\Pi(p\to q)=\sup\{t:\Pi p\wedge q)=T(t,\Pi(p))\}$$

易证固定 p 后 $\Pi(p\to q)$ 是可能性测度。于是得到必然性测度

$$N(p\to q)=1-\Pi(p\to q) \tag{3-12}$$

由于 $\Pi(p)$ 为可能性测度，从而

$$N(p)=1-\Pi(p) \tag{3-13}$$

为必然性测度。类似于（3-11）可得

$$\Pi(\bar{q})=T(\Pi(p\to\bar{q}),\Pi(p))\vee T(\Pi(\bar{p}\to\bar{q}),\Pi(\bar{p}))$$

于是

$$N(q)=S(N(p\to q),N(\bar{p}))\wedge S(N(p\to\bar{q}),\Pi(\bar{p})) \tag{3-14}$$

其中，S 是与 T 对偶的反三角模。满足

$$S(x,y)+T(1-x,1-y)=1$$

定理 3.4　对于经典命题，利用必然性测度，由关系生成规则（Ⅱ）得到宏观模糊推理具有以下性质：

（1）若 $N(p\to q)\geqslant\alpha$，

$N(p)\geqslant\beta$，则

$$N(q)\geqslant\alpha\wedge\beta$$

（2）若 $N(p\to q)\geqslant\alpha$，$N(q)\leqslant\beta$，则

$$N(p)\leqslant\begin{cases}1, & \alpha\leqslant\beta\\ \beta, & \alpha>\beta\end{cases}$$

（3）若 $N(p\to q)\geqslant\alpha$，$N(q\to p)\geqslant\alpha'$，$\beta\leqslant N(p)\leqslant\beta'$ 则

$$\alpha\wedge\beta\leqslant N(q)\leqslant\begin{cases}1, & \alpha'\leqslant\beta',\\ \beta', & \alpha'>\beta'\end{cases}$$

证明　由式（3-14）易得

$$N(q)\geqslant N(p\to q)\wedge N(p) \tag{3-15}$$

则证（1）。若 $N(p\to q)\geqslant\alpha$，$N(q)\leqslant\beta$，由式（3-15）有

$$\beta\geqslant\alpha\wedge N(p)$$

若 $\alpha\leqslant\beta$，$N(p)\leqslant1$；若 $\alpha>\beta$，必有 $N(p)\leqslant\beta$。则证（2）。联合（1）与（2）即证（3）。

五、微观模糊推理

微观模糊推理是基于模糊运算的模糊推理，它不是将规则作为一个整体给

出真值，而是将规则作为一种关系进行的推理运算。

设 X 和 Y 是两个论域，$\underset{\sim}{A}$ 和 $\underset{\sim}{A}'$ 是 X 上的模糊集，$\underset{\sim}{B}$ 是 Y 上的模糊集。"若 X 是 $\underset{\sim}{A}$，则 Y 是 $\underset{\sim}{B}$" 是规则，"X 是 $\underset{\sim}{A}'$" 是小前提，模糊推理的目的是建立关系生成规则与推理合成规则，并得到 "Y 是 $\underset{\sim}{B}'$"。一般来说，若 $\underset{\sim}{A}'=\underset{\sim}{A}$ 时应有 $\underset{\sim}{B}'=\underset{\sim}{B}$。

例 3.2 如果给出生成规则为

$$R(x, y)=\underset{\sim}{A}(x) \wedge \underset{\sim}{B}(y)$$

推理合成规则为

$$\underset{\sim}{B}'(y)=(\underset{\sim}{A}' \circ R)(y)=\sup_x(\underset{\sim}{A}'(x) \wedge R(x, y))$$

即是 Mandani 模糊推理。若 $\underset{\sim}{A}$ 是正则模糊集，亦即存在 $x_0 \in X$，使 $\underset{\sim}{A}(x_0)=1$，则 $\underset{\sim}{A}'=\underset{\sim}{A}$ 时，$\underset{\sim}{B}'=\underset{\sim}{B}$。

设 "X 是 $\underset{\sim}{A}$，Y 是 $\underset{\sim}{B}$" 是一条规则，其中 $\underset{\sim}{A}$ 为上的模糊集，$\underset{\sim}{B}$ 为 Y 上的模糊集，T 为 $[0, 1]$ 上的三角模，则

$$R(x, y)=D(\underset{\sim}{B}(y)/\underset{\sim}{A}(x))=\underset{\sim}{A}(x)\ a_r \underset{\sim}{B}(y) \tag{3-16}$$

为关系生成规则（Ⅲ）。

例 3.3 对于以下三角模

$T_0(a, b)=a \wedge b$

$T_1(a, b)=a \cdot b$

$T_2(a, b)=\dfrac{a \cdot b}{1+(1-a)(1-b)}$

$T_3(a, b)=(a+b-1) \vee 0$

有

$$ar_0b=\begin{cases} b, & a>b \\ 1, & a \leqslant b \end{cases}$$

$$ar_1b=\frac{b}{a} \wedge 1$$

$$ar_2b=\begin{cases} 1, & a \leqslant b \\ \dfrac{2b-ab}{a+b-ab}, & a>b \end{cases}$$

$$ar_3b=(1-a+b) \wedge 1$$

根据关系生成规则（Ⅲ）有

$$R_0(x, y)=\begin{cases} \underset{\sim}{B}(y), & \underset{\sim}{A}(x)>\underset{\sim}{B}(y) \\ 1, & \underset{\sim}{A}(x) \leqslant \underset{\sim}{B}(y) \end{cases}$$

$$R_1(x,y)=\frac{\underset{\sim}{B}(y)}{\underset{\sim}{A}(x)}\wedge 1$$

$$R_2(x,y)=\begin{cases}1, & \underset{\sim}{A}(x)\leqslant\underset{\sim}{B}(y)\\ \dfrac{2\underset{\sim}{B}(y)-\underset{\sim}{A}(x)\underset{\sim}{B}(y)}{\underset{\sim}{A}(x)+\underset{\sim}{B}(y)-\underset{\sim}{A}(x)\underset{\sim}{B}(y)}, & \underset{\sim}{A}(x)>\underset{\sim}{B}(y)\end{cases}$$

定理 3.5　对于关系生成规则（Ⅲ），施行推理合成规则：

$$\underset{\sim}{B}'(y)=\sup_x T(\underset{\sim}{A}'(x),R(x,y)) \tag{3-17}$$

如果

$$\underset{\sim}{B}(y)=\sup_x T(\underset{\sim}{A}(x),R(x,y)) \tag{3-18}$$

有解 R 存在，则 $R(x,y)=\underset{\sim}{A}(x)\,a_r\underset{\sim}{B}(y)$ 是式（3-18）的最大解

证明　将式（3-18）表示为

$$\underset{\sim}{B}=\underset{\sim}{A}a_rR \tag{3-19}$$

其中 R 由关系生成规则（III）生成，即（3-16）式，并简记为

$$R=\underset{\sim}{A}a_r\underset{\sim}{B} \tag{3-20}$$

首先，由 a_r 的运算性质，易证

$$(\underset{\sim}{A}a_r\underset{\sim}{B})(y)=\sup_x T(\underset{\sim}{A}(x),\underset{\sim}{A}(x)\,a_r\underset{\sim}{B}(y))\leqslant\underset{\sim}{B}(y) \tag{3-21}$$

如果 R' 是式（3-19）的解，则 $\underset{\sim}{B}=\underset{\sim}{A}a_rR'$，于是

$$\begin{aligned}R(x,y)&=(\underset{\sim}{A}a_r\underset{\sim}{B})(x,y)=\underset{\sim}{A}(x)\,a_r\underset{\sim}{B}(y)\\&=\underset{\sim}{A}(x)\,a_r(\underset{\sim}{A}a_rR')(y)\\&=\underset{\sim}{A}(x)\,a_r(\sup_{x'}T(\underset{\sim}{A}(x'),R'(x',y))\\&\geqslant\underset{\sim}{A}(x)\,a_r(T(\underset{\sim}{A}(x'),R'(x,y))\geqslant R'(x,y)\end{aligned} \tag{3-22}$$

从而

$$(\underset{\sim}{A}a_rR)(y)\geqslant(\underset{\sim}{A}\circ_T R')(y)=\underset{\sim}{B}(y)\ (y\in Y) \tag{3-23}$$

由式（3-21）与式（3-23）则证 $R=\underset{\sim}{A}a_r\underset{\sim}{B}$ 是式（3-19）的解。由式（3-22）知 R 还是式（3-19）的最大解。

定理 3.6　如果有 N 条规则"X 是$\underset{\sim}{A}_i$，Y 是$\underset{\sim}{B}_i$"，$(i\leqslant N)$ 以及$\underset{\sim}{A}_i\circ_T R=\underset{\sim}{B}_i$ $(i\leqslant N)$ 均有解，且有公共解，则

$$R^*=\bigcap_{i=1}^{N}(\underset{\sim}{A}_i a_T\underset{\sim}{B}_i)$$

为 N 条规则的最大公共解。

证明　设 R 是一个公共解，则

$$\underset{\sim}{A}_i \circ {}_T R = \underset{\sim}{B}_i, \quad i \leqslant N$$

且 $\underset{\sim}{A}_i \circ {}_T R^* = \underset{\sim}{B}_i$ $(i \leqslant N)$，从而 $R \subset R^*$ 又因

$$\underset{\sim}{B}_i = \underset{\sim}{A}_i \circ {}_T R \subset \underset{\sim}{A}_i \circ {}_T R^* \subset \underset{\sim}{A}_i \circ {}_T R_i' = \underset{\sim}{B}_i, \quad i \leqslant N$$

即证 $\underset{\sim}{A}_i \circ {}_T R^* = \underset{\sim}{B}_i$ $(i \leqslant N)$，且 R^* 为最大公共解。

例 3.4 设 $X = \{x_1, x_2, x_3, x_4\}$，$Y = \{y_1, y_2, y_3\}$

$\underset{\sim}{A}_1 = \{0.9, 0.4, 0.3, 0.5\}$　　$\underset{\sim}{B}_1 - \{0.6, 0.7, 0.9\}$

$\underset{\sim}{A}_2 = \{0.4, 0.8, 0.5, 0.1\}$　　$\underset{\sim}{B}_2 = \{0.4, 0.8, 0.4\}$

$\underset{\sim}{A}_3 = \{0.6, 0.2, 0.9, 0.6\}$　　$\underset{\sim}{B}_3 = \{0.8, 0.3, 0.7\}$

$\underset{\sim}{A}_4 = \{0.5, 0.7, 0.3, 0.6\}$　　$\underset{\sim}{B} = \{0.2, 0.7, 0.5\}$

取 T 模为

$$T(a, b) = (a+b-1) \vee 0$$
$$a \Rightarrow b = aa_r b = (1-a+b) \wedge 1$$

得到

$$R(x, y) = \inf_{i \leqslant 4} (\underset{\sim}{A}_i(x))\, a_T\, (\underset{\sim}{B}_i(y))$$

$$R = \begin{bmatrix} 0.7 & 0.7 & 1.0 \\ 0.5 & 1.0 & 0.6 \\ 0.9 & 0.4 & 0.8 \\ 0.6 & 0.7 & 0.9 \end{bmatrix}$$

则有 $\underset{\sim}{B}_i = \underset{\sim}{A} \circ {}_T R$ $(i \leqslant 4)$。

定义 3.2 若关系生成规则 $R=$ "$\Rightarrow$" 及推理合成规则 $*$，使对 X 上正则模糊集 $\underset{\sim}{A}$，以及 Y 上任意模糊集 $\underset{\sim}{B}$ 有

$$\underset{\sim}{B} = \underset{\sim}{A} * R = \underset{\sim}{A} * (\underset{\sim}{A} \Rightarrow \underset{\sim}{B})$$

称这种模糊推理为规则再现推理。

例 3.5 取关系生成规则为

$$R(x, y) = \underset{\sim}{A}(x)\, a_0\, \underset{\sim}{B}(y) = \begin{cases} 1, & \underset{\sim}{A}(x) \leqslant \underset{\sim}{B}(y) \\ \underset{\sim}{B}(y), & \underset{\sim}{A}(x) > \underset{\sim}{B}(y) \end{cases}$$

取推理合成规则为

$$\underset{\sim}{B}'(y) = \sup_x (\underset{\sim}{A}'(x)) \wedge R(x, y))$$

当 $\underset{\sim}{A}'(x) = \underset{\sim}{A}(x)$ 时，由 $\underset{\sim}{A}'$ 是正则模糊集，有

$\underset{\sim}{B}'(y) = \sup_x (\underset{\sim}{A}'(x)) \wedge R(x, y))$

$$=\sup_x \{\underset{\sim}{A}(x);\ \underset{\sim}{A}(x)\leqslant \underset{\sim}{B}(y)\}\vee \sup_x \{\underset{\sim}{B}(y);\ \underset{\sim}{A}(x)>\underset{\sim}{B}(y)\}$$
$$=\sup_x \{\underset{\sim}{B}(y);\ \underset{\sim}{A}(x)>\underset{\sim}{B}(y)\}=\underset{\sim}{B}(y)$$

于是这种模糊推理为规则再现推理。

定义 3.3 设 T 是 $[0,1]$ 上的三角模，关系生成规则为

$$“a\Rightarrow b”=aa_rb$$

称区域

$$D=\{(a,b);\ T(a,a\Rightarrow b)=b\}$$

为再现域。

例 3.6 对于 $T_0(a,b)=a\wedge b$，再现域为

$$D=\{(a,b);\ a\geqslant b\}$$

同样，对于 $T_1(a,b)=a\cdot b$，$T_2(a,b)=(a+b-1)\wedge 0$ 有同样的再现域。

定理 3.7 关系生成规则“$\underset{\sim}{A}\Rightarrow\underset{\sim}{B}$”$=\underset{\sim}{A}a_r\underset{\sim}{B}$ 关于推理合成规则 $\circ_T$ 再现的充要条件为 $\forall y\in Y$，存在 $x\in X$，使 $(\underset{\sim}{A}(x),\underset{\sim}{B}(y))$ 属于由 a_r 及 $\circ_T$ 确定的再现域 D。

证明 首先，$\forall y\in Y$，有

$$T(\underset{\sim}{A}(x),\underset{\sim}{A}(x)a_r\underset{\sim}{B}(y))\leqslant\underset{\sim}{B}(y)$$

于是

$$\sup_x T(\underset{\sim}{A}(x),\underset{\sim}{A}(x)a_r\underset{\sim}{B}(y))\leqslant\underset{\sim}{B}(y) \tag{3-24}$$

式 (3-24) 中等式成立，当且仅当 $\forall y\in Y$，存在 $x\in X$，使

$$T(\underset{\sim}{A}(x),\underset{\sim}{A}(x)a_r\underset{\sim}{B}(y))=\underset{\sim}{B}(y)$$

即 $(\underset{\sim}{A}(x),\underset{\sim}{B}(y))\in D$。

严格来说，定理 3.7 是在 X 为有限集时成立。若 X 是无限集，要使式 (3-24) 成立，只要存在 $x_n\in X$，使

$$T(\underset{\sim}{A}(x_n),\underset{\sim}{A}(x_n)a_r\underset{\sim}{B}(y))\uparrow\underset{\sim}{B}(y)$$

由定理 3.7 及例 3.6 知 T_0，T_1，T_3 及与其相应 a_T 的构成的模糊推理是关系再现推理。

定义 3.4 设 “X 是 $\underset{\sim}{A}$，Y 是 $\underset{\sim}{B}$” 是一条规则，其中 $\underset{\sim}{A}$ 为 X 上的模糊集，$\underset{\sim}{B}$ 为 Y 上的模糊集，T 为 $[0,1]$ 上的三角模，称

$$R(x,y)=T(\underset{\sim}{A}(x),\underset{\sim}{B}(y)) \tag{3-25}$$

为关系生成规则（Ⅳ）。

定理 3.8 对于关系生成规则（IV），施行推理合成规则：

$$\underset{\sim}{B}'(y)=\inf_x(\underset{\sim}{A}'(x)a_rR(x,y)) \tag{3-26}$$

如果

$$\underset{\sim}{B}(y)=\inf_{x}(\underset{\sim}{A}(x)\ a_r R(x,y)) \tag{3-27}$$

有解存在，则 $R(x,y)=T(\underset{\sim}{A}(x),\underset{\sim}{B}(y))$ 为式（3-27）的最小解。

证明 将式（3-27）表示为

$$\underset{\sim}{B}=\underset{\sim}{A}\circ_a R \tag{3-28}$$

其中，R 由关系生成规则 $\underset{\sim}{B}=\underset{\sim}{A}\circ_a R$ 生成，即式（3-28），并简记为

$$R=\underset{\sim}{A}T\underset{\sim}{B} \tag{3-29}$$

首先，由 a_T 的运算性质，易证

$$(\underset{\sim}{A}\circ_a R)(y)=\inf_{x}(\underset{\sim}{A}(x)\ a_T T(\underset{\sim}{A}(x),\underset{\sim}{B}(y)))\geqslant\underset{\sim}{B}(y) \tag{3-30}$$

如果 R' 是式（3-28）的解，则 $\underset{\sim}{B}=A\circ_a R'$。于是

$$\begin{aligned}R(x,y)&=T(\underset{\sim}{A}(x),\underset{\sim}{B}(y))\\&=T(\underset{\sim}{A}(x),(\underset{\sim}{A}\circ_a R')(y))\\&\leqslant T(\underset{\sim}{A}(x),\underset{\sim}{A}(x)\ a_T R'(x,y))\leqslant R'(x,y)\end{aligned} \tag{3-31}$$

于是

$$(\underset{\sim}{A}\circ_a R)(y)\leqslant(\underset{\sim}{A}\circ_a R')(y)=\underset{\sim}{B}(y)\ (y\in Y) \tag{3-32}$$

由式（3-30）与式（3-22）则证 $R=\underset{\sim}{A}T\underset{\sim}{B}$ 是式（3-28）的解，由式（3-31）知 R 还是式（3-28）的最小解。

定理 3.9 如果有 N 条规则“X 是 $\underset{\sim}{A}$，Y 是 $\underset{\sim}{B_i}$”，($i\leqslant N$) 以及 $\underset{\sim}{A}\circ_T R=\underset{\sim}{B_i}$ ($i\leqslant N$) 均有解，且有公共解，则

$$R^*=\bigcap_{i=1}^{N}(\underset{\sim}{A}a_T\underset{\sim}{B_i})$$

为 N 条规则的最大公共解。

证明 设 R 是一个公共解，则

$$\underset{\sim}{A}\circ_T R=\underset{\sim}{B_i},\quad i\leqslant N$$

且 $\underset{\sim}{A}\circ_T R^*=\underset{\sim}{B_i}$ ($i\leqslant N$)，从而 $R\subset R^*$。又因

$$\underset{\sim}{B_i}=\underset{\sim}{A}\circ_T R\subset\underset{\sim}{A}\circ_T R^*\subset\underset{\sim}{A}\circ_T R_i'=\underset{\sim}{B_i},\quad i\leqslant N$$

即证 $\underset{\sim}{A}\circ_T R^*=\underset{\sim}{B_i}$ ($i\leqslant N$)，且 R^* 为最大公共解。

定理 3.10 如果有 N 条规则“X 是 $\underset{\sim}{A}$，Y 是 $\underset{\sim}{B_i}$”，($i\leqslant N$) $\underset{\sim}{A_i}\circ_a R=\underset{\sim}{B_i}$ ($i\leqslant N$) 均有解，且有公共解，则

$$R^*=\bigcup_{i=1}^{N}(\underset{\sim}{A_i}T\underset{\sim}{B_i})$$

为 N 条规则的最小公共解。

证明 设 R 是一个公共解，则

$$\underset{\sim}{A}_i \circ V_a R = \underset{\sim}{B}_i, \quad i \leqslant N$$

且 $R \supset R_i' = \underset{\sim}{A}_i T \underset{\sim}{B}_i$ $(i \leqslant N)$，从而 $R \supset R^*$。又因

$$\underset{\sim}{B}_i = \underset{\sim}{A} \circ {}_a R \supset \underset{\sim}{A}_i \circ {}_a R^* \supset \underset{\sim}{A}_i \circ {}_a R_i' = \underset{\sim}{B}_i, \quad i \leqslant N$$

即证 $\underset{\sim}{A}_i \circ {}_a R^* = \underset{\sim}{B}_i$ $(i \leqslant N)$，且 R^* 为最大公共解。

六、卢卡西维茨多值逻辑的模糊化

经典的卢卡西维茨（Lukasiewicz）多值逻辑是通过真值运算得到推理规律，而真值取值在［0，1］上。若用 p 及 q 表示命题的前件 P 与后件 Q 的真值，r 是蕴涵关系 $P \to Q$ 的真值，则有关系式：

$$r = (1 - p + q) \wedge 1 \tag{3-33}$$

在卢卡西维茨多值逻辑中，一般是通过前件 P 的真值及蕴涵 $P \to Q$ 的真值 r 计算后件 Q 的真值 q。因此，关于卢卡西维茨多值逻辑实际上变成式（3-33）的求解问题。它的解可能是不存在的、唯一的或多值的。式（3-33）的解可由多值映射 F：$[0, 1] \times [0, 1] \to 2^{[0,1]}$ 给出：

$$q = F(p, r) = \begin{cases} \{p + r - 1\}, & \text{若 } 0 \leqslant p + r - 1,\ r \neq 1 \\ [p, 1], & \text{若 } r = 1 \\ \varnothing, & \text{其他} \end{cases} \tag{3-34}$$

由式（3-34）易得以下性质：

(1) 若 $p=1$，则 $q=r$；

(2) 若 $r=1$，则 $q \geqslant p$；

(3) 若 $p=1$，$r=1$，则 $q=1$。

对于卢卡西维茨多值逻辑的模糊化，命题 P，Q，R 的真值不是［0，1］中的一个简单数，而是［0，1］上的一个模糊数，即称为真值的模糊集。它具有以下两条性质。

(1) 正规性：存在 $x_0 \in [0, 1]$，使 $E(x_0) = 1$。

(2) 闭凸性：$\forall \alpha \in [0, 1]$，$E_\alpha = \{x;\ E(x) \geqslant \alpha\}$ 为［0，1］中的闭区间。

例如，“真的”和“假的”隶属函数可以表示为

$$\text{“真的”}(x) = \begin{cases} 0, & 0 \leqslant x \leqslant a \\ 2\left(\dfrac{x-a}{1-a}\right)^2, & a \leqslant x \leqslant \dfrac{a+1}{2} \\ 1 - \left(\dfrac{x-1}{1-a}\right)^2, & \dfrac{a+1}{2} \leqslant x \leqslant 1 \end{cases}$$

$$“假的”(x)=\begin{cases}1-\left(\frac{x-1}{1-a}\right)^2, & 0\leqslant x\leqslant\frac{1-a}{2}\\ 2\left(\frac{x-a}{1-a}\right)^2, & \frac{1-a}{2}\leqslant x\leqslant 1-a\\ 0, & 1-a\leqslant x\leqslant 1\end{cases}$$

模糊真值中的“真的”与“假的”，与经典逻辑的“真”与“假”的概念是不同的。经典逻辑中的“真”的概念相当于模糊真值逻辑中“完全真”的概念。即

$$“完全真”(x)=\begin{cases}1, & x=1\\ 0, & x\neq 1\end{cases}$$

经典逻辑中“假”的概念相当于模糊真值中“完全假”的概念，即

$$“完全假”(x)=\begin{cases}1, & x=0\\ 0, & x\neq 0\end{cases}$$

在模糊真值中还有一个特殊概念，即

$$“不知道”(x)\equiv 1$$

设$\underset{\sim}{E}$和$\underset{\sim}{F}$为两个模糊真值，E_α 与 F_α 为$\underset{\sim}{E}$与$\underset{\sim}{F}$的 α 水平集，记为 $E_\alpha=[a_\alpha, b_\alpha]$，$F_\alpha=[c_\alpha, d_\alpha]$（$\alpha\in[0, 1]$）。若 $a_\alpha\leqslant c_\alpha$，$b_\alpha\leqslant d_\alpha$（$0<\alpha\leqslant 1$），我们称$\underset{\sim}{E}$不真于$\underset{\sim}{F}$，记为$\underset{\sim}{E}\leqslant\underset{\sim}{F}$。若$\underset{\sim}{E}\leqslant\underset{\sim}{F}$，$\underset{\sim}{F}\leqslant\underset{\sim}{E}$，则$\underset{\sim}{E}$与$\underset{\sim}{F}$等价，记为$\underset{\sim}{E}=\underset{\sim}{F}$。易见

$$“完全假”\leqslant“假的”\leqslant“不知道”\leqslant“真的”\leqslant“完全真”$$

对于模糊真值$\underset{\sim}{E}$及$\underset{\sim}{F}$，定义逻辑“或”运算为

$$(\underset{\sim}{E}\vee\underset{\sim}{F})(Z)=\sup_{z=x\vee y}(\underset{\sim}{E}(x)\vee\underset{\sim}{F}(y))$$

逻辑“与”运算为

$$(\underset{\sim}{E}\wedge\underset{\sim}{F})(Z)=\sup_{z=x\wedge y}(\underset{\sim}{E}(x)\wedge\underset{\sim}{F}(y))$$

模糊真值的补运算为

$$\underset{\sim}{E}^c=\underset{\sim}{E}(1-x)$$

为了理解这些概念，我们考虑以下的简单例子

$$X=\{0, 0.5, 1\}$$

$$\underset{\sim}{E}=\frac{0.2}{0}+\frac{0.6}{0.5}+\frac{1}{1}$$

$$\underset{\sim}{F}=\frac{0.4}{0}+\frac{1}{0.5}+\frac{0.8}{1}$$

则

$$(\underset{\sim}{E}\vee\underset{\sim}{F})=\frac{0.2}{0}+\frac{0.6}{0.5}+\frac{1}{1}$$

$$(\underset{\sim}{E}\wedge\underset{\sim}{F})=\frac{0.4}{0}+\frac{1}{0.5}+\frac{0.8}{1}$$

$$\underset{\sim}{E}^{c}=\frac{1}{0}+\frac{0.6}{0.5}+\frac{0.2}{1}$$

易见，模糊真值的逻辑运算仍是模糊真值。

下面我们继续将卢卡西维茨多值逻辑模糊化。将式（3-34）中计算 q 的过程利用模糊集扩张原理，即得

$$\underset{\sim}{Q}(q)=\sup_{q=F(p,r)}(\underset{\sim}{P}(p)\wedge\underset{\sim}{R}(r)),\ q\in[0,1] \tag{3-35}$$

其中，$\underset{\sim}{p}$为逻辑推理前件$\underset{\sim}{P}$的模糊真值，$\underset{\sim}{R}$为蕴涵关系$\underset{\sim}{P}\to\underset{\sim}{Q}$模糊真值；$\underset{\sim}{q}$为模糊推理后件$\underset{\sim}{Q}$真值。如果用 P_α，Q_α，R_α 表示$\underset{\sim}{P}$，$\underset{\sim}{Q}$，$\underset{\sim}{R}$的 α 水平集，且

$$P_\alpha=[p_1,p_2],\quad R_\alpha=[r_1,r_2]$$

则 Q_α 可以表示为

$$Q_\alpha=\begin{cases}[(p_1+r_1-1)\vee 0,1], & r_2=1\\ [(p_1-r_1-1)\vee 0,(p_2+r_2-1)], & p_2,r_2>1,\ r_2\neq 1\\ \varnothing, & \text{其他}\end{cases} \tag{3-36}$$

特别当 $r_2=1$ 时有

$$Q_\alpha=[(p_1+r_1-1)\vee 0,1] \tag{3-37}$$

由式（3-33），我们也可得到公式

$$p=G(q,r)=\begin{cases}[0,q], & r=1\\ \{q-r+1\}, & r<1,\ q\leqslant r\\ \varnothing, & \text{其他}\end{cases} \tag{3-38}$$

对于式（3-38）也可利用模糊集扩张原理得到

$$\underset{\sim}{P}(p)=\sup_{p=G(q,r)}(\underset{\sim}{Q}(q)\wedge\underset{\sim}{R}(r)) \tag{3-39}$$

对于 $r_2=1$，可以得到

$$P_\alpha=[0,(q_1-r_1+1)\wedge 1] \tag{3-40}$$

由式（3-37）和式（3-40）可以得到以下结论。

（1）若命题 P 越真，$P\to Q$ 越真，则 Q 也越真。特别当 $P\Rightarrow Q$ 时，Q 可靠性完全依赖于 P 的真实程度。当命题 P 真时，Q 的可靠性完全依赖于 $P\to Q$ 的可靠性。

（2）若命题 Q 越假，$P\to Q$ 越真，则命题 P 越假。若 Q 为真，则 P 是未知的，若 $P\Rightarrow Q$，命题 P 的假的程度完全依赖于 Q 的假的程度。若命题 Q 是完全假的，则命题 P 的假的程度完全依赖于 $P\to Q$ 的真的程度。

由此可知，通过模糊真值的逻辑运算更近似人的直觉思维，它在一定程度上更反映出人们在控制过程中使用的经验控制规则。

七、模糊真值推理

对模糊控制规则可以用模糊真值加以修饰，由此形成模糊真值推理。模糊

真值推理的方法可以借助于模糊推理的方法而形成。

首先考虑最简单的模型：

$$\text{若“}X\text{是}\underset{\sim}{A}\text{”，则“}Y\text{是}\underset{\sim}{B}\text{”}$$

$$\text{“}X\text{是}\underset{\sim}{A}\text{”是}\ \tau$$

$$\text{“}Y\text{是}\underset{\sim}{B}\text{”是}\ \eta$$

其中，$\underset{\sim}{A}$为 X 上的模糊集；$\underset{\sim}{B}$为 Y 上的模糊集，τ，η 为模糊真值，是［0，1］上的模糊数。这种模型的目的是求 η。为此我们将原来模型修正为以下模型：

$$\text{若}\underset{\sim}{A}\text{，则}\underset{\sim}{B}$$

$$\underset{\sim}{A}'=\tau(\underset{\sim}{A})$$

$$\underset{\sim}{B}'=\eta(\underset{\sim}{B})$$

若记蕴涵算子 $R(a, b)=a\rightarrow b$，则

$$\begin{aligned}\underset{\sim}{B}'(y)&=\sup_{x}T(\underset{\sim}{A}'(x), R(\underset{\sim}{A}(x), \underset{\sim}{B}(y)))\\&=\sup_{x}T(\tau(\underset{\sim}{A}(x)), R(\underset{\sim}{A}(x), \underset{\sim}{B}(y)))\\&=\sup_{a}T(\tau(a), R(a, \underset{\sim}{B}(y)))\end{aligned}\tag{3-41}$$

$$\eta(b)=\sup_{a}T(\tau(a), R(a, b))\tag{3-42}$$

$$\underset{\sim}{B}'(y)=\eta(\underset{\sim}{B}(y))\tag{3-43}$$

因此我们指出式（3-41）成立要求$\underset{\sim}{A}(x)$取遍［0，1］中的值。但在实际问题中我们可以将式（3-42）作为模糊真值的推理方法。

对于多输入的较复杂的模型有类似的方法。例如：

若“X是$\underset{\sim}{A}$”且“Y是$\underset{\sim}{B}$”，则“Z是$\underset{\sim}{C}$”

“X是$\underset{\sim}{A}$”是 τ_a，“Y是$\underset{\sim}{B}$”是 τ_b

“Z是$\underset{\sim}{C}$”是 τ_c

其中，$\underset{\sim}{A}$，$\underset{\sim}{B}$，$\underset{\sim}{C}$分别为 X，Y，Z 上的模糊集；τ_a，τ_b，τ_c 为模糊真值，即［0，1］上模糊数。可以将此模型修正为

若$\underset{\sim}{A}$，$\underset{\sim}{B}$，则$\underset{\sim}{C}$

$\underset{\sim}{A}'=\tau_a(\underset{\sim}{A})$，　$\underset{\sim}{B}'=\tau_b(\underset{\sim}{B})$

$\underset{\sim}{C}'=\tau_c(\underset{\sim}{C})$

按照模糊推理算法有

$$\begin{aligned}\underset{\sim}{C}'(z)&=\sup_{x,y}T(T(\underset{\sim}{A}'(x), \underset{\sim}{B}'(x)), R(T(\underset{\sim}{A}(x), \underset{\sim}{B}(y)), \underset{\sim}{C}(z)))\\&=\sup_{a,b}T(T(\tau_a(a), \tau_b(b)), R(T(a, b), \underset{\sim}{C}(z)))\\&=\sup_{\omega}T(\sup_{\omega=T(a,b)}T(\tau_a(a), \tau_b(b)), R(\omega, \underset{\sim}{C}(z)))\end{aligned}\tag{3-44}$$

记

$$\tau_c(\mu)=\sup_{\omega}T(T(\tau_a,\tau_b),(\omega),R(\omega,\mu)) \tag{3-45}$$

则

$$\underset{\sim}{C}'(z)=\tau_c(\underset{\sim}{C}(z))=Tc(\underset{\sim}{C})(z) \tag{3-46}$$

同样指出式（3-44）的成立依赖于$\underset{\sim}{A}$，$\underset{\sim}{B}$取遍［0，1］中的值及 T 的连续性，不影响式（3-45）及式（3-46）的使用。

进一步考虑下面的模型：

“X 是$\underset{\sim}{A}$”是 τ_a，则“Y 是$\underset{\sim}{B}$”是 τ_b

“X 是$\underset{\sim}{A}$”是 τ_c

“Y 是$\underset{\sim}{B}$”是 τ_d

则模型可以修正为

若$\underset{\sim}{A}'=\tau_a(\underset{\sim}{A})$，则$\underset{\sim}{B}'=\tau_b(\underset{\sim}{B})$

$\underset{\sim}{A}''=\tau_d(\underset{\sim}{A})$

$\underset{\sim}{B}''=\tau_d(\underset{\sim}{B}'')=\tau_d(\tau_b(\underset{\sim}{B}))$

按照模糊推理算法有

$$\begin{aligned}\underset{\sim}{B}''(y)&=\sup_x T(\underset{\sim}{A}''(x),R(\underset{\sim}{A}'(x),\underset{\sim}{B}'(y)))\\&=\sup_x T(\tau_c(\underset{\sim}{A}(x)),R(\tau_a(\underset{\sim}{A}(x)),\tau_b(\underset{\sim}{B}(y))))\\&=\sup_a T(\tau_c(a),R(\tau_u(a),\tau_b(\underset{\sim}{B}(y))))\\&=\sup_\omega T(\sup_{\tau_a(a)=\omega}\tau_c(a),R(\omega,\tau_b(\underset{\sim}{B}(y))))\\&=\sup_\omega T(\tau_{ac}(\omega),R(\omega,\tau_b(\underset{\sim}{B}(y))))\end{aligned}$$

其中

$$\tau_{ac}(\omega)=\begin{cases}\sup\{\tau_c(a),\omega=\tau_a(a)\}, & \tau^{-1}{}_a(\omega)\neq\varnothing\\ 0, & \tau^{-1}{}_a(\omega)\neq\varnothing\end{cases}$$

于是

$$\underset{\sim}{B}''(y)=\tau_d(\underset{\sim}{B}'(y))=\tau_d\circ\tau_b(\underset{\sim}{B}(y)) \tag{3-47}$$

其中

$$\tau_d(u)\sup_\omega T(\tau_{ac}(\omega),R(\omega,u)) \tag{3-48}$$

若模型是以下面的方式给出的：

若“X 是$\underset{\sim}{A}$，Y 则是$\underset{\sim}{B}$”是 τ_R

“X 是$\underset{\sim}{A}$”是 τ_a，“Y 则是$\underset{\sim}{B}$”是 τ_b

可以直接利用模糊推理算法

$\tau_b(b)=\sup_a T(\tau_a(a),\tau_R(a,b))$

$$= \sup_{z=R(a,b)} T\ (\tau_a\ (a),\ \tau_R\ (z))$$
$$= \sup_{b=T(a,z)} T\ (\tau_a\ (a),\ \tau_R\ (z))$$
$$= T\ (a,\ R)\ (b) \tag{3-49}$$

如果将上述两种模型联合起来即得

[若“X 是$\underset{\sim}{A}$”是τ_a，则“Y 则是$\underset{\sim}{B}$”是τ_b] 是τ_R

“X 是$\underset{\sim}{A}$”是τ_c，“Y 则是$\underset{\sim}{B}$”是τ_d

则

$$\tau_d\ (d) = T\ (\tau_{ac},\ \tau_R) \circ \tau_b\ (d) \tag{3-50}$$

由此可见，对于模糊真值的推理规则模型，只要理解为模糊推理规则模型，不难得到它的推理方法。

八、模糊推理的有效性

同传统逻辑一样，模糊推理也要具有有效性。

怎样才能使模糊推理具有有效性呢？

首先，要以辩证唯物主义认识论作指导，勇于实践，善于观察模糊现象，大量储存模糊信息。用模糊推理进行预测和决策，就必须综合处理各种模糊信息，占有丰富的资料，这样所作的决策才能行之有效。粉碎“四人帮”后，党中央做出对外开放的重大决策，经过实践，效果显著，原因就在于此。“文化大革命”给党、国家和民族带来了严重灾难就是因为其据以推理的前提（党内外一大批资产阶级代表人物篡夺了各级领导权，走资派在党中央形成了一个资产阶级司令部）不符合中国国情，也不符合马列主义基本原理。

其次，要坚持模糊论方法的两利相权取其大、两害相权取其小的原则，运用模糊推理的复合法则，加速模糊推理的形式化，使模糊推理在科学的基础上进行。

最后，要把模糊推理与经典的二值推理及错误推理区别开来。模糊推理是经典的二值推理的自然推广，经典的二值推理仅是模糊推理的特例。从结论上来说，经典的二值推理只取集合｛0，1｝中的两个值，即或真或假，非此即彼，二者必居其一。而模糊推理用隶属度取［0，1］区间中的任何值，即真、比较真、假、比较假等。从思维规律来说，经典二值推理能运用矛盾律和排中律。

有人以为，模糊推理结论具有近似性，不是“绝对分明”的，便把模糊推理与错误推理混为一谈。其实二者是有严格区别的。模糊推理是从客观的模糊性中探求规律性而进行的科学推理，是有效推理，而错误推理是由前提不真实，或者形式有错误（违反了思维形式结论及其规律）而造成的，是无效的推理。

九、模糊推理的意义

模糊推理是模糊逻辑研究的重要课题。模糊推理是模糊概念和模糊命题这些思维形式步步前进层层展开的结果，是较高层次的思维活动。模糊推理的重大意义在于应用方面。科学家的发明、艺术家的灵感、作家的构思、医生的诊断乃至科学决策、天气预报、地质勘探、计算机科学的软件研究等人类科学的重大思维活动，无不借助于模糊推理。

第四章

弗协调逻辑

第一节 弗协调逻辑概述

弗协调逻辑（paraconsistent logic）是一种能够容纳矛盾但从矛盾不能推出一切的足道的逻辑理论，是非经典逻辑的一个重要分支。其基本思想是限制矛盾律的使用范围，取消矛盾律的普遍有效性。弗协调逻辑主要由巴西逻辑学家科斯塔（Da Costa）大力倡导发展，是基础逻辑中唯一能处理不协调理论的学科，是整个弗协调理论的逻辑基础。

协调理论是指不包含任何矛盾的理论，其逻辑基础是经典逻辑。弗协调理论是指足道的不协调理论，它包含了两个互相矛盾的命题或者推理规则，但并不能由此推出一切。一个理论如果包含了两个相互矛盾的命题，且可推出一切定理和推理规则，则这个理论是不足道的，即没有意义。一般某个命题 B，$B\wedge\neg B$ 是逻辑矛盾，一个理论 Σ 是弗协调的，是指这个理论至少包含一个矛盾，即存在着一个命题 B，$\{B\wedge\neg B\}\subseteq\Sigma$。一个理论是不足道的，是指它包含任何命题，即对于任何一命题 B，$B\subseteq\Sigma$。弗协调逻辑是一类不协调但足道的理论，换句话说，$\vdash P$ 是一个逻辑后承关系，$\vdash P$ 称它是扩散性的，当且仅当对所有的 A 和 B，$\{B, B\wedge\neg B\}\vdash PA$ 称为弗协调的，当且仅当 $\vdash P$ 不是扩散性的。一个逻辑是弗协调的，当且仅当其逻辑后承关系是弗协调的，因此，弗协调逻辑是在不协调（含有矛盾）情形下推理的形式化。

弗协调逻辑的基本作用是为弗协调理论提供逻辑基础。无穷小理论、素朴集合论、早期的量子理论、黑格尔的辩证法、素朴语义学等都是弗协调理论。对于协调的理论来说，经典逻辑是协调的，可作为其逻辑基础。对弗协调理论而言，由于经典逻辑包含着从互相矛盾的命题可以推出一切的定理，如果将经典逻辑作为弗协调理论的逻辑基础，会使其变成不足道的、没有意义的理论，经典逻辑不能作为其逻辑基础。弗协调理论是不协调但足道的理论，能作为弗协调理论的逻辑基础的只能是弗协调逻辑。

由此可见，弗协调逻辑是应弗协调理论发展需要而产生的，弗协调理论的实际发展需要是弗协调逻辑产生的直接根源。因而弗协调逻辑在悖论、辩证逻辑、逻辑哲学、计算机科学、人工智能、法律等方面有广泛应用。

本章共四节将从以下四个方面对弗协调逻辑作较为全面的介绍：弗协调逻辑的基本特征、弗协调逻辑产生和发展、科斯塔的弗协调逻辑系统、其他弗协调逻辑系统。

第二节　弗协调逻辑的基本特征

弗协调逻辑是基础逻辑中一种具有革命性的非经典逻辑分支，也称为超协调逻辑、弗协调逻辑、不协调逻辑、悖论逻辑、矛盾逻辑、亚相容逻辑等。弗协调逻辑主要有两大逻辑特征：弗协调逻辑能容纳矛盾，弗协调逻辑从矛盾不能推出一切。

一、弗协调逻辑能容纳矛盾

经典逻辑的基本特征是协调性。它要求逻辑系统不能推出矛盾，是一个经典逻辑系统首先应满足的性质。一个经典逻辑系统如果存在着逻辑矛盾，说明这个系统对对象理论的刻画存在着问题：或者形式系统是错误的，或者其对应的对象理论有错误，因而这个逻辑系统是无价值的。

在对象语言中，矛盾律是指同一个对象不能同时既是又不是，不能既具有又不具有某个性质。精确地说，在一个给定的可能世界中，对任一命题B，或者B不能成立，或者$\neg B$不能成立，即在给定的可能世界中，B和$\neg B$至多有一个是成立的。元语言中，矛盾律是指相互否定的两个命题不能都是真的，其中必有一个是假的。矛盾律用公式来表示$\neg$（$B \wedge \neg B$），表示$\neg B$与B相矛盾或相反对的断定。根据矛盾律，如果同时对互相否定的两个命题加以肯定，没有从中否定一个，就会出现“自相矛盾”的逻辑错误。在经典逻辑中，逻辑就是协调的、一致的、不矛盾的，矛盾是不可能的，必须从思维中排除，即从逻辑系统中排除。所以，经典逻辑系统必具有协调性即不矛盾性。协调性（不矛盾性）是经典逻辑系统的一个基本元定理。

与经典逻辑排斥矛盾不同，弗协调逻辑能容纳矛盾。弗协调逻辑是对经典逻辑特征的矛盾律加以限制的结果。对于任何经典逻辑系统，如果限制了矛盾律在其中的作用范围，那么这个系统就是弗协调逻辑。许多经典逻辑学家认为协调性是逻辑中不可置疑的信条，但弗协调逻辑学家认为这未必符合实际情况。

逻辑学家雷切尔（Rescher）和布兰登（Brandom）在1980年出版的专著《不协调逻辑》中，首先肯定矛盾在逻辑系统中的地位，但对其在逻辑中的地位表示怀疑。他们认为：“自亚里士多德时代以来，在西方传统主流思想中，差不多所有的逻辑学家和相关的哲学家存在着对不协调性的恐惧。他们几乎一致地拒斥本体论和逻辑推理范围内的矛盾，坚持认为如果容忍不协调将必然带来认识上的灾难。”[①] 这种见解是缺乏根据的。实际上，“对本体论上的矛盾加以断然排斥，在事物的系统描述中绝对不是必要的，甚至也许是不需要的”[②]。

科斯塔在1958年就开始注意到矛盾理论的重要性，他认为，矛盾理论不能片面排除，因为一个理论对公理的选择是自由的，而且许多理论在初始假设中本来就含有矛盾。协调理论和不协调理论有同样的逻辑地位。不协调理论唯一的不同点是不协调理论必须是建立在不同的经典逻辑系统的基础之上，否则它们就不足道了。科斯塔通过对希尔伯特数学上存在概念的考察，提出了数学上的容忍理论：“从语法和语义的角度来说，任何理论都是可以允许的，因为它不是不足道的。广义地说，在数学上存在着并非不足道的系统。”[③]

二、弗协调逻辑从矛盾不能推出一切

在弗协调逻辑中，矛盾是可以容纳的，但矛盾并不能推出一切，即从两个互相矛盾的命题，不能推出任意命题。这是弗协调逻辑与经典逻辑不同的第二大特征。

在经典逻辑中，矛盾是不可能的，矛盾必为假，包含矛盾的系统是错误的。推理关系实质是一种充分条件关系，且充分条件关系也是实质蕴涵关系。即一个充分条件的命题只有当其前件真且后件假时才为假的，否则都是真的。因而，一个推理只有当前提真实且结论假时才不成立，否则都是正确的推理。所以，一个充分条件命题当其前件为假时必然是真的，一个推理当其前提假时也必然是正确的。既然矛盾必假，从相互矛盾的两个命题 B 和 $\neg B$，可以推出一切命题 A，用公式表示为 $B\wedge\neg B\rightarrow A$。该公式首先为中世纪的逻辑学家邓斯·司各脱（Duns Scotus）认识和应用，因而称为邓斯·司各脱规则。

对于经典逻辑来说，如果矛盾律在其中不普遍有效，而矛盾又能推出一切，那么任何公式都是系统中的定理，这样的系统通常被称为“扩散性的”，其中 $B\wedge\neg B\rightarrow A$ 被称为“扩散性的”的推导，它使整个逻辑系统变得没有意义，即不足道。所以，对经典逻辑而言，既然矛盾能够推出一切，矛盾律在其中必须普遍有效。但对弗协调逻辑来说，由于矛盾律在其中不普遍有效，从而矛盾不能推出一切。

---

① Rescher N, Brandom R. 1980. The Logic of Inconsisiency. Basil Blackwell：1.

② Rescher N, Brandom R. 1980. The Logic of Inconsisiency. Basil Blackwell：2.

③ Priest G, Routley R, Norman J. 1989. Paraconsistent Logic：Essays on the Inconsistent. Philosophia Verlag：105.

在弗协调逻辑中，矛盾律不普遍有效，矛盾是可容纳的，但从矛盾并不能推出一切。否则，这个逻辑系统就是扩散性的，没有意义的（不足道）。弗协调逻辑在本质上是“非过完备的矛盾系统”。首先，弗协调逻辑系统是“矛盾系统”，因为它包含了两个互相矛盾的命题。但弗协调逻辑系统不是“过完备系统”，因为过完备系统是指那些其中所有公式都能成立的系统。对弗协调逻辑系统而言，如果所有公式都是其中的定理，那么这样的系统就是不足道的、无意义的。弗协调逻辑则是只研究那些足道的、有意义的逻辑系统，而非所有公式都是其中的定理。因而，弗协调逻辑系统是不协调的但有意义的系统。

弗协调逻辑能够容纳矛盾，且能够容纳真矛盾，但并不能够容纳任何意义上的矛盾，不能容纳导致逻辑系统扩散或变得没有意义的矛盾。在科斯塔的弗协调逻辑中，其能够容纳经典逻辑所不能容纳的矛盾，因而相对于经典逻辑是不协调的，但就其系统本身而言，是协调的，系统的情况也是如此。

总之，弗协调逻辑能够容纳矛盾，但不能从矛盾推出一切，所以，弗协调逻辑系统是能够容纳矛盾且足道（有意义）的系统。

第三节 弗协调逻辑的产生和发展

任何逻辑理论都有其产生、发展的历史，本节将从逻辑史的角度对弗协调逻辑发生、发展展开讨论。

一、弗协调思想的萌芽

弗协调思想与协调思想相伴而生，同协调思想一样有着悠久的历史。弗协调思想最早可追溯到赫拉克利特。他说：“相反的力量构成和谐，就像弓和琴一样。”[①] 赫拉克利特的思想核心是对立面是同一的，至少总是相互联系的。麦加拉学派认为某些陈述既真又假。为此，斯多葛学派的克吕西普（Chrysippus）准备写一本书来“回答那些坚持命题会既真又假的人”。

公元前 4 世纪麦加拉学派的学者埃庇米尼得斯（Epimenides）提出著名的说谎者悖论的。一个人说，“我说这句话时正在说谎”。从它真可以推出它假，从它假可以推出它为真。如果是真的，那么这个人正在说谎，所以是假的；如果

① 苗力田．1989．古希腊哲学．北京：中国人民大学出版社．41．

是假的，那么“我说这句话时正在说谎”是一句假话，从而说明这个人说了一句真话，所以是真的。悖论的提出，意味着矛盾可能是不可避免的，矛盾律的普遍性受到质疑。

亚里士多德非常注重协调性，但在其理论中也具有违背矛盾律的潜在可能性。据波兰逻辑学家卢卡西维茨的研究，亚里士多德曾设想过矛盾律不普遍有效的逻辑，对弗协调逻辑有某种直觉。亚里士多德说：“不能同时真实地肯定和否定，对立物不能同时附存于同一事物，除非两者都在特定的意义上，或其中之一在特定的意义上，另一个在单纯的意义上。”① 即在特定的意义上，对立物可能附存于同一事物，这就暗含着建立非亚里士多德逻辑的潜在可能性。

中国古代哲学也包含大量弗协调思想，不过，中国古代的弗协调逻辑不是通过一系列命题作为证据来表达弗协调的观点，而是通过容纳矛盾的方式来表明看法，如老子的“道”就包含着明确的弗协调因素，《老子》一书有大量的悖论命题。《老子》说：“道常无为而无不为。”从整个《老子》来看，矛盾律在其中被极大地弱化。其实，墨者、辨者和刑名学家也有一些关于弗协调的论述，整个古代中国的思想都具有辩证逻辑或动态逻辑的痕迹。正因如此，逻辑学家普里斯特（Priest）和卢特列（Routley）指出：“与西方相比，东方哲学一般地更能容忍不协调，更愿意服从弗协调方法。”②

二、弗协调逻辑的提出与初步发展

弗协调思想虽然在古代逻辑中已经萌芽，但弗协调逻辑的创立则在现代。弗协调逻辑的先驱是卢卡西维茨和瓦西列夫。他们认为与改变欧氏几何的公设将产生非欧几何相似，修正亚里士多德逻辑的基本原理将产生非亚里士多德逻辑。卢氏的学生雅斯科夫斯基根据老师的建议，创立了第一个弗协调逻辑系统——论谈逻辑。

卢氏在1910年发表的《论亚里士多德的矛盾律》一文中指出，矛盾律并非普遍有效。他不认为亚里士多德把矛盾律看成是最具决定性和最高的逻辑原理。他说：亚里士多德“三段论的原理是独立于矛盾律的”③，即三段论在没有矛盾律的情况下仍然是有效的。

卢氏通过类比非欧几何猜想到，矛盾律和排中律的作用就像欧氏几何的第

---

① 苗力田．1992．亚里士多德全集．北京：中国人民大学出版社．7：106.

② Priest G，Routley R，Norman J．1989．Paraconsistent Logic：Essays on the Inconsistent. Philosophia Verlag：5.

③ Priest G，Routley R，Norman J．1989．Paraconsistent Logic：Essays on the Inconsistent. Philosophia Verlag：29.

五公设。因此，缺少矛盾律和排中律的非亚里士多德逻辑至少从原则上是值得研究的。通过分析非欧几何的发展，他试探性地猜测“从根本上修改亚里士多德逻辑的基本规律可能导致新的非亚里士多德逻辑系统，尤其是允许破坏矛盾律的系统”①。在这一思想指导下，卢氏创立缺少了排中律的新逻辑——第一个三值逻辑形式系统，同时也思考了缺少矛盾律的新逻辑的可能性，为弗协调逻辑的发展指明了方向。卢氏的思想直接影响着他的学生雅斯科夫斯基建立论谈逻辑。

俄罗斯逻辑学家瓦西列夫在 1910 年发表《论特称命题、对当三角形和排四律》，通过类比罗巴切夫斯基几何，提出了可能存在着非亚里士多德的逻辑。他建立非亚里士多德逻辑的动机和卢氏十分相似，但他们的工作是独立的，相互之间没有任何影响。

瓦氏把非欧几何称为“想象几何”，相应地把自己的非亚里士多德的逻辑称为“想象逻辑”，并认为关于概念判断的逻辑已经是非亚里士多德的逻辑。在 1912 年、1913 年又分别发表《想象逻辑——非亚氏逻辑》、《逻辑和元逻辑》等论文，进一步发展了自己的思想。他思想的原动力来自非欧几何，并尽力遵循亚里士多德逻辑。最终他没有完全成功，但提供了一个很好的构想。他的基本目标就是遵循亚里士多德的模式来构造一个非经典逻辑。他的思想在当时并没有引起注意。直到 1962 年以后，才有人开始讨论他的思想。

三、弗协调逻辑的创立及其发展

弗协调逻辑的真正创立者是科斯塔。20 世纪 50 年代末他开始研究弗协调理论，并着手建立弗协调逻辑的演算系统及其语义学。1963 年他在博士论文《不协调形式系统》中，成功地构造了一系列的弗协调逻辑系统，标志着弗协调逻辑的真正创立。

科斯塔早在 1958 年就开始阐述矛盾理论的重要性。他认为一个理论对公理的选择是自由的，而且许多理论在其初始假设中本来就隐含着一定的矛盾，因而片面排除矛盾是不正确的。不协调理论应当与协调理论具有同样的逻辑地位，但不协调理论必须具有与协调理论不一样的逻辑基础，须建立在不协调且足道的逻辑系统的基础之上，否则不协调理论就会成为不足道的，即没有意义的。

通过对数学中希尔伯特的存在概念的考察，科斯塔在 1959 年提出数学上的容忍理论：“从语法和语义的观点来看，任何理论都是可允许的，因为它并不是

---

① Lukasiewicz J. 1971. On the principle of contradiction in aristotle. Review of Metaphysics, 24 (3): 486.

不足道的。广义上说，在数学上存在着并非不足道的系统。”① 1963 年，科斯塔进一步系统地提出了他的弗协调理论。他说：“一个基于经典逻辑（如直觉主义逻辑、多值逻辑……）的形式化的演绎系统，如果不协调性是不足道的，即所有的命题都是可证的，那么，它没有任何特别的数学价值。但是，对于许多原因，例如，通过与协调系统的比较分析和考虑充分的元数学分析原理，直接地研究不协调系统是方便的。这种研究必须建立适于处理这些系统的新型的基础逻辑。”①科斯塔在此思想指导下于 1963 年建立了一系列弗协调逻辑系统，如命题演算系统 C_n、谓词演算系统 C_n^*（包括带等词的 $C_n^=$ 和带摹状词的 D_n）等，这些系统得到许多学者的研究和推广，成为最重要的弗协调逻辑系统。

科斯塔所建立的弗协调命题逻辑系列系统 C_n（$1\leqslant n\leqslant\omega$）必须满足以下条件：

（1）这些系统中，经典逻辑中的矛盾律 $\neg(B\wedge\neg B)$ 不再普遍有效；

（2）在每一系统中，从两个互相矛盾的命题 B 和 $\neg B$ 不可能一般地推出一切命题 A；

（3）在无穷系列中 C_0，C_1，C_2，…，C_n，…，C_ω 的每一个系统都严格地强于它的后续系统；

（4）对于好的命题（满足矛盾律），C_0 所指的经典命题演算中的所有定理在 C_n（$1\leqslant n\leqslant\omega$）中仍然是有效的；

（5）在不违背前两个条件的前提下，必须尽可能多地包括经典逻辑的推理模式和推理规则。

上述条件（1）表明，不可触动的经典逻辑矛盾律将受到限制并且被削弱。条件（2）表明，经典逻辑中作为定理的邓斯·司各脱规则不再有效，矛盾在系统中不能任意扩散。条件（3）表明，矛盾律在其中是逐级弱化的。条件（1）、条件（2）、条件（3）都表明对足道的矛盾的有相对宽容态度。条件（4）和条件（5）表明弗协调逻辑对经典逻辑仍然具有一定的继承性。

自科斯塔创立弗协调逻辑系统 C_n、C_n^* 后，弗协调逻辑得到了广泛的发展。1966 年，科斯塔给出了系统的代数化。1977 年，科斯塔、阿维斯（Alves）和阿鲁黛（Arruda）证明了这些系统具有有意义的赋值语义，而且它们相对于这些语义是可靠而又完全的。科斯塔、阿维斯、罗帕里克（Loparic）和马克尼（Marconi）等还研究了与弗协调逻辑相关的判定问题。1984 年，阿维斯证明了经典逻辑模型论的大部分都可推广到弗协调逻辑。

澳大利亚逻辑学家卢特列和梅尔研究了辩证逻辑的相干方向，重点是语义

---

① Priest G, Routley R, Norman J. 1989. Paraconsistent Logic: Essays on the Inconsistent. Philosophia Verlag: 105.

方面。昆士兰大学的哲学教授普里斯特对弗协调逻辑在悖论解决上的应用和弗协调相干逻辑进行了研究。

1967 年，阿根廷逻辑学家瑞杰厄（A. R. Raggio）对科斯塔的 C_n 系统产生了兴趣，尝试通过它们的根岑系列形式化来解决这些系统的可判定性问题。他构造了可判定而且与 C_n（$1\leqslant n\leqslant\omega$）演算有类似性质的系列演算体系。阿根廷另一位逻辑学家菲尔德（M. Field）在 1970 年还用代数化方法证明了 C_n（$1\leqslant n\leqslant\omega$）演算的可判定性。

我国学者对弗协调逻辑也有很深入的研究，著名美籍华人学者王浩在他的著作《数理逻辑通俗讲话》中指出，沈有鼎先生有兴趣发展逻辑的某种中心系统，这个系统将使矛盾局部化，这一思想与弗协调逻辑思想有共同之处。著名学者张清宇自 20 世纪 80 年代已来，一直致力于弗协调逻辑的研究工作，他以科斯塔弗协调命题逻辑系统的基础建构了弗协调模态逻辑系统 C_nG' 和弗协调时态逻辑系统 $C_nG'H'$ 和 C_nUS 等。著名学者桂起权、杨武金在他们的著述中分别对弗协调逻辑在人工智能、辩证逻辑中的应用作了深刻的探讨。

第四节　科斯塔的弗协调逻辑系统

科斯塔的弗协逻辑系统，是最流行的弗协调逻辑系统。本节将从弗协调命题逻辑系统、弗协调谓词逻辑系统两个方面对其进行考察。

一、弗协调命题逻辑系统

科斯塔的弗协调命题逻辑系统 C_n（$1\leqslant n\leqslant\omega$）不是一个单一的系统，它表示一系列的弗协调命题逻辑系统，即当 n 取一个大于 0 的自然数或 ω 为值时，将得到一个系统 C_n。

（一）形式语言

弗协调命题逻辑系统 C_n 的形式语言 L。

1. 初始符号

（1）命题符号：p_0，p_1，p_2，…，p_k，…（k 为自然数）；

（2）联结词符号：$\neg$，$\wedge$，$\vee$，$\rightarrow$；

（3）技术性符号：左括号“（”和右括号“）”。

2. 形成规则

(1) 仅由命题符号的单一出现所形成的符号是一个公式；

(2) 如果是 A 公式，那么 $\neg A$ 是公式；

(3) 如果 A 和 B 都是公式，那么 $A\wedge B$，$A\vee B$，$A\to B$ 也都是公式；

(4) 只有由 (1)、(2) 和 (3) 生成的符号系列才是公式。

3. 约定

(1) 符号→的结合力比其他符号都弱；

(2) ¬的结合力比∧，∨都更强；

(3) 有圆括号的部分比没有圆括号的部分结合力更强。

定义 4.1　$A\longleftrightarrow B=_{\text{def}}(A\to B)\wedge(B\to A)$；

$A^0=_{\text{def}}\neg(A\wedge\neg A)$；

$A^k=_{\text{def}}A^{00\cdots0}$，共有 k 个 0，k 为正整数；

$A^{k+1}=_{\text{def}}(A^k)^0$，$k=0$，1，2，…，$n-1$；

$A^{(n)}=_{\text{def}}A^0\wedge A^{00}\wedge A^{000}\wedge\cdots\wedge A^n$。

(二) 公理系统

P_1：$A\to(B\to A)$

P_2：$(A\to B)\to(A\to(B\to C))\to(A\to C)$

P_3：$A\to(B\to A\wedge B)$

P_4：$A\wedge B\to A$

P_5：$A\wedge B\to B$

P_6：$(A\to C)\to(B\to C)\to(A\vee B\to C)$

P_7：$A\to A\vee B$

P_8：$B\to A\vee B$

P_9：$\neg\neg A\to A$

P_{10}：$A\vee\neg A$

P_{11}：$B^{(n)}\to((A\to B)\to((A\to\neg B)\to\neg A))$

P_{12}：$A^{(n)}\wedge B^{(n)}\to(A\to B)^{(n)}\wedge(A\wedge B)^{(n)}\vee(A\vee B)^{(n)}$

注意，这里 A、B、C 是元语言变量，它们的值域是 L 的任意一合式公式。P_1，P_2，P_3，…，P_{12}是元语言的语句，是公理模式。凡是具有 P_1，P_2，P_3，…，P_{12}任意一公式模式的 L 的合式公式都是 C_n 的公理，因而形式系统 P 不是只有 12 条公理，而是有无穷多条具有模式 P_1，P_2，P_3，…，P_{12}的公理。关于这些公理的直观背景是相当明显的。$P_1\sim P_8$ 表明，联结词∧，∨，→将具有它们在经典命题逻辑中同样的功能。P_9 相当于双重否定律，P_{10}相当于排中律，P_{11}是带有一定条件的归谬律。当时 $n=1$，$B^{(1)}$ 是 $\neg(B\wedge\neg B)$，直观地讲即 B 满足矛盾律，这样的命题被称为是好的，否则，命题就是坏的。P_{11}的限制条件就是：B应当是好的。整个公式是说，如果B是好的，那么如果A既蕴涵B又蕴涵$\neg B$，则A不能成立。P_{12}的直观意义是说，如果A和B都是好的命题，那么由A和B所构成的蕴涵命题、联言命题和选言命题都是好的命题。

1. 推导规则

分离规则 RD：如果$A \rightarrow B$并且A，那么B。

该规则与它在经典逻辑中的功能相同。由公理模式$P_1 \sim P_{10}$和推导规则RD可构成系统。该系统是系列系统中最弱的系统。在全部C_n系统中，从C_1到C_ω不断减弱。如果将经典命题逻辑中不涉及否定的那一部分看做是一个独立的整体，那么这一部分被称为经典正命题逻辑。经典正命题逻辑中的所有推导规则和定理模式在C_n中也都有效。令A是经典命题逻辑中的一个定理，A^*就是将A中0的换成$\neg^*$（$\neg^* B$指$\neg B \wedge B^{(n)}$）后的结果，那么A^*就是系统C_n的一个定理。如果将经典逻辑系统记为C_0，那么C_0比C_n都要强。在整个无穷系列系统中C_0，C_1，C_2，…，C_n，…C_ω，每一个系统都严格地强于它的后续系统。

2. 系统中定理的证明

令大写希腊字母Γ，Δ，H等作为表示任意公式集合（包括空集）的元语言变项。

定义 4.2 公式集合和公式之间的关系可称为可推导关系。一个有穷的L的合式公式序列B_1，B_2，…，B_n是C_n中关于B的证明，当且仅当任一B_i或者是C_n的公理，或者是由B_j与B_k（$j<i$，$k<i$）根据RD推出的L的合式公式。一个有穷的L合式公式序列B_1，B_2，…，B_n是C_n中关于B的证明，当且仅当B_1，B_2，…，B_n是C_n中的一个证明，并且$B_n = B$。这时称B是C_n中的定理，用符号表示为$\vdash B$。系统中C_n一个L的合式公式B是L的合式公式集Γ或者（一个L的合式公式A）的语形后承，当且仅当在C_n中有一个由Γ或者（或由A）到B的推导，记为$\Gamma \vdash B$（或$A \vdash B$）。由此可见系统中C_n的证明是公式集为空集的推导的特殊情况。有了以上准备可以由形式系统C_n的公理出发，根据推理规则，利用形式推导可以证明许多C_n中的定理。

定理 4.1 $\vdash \omega A \rightarrow A$。

证明 (1) $\vdash A \rightarrow ((B \rightarrow A) \rightarrow A)$ (P_1)

(2) $\vdash (A \rightarrow ((B \rightarrow A) \rightarrow A)) \rightarrow ((A \rightarrow (B \rightarrow A)) \rightarrow (A \rightarrow A))$ (P_2)

(3) $\vdash (A \rightarrow (B \rightarrow A)) \rightarrow (A \rightarrow A)$ ((1) (2) RD)

(4) $\vdash A \rightarrow (B \rightarrow A)$ (P_1)

(5) $\vdash A \rightarrow A$ ((3) (4) RD)

C_n中的定理是用定理模式表示的，每一个都代表无穷多具体的定理。上述定理证明中，只用到了系统 C_n 中的前两条公理。由于 C_ω 是所有系统中最弱的系统，所以它的定理也一定是其他系统的定理，所以 $A\rightarrow A$ 同时是经典逻辑系统 C_0 和弗协调逻辑系统 C_n 中的定理。

定义 4.3 C_n 的真值表：

A	B	$A\rightarrow B$	$A\wedge B$	$A\vee B$	$\neg A$
1	1	1	1	1	3
2	1	1	1	1	1
3	1	1	3	1	1
1	2	1	1	1	
2	2	1	1	1	
3	2	1	3	1	
1	3	3	3	1	
2	3	3	3	1	
3	3	1	3	3	

其中，1 和 2 为特指值，C_n 中真值恒等于特指值 1 或者 2 的合适公式为有效模式，如 C_n 中公理和定理模式、推理规则等。如果一模式在 C_n 中有情形使其真值取值为 3，则该模式在 C_n 中不成立。

定理 4.2 在系统 C_1 中，下列模式都不成立：

(1) $\neg A\rightarrow (A\rightarrow B)$；

(2) $\neg A\rightarrow (A\rightarrow \neg B)$；

(3) $A\rightarrow (\neg A\rightarrow B)$；

(4) $A\rightarrow (\neg A\rightarrow \neg B)$；

(5) $A\wedge \neg A\rightarrow B$；

(6) $A\wedge \neg A\rightarrow \neg B$；

(7) $A\rightarrow A\neg \neg A$；

(8) $A\leftrightarrow \neg \neg A$。

证明 考虑用真值表法证明。要证明上述模式在 C_1 中不成立，只需要找出 A，B 的适当取值，使得上述各模式的取值为 3 就可以了。

例如：模式 $\neg A\rightarrow (A\rightarrow B)$，当 $A=2$，$B=3$ 时，$\neg A=1$，$A\rightarrow B=3$ 于是 $\neg A\rightarrow (A\rightarrow B)=3$。所以，模式 $\neg A\rightarrow (A\rightarrow B)$ 在系统 C_1 中不成立。其他模式同理可证。

上述模式 (1) ～ (6) 表明，某些会导致系统扩散的蕴涵怪论在系统 C_1 中不是有效的。

定理 4.3 系统 C_n $(1\leqslant n\leqslant\omega)$ 是协调的，即对于任一公式来说，B 和 $\neg B$ 不能同时为系统的定理，从而各个系统 C_n $(1\leqslant n\leqslant\omega)$ 都是协调的。

证明 假设某个公式 B 和它的否定 $\neg B$ 都是 C_1 定理，则只能有 B 的值恒为 2 而 $\neg B$ 的值恒为 1。由真值表可得，任一非命题符的公式都以 1 或 3 为值，B 只能是命题符，但这时 B 的值不能恒为 2，引出矛盾。所以，任一公式 B 与其否定 $\neg B$ 不能同时都是 C_1 的定理，即 C_1 是协调的。由于个个都是 C_n（$1\leqslant n\leqslant\omega$）的子系统，所以各个 C_n（$1\leqslant n\leqslant\omega$）也都是协调的。

定理 4.4 在系统中有下列推演规则：

(1) $\{A\}\vdash A$；

(2) 如果 $\Gamma\vdash A$，则 $\Gamma\cup\Delta\vdash A$；

(3) 如果对于任何 $C\in\Delta$，有 $\Gamma\vdash C$ 并且 $\Delta\vdash A$，则 $\Gamma\vdash A$。

证明 根据语法后承的标准定义可以直接得到。

定理 4.5 在系统中有下列推演规则：

(1) $\Gamma\cup\{A\}\vdash B$，则 $\Gamma\vdash A\rightarrow B$（演绎定理）；

(2) $\{A, A\rightarrow B\}\vdash B$（分离规则）；

(3) $\{A, B\}\vdash A\wedge B$，$\{A, B\}\vdash A$ $\{A, B\}\vdash B$；

(4) $\{A\}\vdash A\vee B$ $\{B\}\vdash A\vee B$；

(5) $\Gamma U\{A\}\vdash C$，$\Gamma U\{B\}\vdash C\Rightarrow\Gamma U\{A\vee B\}\vdash C$；

(6) $\Gamma\vdash B^{\circ}$，$\Gamma U\{A\}\vdash B$，$\Gamma U\{A\}\vdash\neg B\Rightarrow\neg A$（弗协调归谬）；

(7) $\{\neg\neg A\}\vdash A$（双重否定的消除）。

证明 上述推演规则的证明与经典逻辑类似。弗协调归谬原则的证明需要蕴涵规则和公理模式：$B^{\circ}\rightarrow((A\rightarrow B)\rightarrow(A\rightarrow\neg B)\rightarrow\neg A)$。

定理 4.6 如果增加矛盾律 $\neg(B\wedge\neg B)$ 作为附加公理，可以得到经典命题演算。

定理 4.7 在 C_1 中，下列公式成立：

(1) $A\rightarrow A$；

(2) $A\leftrightarrow A$；

(3) $A\rightarrow B$，$B\rightarrow C\vdash B\rightarrow C$；

(4) $A\rightarrow(B\rightarrow C)\vdash B\rightarrow(A\rightarrow C)$；

(5) $A\rightarrow(B\rightarrow C)\vdash A\wedge B\rightarrow C$。

定理 4.8 直觉主义正命题逻辑包含于 C_1 中。

证明 直觉主义正命题逻辑逻辑可以下面公理模式刻画：

$B^{\circ}\rightarrow((A\rightarrow B)\rightarrow(A\rightarrow\neg B)\rightarrow\neg A)$，$(A\rightarrow C)\rightarrow((B\rightarrow C)\rightarrow(A\vee B\rightarrow C))$。

定理 4.9 在 C_1 中，有

(1) B°，$A\rightarrow B\vdash\neg B\rightarrow\neg A$；

(2) B°，$\neg A\rightarrow\neg B\vdash B\rightarrow A$；

(3) B°，$A\rightarrow\neg B\vdash B\rightarrow\neg A$；

(4) B°，$\neg A\rightarrow B\vdash\neg B\rightarrow A$；

(5) $(\neg B \to B) \to B$;

(6) $(B \to \neg B) \to \neg B$。

证明　以 (4) 为例，证明如下：

(1) B°，$\neg A \to B$，$\neg B \vdash \neg\neg A$;

(2) B°，$\neg A \to B$，$\neg B \vdash A$;

(3) B°，$\neg A \to B$，$\vdash \neg B \to A$。

定理 4.10　C_1 是经典命题逻辑的子逻辑。

证明　C_1 中的所有公理在经典逻辑中都有效，且存在着在经典逻辑中有效但在 C_1 中无效的模式。

定理 4.11　在 C_1 中，下列模式无效：

(1) $(A \vee B) \wedge A \to B$;

(2) $A \vee B \to (\neg A \to B)$。

证明　这些模式在经典中有效但不是 C_1 中的定理。如果这些模式在 C_1 中有效，则运用演绎定理、分离规则和模式 $A \to A \vee B$，可在 C_1 中推导出 $A \to (\neg A \to B)$。

定理 4.12　如果 B_1，B_2，…，B_n 是 B 公式的基本组成部分，则 B 在经典命题中可证明的充分必要条件是在 C_1 中有 B_1^0，B_2^0，…，$B_n^0 \vdash B$。

定理 4.13　如果 B_1，B_2，…，B_n 是公式集 Γ 和公式 B 的基本组成部分，则在经典命题逻辑中 $\Gamma \vdash B$ 的充分必要条件 Γ，B_1^0，B_2^0，…，$B_n^0 \vdash B$。

定理 4.14　在 C_1 中，有 $\vdash B^{00}$。

证明　因为 $B^{00} \Leftrightarrow \neg (B^0 \wedge \neg B^0) \Leftrightarrow \neg (B^0 \wedge \neg\neg (B \wedge \neg B))$，但是 $\neg (B^0 \wedge \neg\neg (B \wedge \neg B)) \vdash B^0$，且 $\neg (B^0 \wedge \neg\neg (B \wedge \neg B)) \vdash B \wedge \neg B$，所以 $\neg (\neg (B^0 \wedge \neg\neg (B \wedge \neg B)))$，即 $\vdash B^{00}$。

定理 4.15　在 C_1 中，有 $\vdash B^0 \to \neg (B^0)$。

证明　因为 B^0，$\neg B \wedge \neg\neg B \vdash B$，且 B^0，$\neg B \wedge \neg\neg B \vdash \neg B$，所以 $\neg B \wedge \neg\neg B \vdash B^0$。又因 $B^0 \vdash \neg (B \wedge \neg\neg B)$，即 $B^0 \vdash (\neg B)^0$，所以有 $\vdash B^0 \to \neg (B^0)$。

定义 4.4　$\neg^* A =_{def} \neg A \wedge A^0$（强否定、经典意义的否定）。

定理 4.16　在 C_1 中，有 $\vdash (B \to A) \to ((B \to \neg^* A) \to \neg^* B)$。

定理 4.17　在 C_1 中，有 $\vdash B \to (\neg^* B \to A)$。

定理 4.18　在 C_1 中，有 $\vdash B \vee \neg^* B$。

定理 4.19　在 C_1 中有联结词 $\neg^*$，$\wedge$，$\vee$，$\to$，满足经典命题逻辑的所有模式和推理规则。

证明　由定理 4.16，定理 4.17，定理 4.18，可知定理成立。如果定理 4.16，定理 4.17，定理 4.18 的模式增加公理 $B \to (A \to B)$ 和 $(B \to C) \to ((A$

$\rightarrow C)\rightarrow(B\vee A\rightarrow C))$，可得到经典命题逻辑的公理。

定理 4.20 在 C_1 中，有 $\vdash((B\rightarrow A)\rightarrow B)\rightarrow B$（皮尔士（Peirce）法则）。

定理 4.21 在 C_1 中，有 $\vdash B\vee(B\rightarrow A)$。

证明 $\vdash B\vee(B\rightarrow A)$ 在经典命题逻辑上是有效的。上述结果表明，尽管 C_1 是经典命题逻辑的子逻辑，在某种意义上其也包含于 C_1。

定义 4.5 一个模式或公式 B 使一个系统 C 变得不足道，如果将一个公式 B 加入系统 C，这个新的系统就是不足道的，即其所有公式都是定理。

定理 4.22 形式为 $B\wedge\neg^{*}B$ 的任何公式都将使 C_1 变得不足道。

证明 根据上述结果知道，$\neg^{*}$ 是一个经典否定。所以，$B\wedge\neg^{*}B$ 蕴涵任何公式，即 $B\wedge\neg^{*}B\rightarrow A$。

定理 4.23 模式 $B\leftrightarrow(B\rightarrow A)$（$A$ 为任何公式）将使 C_1 变得不足道。

证明 从 B 和 $B\leftrightarrow(B\rightarrow A)$，可推出 A；从 $(B\rightarrow A)$ 和 $B\leftrightarrow(B\rightarrow A)$，也可推出 A。因此，根据定理 4.21，有 $\vdash A$。

定理 4.24 形式为 $B\wedge\neg B\wedge B^{(n)}$ 的公式将使 C_n（$1\leqslant n\leqslant\omega$）变得不足道。

定理 4.25 C_ω 不是有穷不足道的。

定理 4.26 具有有穷数个命题变元的 C_n（$1\leqslant n\leqslant\omega$）系统，因公式集合 $B\wedge\neg B\wedge B^{(n)}$ 而成为不足道的。

定理 4.27 具有有穷数个命题变元的系统 C_ω 不会是有穷不足道的。

（三）系统 C_n 的语义解释

关于 C_n（$1\leqslant n\leqslant\omega$）的语义解释可采用亨金型的语义学进行语义解释，它也是一种二值语义学。

定义 4.6 令 F 表示 C_n（$1\leqslant n\leqslant\omega$）的公式集合，$\Gamma$，$\Delta$ 表示 F 的子集，Γ 表示集合 $\{B\in F:-\vdash B\}$。一个公式集合 Γ 是不足道的，当且仅当 $\Gamma=F$；否则，它是足道的。Γ 是不协调的，当且仅当至少存在一个公式 B，使得 B 和都 $\neg B$ 属于 Γ；否则，Γ 是协调的。Γ 是极大足道的，当且仅当它是足道的，并且对于任何公式 B，如果 $B\notin\Gamma$，则 $\Gamma\cup\{B\}$ 是不足道的。

定理 4.28 如果 Γ 是极大足道的，则

（1）$\Gamma\vdash B\Leftrightarrow B\in\Gamma$；

（2）$B\in\Gamma\Rightarrow\neg^{*}B\notin\Gamma$；

（3）$\neg^{*}B\notin\Gamma\Rightarrow B\notin\Gamma$；

（4）$\neg^{*}B\notin\Gamma$ 或 $B\in\Gamma$；

（5）$\vdash B\Rightarrow B\in\Gamma$；

（6）B，$B^{0}\in\Gamma\Rightarrow\neg B\notin\Gamma$；

（7）$\neg B$，$B^{0}\in\Gamma\Rightarrow B\notin\Gamma$；

(8) A，$A \to B \in \Gamma \Rightarrow B \in \Gamma$；

(9) $B^0 \in \Gamma \Rightarrow \neg B \notin \Gamma$ 或者 $B \notin \Gamma$；

(10) $B^0 \in \Gamma \Rightarrow (\neg B)^0 \in \Gamma$。

证明　以（1）为例证如下：令 $\Gamma \vdash B$ 但 $B \notin \Gamma$。由于 Γ 是极大足道的，$\Gamma \cup \{B\} \vdash B \wedge \neg^* B$，所以 $\Gamma \vdash B \to B \wedge \neg^* B$ 并且 $\Gamma \vdash \neg^* B$。但是由于 $\Gamma \vdash B$，进而 $\Gamma \vdash B \wedge \neg^* B$，所以，$\Gamma$ 是不足道的。

定义 4.7　令 F 为 C_n（$1 \leqslant n \leqslant \omega$）的全体公式所组成的公式集合，对 C_n 的每一个赋值都是指满足下列条件的一个映射 V：$F \to \{0, 1\}$。

(1) 如果赋值函数 $V(B)=0$，则 $V(\neg B)=1$；

(2) 如果 $V(\neg\neg B)=1$，则 $V(B)=1$；

(3) 如果 $V(B^{(n)})=V(A \to B)=V(A \to \neg B)=1$，则 $V(A)=0$；

(4) $V(A \to B)=1$ 当且仅当 $V(A)=0$ 或 $V(B)=1$；

(5) $V(A \wedge B)=1$ 当且仅当 $V(A)=V(B)=1$；

(6) $V(A \vee B)=1$ 当且仅当 $V(A)=1$ 或 $V(B)=1$；

(7) 如果 $V(A^{(n)})=V(B^{(n)})=1$，则 $V((A \to B)^{(n)})=V((A \wedge B)^{(n)})=V((A \vee B)^{(n)})=1$。

定理 4.29　如果 V 是一个赋值，则对任一 B，有 $B \in \Gamma$：

(1) $V(B^{(n)})=0 \Leftrightarrow V(B)=V(\neg B)=1$；

(2) $V(B)=0 \Leftrightarrow V(\neg B)=1$ 且 $V(B)=0$；

(3) $V(B)=0 \Rightarrow$ 对任一正整数 k，$V(\neg B^{(k)})=0$；

(4) $V(B)=0 \Leftrightarrow V(\neg B)=1$。

证明　以（2）为例证明如下：

根据赋值定义 4.7（1），可知 $V(B)=0 \Rightarrow V(\neg B)=1 \Rightarrow V(B)=0$ 且 $V(\neg B)=1$反之亦然。所以 $V(B)=0 \Leftrightarrow V(\neg B)=1$ 且 $V(B)=0$。

定义 4.8　(1) V 的一个赋值是单一的，如果至少存在一个公式 B，使得 $V(B)=V(\neg B)=1$，否则是正规的；

(2) 一个公式 B 是有效的，如果对于每一个赋值 V，都有 $V(B)=1$；

(3) 一个赋值 V 是一个公式集合 Γ 的一个模型，如果对于任一公式 $B \in \Gamma$，都有 $V(B)-1$；

(4) 一个公式 B 是一个公式集合 Γ 的语义后承，如果 Γ 的每一个模型 V，使得 $V(B)=1$，在这种情况下，记为 $\Gamma \vDash A$。尤其 $\vDash A$（$\Gamma=\Phi$），意味着 B 是有效的。

(四) 系统 C_n 的元定理

定理 4.30　系统 C_n（$1 \leqslant n \leqslant \omega$）相对于上述语义是可靠的，即 $\Gamma \vdash B \Rightarrow \Gamma \vDash$

B；当 $\Gamma=\Phi$ 时 $\vdash B \Rightarrow \models B$（可靠性定理）。

引理 4.1 每一个足道的公式集合都包含于一个极大的足道集合。

系 4.1 存在极大足道的不协调集合。

证明 容易看出，$\{B, \neg B\}$ 是不协调但足道的。根据前面的引理，可知，它包含于一个不协调的极大足道的公式集合。

引理 4.2 每一个极大足道的公式集合 Γ 都有一个模型。

证明 定义一个映射 V：$F \rightarrow \{0, 1\}$ 如下：对每一个公式 B，如果 $B \in \Gamma$，则 $V(B)=1$，否则 $V(B)=0$。显然 V 满足赋值定义下的所有条件。

系 4.2 任一足道的公式集合都有一个模型。

系 4.3 存在单一的（当然也是正规的）赋值。

证明 集合 $\{B, \neg B\}$ 是不协调但足道的，因此它包含于一个如上所显示的极大的足道集合。但这个集合有一个单一的模型。

定理 4.31 系统 C_n（$1 \leqslant n \leqslant \omega$）相对于上述语义是完全的，即 $\Gamma \models B \Rightarrow \Gamma \vdash B$；当 $\Gamma=\Phi$ 时 $\models B \Rightarrow \vdash B$。（完全性定理）

证明 假设在 Γ 下不能推导出 B，则 $\Gamma \cup \{\neg^* B\}$ 是足道的，而且有一个模型 V。所以，存在一个模型 V，使得 $V(B)=0$。这显然是荒谬的。

定理 4.32 存在不协调但足道的公式集合都有模型。

定义 4.9 令 $\Delta =_{\text{def}} \{B^0 \in F: \vdash B\}$。如果 $\Gamma \cup \Delta$ 是足道的，则说 Γ 是强足道的。

定理 4.33 存在足道的公式集合和强足道的公式集合。

证明 先证明该定理的第一部分。假设 Δ 是集合 $\{B^0 \in F: \vdash B\}$，则 Δ 是协调的，意味着它也是足道的。所以，Δ 包含于一个极大的足道集合 Δ'。令 $\Delta''=\Delta'-\Delta$，于是，Δ''是强足道的。

定理 4.34 系统 C_n（$1 \leqslant n \leqslant \omega$）是可判定的。即可在有穷步内判定系统 C_n（$1 \leqslant n \leqslant \omega$）中的任一公式是否为的定理。

与经典命题逻辑不同的是，一公式在赋值下的值并不完全由它的子公式的值所决定，还涉及这些子公式的否定式的值。因此，不能像经典命题那样直接用真值表来判定一公式是否为 C_n（$1 \leqslant n \leqslant \omega$）的定理。但是，如果把一公式 B 的子公式和 B 的真子公式的否定统称为 B 的拟子公式，那么 B 在赋值下的值也就是由它的拟子公式的值所决定。因此，可以用构造拟真值表的办法来判定一公式 B 是否为 C_n 的定理。关于任给一公式构造拟真值表的方法可参看有关参考文献。

二、一阶谓词逻辑系统

与弗协调命题逻辑系列系统 C_1，C_2，…，C_n…，C_ω 相对应，可以建构相应的弗协调一阶谓词逻辑系列系统 C_0^*，C_1^*，C_2^*，…，C_n^*…，C_ω^*。

（一）形式语言

考虑一阶系统 C_1^*。假设给定一个一阶语言 L^*，其包含的常用符号为联结词和量词符号、个体变元符号、谓词符号和技术性符号。L^* 也包括函数符号，尤其是个体常项符号，但这里不做这样的假定，除非明确提到。公式在自由变元和约束变元、句子（不带自由变元的公式）等概念都是标准的。术语和元逻辑的约定也如命题逻辑 C_1 的引申。

（二）公理系统

C_0^* 是经典一阶谓词逻辑系统。C_1^* 的公理由 C_1 的公理加上下列公理构成（其中变元 x、y 和公式 A、B 与通常的约定一致）：

$$P_{13}:\ \frac{A \to B(x)}{A \to \forall x B(x)}$$

$$P_{14}:\ \forall x A(x) \to A(y)$$

$$P_{15}:\ A(x) \to \exists x A(x)$$

$$P_{16}:\ \frac{A(x) \to B}{\exists x A(x) \to B}$$

$$P_{17}:\ \forall x (A(x))^0 \to (\forall x A(x))^0$$

$$P_{18}:\ \forall x (A(x))^0 \to (\exists x A(x))^0$$

而且，将采用下列附加公理（其中 α，β 是都是和谐公式，即能够通过变换约束变元或者禁止空量词得到）：

$$P_{19}\quad \alpha \leftrightarrow \beta$$

接受 $P_{13} \sim P_{16}$ 的理由是它们在经典逻辑中都成立，而且在直觉上是可接受的；对于 $P_{17} \sim P_{18}$，与 C_1 公理的理由类似；P_{19} 是必需的，它断定了两个和谐的公式是等值的，并且这个事实不能从其他的公理演绎出来。进而有下述定理，它们的证明和经典类似。

定理 4.35　在定理 4.4 中成立的所有推导规则，在 C_1^* 中都成立。而且有

（1）$B(x) \vdash \forall x B(x)$；

（2）$\forall x B(x) \vdash B(y)$；

（3）$B(t) \vdash \exists x B(x)$；

（4）与通常的约定一样，如果 $\Gamma \cup \{A(x)\} \vdash B$，则 $\Gamma \cup \{\exists x A(x)\} \vdash B$。

在 C_1^* 中，与经典逻辑 C_0 一样，上述规则对演绎定理进行了限制。

定理 4.36　在 C_1^* 中有

（1）$\vdash \forall x (A(x) \to B(x)) \to (\forall x A(x) \to \forall x B(x))$；

(2) $\vdash \forall x\ (A\ (x) \to B\ (x)) \to (\exists x A\ (x) \to \exists x B\ (x))$。

定理 4.37 如果 A 和 B 都是和谐公式，则在 C_1^* 中有：$A \leftrightarrow B$。

定理 4.38 如果公式集合 Γ 和量化式 B 的组成部分是 α_1，…，α_n，那么若在经典谓词逻辑中有 $\Gamma \vdash B$，则在弗协调谓词逻辑 C_1^* 中有 $\{\alpha_1^0, \cdots, \alpha_n^0\} \cup \Gamma \vdash B$；反之齐全亦然。

系 4.4 如果量化式 B 的组成部分是 B_1，…，B_n，则在 C_0^* 中有 $\vdash B$ 的充分必要条件是在 C_1^* 中有 $\{B_1^0, \cdots, B_n^0\} \vdash B$。

定理 4.39 C_0^* 包括于 C_1^*。

证明 如果所处理的公式，其基本组成部分是好的，则定理 4.38 表明，对于这些公式来说，C_0^* 的规律和规则是成立的。然而从定理 4.19 来看，C_1 在某种意义上包括于 C_1^*，并且 C_0^* 也是如此。

系 4.5 C_1^* 是不可判定的。

证明 C_0^* 包括于 C_1^* 中，根据丘奇（Church）定理，既然 C_0^* 不可判定，所以 C_1^* 也不可判定。

定理 4.40 下列模式在 C_1^* 中有效（与通常的约定一样，其中 B 是在 x 不自由出现时的一个公式）：

(1) $\forall x B\ (x) \leftrightarrow B$；

(2) $\exists x B\ (x) \leftrightarrow B$；

(3) $\forall x \forall y B\ (x, y) \leftrightarrow \forall y \forall x B\ (x, y)$；

(4) $\exists x \exists y B\ (x, y) \leftrightarrow \exists y \exists x B\ (x, y)$；

(5) $\forall x \forall y B\ (x, y) \to \forall x B\ (x, x)$；

(6) $\exists x B\ (x, x) \to \exists x \exists y B\ (xy)$；

(7) $\forall x B\ (x) \to \exists y B\ (x)$；

(8) $\exists x \forall y B\ (x, y) \to \forall y \exists x B\ (x, y)$。

证明 上述定理的证明与经典谓词逻辑中类似，并且对于在 C_1^* 中成立的其他定理模式也是如此。

定理 4.41 在 C_1^* 中有

(1) $\forall x\ (B\ (x))^0 \vdash \exists x B\ (x) \leftrightarrow \neg \forall x \neg B\ (x)$；

(2) $\forall x\ (B\ (x))^0 \vdash \forall x B\ (x) \leftrightarrow \neg \exists x \neg B\ (x)$；

(3) $\forall x\ (B\ (x))^0 \vdash \neg \exists x B\ (x) \leftrightarrow \forall x \neg B\ (x)$；

(4) $\forall x\ (B\ (x))^0 \vdash \neg \forall x B\ (x) \leftrightarrow \exists x \neg B\ (x)$。

定义 4.10 公式 B 的 k-变换，其中 k 是在 $\underline{1}$，$\underline{2}$，…中的一个枚举，即与自然数 1，2，…相应的常项符号。假设这些符号都不属于 C_0^* 和 C_1^* 的语言。

(1) 如果 B 没有自由变元，它的 k-变换可以按照如下的方式来获得：形式 $\forall x A\ (x)$ 或者形式 $\exists x A\ (x)$ 的一个部分 B，可以相应地由 $B\ (\underline{1}) \wedge B\ (\underline{2}) \wedge \cdots$

$\wedge B$ ($\underline{n}$) 或者由 B ($\underline{1}$) $\vee B$ ($\underline{2}$) $\vee \cdots \vee B$ ($\underline{n}$) 来替换。进而这样 k-转换没有（个体）变元。

(2) 如果 B 有自由变元，即如果 B 是 A (x_1，x_2，…，x_m)，则它的 k-转换可以按照如下的方式来获得：①通过 1，2，…，k 重复命令 k 来替换 x_1，x_2，…，x_m；②进而，采用 (a) 结果公式中的 k-变换。

定理 4.42　如果在 C_1^* 中有 $\Gamma \vdash B$，则 B 的任何 k-变换都是在 C_1 中从 Γ 公式的 k-变换推导的。

证明　像在经典逻辑中那样，即像在 C_0^* 中那样，在系统 C_1^* 中通过对从 Γ 到 B 的一个演绎的长度做归纳。

系 4.6　如果在 C_1^* 中有 $\Gamma \vdash B$，则 B 的 k-变换在 C_1^* 中可证。

系 4.7　如果公式 B 仅仅有零元谓词符号，并且在 C_1^* 中有 $\vdash B$，则在 C_1 中有 $\vdash B$。

证明　在这种情况下，考虑 B 唯一 k-的变换是 B 自身足以证明。

系 4.8　最重要的，它强调这些命题模式在 C_1 中不成立，在 C_1^* 中也不成立。换句话说，如果给 C_1 加入 C_1^* 的公理和具体的形成规则，对于 C_1 的纯公式来说得不到相应的结果。定理 4.42 能够被扩展为经典命题逻辑及其相应量词理论的子系统。例如，经典正逻辑（和直觉主义的正逻辑）的情况，也像直觉主义命题逻辑和最小的直觉主义逻辑的情况。定理 4.42 应用于经典逻辑 C_0 和 C_0^*，构成了所谓的 k-变换的希尔伯特-贝奈斯定理。

定理 4.43　在 C_1^* 中下列模式不是有效的：

(1) $\neg \exists x B(x) \leftrightarrow \forall x \neg B(x)$；

(2) $\exists x B(x) \leftrightarrow \neg \forall x B(x)$；

(3) $\neg \exists x \neg B(x) \leftrightarrow \forall x B(x)$；

(4) $\neg \forall x \neg B(x) \leftrightarrow \exists x B(x)$。

证明　容易看出，这些模式 2-转换在 C_1^* 中是不可证明的（采用 2-变换和使用定理 4.40 的真值表足以证明）。

定理 4.44　C_1^* 严格地弱于 C_0^*，C_0^* 可以在 C_1^* 中通过增加公理模式 $\neg (B \wedge \neg B)$得到。

证明　实际上，如果增加公理模式 $\neg (B \wedge \neg B)$ 作为公理，则可从 C_1 得到 C_0。

系列 C_0^*，C_1^*，C_2^*，…，C_n^*，…，C_ω^* 中，剩余的系统 C_n^* ($2 \leqslant n \leqslant \omega$) 可以通过对 C_n 增加公理 $P_{13} \sim p_{16}$、P_{19}，再加上下列模式得到：

$$P_{20}：\forall x (A(x))^{(n)} \to (\forall x A(x))^{(n)}$$

$$P_{21}：\forall x (A(x))^{(n)} \to \neg (\exists x A(x))^{(n)}$$

在系统 C_n 中通过增加模式 P_{16} 和 P_{19} 作为公理，可以得到系统 C_ω^*。C_n^*

$(2\leqslant n\leqslant\omega)$ 有类似于 C_1^* 的性质。

定理 4.45 如果 Γ 中的公式和公式 B 中量化上的基本组成部分都是 B_1，B_2，…，B_m，那么若在 C_0^* 中有 $\Gamma\vdash B$，则在 C_n^* $(1\leqslant n\leqslant\omega)$ 中有 B_1，B_2，…，B_m，$\Gamma\vdash B$；反之亦然。

定理 4.46 C_n^* $(0\leqslant n\leqslant\omega)$ 是不可判定的。

定理 4.47 C_ω^* 是不可判定的。

定理 4.48 如果在 C_n^* $(0\leqslant n\leqslant\omega)$ 中有 $\Gamma\vdash B$，则 B 的 k-变换在 C_n 中是从 Γ 公式的 k-变换中可推导的。

定理 4.49 如果在 C_n^* $(0\leqslant n\leqslant\omega)$ 中有 $\vdash B$，则 B 的 k-变换在 C_n 中可证。

定理 4.50 如果公式 B 属于 C_n $(0\leqslant n\leqslant\omega)$，且 C_0^* 中有 $\vdash B$，则 C_n 中有 $\vdash B$。

定理 4.51 系列 C_n^* $(0\leqslant n\leqslant\omega)$ 的每一个系统都是 C_0^* 的一个真子系统。

可证明，系列系统 C_0^*，C_1^*，C_2^*，…，C_n^*，…，C_ω^*，与命题逻辑系统有类似的关系。

定理 4.52 系列 C_n^* $(0\leqslant n\leqslant\omega)$ 的每一系统都严格地强于其后续系统。

定理 4.53 C_n $(0\leqslant n\leqslant\omega)$ 的每一系统都是有穷不足道的。

定理 4.54 C_ω^* 不是有穷不足道的。

第五节　弗协调逻辑的其他分支

自从科斯塔在博士论文《不协调形式系统》中，成功地构造了一系列的弗协调逻辑系统以来，弗协调逻辑得到巨大的发展和推广，产生了弗协调道义逻辑、弗协调相干逻辑、弗协调模态逻辑、弗协调时态逻辑、弗协调多值逻辑、弗协调辩证逻辑等分支。本节将以科斯塔弗协调逻辑系统为基础对弗协调道义逻辑、弗协调相干逻辑、弗协调的辩证逻辑、弗协调时态逻辑等四个主要弗协调逻辑分支作一些简单的介绍。

一、弗协调道义逻辑

（一）道义逻辑

道义逻辑是一种研究包含道义模态词的命题和推理形式的逻辑理论，是模态逻辑的一种，它使用的模态词是特殊的道义模态词“应该”、“允许”与“禁止”。

道义命题的基本类型包括义务命题、允许命题、禁止命题三类。

(1) 义务命题是含有义务模态词的命题。义务模态词有“必须”、“应该”、“一定”、“有……义务”等。义务模态词用大写字母 O 表示，义务命题用公式表示为 Op，读做“p 是必需的”或“p 是应该的”。例如，公民必须遵纪守法。

(2) 允许命题是含有允许模态词的命题。允许模态词有“允许”、“可以”、“准予”、“有权”等，用在大写字母 P 表示。允许命题用公式表示为 Pp，读做“允许 p”或“p 是允许的”。例如，允许被告上述。

(3) 禁止命题是含有禁止模态词的命题。禁止模态词有“禁止”、“不得”、“不准”、“不许”等，用大写字母 F 表示。禁止命题用公式表示为 Fp，读做“禁止 p”或“p 是禁止的”。例如，油库内禁止吸烟。

道义逻辑可采用逻辑方阵来表示 O（义务）、P（允许）与 F（禁止）之间的关系。

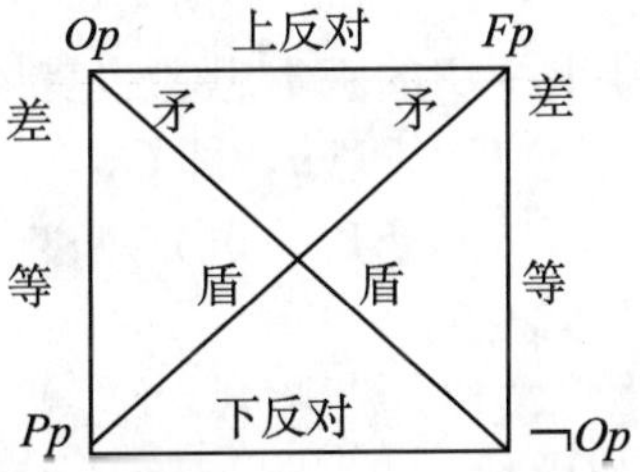

根据道义逻辑方阵可得出：

(1) $Op \rightarrow Pp$（应该 p 蕴涵允许 p）；

(2) $Pp \rightarrow \neg P \neg p$（不允许 p 蕴涵不应该 p）；

(3) $Op \rightarrow \neg P \neg p$（应该 p 蕴涵不允许非 p）；

(4) $\neg P \neg p \rightarrow Op$（不允许非 p 蕴涵应该 p）；

(5) $Op \leftrightarrow \neg p \neg p$（应该 p 等值不允许非 p）；

(6) $\neg Op \leftrightarrow p \neg p$（不应该 p 等值允许非 p）。

其中 (1)、(2) 满足差等关系；(3)、(4) 满足矛盾关系；(5)、(6) 则是根据等值的定义引出的。

芬兰逻辑学家冯·赖特（Von Wright）在 1951 年发表了经典性论文《道义逻辑》，标志着现代道义逻辑的诞生。道义逻辑作为一般的模态逻辑的延伸，研究诸如应该、允许、禁止等模态（也称义务算子）及其相应的推理规则的逻辑，但其未能解决有关道义的悖论问题，特别是道德二难论题问题。为应对道德二难论题的挑战，科斯塔等逻辑学家提出弗协调道义逻辑方案。

严格意义的悖论论题，是指从公认的前提和可接受的推理推出的形式矛盾。严格意义的道义悖论论题具有 $Op \wedge O \neg p$（即应该 p 又应该非 p）或者 $Fp \wedge F \neg$

p（既禁止 p 又禁止非 p）等形式。数理逻辑中的蕴涵悖论，在直观上是难以接受但在一些逻辑系统中又可证的，所以其并不是导致逻辑系统的真正形式矛盾，因而蕴涵悖论是怪论而不是真正的悖论。一般的道义悖论与数理逻辑中的蕴涵悖论有异工同曲之处，也只是道义怪论。因为道义悖论在一些道义系统中是可证的，直观上也是难以接受的道义命题，也不导致道义系统真正的形式矛盾。例如，罗斯悖论和派生义务悖论等道义悖论。

如果说道义逻辑学家为道义怪论苦恼，那么他们更为 $Op\wedge O\neg p$ 型和 $Fp\wedge F\neg p$型的道义悖论（即道德二难论题）不安。因为道德二难论题是有客观基础的，是现实的伦理关系中真正矛盾的反映。一般的道义逻辑缺乏有效的工具和方法处理这种富有辩证意味的“足道的、有意义的逻辑矛盾”。

为应对道德二难论题的挑战，科斯塔的基本思路是使各种“事实真”的悖论在逻辑上合法化。即把这些悖论作为“足道的、有意义的逻辑矛盾”引入弗协调逻辑形式结构中。在科斯塔的弗协调道义逻辑中，道义上足道而又弗协调的命题是允许的，这与一般道义逻辑禁止一切弗协调命题是不同的。另一方面，弗协调逻辑不允许从矛盾推出一切的基本思想也贯彻到道义逻辑之中，由既应该 p 又应该非 p 不再可以推出应该任意 q，即 $Op\wedge O\neg P\rightarrow q$ 无效。这样某些重要的道义悖论（足道的、有意义的矛盾论题）就变为弗协调道义逻辑的定理。以上是弗协调道义逻辑的基本思想。

下面是弗协调观点下道义逻辑的一些基本概念。在数理逻辑中，如果一个理论Σ包含形如 B 和 $\neg B$ 的定理，则Σ就是弗协调的；同样，在道义逻辑中，如果一个道义理论Σ包含形如 $Op\wedge O\neg p$ 或者 $Fp\wedge F\neg p$ 的定理，则Σ就是在道义上弗协调的。在数理逻辑中，如果一个理论Σ中任何公式都是其定理，则Σ就是“不足道的、无意义的”；同样，在道义逻辑中，如果一个道义理论Σ中任何公式都是Σ定理，则Σ就是“在道义上不足道的”。在数理逻辑中，根据邓斯·司各脱法则可知：B 与非 B 可以推出任意 A，因此如果一般的数理逻辑是不协调的，那么它必定是不足道、无意义的。只有通过弗协调逻辑，才能构造出足道的、有意义的弗协调理论，对此经典逻辑是无能为力的。因而为了构造足道的不协调的道义理论，也只有通过弗协调道义逻辑。

逻辑学家科斯塔、卢特列等分别从不同角度，在不同的基础上深入研究了道义逻辑中足道的、有意义的矛盾、道德二难论题等悖论的形式化和合法化问题，为道义逻辑的弗协调化做出了新尝试。下面着重介绍科斯塔的工作。

（二）弗协调道义命题演算

本节将在弗协调命题逻辑演算 C_1 的基础上引进道义命题逻辑。这就是弗协调道义命题演算 C_1^D。

弗协调道义命题演算 C_1^D 的语言就是在 C_1 的语言 L 之上附加新算子^0，读做

“应该”、“必须”或“是应尽的义务”，公式定义如 C_1，用小写希腊字母 α，β，…表示公式，大写希腊字母 Γ，Δ，…仍表示公式集。C_1^D 的公理就是 C_1 的公理再加道义模态算子的特殊公理

O_1　$O(\alpha\rightarrow\beta)\rightarrow(O\alpha\rightarrow O\beta)$

O_2　$O\alpha\rightarrow\neg^* O\neg^*\alpha$

O_3　$\alpha^0\rightarrow(O\alpha)^0$

O_4　$\dfrac{\alpha}{O\alpha}$

其中第一公理 O_1 读做，如果应该“α 蕴涵 β”，那么应该 α 蕴涵应该 β。这意味着，“应该”算子像是可分配到蕴涵式的前件、后件中去似的。第二公理 O_2 读做，如果应该 α，那么不应该非 α。其中符号 $\neg^*$ 是强否定（经典意义的否定）。第三公理 O_3 是说，如果 α 是满足矛盾律的命题的公式，则加了模态算子“应该”之后 $O\alpha$ 的也是满足矛盾律的命题的公式。第四公理 O_4 对应的推理模式是说由 α 可以推出 $O\alpha$。

假如 α 有一个证明，α 就是弗协调道义命题演算 C_1^D 的定理，记做 $\vdash\alpha$。假如存在属于公式集 Γ 的 γ_1，γ_2，…，γ_k，使得在弗协调道义命题演算 C_1^D 中有 $\vdash\gamma_1\wedge\gamma_2\wedge\cdots\gamma_k\rightarrow\alpha$，则 α 是公式集 Γ 的句法后承，并记做 $\Gamma\vdash\alpha$。第三节科斯塔弗协调逻辑所给出的关于公式集的协调集、足道集、极大的足道集的定义在弗协调道义命题演算 C_1^D 中仍然有效。

弗协调道义命题演算 C_1^D 可取道义模态算子 O“应该”作为基本的道义模态算子，根据“应该”、“允许”、“禁止”三者的关系，其他两个道义模态算子可以自然地导出。

定义 4.11　$F\alpha=_{\text{def}}O\neg\alpha$，$P\alpha=_{\text{def}}\neg O\neg\alpha$。

第一式是说：禁止 α 就是必须（应该）非 α；

第二式是说：允许 α 就是不必须（应该）非 α。

以上两式的否定词是弗协调否定（矛盾律不一定成立）。如果用强否定词 $\neg^*$ 代替 $\neg$，相应的 F（禁止）和 P（允许）说是强道义算子。

定理 4.55　在弗协调道义命题演算 C_1^D 演算中有

（1）$\vdash\alpha^0\rightarrow\neg(O\alpha\wedge F\alpha)$；

（2）$\vdash O\alpha\rightarrow\neg O(\alpha\vee\beta)$；

（3）$\vdash F\alpha\wedge\alpha^0\rightarrow\neg O\alpha$；

（4）$\vdash\beta\rightarrow O(\alpha\vee\beta)$；

（5）$\vdash O^*\alpha\rightarrow\neg^* O\alpha$；

（6）$\vdash O(\alpha\wedge\beta)\leftrightarrow(O\alpha\wedge O\beta)$；

（7）$\vdash O\alpha\wedge\neg^* O\alpha\rightarrow\beta$；

（8）$\vdash\neg^*(O\alpha\wedge\neg^* O\alpha)$；

(9) $\vdash O\alpha \wedge O(\alpha \rightarrow \beta) \rightarrow O\beta$;

其中，(1) 式说明，如果 α 为合经典的（满足矛盾律的），那么应该 α 又禁止 α 是不行的。(2) 式说明如果应该 α，那么或者应该 α 或者应该 β。(3) 式说明，如果禁止 α 而且 α 为合经典（满足矛盾律的）的，那么不应该 α。(4) 式说明，如果应该 β，那么或者应该 α 或者应该 β。(5) 式说明，如果应该非 α，那么不应该 α。(6) 式说明，应该"α 而且 β"就是应该 α 而且 β。也就是说"应该"算子像乘法分配率一样对合取式是可分配的。(7) 式说明，当采用遵守矛盾律的强否定 $\neg^*$ 时，如果应该 α 又应该非 α，那么就会得出应该做任何事情 β。(8) 式说明，对于强否定 $\neg^*$，应该 α 与不应该 α 不能同时成立。(9) 式说明，如果应该 α 且"α 蕴涵 β"，那么应该 β。

定理 4.56 在弗协调道义命题演算 C_1^D 中下列各式无效：

(1) $O\neg(\alpha \wedge \neg\alpha)$;

(2) $O(\alpha \wedge \neg\alpha) \rightarrow O\beta$;

(3) $O\alpha \wedge O\neg\alpha \rightarrow O\beta$;

(4) $F\alpha \wedge F\neg\alpha \rightarrow O\beta$;

(5) $F\alpha \rightarrow \neg O\alpha$;

(6) $\neg(F\alpha \wedge P\alpha)$;

(7) $O(\neg\alpha \wedge \neg\neg\alpha) \rightarrow O\beta$;

(8) $F\alpha \wedge \neg F\alpha \rightarrow F\beta$。

证明 如果在弗协调道义命题演算 C_1^D 的定理证明中，省略 O 得到弗协调命题演算 C_1 的证明。因此，弗协调道义命题演算 C_1^D 只是一般弗协调演算的一个保守的扩展。换句话说，弗协调道义命题演算 C_1^D 在扩展过程中不拒绝原有弗协调命题演算 C_1 的任何结论。特别是定理 4.11 中所列出的定理对 C_1 无效的各种模式，对弗协调道义命题演算 C_1^D 仍然全部无效。

定理 4.56 对弗协调道义命题逻辑来说是带有特征性的和根本性的定理。其中 (1) 式说明，对于弗协调否定词 $\neg$（注意：α 与非 α 不再是"非此即彼"!），矛盾律失去普遍有效性。(2) 式和 (3) 式说明，对于弗协调否定词 $\neg$，一般道义逻辑中如下定理，即如果应该"α 而且非 α"，那么就应该做任意的 β，不再是定理，以及如果应该 α 而且应该非 α，那么就应该做任意的 β，也不再成立。(7) 式是 (3) 式的变形，其中出现了双重否定。(4) 式和 (8) 式说明，对于弗协调否定词 $\neg$，一般道义逻辑中如下定理，即"如果禁止 α 而且禁止非 α，那么就禁止做任意 β"不再有效，以及"如果禁止 α 而且非 α，那么就禁止做任意 β"的定理也不再成立。所有这些邓斯·司各脱形式的定理的失效，说明在弗协调逻辑中足道的矛盾是不会任意扩散。具体地说，在弗协调道义逻辑中，形如 $O\alpha \wedge O\neg\alpha$、$F\alpha \wedge F\neg\alpha$ 的道义悖论，是足道的矛盾且不会任意扩散，也不会使形式系统变得不足道。

对弗协调否定词，(5) 式中的“如果禁止 α，那么就不应该 α”，以及(6) 式中的“并非”禁止 α 而且允许 α 也不再普遍有效。其原因在于否定词具有一定的“亦此亦彼”性质，α 与非 α 不是很明确，而是部分重叠的。正因如此，关于道德二难论题，“既禁止又不禁止”，“既应该又不应该”，“既允许又不允许”等此类的黑格尔真矛盾论题，就有了合法存在性。同时，也正因为弗协调否定词的具有“亦此亦彼”性质，弗协调道义逻辑成为解决道德二难论题等道义悖论的重要工具。

定义 4.12 在弗协调道义命题演算 C_1^D 中，如果 $\vdash\alpha\to O\beta$，即公式 α 成立蕴涵任意公式“应该 β”成立，则公式 α 就称为 O－(关于算子 O) 道义上不足道的。(“道义不足道的”确切定义)

定理 4.57 在道义命题演算 C_1^D 中，$O\alpha\wedge O\neg\alpha$ 和 $F\alpha\wedge F\neg\alpha$ 型的公式，并非关于算子 O 在道义上不足道的。从直觉上看，在道义命题演算 C_1^D 中这两种形式的道德二难论题是可接受的。

同样，还可以定义 F－(关于禁止算子) 道义上不足道的、P－(关于允许算子) 道义上不足道的，以及更一般的道义上不足道的概念，并且在每一种情况下，可证明其有与定理 4.56 相似结果。

根据定理 4.56 与定理 4.57 及其推论，可以看出，弗协调道义逻辑能够成为包含道德二难论题和逻辑上弗协调性理论的合适基础，因而暗含一定的辩证倾向和因素。

二、弗协调相干逻辑

(一) 相干逻辑基本思想

相干逻辑是 20 世纪 50～60 年代由逻辑学家阿克曼 (W. Ackermann) 提出的，是逻辑学家贝尔纳普 (N. D. Belnap)、安特逊 (A. R. Anderson) 所建立的重要的非经典逻辑分支。相干逻辑的基本思想包括：相干性可以通过逻辑的方式来刻画；坚持演绎推理的相干性，采用“结论的推导必须实际使用前提”的推理方式，可有效地避免“蕴涵怪论”。

所谓的相干性是通过相干蕴涵来揭示的，相干蕴涵是指一种顾及前、后件之间内容方面联系的蕴涵，而这种内容的联系又是通过共同的命题变元来体现的。相干性也可通过“相干原理”来刻画。“相干原理”可表述如下：“若 $A\to B$ 是定理，则 A 与 B 至少有一个共同的命题变元。”换言之，若公式 A 与 B 没有共同的命题变元，则 A 与 B 不是定理。与经典逻辑相比，相干逻辑更接近人们的日常推理的实际，因而对人工智能的发展具有重要的理论意义和实际价值。

（二）弗协调相干系统 LP

普里斯特是澳大利亚昆士兰大学的哲学教授。为了较好地表达他的弗协调逻辑理论，他和卢特列在 20 世纪 80 年代引入了“真矛盾”这一概念。真矛盾论是指承认存在着真正的矛盾。普里斯特一生主要研究悖论和弗协调逻辑。为了解决悖论问题，普里斯特构造了的弗协调逻辑相干系统 LP。

弗协调逻辑相干系统 LP 是一个三值系统：

（1）当一个句子是只为真不为假时，称它为“单真的”（t）；

（2）当一个句子是只为假不为真时，称它为“单假的”（f）；

（3）当一个句子是既真又假的时，称它为“悖论性的”（p）。

系统 LP 包含三个初始联结词和两个导出联结词，分别是$\neg$，$\wedge$，$\vee$，$\rightarrow$，$\leftrightarrow$。它们的定义用真值表刻画如下：

A	B	$A\rightarrow B$	$A\wedge B$	$A\vee B$	$A\leftrightarrow B$	$\neg A$
t	t	t	t	t	t	f
p	t	t	p	t	p	p
f	t	t	f	t	f	t
t	p	p	p	t	p	
p	p	p	p	p	p	
f	p	t	f	p	p	
t	f	f	f	t	f	
p	f	p	f	p	p	
f	f	t	f	f	t	

说明如下。

（1）$\neg$的定义：一个句子是真的当且仅当它的否定是假的。因此，一个为真的句子的否定为假；一个为假的句子的否定是为真；一个既真又假的句子的否定是既假又真的，也就是悖论性的。

（2）$\wedge$的定义：如果 A 是 t 并且 B 是 p，那么 A 和 B 都是真的，所以 $A\wedge B$ 是真的；如果 B 是假的，那么 $A\wedge B$ 是假的。因此，$A\wedge B$ 是悖论的。如果 A 是 f 并且 B 是 p，那么 A 和 B 都是假的。因此 $A\wedge B$ 是假的。如果 $A\wedge B$ 同样也是真的，那么 A 和 B 都必须是真的，但 A 只为假的，所以 $A\wedge B$ 是假。

（3）导出定义：$A\rightarrow B=_{\text{def}}\neg A\vee B$；$A\leftrightarrow B=_{\text{def}}(A\rightarrow B)\wedge(B\rightarrow A)$。

普里斯特认为存在着“真矛盾”。“真矛盾”就是悖论性的句子，所以 t 和 p 都是为真的句子。形式上，令 L 是一个命题语言，它的命题变元是 P。令一个赋值 V：$P\rightarrow\{t, p, f\}$，即 V 是命题变元的赋值。根据前面的真值表，令 V^+ 是使用上面的真值表将 V 扩张至所有 L 的句子。如果Σ是 L 的句子集合，定义：①$\Sigma\vDash A$ 当且仅当不存在 V，使得 $V^+(A)=f$，但是对于所有 $B\in\Sigma$，$V^+(B)=f$,或者 p；②$\vDash A$ 当且仅当$\Phi\vDash A$，即对于所有的 V，$V^+(A)=t$ 或者 p。

定理 4.58　A 是一个二值的逻辑真理，当且仅当 $\models A$。

证明　从右向左的证明是直接的，因为每一个二值赋值都是一个三值赋值。从左向右的证明，如果 V 是一个三值的赋值，令 V_1 是一个把所有的 p 都替换成 t 的二值赋值。通过考察真值表，如果 V（A）$=f$，那么 V（A）$=f$。

定理 4.59　下述模式在系统 LP 中都是成立的。

(1) $A \models A \vee B$；

(2) A，$B \models A \vee B$；

(3) $A \to B \models \neg B \to \neg A$；

(4) $A \to (B \to C) \models B \to (A \to C)$；

(5) $A \models B \to A$；

(6) $\neg A \to \neg B \models \neg (A \vee B)$；

(7) $\neg A \to \neg B \models B \to A$；

(8) $\neg (A \vee B) \models \neg A$；

(9) $A \models \neg\neg A$；

(10) $\neg\neg A \models A$；

(11) $\neg A \models \neg (A \wedge B)$；

(12) $\neg (A \to B) \models A$；

(13) $A \wedge B \models A$；

(14) A，$\neg B \models \neg (A \to B)$；

(15) $A \to B \models A \wedge C \to B \wedge C$；

(16) $\neg A \models A \to B$；

(17) $A \to (A \to B) \models A \to B$；

(18) $A \to \neg A \models \neg A$。

下述模式都不成立：

(1) $A \wedge \neg A \models B$；

(2) $A \to B$，$B \to C \models A \to C$；

(3) A，$\neg A \vee B \models B$；

(4) A，$A \to B \models B$；

(5) $A \to B$，$\neg B \models B \neg A$；

(6) $A \to B \wedge \neg B \models \neg A$。

定理 4.60　如果 A 和 B 没有共同的命题变元，并且 B 的取值为 f，那么 A 不是的 B 模型。

证明　令 V 是一个赋值，使得 V（B）$=f$。另外 V_1 同 V 类似，除了对于所有出现在 A 中的命题变元 q，V_1（q）$=p$。容易证明 V^+（A）$=p$，V^+（B）$=f$。

定理 4.61　如果 A_1，A_2，…，$A_n \models B$，那么 A_1，A_2，…，$A_{n-1} \models A_n$

$\rightarrow B$。

定理 4.62 令 L 是一阶语言，LP 系统可扩展到谓词逻辑 LPQ。

以上是弗协调弗协调相干逻辑基本内容。

三、弗协调辩证逻辑

（一）弗协调辩证逻辑 DL

辩证逻辑是研究辩证思维的科学，即关于辩证思维的形式、规律和方法的科学。它把概念的辩证运动以及如何通过概念反映现实矛盾的问题作为自己的主要研究对象。它的基本特征是把对象看做一个整体，从内在矛盾的运动、变化及其各个方面的相互关系中考察对象。这种逻辑既不同于把对象看做是静止、孤立的形而上学思维方式，也有别于以既成的、确定的思维形式从静态角度认识对象的传统逻辑。因而辩证逻辑中的否定或矛盾概念与传统逻辑中的否定或矛盾概念存在着很大的差别。随着弗协调逻辑蓬勃发展，在弗协调逻辑中已经创造了可以将这种辩证的矛盾和否定概念形式化的相应逻辑概念和技巧。科斯塔认为，采用弗协调逻辑的技巧，辩证逻辑的基本意图明显地可以形式化。1980 年科斯塔和沃尔夫（R. G. Wolf）在《弗协调逻辑研究之一：辩证法的对立统一原理》一文中，构造了具有有限目标的辩证逻辑形式系统——辩证逻辑命题系统 DL，它是弗协调逻辑和辩证逻辑形式化发展的重要里程碑。

辩证逻辑命题系统 DL 的初始联词是$\rightarrow$（蕴涵）、$\wedge$（合取）、$\vee$（析取）、$\neg$（弗协调否定）和稳定性算子^0（0 记在字母的右上角）。关于联词的说明如下。

（1）弗协调否定词$\neg$不同于经典逻辑的否定词，不一定遵守矛盾律，A 与非 A 未必相互排斥。它从根本上突破了经典逻辑“非此即彼”模式的局限，这是 DL 系统一切辩证性质的根源。

（2）$A^0 =_{def} \neg(A \wedge \neg A)$，即 A 遵守矛盾律可以用稳固性算子来表示。稳固性算子具有特殊的方法论作用。从表层上看，稳固性算子似乎是消极的，它只是在弗协调逻辑的更大的范围内为“满足矛盾律命题”划一块较小的空间，允许其继续有效。从深层上看，它的作用是积极的，因为在它划定的范围之外（仍在弗协调逻辑的范围之内），对于非经典命题，矛盾律不再普遍有效。这两者综合起来，体现了用形式化语言刻画的辩证逻辑的“除了非此即彼”，又在适当的地方承认“亦此亦彼”的辩证要求。

（3）$A \leftrightarrow B =_{def} (A \rightarrow B) \wedge (B \rightarrow A)$。

DL 系统的公理如下。

D_1：$A\to(B\to A)$

D_2：$(A\to B)\to(A\to(B\to C))\to(A\to C)$

D_3：$A\to(B\to A\wedge B)$

D_4：$A\wedge B\to A$

D_5：$A\wedge B\to B$

D_6：$(A\to C)\to(B\to C)\to(A\vee B\to C)$

D_7：$A\to A\vee B$

D_8：$B\to A\vee B$

D_9：$A\vee(A\to B)$

D_{10}：$\neg(A\wedge B)\leftrightarrow\neg A\vee\neg B$

D_{11}：$\neg(A\vee B)\leftrightarrow\neg A\wedge\neg B$

D_{12}：$A^0\wedge B^0\to(A\to B)^0\wedge(A\wedge B)^0\vee(A\vee B)^0\wedge A^0$

D_{13}：$A^0\wedge B^0\to((A\to B)\wedge(A\to\neg B)\to\neg A))$

D_{14}：$A^0\to(\neg\neg A\vee\neg A\to A)$

D_{15}：$A^{00}\leftrightarrow A^0$

D_{16}：$A^0\to(A\vee\neg A)\wedge(A\to B)\vee((\neg A\to C)$

D_{17}：$A^0\to(A\vee\neg A\to B)\vee((A\vee\neg A)$

从表面上看，D_{10}、D_{11}与经典逻辑的德摩根定律一样，但这里否定词的意义改变了，因此，D_{10}、D_{11}是在DL系统中矛盾律、排中律不再普遍有效的情况下所体现的否定词的某种重要性质。$D_{12}\sim D_{14}$首先是为了得到满足经典逻辑矛盾律命题而考虑的，它说明遵守矛盾律的命题在新逻辑中仍有适当的地位。反过来说，在稳固性算子圈定范围之外的弗协调逻辑非经典部分，不遵守矛盾律的命题也可以有效。D_{15}是用符号表明，若A遵守矛盾律，则A^0亦然，反之亦然。D_{16}保证了，假如有A^0，则A与$\neg A$不能同真或同假。D_{17}说明如果A不遵守矛盾律，则A与$\neg A$是同真或同假的。D_{17}实质上是在命题演算的公理层次上，用形式语言刻画了辩证逻辑所要求的“亦此亦彼”性质。

(二) 弗协调辩证逻辑DL系统的元定理

定理4.63　所有经典命题逻辑中不涉及否定词的推理模式和规则，在DL在仍然有效。

定理4.63说明的是DL对经典逻辑的继承性与连续性。

定理4.64　在DL中下列模式不再有效：

(1) $A\vee\neg A$;

(2) $(A\to B)\to(\neg A\vee B)$;

(3) $(A\vee\neg A)\to B$;

(4) $\neg (A \vee \neg A)$;

(5) $(A \to B) \to \neg (\neg A \vee \neg B)$;

(6) $A \to (\neg A \to B)$;

(7) $(A \to \neg A) \to \neg A$;

(8) $A \wedge \neg A \to B$;

(9) $B \to A \wedge \neg A$;

(10) $(\neg A \to A) \to A$;

(11) $\neg A \to (A \to B)$;

(12) $A \vee (A \wedge A^0)$;

(13) $A \wedge \neg A \wedge ((A \to B) \vee (\neg A \to B) \to A^0))$;

(14) $(A \to B) \to (\neg B \to \neg A)$;

(15) $(\neg B \to \neg A) \to (A \to B)$。

定理 4.65 展示了在矛盾律、排在律、司各脱法则等失效后的种种后果。

定理 4.66 在 DL 中双重否定（$\neg\neg A \leftrightarrow A$）不再有效。

定理 4.67 在 DL 中有

(1) $\vdash ((A \to B) \to A) \to A$;

(2) $\vdash ((A \to (B \vee C)) \leftrightarrow (A \to B) \vee (A \to C)$;

(3) $\vdash (A \to B) \vee (B \to A)$;

(4) $\vdash A^0 \wedge A \wedge \neg A \to B$;

(5) $\vdash A^0 \wedge A \wedge \neg A \to \neg B$。

其中，(4) 与 (5) 表明，弗协调辩证逻辑对待司各脱法则的观点是辩证的，既否定其普遍有效性，又不否定它对满足经典逻辑矛盾律命题仍然是有效的。换句话说，对矛盾命题不再一般地推出任意命题，然而无意义（不足道）矛盾仍能在系统内扩散。

定理 4.68 令 $\Gamma \cup \{A\}$ 为 DL 的仅包含原子公式的 B_1，B_2，…，B_n 公式集，且令 C^* 为经典命题演算 C 再附加稳固性算子^0 以及公理 $D_{11} \sim D_{18}$。则在命题演算 C^* 中 Γ，B_1，B_2，…，$B_n \vdash A$ 当且仅当在弗协调辩证逻辑 DL 中 Γ，B_1^*，B_2^*，…，$B_n^* \vdash A$。

定理 4.68 说明了系统 DL 与经典命题演算 C 之间的密切联系。

定理 4.69 在 DL 中有

(1) $A^0 \vdash A^0 \vee \neg A^0$;

(2) $B^0 \vdash (A^0 \to B^0) \to ((A^0 \to \neg B^0) \to \neg A^0)$;

(3) $A^0 \vdash A^0 \to (\neg A^0 \to B)$。

定理 4.69 表明，弗协调辩证逻辑 DL 对排中律、归谬法原理、司各脱法则的变型的观点都是是辨证的，既否定其普遍有效性，又不否定它对满足经典逻辑矛盾律命题继续有效。总之，定理 4.69 也表明，经典逻辑并没有简单地被抛弃，弗协调辩证逻辑定理对经典逻辑的定理是既扬弃又继承的。它们实际上通过对应原理联系起来。

定理 4.70　弗协调辩证逻辑 DL 系统是对否定词协调的。

以上是弗协调辩证逻辑基本内容。

四、弗协调时态逻辑

（一）时态逻辑概述

时态逻辑是一种研究与时态语句相关的推理的形式化、系统化的逻辑理论，是模态逻辑的一种，属于非经典逻辑，它使用的模态词是特殊的时间模态词“现在”、“将来”、“过去”等。

时态逻辑的研究最早可追溯到古希腊时期的麦加拉-斯多阿学派，他们在讨论模态概念时就已经涉及时间概念，中世纪逻辑学家也对时态语句进行过探讨。现代时态逻辑的探讨开始于德国逻辑经验主义的哲学家 H. 赖欣巴哈（H. Reichenbach）对文法时态的逻辑分析。1957 年英国逻辑学家 A. N. 普莱尔（A. N. Prior）建立了时态逻辑的两个系统，开始时态逻辑的公理化、形式化研究。1960 年以后，时态逻辑的成果逐渐增加，现已发展成为一门比较成熟的逻辑科学。它在对时态语句和包含时态语句的推理方面，以及在人工智能、科学哲学等方面都有很大的作用或影响。

在自然语言中，时态语句是一种不可或缺的因素。在英语中，动词通常都有时态形式。在汉语中通过时态助词“着”、“了”、“过”和时间副词“现在”、“将来”、“过去”以及“正在”、“曾经”、“已经”、“经常”等语词来准确地表述时态性。这种时态语句是构成时态逻辑的基本对象。时态语句一般分为两种。①时间上确定的语句，其根本特点是，它们的真值不依赖于说出它们的时间。例如，“3 是一个偶数”，“地球比太阳小”。②时间上不定的语句，其根本特点是，它们的真值要依赖说出它们的时间。例如，“今天他很兴奋”，“明天上海将下雪”。时态逻辑主要研究时间上不定的语句。但是，经典数理逻辑（非时态逻辑）对于这种包含时态的语句及其相应的推理，很难做出适当的表述和方便的处理。为此，普莱尔等逻辑学家提出了“时态逻辑”，在经典逻辑基础上进行扩展，增加“现在”、“将来”、“过去”等时间模态算子及相应的公理，以对时态语句做出形式化刻画和表述。三个基本的时态算子以及两个导出时态算子分别如下：

F 代表将来时态算子，Fp -表示将来陈述，读做“将要 p”；

P 代表过去时态算子，$-Pp$ 表示现在陈述，读做“正在 p”；

T 代表现在时态算子，$-Tp$ 表示过去陈述，读做“曾经 p”；

$Gp =_{def} \neg F \neg P$ 表示过去不会非 p，将来总是 p；

$HpP =_{def} \neg P \neg P$ 表示过去不会非 p，即过去一直 p；

时态逻辑所研究的命题主要是时态命题，它涉及前—后关系、过去—现在—将来结构，以及连续、变化和运动的概念等问题。

（二）弗协调时态逻辑

科斯塔和沃尔夫的弗协调辩证逻辑尽管能够容纳有意义的、足道的矛盾，但只能处理静态矛盾，不能处理动态矛盾。为此，科斯塔写了《弗协调时态逻辑简论》一文，提出了用弗协调时态逻辑处理动态矛盾的基本方案。科斯塔在该文中提出明确提出了“辩证矛盾”刻画问题，并且敏锐地指出，辩证矛盾主要和以下三种情形有密切的关系：①时态变化（运动）；②模糊性或模糊概念（即对立面之间界线不明确）；③在时间的某些区间但不是整个时间过程所发生的事件。他认为，尽管经典逻辑也可以解决上述问题，但那不是唯一可能的方法。特别是，在解决这些问题过程中，不仅要考虑逻辑本身，还要考虑世界的普遍性质，也就是要把这些问题与辩证法作为一个整体来考虑。由此可看出，弗协调时态逻辑应该是处理此类问题的更好的工具。

科斯塔指出，经典逻辑是非时态的命题演算或一阶谓词演算。从非时态逻辑 C 的转变为时态逻辑 C^t 主要有三种方法。

（1）用“时间变元”的方法：C 中的所有命题符号和谓词符号都应该有一个外加的位置，在这个位置上的变元以时刻的集合为取值范围。按常规，时刻序列就是一个时间区间。如果 t 是一个时间变元，那么“存在某个时刻（$\exists t$）”和“对所有时刻（$\forall t$）”就有明确意义，时间可以不同方式比如直线式或分枝式安排顺序。

（2）把时间模态算子引入 C 中，$\Box t \geqslant t_0$ 表示必然在 t 或 t_0 以后，表示在 t 或 t_0 的某任一时间为真；$\Diamond t \geqslant t_0$ 可能在 t 或 t_0 以后，表示在 t 或 t_0 的某一时间为真；还有 $\Box t \geqslant t_0$ 与 $\Diamond t \geqslant t_0$ 也是相似的（但不包括时刻 t_0 在内）。然后再给系统 C 加以相应的公理和规则。例如：

$$T_1：\Box t \geqslant t_0\ (\alpha \rightarrow \beta) \rightarrow (\Box t \geqslant t_0 \alpha \rightarrow \Box t \geqslant t_0 \beta)$$

其中，T_1 表示如果 t_0 以后任何时间 t “α 蕴涵 β” 为真，那么“t_0 以后任何时间 α 真”蕴涵 t_0 以后任何时间 β 为真。这样，时态逻辑系统就能随少数基本前提而逐步展开。

（3）普莱尔在《过去、现在和将来》一文将提出的算子 F（将来）、P（过去）、G（将来永远）和 H（过去一直）引入经典逻辑 C 中。$F\alpha$ 表示在现在和过

去任何时间为 α 真。这些时态算子服从恰当的公理和规则。例如：

T_2：$G(\alpha\to\beta)\to G(G\alpha\to G\beta)$

T_3：$FH\alpha\to\alpha$

T_4：$G\alpha\leftrightarrow\neg F\neg\alpha$

T_5：$\dfrac{\alpha}{G\alpha}$

其中，T_2 表示如果将来永远"α 蕴涵 β"，那么"将来永远 α"蕴涵"将来永远 β"；T_3 表示将来过去一直 α，蕴涵 α；T_4 表示将来永远 α 等值于并不将来不 α；T_5 表示由 α 可得将来总是 α。

经典一阶逻辑转变为一阶时态逻辑的方法，是由静态转向动态的基础。科斯塔先作了简化假定。设经典一阶谓词演算 C 只有几种初始符号：①联词：$\vee$（或），$\neg$（非）。②量词 $\exists$（存在）。③一个可数无穷的个体变元集。④对于每一个大于零的自然数 n，秩级为 n 的谓词符号族，其基数是有限的（某些族可能是空的）。⑤圆括号和逗号。另外，按惯例定义其他逻辑符号、公式、自由变元等。一阶逻辑演绎 C 的公理系统（公理加初始规则）是标准的，它们能保证 C 在预期解释下具有可靠性和完全性。

非时态逻辑 C 与时态逻辑 C^t 通过以下方法联系并对应起来。C^t 的联词、量词和辅助符号与 C^t 是一样的。C^t 有两类个体变元：第一类由 C 的个体变元组成；第二类由新变元的一个可数无穷集组成，称做时间元的类。除了 $n+1$ 序外，C 中的任一个谓词符号同样是 C^t 中的一个谓词符号；新空位只能填入时间变元，余下的空位只能用第一类变元填入。C^t 谓词符号表，在 C 的谓词符号中还添加两个二元谓词$<$，$=$（也可缩写为$\leqslant$）读做小于和等于，它们的空位只能用时间变元来填写。于是时态逻辑 C^t 就是一个"二类逻辑"，其公理系统是通常的多类逻辑中的公理系统，再加上如下两个公理（即"小于公理"和"等词公理"）。

（1）$<$（小于）具有非自反性、反对称性和传递性。

（2）$=$（等于）具有自反性、对称性、传递性，并且满足可替换性质。

根据"二类逻辑"的标准语义学，C^t 是可靠的和完全的。按预期的解释，第一类变元在 C 的个体域中变化，第二类变元在时间的瞬间域中变化。通过定义在时态逻辑 C^t 中逐一引入时态算子 F，P，G，H 和时间模态，并使其具有预期性质是容易的。而且由于加入了新公理，可处理不同类的时间如直线式的、分枝式的和原子式的。总之，时态逻辑 C^t 是一个强有力的和自然的时态逻辑系统，能概括大多数现有时态逻辑系统。

根据上面的论述可知，化非时态逻辑为对应时态逻辑的基本方法是解决"化静为动"的关键。在此基础上，第二个步骤是化协调逻辑为对应的弗协调逻辑，这样就能得到所企望的“弗协调时态谓词逻辑”。实际上，从协调逻辑转变为弗协调逻辑，就是对“有意义矛盾”的形式刻画。把这两个步骤有机地结合起来，就能有效地刻画“动态的有意义的矛盾”。所以，科斯塔和沃尔夫所提出的弗协调辩证逻辑系统，对于弗协调时态逻辑的展开而言是一个方便和有效的出发点。使用上述的转换方法，同样可以把其他的非时态逻辑和相对应的时态逻辑进行转换。

以上是构造动态的辩证的弗协调时态逻辑的基本思想。

第五章

认知逻辑

第一节　认知逻辑概述

一、引言

认知逻辑是研究知识（knowledge）推理的逻辑。知识和信念在日常生活中扮演着非常重要的角色。事实上，每个人的行为都是基于自己的知识和信念的，因此，行为、知识和信念之间有着密切的联系。关于知识问题的思考已经有很悠久的历史，古希腊的哲学家就问："什么是知识?""如何才能够获得知识?""说一个人知道什么意思是什么?"从柏拉图的梅诺（Meno）篇和特埃特图斯（Theaetetus）篇时起，认识论研究者就试图辨认知识的本性的确定要素和它们之间的关系，并对这些成分进行知识分析。梅诺试图给美德下个确切的定义，结果都失败了，他感到很困惑。他问道："苏格拉底，当你连对某种东西究竟是什么都没有任何看法时，你将怎样去寻求它？你将把何种一点也不知道的东西提出来作为你寻求的对象？如果你够幸运，在无意中发现了它，你如何知道它就是你也不知道的东西?[①]"梅诺的话表明：无论谁也不可能去探知他知道的东西，因为他已经知道，不需要探索；无论谁也不可能探索他不知道的东西，因为他不能知道探索的对象将是什么。人们通常把这个著名的论断称做梅诺难题。

认知逻辑是模态逻辑，最初是由欣蒂卡（Hintikka）发展起来的。在欣蒂卡的《知识和信念》(*Knowledge and Belief*）一文中，首次利用了可能世界来刻画知识这一研究领域，被称为是认知逻辑（epistemic logic)。现在所采用的"认知"(epistemic）一词的含义更加宽泛，借助于信念和其他的一些方法，一个主体的认知也可能包含信息，在该领域中也出现了大量的研究文献。这里仅仅给出了认知逻辑的一些概貌，如果希望获得更多的关于认知方面的知识，可以参看 Fagin 等（1995）的著作，即《知识推理》(*Reasoning about Knowledge*）一书，该书主要介绍了知识模型、完全性和复杂性、多主体系统中的知识、协议和程序、公共知识和一致性、建立在程序基础上的知识、知识的发展、逻辑的全能、知识和计算、公共知识修正等相关的认知逻辑，对认知逻辑作了详细而全面的论述，或者参看 Meyer 和 Van der Hoek（1995）《基于人工智能和计算机科学的认知逻辑》等文献。

---

① 戴维·梅林.2000.理解柏拉图.喻阳译.沈阳：辽宁教育出版社：66.

逻辑动态就是如何去研究带有行动的逻辑的方法，它也可以从哲学的角度来进行定义。在一阶逻辑理论的基础上通过增加行动、事件和博弈等方法，丰富了一般意义上的哲学的逻辑动态的研究方法。在 20 世纪末，通常主要从逻辑和哲学的结合点来对逻辑动态进行考察，如 van Benthem（2007）的《逻辑博弈》一文，其中所陈述的内容不仅仅是一些子规则，更多则是一些在哲学、逻辑、语言学、计算机科学和其他领域之间都适用的规则。他将用来研究认知科学的一些逻辑方法运用于对信息科学的研究，从而从某些方面回避了关于逻辑全知者的假定等哲学问题，将认知逻辑从静态转向了动态，开始从“动态视角”来考察信息及其变化。

由此可见，最值得关注的认知逻辑有两个突出的特征。第一，他们关注的是多主体的情境而不是单主体的情境。哲学家们分析知识属性的时候，倾向于思考单主体的情形。可是，要研究互动的交流，计算机中的并行系统，关键的问题在于搞清楚多主体之间是如何进行交互作用的。因此，这样的研究不同于以往哲学认识论的研究。第二，思考知识和信念往往与行为联系在一起。也就是说，从关注静态的知识转向了动态的认知过程，从关心“是什么”的问题转向了“怎么是”的问题。这就是 1980 年著名的动态趋势（Dynamic Turn）。

在国内，郭美云的博士论文《带有群体知识的动态认知逻辑》（2006.6）在认知逻辑的基础上引入公开宣告算子，并且引入了公共知识和普遍知识算子，给出了带有群体知识的动态认知逻辑的可靠性和完全性的不同的证明方法。国内学者李小五的《动态认知逻辑专题》（*Topics on Dynamic Epistemic Logic*，2008）也对动态认知逻辑进行了详细的研究，其中主要涉及认知逻辑、动态逻辑 PDL、无穷命题逻辑系统、动态认知逻辑、做一个行动、知道一个行动、认识一个行动、认识概念、知道一个个体和知道一个关系、动态否定、动态条件逻辑、认知系统和条件系统的更新语义等内容。刘奋荣的《动态偏好逻辑研究》研究了动态的偏好逻辑，该逻辑广泛应用于博弈及决策等相关的领域。这些学者都从动态的角度，分别对认知逻辑、偏好逻辑进行了深入的研究，很好地实现了动态逻辑和认知逻辑的交叉融合。

二、基本认知逻辑系统 S5

（一）语言

认知逻辑常常用模型（model）的方法对信息主体（information agents）关于世界的信息进行推理，特别适合用模型的方法处理信息主体相互之间的信息交流。例如，假设存在有涉及两个主体 a 和 b 的情境，如果命题“p”代表命题“天正在下雨”，那么“a 知道天正在下雨”就可以形式化为“$K_a p$”。下标指的是所讨论的和主体 a 的知识有关，语句“b 知道 a 知道天正在下雨”可以形式化为“$K_b K_a p$”。

定义 5.1　认知逻辑$\mathcal{L}_{PA}$的语言　已知 $\mathscr{P}$ 为可数的命题变元集，$\mathscr{A}$ 为有穷主体集。认知逻辑$\mathcal{L}_{PA}$的语言可以通过如下的规则给出（采用的记法是巴克斯-诺尔形式（Backus-Naur Form，BNF））：

$$\varphi ::= \bot \mid p \mid \neg\varphi \mid (\varphi_1 \wedge \varphi_2) \mid K_a\varphi$$

其中，$p\in\mathscr{P}$并且 $a\in\mathscr{A}$。另外 T 是$\neg\bot$的缩写，$\varphi_1 \vee \varphi_1$是$\neg(\neg\varphi_1 \wedge \neg\varphi_2)$的缩写；$\varphi_1 \to \varphi_2$是$\neg\varphi_1 \vee \varphi_2$的缩写；$\varphi_1 \leftrightarrow \varphi_2$是$((\varphi_1 \to \varphi_2) \wedge (\varphi_2 \to \varphi_1))$的缩写。也可以根据通常的约定省略语句的最外层的括号。

对每一主体 $a\in\mathscr{A}$，$K_a\varphi$ 可以解释为“主体 a 知道 φ”。认知语言只是命题语言的一种简单的扩充，是在命题语言的基础上，对每一主体，通过增加一元的认知算子 K 而构成的。在此所使用的主体包括人、博弈中的玩家、机器人、机器，有时甚至可以只表示一个“程序”。事实上，主体 a 不知道$\neg\varphi$（$\neg K_a\neg\varphi$）有时可以称为“φ 和主体的知识一致”或者“主体认为 φ 是可能的”。故此将$\langle K\rangle_a\varphi$ 定义为$\neg K_a\neg\varphi$ 的缩写。对 $\mathscr{A}$ 中的任意一群体 B，$B\subseteq\mathscr{A}$。“在 B 中的每一主体都知道 φ”，则将其记为 $E_B\varphi$，将其定义为在 B 中的每一主体都知道 φ。因此，对每一 $B\subseteq\mathscr{A}$，增加 E_B算子后，则

$$E_B\varphi =_{\text{def}} \bigwedge_{b\in B} K_b\varphi$$

类似地，$\langle E\rangle_B\varphi =_{\text{def}} \neg E_B\neg\varphi$。根据$\langle E\rangle_B$的定义，利用拆分的方法则可以得到：$\bigvee_{b\in Bb}\langle K\rangle\varphi$，则可以解释为“在群 B 中至少有一个主体认为 φ 是可能的”。

认知逻辑是模态逻辑，认知逻辑的标准语义和模态逻辑的标准语义并没有太大的区别，二者唯一的不同便是在认知逻辑中对于每一个主体来说它们之间都具有可及关系。

（二）语义

定义 5.2　认知模型　已知 $\mathbf{P}$ 为可数的命题变元集，$\mathbf{A}$ 为有穷主体集。$\mathcal{L}_{PA}$的认知模型（克里普克模型）是三元组 $M=(W, R^A, V^P)$，其中：

（1）$W\neq\varnothing$；W 是一个非空的可能世界集或者是一个状态集，有时也称为 M 的论域为 $D(M)$；

（2）R^A是一个函数，对每一 $a\in A$ 生成可及关系 $R^A(a)\subseteq W\times W$，即给每一个主体指派一个可及关系；

（3）V^P：$\mathscr{P}\to 2^W$，是一个赋值函数，对 $p\in P$ 可以生成一个集合 $V^P(p)\subseteq W$，其中 p 是真的，即给每一个命题变元指派一个可能世界集（或状态集）。

有时经常将其直接记为 $M=(W, R, V)$，在该种情况下，对任一命题变元 p 和任一赋值 V，有时用 V_p来表示 $V(p)$。

如果知道在 M 中的所有的关系 R_a为等价关系，则称 M 为认知模型。此时，

则可将 R_a 记为 $\sim_a$，则此时的模型为 $M=(W, \sim, V)$。

同时 $M=(W, R, V)$ 是一个赋值模型。称序对 (M, w) 为点模型，其中 $w\in W$，称 $F=(W, R)$ 为框架并且称 (F, w) 为点框架，其中 $w\in W$。序对 (F, V) 也是一个模型。

所有的框架类称为 K_A，所有的点框架类称为 $^*K_A$。$\mathcal{L}_{PA}$ 的所有的模型类称为 K_{PA} 并且 $^*K_{PA}$ 称为该语言的点模型类。

定义 5.3　$\mathcal{L}_{PA}$ 的语义　已知 (M, w) 是认知点模型，其中 $w\in W$，$M=(W, R, V)$。令 $p\in P$，$a\in A$，并且 φ，$\psi\in L_{PA}$，如果公式 φ 在认知模型 (M, w) 中是真的，记做 $(M, w)\vDash\varphi$，可归纳定义如下。

(1) $(M, w)\nvDash\bot$。

(2) $(M, w)\vDash p$，　　当且仅当 $w\in V(p)$。

(3) $(M, w)\vDash\neg\varphi$，　　当且仅当 $(M, w)\nvDash\varphi$。

(4) $(M, w)\vDash(\varphi\wedge\psi)$，当且仅当 $(M, w)\vDash\varphi$ 并且 $(M, w)\vDash\psi$。

(5) $(M, w)\vDash K_a\varphi$，　当且仅当对所有的 v 并且 $wR(a)v$，使得 $(M, v)\vDash\varphi$。

其中 $wR(a)v$ 是 $(w, v)\in R(a)$ 的缩写。

另外，根据 $\langle K\rangle_a$ 的定义，则有如下语义：

$(M, w)\vDash\langle K\rangle_a\varphi$，当且仅当，存在有 v，并且 $wR(a)v$，使得 $(M, v)\vDash\varphi$。

考虑下面的例子。假设有两个小孩 a 和 b，他们都在室外玩耍。他们都可以看到对方的脸上是否有泥巴，然而他们却不能看出自己的脸上是否有泥巴。可以利用认知逻辑为该情境建立模型的方法来对此进行分析。该模型如图 5-1 所示，可以通过序对 (x, y) 来标明这种状态，其中 x 和 y 分别表示 a 和 b 脸上的状态。用数字 0 表示小孩的脸上没有泥巴，1 表示小孩的脸上有泥巴。用实线和虚线分别表示 a 和 b 的可及关系，以点 $(0, 1)$ 为例，a 不能够判断出他的脸上有泥巴，也不能够判断出他脸上没有泥巴（尽管事实上他脸上的确没有泥巴）。因此 $(0, 1)$ 和 $(1, 1)$ 对于 a 来说都是可及的。他确实知道 b 的脸上有泥巴，因此，对他来说在这两个世界里都是可及的，b 的脸上有泥巴，该例子是泥孩子疑难的最初情况中的特殊情况，随后将会再次对这些情况进行详细的讨论。

克里普克模型不仅可以模型主体关于世界的信息，而且也可以模型“高阶信息”，也就是说，主体可以知道主体的信息的信息。例如，在上面的克里普克模型中，a 知道 b 不知道他自己的脸上是否有泥巴。但并非仅仅如此而已，因为这个模型也指出了 b 知道 a 不知道 b 知道 a 的脸上有泥巴。通过这种方法建立的模型允许可以无限地进行累加这种类型的结构，因此它也可以模型高阶信息。

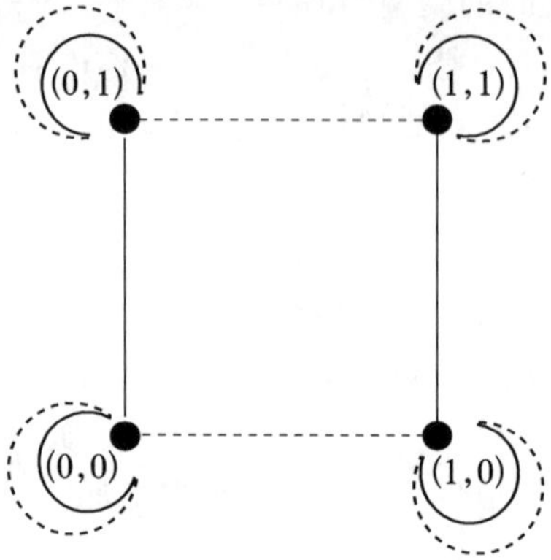

图 5-1 克里普克（Kripke）模型

实线表示给 a 指派的可及关系，虚线表示给 b 指派的可及关系

对于有效性可以利用下面来定义 $\models$。

定义 5.4 有效性 令 $M=(W, R, V)$ 是一个模型，$F=(W, R)$ 是一个框架，$w\in W$ 是一个可能世界。令 S_{PA} 和 $^{*}S_{PA}$ 分别表示模型类和点模型类，S_A，$^{*}S_A$ 分别表示框架类和点框架类。

（1）$\models_{(M,w)}\varphi$，　当且仅当 $(M, w)\models\varphi$；

（2）$\models^{*}S_{PA\varphi}$，　当且仅当对每一个 $(M, w)\in{}^{*}S_{PA}$，$\models_{(M,w)}\varphi$；

（3）$\models_{M}\varphi$，　当且仅当对每一个 $w\in W$，$\models_{(M,w)}\varphi$；

（4）$\models S_{PA}\varphi$，　当且仅当对每一个 $M\in S_{PA}$，$\models_{M}\varphi$；

（5）$\models_{(F,w)}\varphi$，　当且仅当对每一个 V：$P\rightarrow 2^{w}$，$\models_{((F,V),w)}\varphi$；

（6）$\models^{*}S_{A}\varphi$，　当且仅当对每一个 $(F, w)\in{}^{*}S_{A}$，$\models_{(F,w)}\varphi$；

（7）$\models_{F}\varphi$，　当且仅当对每一个 $w\in W$，$\models_{(F,w)}\varphi$；

（8）$\models S_{A}\varphi$，　当且仅当对每一个 $F\in S_{A}$，$\models_{F}\varphi$。

一般地，用 $\models\varphi$ 表示 $\models^{*}S_{PA}\varphi$，并且 $\Gamma\models\varphi$ 意思是指一个局部的（*local*）逻辑后承，也就是说，对于每一个点模型 $(M, w)\in{}^{*}S_{PA}$，如果对于每一个 $\psi\in\Gamma$，$(M, w)\models\psi$，那么 $(M, w)\models\varphi$。

这些定义是否一致，主要依赖于对模型、框架，以及模型类和框架类的选择。

三、证明系统

最简单的认知逻辑证明系统 K ，介绍如下。

定义 5.5 证明系统 $\mathbf{K}_{PA}$ 令 φ，ψ 是 $\mathcal{L}_{PA}$ 中的语句并且令 a 是 $\mathscr{A}$ 中的一个主体。证明系统 K_{PA} 由下面的公理和推演规则组成：

(1) 重言式(Taut):命题逻辑的重言式的所有实例;

(2) 分布规则(Distr):K_a $(\varphi\rightarrow\psi)$ $\rightarrow$ $(K_a\varphi\rightarrow K_a\psi)$;

(3) 必然化规则(Nec):已知 $\vdash\varphi$,可以推出 $\vdash K\varphi$;

(4) 分离规则(MP):已知 $\vdash\varphi$ 并且 $\vdash\varphi\rightarrow\psi$,可以推出 $\vdash\psi$。

现在就可以引入可证性的一般的定义,它可以用在其他的证明系统中。

定义 5.6 可证性 令 S 是一个证明系统并且$\mathcal{L}$为逻辑语言。在 S 中的一个推演或者证明是由$\mathcal{L}$中的语句的后承组成的,并且每一个语句或者是一个公理或者是根据推演规则由出现在序列中的前面的语句推演得到的。在系统 S 中,如果 φ 是该推演的最后一个语句,那么 φ 就是可证的,或者是可演绎的,可记为 $\vdash_s\varphi$。

注意可证性不包括一个推理的前提的或然性(possibility),MP 规则和 Nec 规则仅适用于前面的公式行已经是可演绎的情况下。

系统 K_{PA} 关于模型类 K_{PA} 是可靠的和完全的,也就是说有效性(validity)和可演绎性(deducibility)是一致的。

定理 5.1 K 的可靠性和完全性 $\vdash K_{PA}\varphi$,当且仅当 $\models^* K_{PA}\varphi$

对于每一个语句 $\varphi\in\mathcal{L}_{PA}$,如果上面称为是完全的,仅当它是可靠的。

通过施归纳于证明的长度,可靠性经常很容易证明。完全性通常可以利用反证法来进行证明,往往涉及典范模型的结构。在此提供的完全性称为弱(weak)完全性,对于强的完全性,将会在随后的章节中进行阐述。

在认知逻辑中往往会涉及许多关于信息的知识,而 K_{PA} 的公理和规则是处理这些认知概念所需的最小的要求。例如,在关于知识(knowledge)的推理中,往往希望如果一个主体知道某事,那么它将会是真的,即

T:$K_a\varphi\rightarrow\varphi$ (事实性 facticity)

对认知逻辑来说,有两个系统和它的关系非常重要,即 $KD45_{PA}$ 和 $S5_{PA}$。通常认为系统 $KD45_{PA}$ 是用来模型信念的最好的系统,而 $S5_{PA}$ 是用来模型知识的最好的系统。

D:$K_a\varphi\rightarrow\langle K\rangle_a\varphi$

4:$K_a\varphi\rightarrow K_aK_a\varphi$ (正内省公理)

5:$\langle K\rangle_a\varphi\rightarrow K_a\langle K\rangle_a\varphi$ (负内省公理)

对于$\mathcal{L}_{PA}$的语句来说,系统 $S5_{PA}$ 由 K_{PA} 的所有的公理和规则以及公理 T、4、5 组成,系统 $KD45_{PA}$ 由 K_{PA} 的所有的公理和规则以及公理 D、4、5 组成。

关于证明系统 S,关于点模型类 $^*S_{PA}$ 是完全的,可以得出下面的一些定义。采用点框架类 $^*S_A$ 的子类使得 S 的所有的公理和规则在这些模型中是有效的,然后采用和点框架类 $^*S_A$ 相关的点模型类 $^*S_{PA}$,这样一来,$KD45_{PA}$ 的公理在持续的、传递的和欧性的框架上是有效的。$S5_{PA}$ 的公理在等价的框架上是有效的,

或者说在可及关系是等价关系的框架上是有效的。

四、普遍知识和公共知识

在认知逻辑中还有两个比较重要的概念：普遍知识（general knowledge）和公共知识（common knowledge）。如果知识是普遍知识，那么它的意思就是指每一个主体都知道的知识。公共知识是一个典型的认知逻辑的概念，它是关于信息的信息。如果知识是公共知识，那么它就是普遍知识，即每个主体都知道的知识，但也是每个主体都知道每个主体知道的知识，还有每个主体都知道每个主体都知道每个主体都知道的知识，可无限地重复下去。特别是在博弈中，公共知识非常有用。

为了引入这两个概念，在形式语言中就不得不增加两个模态算子：$E_B\varphi$，可以读做“群 $\mathscr{B}$ 中的每一个成员都知道 φ”；$C_B\varphi$，可以读做“B 中的成员的公共知识是 φ”。令 $\mathcal{L}_{PA}^{EC}$ 是扩充这两个算子之后所得到的语言，引入这些算子之后，模型不得不做出改变以适合解释相关的语句。

定义 5.7 *E* 和 *C* 的语义 令 (M, w) 表示一个模型，其中 $M=(W, R, V)$，令 $p\in P$，$\varphi\in\mathcal{L}_{PA}^{EC}$，并且 $B\subseteq A$。

（1）$(M, w)\models E_B\varphi$，当且仅当 $(M, v)\models\varphi$，对所有的 v 使得 $wR(\mathscr{B})v$；

（2）$(M, w)\models C_B\varphi$，当且仅当 $(M, v)\models\varphi$，对所有的 v 使得 $wR(\mathscr{B})^+v$。其中，$R(\mathscr{B})=\bigcup_{a\in B}R(a)$，并且 $R(B)^+$ 在传递闭包关系下是封闭的。

在这种定义下，对应于公共知识的算子的可及关系可以解释为在群体中的主体可及关系的并的传递闭包。在其他的方法中，采用的是这种关系的自返传递闭包。但是，当研究其他的认知概念，如信念的时候，这是不现实的。然而，当在 $S5_{PA}$ 这一类系统范围内进行讨论的时候，它就是一个自返传递闭包。

对于该证明系统，需要两个附加公理和一个附加规则：

（1）公理（E）：$E_B\varphi\leftrightarrow\bigwedge_{a\in b}K_a\varphi$；

（2）混合理（Mix）：$C_B\varphi\rightarrow E_B(\varphi\wedge C_B\varphi)$；

（3）归纳规则（Ind）：$\vdash\varphi\rightarrow E_B(\psi\wedge\varphi)\Rightarrow\vdash\varphi\rightarrow C_B\psi$。

对于 $\mathcal{L}_{PA}^{EC}$ 的语句来说，系统 K_{PA}^{EC} 由 K_{PA} 的所有的公理和规则以及公理 E，Mix 和规则 Ind 组成。并且采用同样的方法，可以得到 $KD45_{PA}^{EC}$ 和 $S5_{PA}^{EC}$。另外这些系统关于 $^*K_{PA}$，$^*KD45_{PA}$ 和 $^*S5_{PA}$ 是可靠的完全的。

五、互模拟

在此，从模态逻辑中引入互模拟。

定义 5.8　互模拟　在类 K_{PA} 中，已知两个模型 $M=(W, R, V)$ 和 $M'=(W', R', V')$。关系 $R\subseteq W\times W'$ 是一个互模拟当且仅当对所有的 $w\in W$，并且 $w'\in W'$ 并且 wRw'。

原子：$w\in V(p)$，当且仅当对所有的 $p\in\mathscr{R}$，$w'\in V'(p)$。

向前：对所有的 $a\in\mathscr{A}$ 和所有的 $v\in W$，如果 $wR(a)v$，那么存在有 $v'\in W'$ 使得 $w'R'(a)v'$ 并且 $v\mathscr{R}v'$。

向后：对所有的 $a\in\mathscr{A}$ 和所有的 $v'\in W'$，如果 $w'R'(a)v'$，那么存在有 $v\in W$ 使得 $wR(a)v$ 并且 $v\mathscr{R}v'$。

记 $(M, w)\underline{\leftrightarrow}(M', w')$，当且仅当在 M 和 M' 之间存在有一个互模拟并且和 w 及 w' 相关。那么称 (M, w) 和 (M', w') 是互模拟的。

关于互模拟的主要定理如下。

定理 5.2　在 K_{PA} 中，已知两个模型 (M, w) 和 (M', w')。如果 $(M, w)\underline{\leftrightarrow}(M', w')$，那么对于每一个 $\varphi\in\mathcal{L}_{PA}^{EC}$，$(M, w)\models\varphi$ 当且仅当 $(M', w')\models\varphi$。

反之在一般情况下不成立。存在有许多反之不成立的情况。例如，如果对有穷的可及世界集中的每一个世界。互模拟的相关的知识是非常重要的，在以后的章节中会使用到它。

第二节　动态逻辑

从第一节可以看出，一般而言，认知逻辑仅仅能静态地描述和研究人与人之间的交流。为了描述信息更新引起的知识变化，必须增加行动。动态逻辑就是关于行动或程序的逻辑，这一节将简单介绍动态逻辑的初步知识。

一、引言

动态逻辑是用来发展计算机所处理的程序的模态逻辑。该逻辑分支是从 Pratt（1976）开始的，该逻辑的命题部分（PDL）是其研究的主要对象。Segerberg（1977）给出了它的一个公理系统，其中的大部分至今仍在使用，但却很难给出它的完全性的证明。在经历了很长的一段时间后才给出几个完全性的证明，后来由 Kozen 和 Parikh（1981）提出的证明被认为是最精致的证明系统之一。《逻辑哲学手册Ⅱ》中 Harel（1984）的“动态逻辑”（Dynamic

Logic)，引入了计算机程序处理的一些方法，从而建立了命题动态逻辑系统（PDL），提出命题动态逻辑的语形、语义、过滤和可判定性以及演绎的完全性，PDL 的复杂性，并提出了一个标准的 PDL 逻辑系统，最后又提出了一阶动态逻辑 DL，并提出了其公理系统。其不足之处在于采用典范模型的方法所提供的完全性的证明应用起来并不成功。（一个典范模型是一个模型使得每一个不可证明的公式在该模型中都可以找到一个反例，参看 Blackburn 等（2001））。因为 PDL 不是紧致性的（compact），后来由 Segerberg 提出的公理系统是一个弱完全的系统。在此我们为命题动态逻辑提供一个强完全性的证明系统，对于该系统所采用的典范模型的方法常常用来证明完全性。这主要来自于 Renardel 等（2002）的相关成果。无穷的证明系统 PDL_{ω}，以及一些证明的推演规则，主要是用来证明 PDL_{ω} 是强完全的。为不可数的公理化的模态逻辑提供了一个强完全性的证明方法，特别适用于带有公共知识算子的认知逻辑。PDL_{ω} 的典范模型并不满足程序协调性，还存在许多需要进一步研究的问题。

关于一个框架类 S 的强完全性（也称为扩充的完全性）是具有下面的性质的模态逻辑系统 S。

对所有的公式 φ 和所有的公式集 Γ。$\Gamma \models_s \varphi$ 蕴涵 $\Gamma \vdash_s \varphi$。

当 Γ 是空集的时候，就可以得到一个一般的弱的完全性，即 $\models_s \varphi$ 蕴涵 $\vdash_s \varphi$。由此可见，无论逻辑的语义是否存在有紧致性的问题，弱完全性蕴涵强完全性。也就是说，当 $\Gamma \models_s \varphi$ 蕴涵存在有一个有穷的 $\Gamma' \subseteq \Gamma$ 且 $\Gamma' \models_s \varphi$，因此 $\models_s \bigwedge \Gamma' \rightarrow \varphi$。

命题动态逻辑是非紧致性的逻辑系统：和框架类 S 相关，存在有 $\{[a^n]p \mid n \in \mathbb{N}\} \models_s [a^*]p$，但是不存在有自然数 k 且 $\{[a^n]p \mid n \leqslant k\} \models_s [a^*]p$。对任意的有穷公理系统，确实不存在强完全性，更不可能存在有一般的、弱的完全性的证明系统（参看定义 5.3）。因此一个强完全性就要求有一个无穷的证明系统。

在此所提出的无穷的证明系统，并不只是命题动态逻辑的强完全性的证明系统。新的系统是一个相对比较简单的系统，这使得证明也相对比较简单，它可以很容易地扩张为其他的模态逻辑。另外在此所研究的证明系统也揭示了典范模型的一些比较特殊的特征，该特征就是提供了一个程序不协调性（program disharmony）的证明。在模态逻辑的标准的证明系统中，真值引理是指在典范模型的世界里的真的公式集，正好是由这些公式所组成的极大一致集，该公式集是由那个世界来识别的，称其为公式协调性（formula harmony），与此类似，对于程序来说就称其为程序协调性。使用协调性的原因是当公理和程序都是协调的时候，典范模型的语义和证明理论是完全一致的。同时该典范模型不是程序协调的，但却是公式协调的。

在此，首先介绍无穷的证明系统 PDL_{ω}，以及一些证明的推演规则，主要是

用来证明 PDL_ω是强完全性的。接下来为不可数的公理化的模态逻辑提供了一个强完全性的证明方法，特别适用于带有公共知识算子的认知逻辑。PDL_ω的典范模型并不满足程序协调。最后提出一个结论和进一步研究的思想。主要参考的是 Renarel 等的相关成果。

二、动态逻辑

定义 5.9 动态逻辑的语言 动态逻辑的语言由公式 F 和程序表达式 P 两部分组成,采用 BNF 的形式将这种双层语言缩写如下：

F::=命题原子 p，q，r，… | $\neg F$ | $(F \wedge F)$ | $\langle P \rangle F$

P::=基本行动 a，b，c，… | $(P ; P)$ | $(P \cup P)$ | P^* | $(F)?$

动态逻辑的语言由命题部分和程序部分构成。在命题公式 F 中，需要说明的是合式公式 $\langle P \rangle F$，注意该公式的下标是一个程序。这意味着，在语义模型中，每个可及关系是带有下标的程序转换关系。在程序表达式中，首先有基本的程序 a，b，…等。然后，有作用在程序上的一些基本算子，构造复杂的程序。组合算子“;”表示一个程序之后接着实施另一个程序。“∪”表示程序的选择。星号算子“*”则是指某个程序被重复执行，又被称为 Kleene 迭代算子。“$(F)?$”是验证 F 是否为真的运算。

定义 5.10 动态逻辑的语义和真值解释 动态逻辑的语义模型是：$M = (W, \{R_a \mid a \in \mathscr{A}\}, V)$。其中 $\mathscr{A}$ 是由基本程序所组成的集合，R_a是由程序 a 决定的转换关系。直观上，可以把该模型看做是带有状态和可能世界的基本转换的进程图。下面采用递归的方式来定义两个真值概念：

(1) $M, w \models \varphi$，　　φ 在状态 w 上为真；

(2) $M, w_1, w_2 \models \pi$，　　从状态 w_1转移到状态 w_2，使对应程序 π 得到成功的执行。

下面是归纳项：

$M, w \models p$，　　当且仅当 $w \in V(p)$；

$M, w \models \neg\psi$，　　当且仅当并非 $M, w \models \psi$ 或者 $M, w \not\models \psi$；

$M, w \models \varphi_1 \wedge \varphi_2$，　　当且仅当 $M, w \models \varphi_1$ 且 $M, w \models \varphi_2$；

$M, w \models \langle\pi\rangle \varphi$，　　当且仅当存在 w' 使得 $M, w, w' \models \pi$ 且 $M, w' \models \varphi$；

$M, w_1, w_2 \models a$，　　当且仅当 $(w_1, w_2) \in R_a$；

$M, w_1, w_2 \models \pi_1 ; \pi_2$，当且仅当存在 w_3 使得 $M, w_1, w_3 \models \pi_1$ 且 $M, w_3, w_2 \models \pi_2$；

$M, w_1, w_2 \models \pi_1 \cup \pi_2$，当且仅当 $M, w_1, w_2 \models \pi_1$ 或者 $M, w_1, w_2 \models \pi_2$；

$M, w_1, w_2 \models \pi^*$，　　当且仅当在 M 中存在从 w_1 到 w_2 有限 π 转换序列；

$M, w_1, w_2 \models (\varphi)?$，　　当且仅当 $w_1 = w_2$ 并且 $M, w_1 \models \varphi$。

在此，公式中可以进行通常的布尔运算，同时，要使存在模态公式 $\Diamond_\pi \varphi$ 为真，只要行动 π 能被执行达到的状态中有一个状态使得公式 φ 在上面为真即可。在此的程序是通常算子的正规（regular）构建：关系的组合、布尔选择、克里尼迭代和公式验证。更为复杂的经典程序控制算子可以通过这些基本算子来表示，比如：

IF ε THEN π_1 ELSE π_2　　$((\varepsilon)?;\pi_1) \cup ((\neg\varepsilon)?;\pi_2)$

WHILE ε DO π　　$((\varepsilon)?;\pi)^*;(\neg\varepsilon)?$

下面介绍命题动态逻辑系统。

三、无穷证明系统 PDL_ω

无穷证明系统 PDL_ω 是对普通公理系统 PDL 的扩充，二者具有相同的语言和相同的克里普克语义（如果希望了解更多的关于 PDL 的知识，可参看 Harel 等（2000））。这里首先介绍命题动态逻辑 PDL，随后再介绍无穷命题动态逻辑系统 PDL_ω。

定义 5.11　PDL 的语言　令 $\mathscr{P}$ 为可数的命题变元集并且令 Π 为可数的原子程序集。PDL 的语言 $\mathcal{L}_{P\Pi}$ 由公式集 φ 和程序集 α 组成，以 BNF 的形式，可通过以下的规则给出：

$\varphi ::= \bot \mid p \mid \neg\varphi \mid (\varphi_1 \wedge \varphi_2) \mid [\alpha]\varphi$

$\alpha ::= \alpha \mid \alpha_1;\alpha_2 \mid \alpha_1 \cup \alpha_2 \mid \alpha^* \mid ?\varphi$

其中，$p \in P$ 并且 $\alpha \in \Pi$。

定义 5.12　命题动态模型　$\mathcal{L}_{P\Pi}$ 的命题动态逻辑模型是三元组 $M=(W, R, V)$ 使得：

(1) $W \neq \varnothing$：W 是非空的状态集或者可能世界集；

(2) $R(\alpha)$：在 W 上，给每一个原子程序 α 指派一个二元关系；

(3) V：$P \rightarrow 2^W$；给每一个命题变元指派一个状态集。

如果 $M=(W, R, V)$ 是模型，那么称序对 (M, w) 为点模型，其中 $w \in W$；称序对 $F=(W, R)$ 为框架；称序对 (F, w) 为点框架，其中 $w \in W$；序对 (F, V) 也是模型。

该真值定义和标准的模态逻辑相同，另外还包括下面的模态语句：

$(M, w) \models [a]\varphi$，当且仅当对所有的 v 且 $wR(\alpha)v$，$(M, v) \models \varphi$。其中，R 是通过下面的方法而进行的扩充。

$R(\alpha;\beta) = R(\alpha) \circ R(\beta)$；

$R(\alpha \cup \beta) = R(\alpha) \cup R(\beta)$；

$R(\alpha^*)=R(\alpha)^*=R(\alpha)$ 的自返传递闭包；

$R(?\varphi)=\{(W, w) \mid (M, w)\models\varphi$。

令 S 是命题动态框架类，则 PDL_ω 关于框架类 S 是完全的。

对所有的公式 φ 和所有的公式集 Γ，$\Gamma\models_s\varphi$ 蕴涵 $\Gamma\vdash_{PDL_\omega}\varphi$。

可将 $\models_s$ 和 $\vdash_{PDL_\omega}$ 分别缩写为 $\models$ 和 $\vdash$。$\Gamma\models\varphi$ 指的是局部（local）后承关系。也就是说 $\Gamma\models\varphi$ 当且仅当对每一个模型 M，对每一个公式 $\psi\in\Gamma$，使得在 S 内的对应框架 $(M, w)\models\psi$ 蕴涵 $(M, w)\models\varphi$。

定义 5.13　PDL 的公理

下面是 PDL 的公理集，其中不包含归纳公理。

重言式（Taut）：所有的命题重言式的实例。

分布规则（Distr）：$[\alpha](\varphi\rightarrow\psi)\rightarrow([\alpha]\varphi\rightarrow[\alpha]\psi)$

$?AX$：$[?\varphi]\psi\leftrightarrow(\varphi\rightarrow\psi)$

$;AX$：$[\alpha;\beta]\leftrightarrow[\alpha][\beta]\varphi$

$\cup AX$：$[\alpha\cup\beta]\varphi\leftrightarrow([\alpha]\varphi\wedge[\beta]\varphi)$

$^*AX$：$[\alpha^*]\varphi\leftrightarrow(\varphi\wedge[\alpha][\alpha^*]\varphi)$

其中，φ，$\alpha\in\mathcal{L}_{P\Pi}$。

根据归纳定义的推演关系 $\Gamma\vdash\varphi$（φ 是公式，Γ 是公式集），可以将系统 PDL 扩充为无穷的证明系统 PDL_ω。注意在下面的定义中的语言仍然是有穷的（即所有的公式都是有穷长的），并且只有规则 Inf^* 是非标准的，即只有 Inf^* 是新增的规则。

除此之外，还可以采用通常速记法，用“Γ，φ”表示 $\Gamma\cup\{\varphi\}$；用“Γ，Δ”表示 $\Gamma\cup\Delta$；用 $\vdash\varphi$ 表示 $\varnothing\vdash\varphi$，并且用 $\varphi_1, \cdots, \varphi_n\vdash\psi$ 表示 $\{\varphi_1, \cdots, \varphi_n\}\vdash\psi$，也将它们写成

$\Gamma\vdash\Delta$：表示对所有的 $\varphi\in\Delta$，$\Gamma\vdash\varphi$；

$[\alpha]\Gamma$：表示 $\{[\alpha]\varphi \mid \varphi\in\Gamma\}$；

$\varphi\rightarrow\Gamma$：表示 $\{\varphi\rightarrow\psi \mid \psi\in\Gamma\}$。

定义 5.14　PDL_ω 的无穷推演关系

$\Gamma\vdash\varphi$ 可定义为下面的推出规则的最小的封闭关系。

AX：	$\vdash\varphi$；如果 φ 是 PDL 的公理	
MP：	φ；$\varphi\rightarrow\psi\vdash\psi$	（分离规则）
Inf^*：	$\{[\alpha;\beta^n]\varphi \mid n\in\mathbb{N}\}\vdash[\alpha;\beta^*]\varphi$	（无穷的 *-引入规则）
Nec：	如果 $\vdash\varphi$，那么 $\vdash[\alpha]\varphi$	（必然化规则）
Weak：	如果 $\Gamma\vdash\varphi$，那么 Γ，$\Delta\vdash\varphi$	（弱化规则）
Cut：	如果 $\Gamma\vdash\Delta$ 并且 Γ，$\Delta\vdash\varphi$，那么 $\Gamma\vdash\varphi$	

其中，φ，ψ，α，$\beta\in\mathcal{L}_{P\Pi}$，并且 Γ，$\Delta\subseteq\mathcal{L}_{P\Pi}$

叠置（$\varphi\wedge[\alpha^*](\varphi\rightarrow[\alpha]\varphi)\rightarrow\varphi$）的一般的归纳公理在该系统中是可以推演的（derivable）。

不难验证这些规则关于 PDL 的语义是可靠的（也就是说$\Gamma\vdash\varphi$蕴涵$\Gamma\models\varphi$），随后将证明系统 PDL_ω关于这些语义是强完全的。为此，需要用到下面的一些推演规则。其中最重要的规则就是演绎规则（deduction，Ded）和强必然性规则（strong necessitation，SNec），而其他的规则仅用来证明 Ded 和 SNec。在林登鲍姆引理（Lindenbaum lemma）中经常使用 Ded，在真值引理（truth lemma）中将会同时用到 Ded 和 SNec。事实上 SNec 成立仅当 Nec 是该证明系统的一部分，这些是强完全性证明的一个必不可少的部分。

引理 5.1　PDL_ω的推演规则

SCut：	如果$\Gamma\vdash\Delta$并且Γ'，$\Delta\vdash\varphi$，那么Γ，$\Gamma'\vdash\varphi$	（强分割规则）
Det：	如果$\Gamma\vdash\varphi\rightarrow\psi$，那么$\Gamma$，$\varphi\vdash\psi$	（拆分规则）
Cond：	如果$\Gamma\vdash\varphi$，那么（$\psi\rightarrow\Gamma$）$\vdash\psi\rightarrow\varphi$	（条件化规则）
Ded：	如果Γ，$\varphi\vdash\psi$，那么$\Gamma\vdash\varphi\rightarrow\psi$	（演绎规则）
SNec：	如果$\Gamma\vdash\varphi$那么$[\alpha]\Gamma\vdash[\alpha]\varphi$	（强必然化规则）

其中，φ，ψ，α，$\beta\in\mathcal{L}_{P\Pi}$并且$\Gamma$，$\Gamma'$，$\Delta\subseteq\mathcal{L}_{P\Pi}$

注意下面所证明的结构是建立在推演的基础上的无穷归纳，因为该推演是良基的，也就是说不存在有循环，可以进行无穷的归纳。

SCut 很容易从 Weak 和 Cut 推出。

证明

(1) Γ'，$\Delta\vdash\varphi$	前提
(2) Γ，Γ'，$\Delta\vdash\varphi$	(1)，Weak
(3) $\Gamma\vdash\Delta$	前提
(4) Γ，$\Gamma'\vdash\varphi$	(3)、(2)，Cut

Det 也很容易运用 MP 和 SCut 推出。

证明

(1) $\Gamma\vdash\varphi\rightarrow\psi$	前提
(2) φ，$\varphi\rightarrow\psi\vdash\psi$	MP
(3) Γ，$\varphi\vdash\psi$	(1)、(2)，Scut

Cond：通过对$\Gamma\vdash\varphi$上的推演进行归纳（在定义 5.12 下）。

证明

AX：在该情况下φ是公理，$\Gamma=\varnothing$，也就是说$\vdash\varphi\rightarrow(\psi\rightarrow\varphi)$是重言式。根据 MP 规则有$\varphi$，$\varphi\rightarrow(\psi\rightarrow\varphi)\vdash\psi\rightarrow\varphi$。再两次利用 SCut 即可得$\psi\rightarrow\varphi$。

MP：可以通过运用重言式和 Det 可证明。

Inf*：根据？AX 和；AX，有$\vdash(\psi\rightarrow[\alpha;\beta^n]\varphi)\rightarrow[?\psi;\alpha;\beta^n]\varphi$，对

所有的n，并且$\vdash[?\psi;\alpha;\beta^*]\varphi\to(\psi\to[\alpha;\beta^n]\varphi)$；通过 SCut，AX 和 Det 即可推出。

Nec：如果$\vdash\varphi$，根据 Nec$\vdash[?\psi;\alpha]\varphi$，同时运用？AX，；AX 和 MP，可得$\vdash\psi\to[\alpha]\varphi$。

Weak，Cut：利用归纳假设很容易得证。

Ded：

证明 如果$\Gamma,\varphi\vdash\psi$，那么（根据 cond）$(\varphi\to\Gamma)$，$(\varphi\to\varphi)\vdash\varphi\to\psi$，运用 SCut 消去重言式$\varphi\to\varphi$并且可得$(\varphi\to\Gamma)\vdash\varphi\to\psi$，从$\Gamma\vdash(\varphi\to\Gamma)$通过运用 SCut 规则可得到，也就是说对所有的$\chi\in\Gamma$，$\Gamma\vdash\varphi\to\chi$。这也可以从$\chi\vdash\varphi\to\chi$通过运用 Weak 规则而得到它是重言式和 Det 的后承。

SNec：通过对$\Gamma\vdash\varphi$的推演进行结构归纳。

证明

AX：利用 Nec 很容易得到证明。

MP：运用 Distr 和两次使用 Det 可得

Inf*：利用$\{[\gamma;\alpha;\beta^n]\varphi\mid n\in N\}\vdash[\gamma;\alpha;\beta^*]\varphi$；运用 AX 和 SCut 规则，可得

$[\gamma]\{[\alpha;\beta^n]\varphi\mid n\in\mathbb{N}\}\vdash[\gamma][\alpha;\beta^*]\varphi$

Nec：利用 Nec 很容易得证

Weak，Cut：根据归纳假设可以直接推出。

Ded 的后承可以立即得出，也就是如果Γ，φ是 PDL_ω-不一致的，那么$\Gamma\vdash\neg\varphi$。

四、强完全性：PDL_ω的典范模型

在此主要考虑的是固定语言$\mathcal{L}_{PII}$，接下来就是要证明 PDL_ω的强完全性，主要通过典范模型的亨金构造。需要两步：首先证明每一个 PDL_ω-一致集都可以扩充为极大 PDL_ω-一致集。然后，构造一个极大 PDL_ω-一致集的克里普克模型。在动态逻辑部分，通过给出一个反模型，证明了该模型不满足程序协调性。

事实上，公式集Γ是极大 PDL_ω-一致的，当且仅当，它是 PDL_ω-一致的（即$\Gamma\nvdash\bot$）并且对于Γ中的每一个公式φ，必有φ和$\neg\varphi$中的一个属于$\mathcal{L}_{PII}$s 语言。为了书写方便，通常将 PDL_ω-一致的直接写为“一致的”。

引理 5.2 PDL_ω的林登鲍姆引理

每一个一致的集合都可以扩充为一个极大一致集。

证明 令Δ是一致集，也就是说，$\Delta\nvdash\bot$。令$\{\varphi^n\mid n\in\mathbb{N}\}$是$\mathcal{L}_{PII}$中所有的可数的公式。接着归纳定义一个对$\Delta$进行扩充的递增公式集$\{\Gamma_n\mid n\in\mathbb{N}\}$的序

列。并且证明 $\Gamma=\bigcup\{\Gamma_n \mid n\in\mathbb{N}\}$ 是极大一致的。

$\Gamma_0=\Delta$

$\Gamma_n\cup\{\varphi_n\}$，如果 $\Gamma_n \mid -\varphi_n$

$\Gamma_n\cup\{\neg\varphi_n\}$ 如果 $\neg\Gamma_n \mid -\varphi_n$ 并且 φ_n 不是 $[\alpha;\beta^*]\psi$ 这样的形式

$\Gamma_n\cup\{\neg\varphi_n, \neg[\alpha;\beta^k]\psi\}$，否则，其中 k 是最小的自然数，使得 $\neg\Gamma_n \mid -$ $[\alpha;\beta^k]\psi$（并且 φ_n 是 $[\alpha;\beta^*]\psi$ 这样的公式）

可以看出 k 在最后一种情况下总是存在的：因为如果 $\Gamma\vdash[\alpha;\beta^k]\psi$，对所有的 $k\in\mathbb{N}$，那么（根据 Inf* 和 Cut 规则）$\Gamma_n\vdash[\alpha;\beta^*]\psi$，这和 $\Gamma_n\nvdash\varphi_n$ 矛盾。所以对 Γ_n 的定义是正确的。

对所有的公式 φ，ψ 可以推出下面的结论，从这些结论，特别是从（3）和（6），可以推出 Γ 是极大一致的。

（1）每一个 Γ_n 是一致的；

（2）$\vdash\varphi\rightarrow\varphi\in\Gamma$；

（3）$\varphi\notin\Gamma\leftrightarrow\neg\varphi\in\Gamma$；

（4）$(\varphi\rightarrow\psi)\in\Gamma\leftrightarrow(\varphi\in\Gamma\rightarrow\psi\in\Gamma)$；

（5）$\Gamma\vdash\varphi\rightarrow\varphi\in\Gamma$；

（6）$\Gamma\nvdash\bot$。

（2）、（3）、（4）的证明过程类似于一般的情况。在此只给出另外三个特殊的情况。

（1）施归纳于 n。对于 $n=0$，已知 Δ 是一致的。现在假设 Γ_n 是一致的。在 Γ_{n+1} 的定义中，如果假设成立，在 Γ_{n+1} 的定义中，运用第一或者第二种情况，显然 Γ_{n+1} 是一致的。如果运用最后一种情况并且 Γ_{n+1} 是不一致的，那么 $\Gamma_n\vdash$ $[\alpha;\beta^*]\psi\vee[\alpha;\beta^k]\psi$ 这就和 k 的定义相矛盾。（5）通过对 $\Gamma'\vdash\varphi$ 的推演进行归纳：如果 $\Gamma'\subseteq\Gamma$ 并且 $\Gamma'\vdash\varphi$，那么 $\varphi\in\Gamma$。①φ 是一个公理：根据（2）。②MP：根据（4）。③Inf*：令 $\{[\alpha;\beta^i]\varphi \mid n\in N\}\subseteq\Gamma$。为了证明 $[\alpha;\beta^*]\varphi\in\Gamma$，运用反证法，假设该情况不成立：那么根据（3），$\neg[\alpha;\beta^*]\varphi\in\Gamma$。令 n 是具有 $\varphi_n=[\alpha;\beta^*]\varphi$ 的标号（Index），那么 $\Gamma_n\nvdash\varphi_n$（因为否则的话，根据对 Γ_{n+1} 的定义的第一种情况，$[\alpha;\beta^*]\varphi\in\Gamma_{n+1}\subseteq\Gamma$），所以 $\neg[\alpha;\beta^k]\varphi\in\Gamma_{n+1}\subseteq\Gamma$，对某些 k，根据对 Γ_{n+1} 定义的最后一种情况。但也有，根据假设，$[\alpha;\beta^k]\varphi\in\Gamma$，所以 $\{\neg[\alpha;\beta^k]\varphi, \neg[\alpha;\beta^k]\varphi\}\in\Gamma_m$，对于某些 $m>n$，这和 Γ_m 是一致的相矛盾。④Nec：根据（2）。⑤Weak：根据归纳假设的直接后承。⑥Cut：对某些 Γ''，有 $\Gamma'\vdash\Gamma''$ 并且 $\Gamma'\cup\Gamma''\vdash\varphi$。根据归纳假设，可得 $\Gamma''\subseteq\Gamma$，所以 $\Gamma'\cup\Gamma''\subseteq\Gamma$；通过再次运用归纳假设，可得 $\varphi\in\Gamma$。（6）假设 $\Gamma\vdash\bot$，那么 $\bot\in\Gamma$（根据（5）），因此可得 $\bot\in\Gamma_n$，对某些 n，这和（1）相类似。

现在可以定义典范模型所需要的强完全性。

定义 5.15 典范模型（canonical model）

定义典范克里普克模型 $M=(W, R, V)$，满足以下条件：

$W=\{\Gamma \mid \Gamma$ 是极大一致的$\}$；

$R(a)=\{(\Gamma, \Delta) \in W \times W \mid \varphi \in \Delta$，对所有的 φ，使得 $[\alpha] \varphi \in \Gamma\}$；

$V(p)=\{\Gamma \in W \mid p \in \Gamma\}$。

真值引理证明了 $(M, \Gamma) \models p \leftrightarrow p \in \Gamma$ 可以扩充到该语言的所有公式。

引理 5.3 真值引理（truth lemma）

对所有的 $\Gamma \in W$ 并且对所有的公式 $\varphi \in \mathcal{L}_{P\text{II}}$，$(M, \Gamma) \models \varphi$ 当且仅当 $\varphi \in \Gamma$。

证明 施归纳于 φ。对于原子和命题的情况是标准的情况。需要证明的是 $\varphi=[\alpha] \psi$，通过施归纳于 α；如果公式 α 是复杂程序如? χ，β；γ 和 $\beta \cup \gamma$ 很容易证明（运用对应的公理）。所以在此只给出余下的两种特殊情况的证明。注意作为整个施归纳形式都是基于良序的公式，其中把 $[\alpha^n] \varphi$ 看做 $[\alpha^*] \varphi$ 的子公式。

(1) $\alpha=a$，原子公式。运用真值关系的定义和归纳假设对所有的 $\Delta \in W$，$(M, \Delta) \models \psi \leftrightarrow \psi \in \Delta$。$(M, \Gamma) \models [\alpha] \psi$ 等价于：对所有的 $\Delta \in W$，（对所有的 χ（$[\alpha] \chi \in \Gamma \rightarrow \chi \in \Delta$）$\rightarrow \psi \in \Delta$　　(A)

(A) 可以从 $[\alpha] \psi \in \Gamma$ 推出。为了证明 (A) 也蕴涵 $[\alpha] \psi \in \Gamma$，可以利用反证法进行证明。假设 $[\alpha] \psi \notin \Gamma$，（根据极大一致集）$\neg[\alpha] \psi \in \Gamma$。需要证明存在一个极大一致的 Δ 且 $\theta \in \Delta$，对所有的 θ 使得 $[\alpha] \theta \in \Gamma$，并且 $\neg \psi \in \Delta$。根据林登鲍姆引理，只需要证明 $\{\chi \mid [\alpha] \chi \in \Gamma\} \cup \{\neg \psi\}$ 是一致的。假设它不是一致的，也就是说 $\{\chi \mid [\alpha] \chi \in \Gamma\} \cup \{\neg \psi\} \vdash \perp$，那么根据 Ded 规则，$\{\chi \mid [\alpha] \chi \in \Gamma\} \vdash \psi$。这样，利用 SNec：$\{[\alpha] \chi \mid [\alpha] \chi \in \Gamma\} \vdash [\alpha] \psi$，因此一个先验的 $\Gamma \vdash [\alpha] \psi$ 并且 $[\alpha] \psi \in \Gamma$，这和假设 $[\alpha] \psi \notin \Gamma$ 相矛盾。因此 Δ 是一致的，并且对所有的 χ（$[\alpha] \chi \in \Gamma \rightarrow \chi \in \Delta$），然而 $\psi \notin \Delta$。因此 (A) 不是这种情况。

(2) $\alpha=\beta^*$：$(M, \Gamma) \models [\beta^*] \psi \leftrightarrow$ 对所有的 $n \in \mathbb{N}$，$(M, \Gamma) \models [\beta^n] \psi \leftrightarrow$（$[\beta^n] \psi \in \Gamma$，对所有的 $n \in \mathbb{N}$）$\leftrightarrow [\beta^*] \psi \in \Gamma$，对第二步运用归纳假设，并且在最后一步运用 *AX，Inf* 规则即可推出。

注意在真值引理中，并没有证明程序的对偶性质。也就是说 $\Gamma R(\alpha) \Delta$ 当且仅当对所有的 φ，$\varphi \in \Delta$ 使得 $[\alpha] \varphi \in \Gamma$（根据对原子程序 α 的定义知道它是成立的）。在"认知逻辑部分"详细地分析了缺少"完全协调性"的情况。完全协调性指的是典范模型的语义和它的证明理论是一致的。

引理 5.4 PDL$_\omega$ 的强完全性 对于语言 $\mathcal{L}_{P\text{II}}$，令 S 是所有的克里普克框架类，那么对所有的公式 φ 并且对所有的公式集 Φ，$\Phi \models_s \varphi$ 蕴涵 $\Phi \vdash \varphi$。

证明 运用假言易位规则，假设 $\Phi \nvdash \varphi$，那么 $\Phi \cup \{\neg \varphi\}$ 是一致的。根据引

理 5.2，$\Phi\cup\{\neg\varphi\}$ 是极大一致集 Γ 的扩充，且 $\neg\varphi\in\Gamma$ 并且 $\Phi\subseteq\Gamma$。现在根据引理 5.3，可以得到这样的结论：在典范的克里普克模型中，$(M, \Gamma)\nvDash\varphi$ 并且 $(M, \Gamma)\vDash\Phi$。

注意完全性的证明立即可以提供一个标准的典范模型。和 PDL 早期的弱完全性证明相对照，这些可以在 Kozen 和 Parikh（1981），Harel 等（2000）中有详细的证明，其中都运用了一些非标准的模型。

五、相关的模态逻辑

“动态逻辑部分”和“无劣证明系统 PDL_ω”部分的方法也适用于其他的可数的（denumerably）公理化模态逻辑。采用一种可数的模态语言并且根据 Taut，MP，Nec，Weak，Cut 规则定义了推演关系 $\vdash$，其中也包括下面规则的可数集。

$$\text{Rules}=\{(\Gamma_i, \varphi_i)\mid i\in\mathbb{N}\}$$

在此，不失一般性地概括假设 Rules 规则在 Cond 和 SNec 规则下是封闭的。因为，在 Cond 和 SNec 规则下，规则的可数集经过可数多的步骤内可以达到封闭，所以规则的结果集仍然是可数的（这类似于 Segerberg（1994），Goldblatt（1993）所采用的方法，尽管认为该规则的最小规则集在 Cond 和 SNec 规则下是封闭的，并且不是其他的任何情况下）。

接着我们给出一个类似于引理 5.1 那样的推理规则，和林登鲍姆引理 5.2 相类似，可以得出下面的一种修正的形式。

引理 5.5　一般的林登鲍姆引理　每一个一致集都可以扩充到一个极大一致集。

证明　该证明的思想是这样的。正如在引理 5.2 中的证明一样。可以一步一步地构造一个极大一致集，希望在最终构造的集合是一致的。不希望只是随意地把所有的 Γ_i 中的元素增加到这个集合中去，而不把 φ_i 增加到它里面去（如果 $(\Gamma_i, \varphi_i)\in\text{Rules}$）。因此，当增加一个否定公式作为这些规则的结论时，也增加一些证明以确保没有使用这些规则。因为可能会出现相同的公式可以满足无穷多的规则，此时就不得不枚举出所有的公式作为它的结论，其中每一个公式都可以出现无穷次。

令 Δ 是一致集，也就是说，$\Delta\nvdash\bot$。令 $\{\Psi_n\mid n\in\mathbb{N}\}$ 表示在该语言中把所有的公式都枚举出来后所组成的集合，使得每一个公式都可以出现无穷多次。这样对于每一个公式 φ，都可以产生一个数目（numbers）集 $J_\varphi=\{n\mid\Psi_n=\varphi\}$。另外，对每一个公式 φ，有一个数目集 $I_\varphi=\{i\mid(\Gamma_i, \varphi)\in\text{Rules}\}$。利用这两个集合就可以定义一个函数 $f_\varphi: I_\varphi\to J_\varphi$，使得 $f_\varphi(i_k)=j_k$（把在 I_φ 中第 k

个数映射到在 J_φ 中的第 k 个数上)，然后可以归纳定义一个递增的序列 $\{\Delta_n \mid n \in \mathbb{N}\}$ 作为 Δ 公式集的扩充。因此 $\Gamma = \bigcup \{\Delta_n \mid n \in \mathbb{N}\}$ 是一个极大一致集。

$\Delta_0 = \Delta$

$\Delta_n \cup \{\Psi_n\}$，如果 $\Delta_n \vdash \Psi_n$

$\Delta_{n+1} = \Delta_n \cup \{\neg \Psi_n, \neg \gamma\}$，如果 $\Delta_n \nvdash \Psi_n$ 并且存在一个 i 且 $f_{\Psi_n}(i) = n$（也就是说，存在一个 $(\Gamma_i, \varphi) \in$ Rules）并且 γ 是在 Γ_i 中最小的公式，使得 $\Delta_n \cup \{\neg \Psi_n, \neg \gamma\}$ 是一致的。

$\Delta_n \cup \{\neg \Psi_n\}$，否则

在第二种情况下，这样的 γ 总是存在的。如果不存在这样的 γ，那么 $\Delta_n \cup \{\neg \Psi_n\} \vdash \Gamma_i$，否则，在 Γ_i 中的所有公式，根据规则 SCut，$\Delta_n \cup \{\neg \Psi_n\} \vdash \Psi_n$，则 $\Delta_n \vdash \Psi_n$，这同假设 $\Delta_n \nvdash \Psi_n$ 相矛盾。

现在就可以证明 Γ 是一致的，类似于在 PDL 中对林登鲍姆引理的证明。

为了完成完全性的证明，可定义一个典范模型如下，类似于定义 5.13。

定义 5.16　典范模型　定义一个典范克里普克模型 $M = (W, \{R(\alpha): \alpha$ 是在该语言中的一个模态$\}, V)$，其中

$W = \{\Gamma \mid \Gamma$ 是极大一致的$\}$

$R(\alpha) = \{(\Gamma, \Delta) \in W^2 \mid \varphi \in \Delta$，对所有的 φ，使得 $[\alpha]\varphi \in \Gamma\}$

$V(p) = \{\Gamma \in W \mid p \in \Gamma\}$

利用该典范模型就可以直接来证明真值引理，参照引理 5.3。现在 $\vdash$ 关于 Rules一模型的可靠性和强完全性就比较容易证明了。

注意，对 PDL_ω 的强完全性的结论不能够直接从上面的证明推出，并且在这种意义下它不是一个真概括。这是因为 PDL 满足它的模态中的一个结构，所以还需要更多的条件。对于带有公共知识的认知逻辑同样也如此，故此先转向认知逻辑。

六、认知逻辑

在此，将 PDL_ω 的强完全性的结论扩充到带有公共知识的认知逻辑中去。其语言和语义的相关定义，可以参看前面的相关内容。在此仅把普遍知识和公共知识算子增加到整个主体群 $\mathscr{A}$ 中，并且把 $E_A\varphi$ 和 $C_A\varphi$ 分别缩写为 $E\varphi$ 和 $C\varphi$。

在 PDL 和带有公共知识的认知逻辑之间的具有相似性。事实上，后者的强完全性可以通过下面的嵌入规则归约到前者的系统中。假设主体集 $\mathscr{A} = \{a_1, \cdots, a_n\}$，并且定义

$(K_{a_i}\varphi)' = [a_i]\varphi'$

$(E\varphi)' = [a_1 \cup \cdots \cup a_n]\varphi'$

$(C\varphi)' = [\,(a_1 \cup \cdots \cup a_n)^*\,]\ \varphi'$

如果采用直接的方法，就可以证明某些更强的系统。也即利用亨金的方法来实现，除了适合K系统之外，也适用于带有公共知识的系统T，S4和S5。

可以将四条公理系统扩充为无穷的证明系统$KEC_{PA\omega}$，$TEC_{PA\omega}$，$S4EC_{PA\omega}$和$S5EC_{PA\omega}$，主要是通过保留原有的公理和增加一个确定的推演规则集的方法来实现。为了刻画关于C的引入规则，首先需要引入一些记法。希望该规则可以包含所有的下面这些公式的实例。

$\{\varphi_1 \to K_a\ (\varphi_2 \to K_b\ (\cdots \to E^n\Psi))\ \mid n \in N,\ n \geqslant 1\} \vdash \varphi_1 \to K_a\ (\varphi_2 \to K_b\ (\cdots \to C\Psi))$

其中，$E^n\Psi$是缩写，根据归纳定义$E^0\Psi = \Psi$并且$E^{n+1}\Psi = E\,E^n\Psi$得到。用这种简洁的方法来形式化无穷的规则其目的是为了引入有穷序列$\pi = (\pi_1, \cdots, \pi_n)$，其中$\pi_i$或者是公式，或者对于$a \in \mathscr{A}$是模态算子$K_a$，且有

$() = \varphi$

$(\Psi;\ \pi)\ \varphi = \Psi \to (\pi)\ \varphi$

$(\Box a;\ \pi)\ \varphi = K_a\ (\ (\pi)\ \varphi)$

无穷规则可以形式化为$\{\ (\pi)\ E^n\varphi \mid n \in \mathbb{N},\ n \geqslant 1\} \vdash (\pi)\ C\varphi$。为了得到强的必然性规则和强的条件化规则必须有这样的公式。对无穷系统，给出下面的推演规则。

定义 5.17　无穷推演关系

令S是任意的$KEC_{PA\omega}$，$TEC_{PA\omega}$，$S4EC_{PA\omega}$和$S5EC_{PA\omega}$中的一个，$\Gamma \vdash \varphi$定义如下。

其中最小关系在下面的规则下是封闭的。

AX：	$\vdash_s \varphi$，如果φ是S的公理	
MP：	$\varphi,\ \varphi \to \Psi \vdash_s \Psi$	（分离规则）
InfC：	$\{\ (\pi)\ E^n\varphi \mid n \in \mathbb{N},\ n \geqslant 1\} \vdash_s (\pi)\ C\varphi$	（无穷C-引入规则）
Nec：	如果$\vdash_s \varphi$，那么$\vdash_s K_a\varphi$	（必然化规则）
Weak：	如果$\Gamma \vdash_s \varphi$，那么$\Gamma,\ \Delta \vdash_s \varphi$	（弱化规则）
Cut：	如果$\Gamma \vdash_s \Delta$并且$\Gamma,\ \Delta \vdash_s \varphi$，那么$\Gamma \vdash_s \varphi$	

其中，φ，$\Psi \in \mathcal{L}_{PA}$，$\Gamma$，$\Delta \subseteq \mathcal{L}_{PA}$并且$\pi$是公式序列或者模态算子序列。

对于公共知识的一般规则Ind，在该系统可以推演出来。

现在对于这些系统，引理5.1中的推演规则SCut，Det，Cond和Ded，都是可证的。也包括下面的和强必然性规则SNec相类似的方法。

SNecK：　如果$\vdash_s \varphi$，那么$K_a\Gamma \vdash_s K_a\varphi$（知识的强必然化规则）

可以推出这四个系统关于各自对应的语义是可靠的：$KECP_{PA\omega}$相对于所有的克里普框架，$TEC_{PA\omega}$关于自返关系框架，$S4EC_{PA\omega}$关于自返和传递关系的框架，

$S5EC_{PA\omega}$关于等价关系的框架是可靠的。

引理 5.6 令 S 是任意的 $KEC_{PA\omega}$，$TEC_{PA\omega}$，$S4EC_{PA\omega}$和 $S5EC_{PA\omega}$系统之一。那么 *S* 关于它们各自所对应的框架是强完全的。

简略的证明：根据典范模型的亨金构造，类似于“无穷证明系统 PDL_ω”。公理 T，4，5 在极大一致集中可以归约到在典范模型中的可及关系的对应性质。类似于林登鲍姆引理，最后公式Γ_{n+1}应该是“$\Gamma_{n+1}=\Gamma_n\cup\{\neg\varphi_n, \neg(\pi)E^k\Psi\}$，否则，其中 *k* 是大于等于 1 的最小的自然数使得 $\Gamma_n\nvdash(\pi)E^k\Psi$，并且 φ_n 是前面的 $(\pi)C\Psi$ 中的公式”。对于认知逻辑来说典范模型的定义和通常一样。从真值引理 5.3 的证明可知，其主要的区别是，对算子 *C* 的归纳步骤，其证明也比较容易。$(M, \Gamma)\models C_\Psi\leftrightarrow$对所有的$n\in\mathbb{N}$，$n\geqslant1$，$(M, \Gamma)\models E^n_\Psi\leftrightarrow(E^n_\Psi\in\Gamma$，对于所有的$n\in\mathbb{N}, n\geqslant1)\leftrightarrow C_\Psi\in\Gamma$。第二步运用了归纳假设，并且在最后一步运用了 Mix（参看第四部分“强完全性：PDL_ω的典型模型”），InfC。

从简略的证明可以看出，带有公共知识的四个认知逻辑都是典范的；建立在典范框架上，它们所有的公理都是有效的（参看 Blackburn 等（2001））。

七、与其他逻辑的比较

大多数逻辑的强完全性都是很难获得的，特别是对非紧致性的逻辑。当非紧致性是由模态算子造成的时，常常将其解释为模态算子的（自返）传递闭包。

Sundholm（1977）为 Von Wright 的时态逻辑提供了一个强完全性的证明。该逻辑带有两个模态算子，“下一时刻”（next-time）（或者“明天”（tomorrow））算子和“总是”（always）算子，后者是前者的自返传递闭包。该逻辑的模型把自然数作为可能世界集，把“后继”和“小于等于”关系作为模态算子。当 Segerberg 研究 Von Wright 的时态逻辑（tense logic）时，Sundholm 就已经证明了这个定理，因为存在有无穷规则，他发现林登鲍姆引理不能用于证明持续性。Von Wright 的逻辑是线性时间逻辑，并且“下一时间”算子的必然性是确定的，这就使得其中某些情况类似于动态逻辑（PDL）。

Mirkowska（1981）中提出的命题规则系统逻辑（Propositional Algorithmic Logic，PAL）是具有强完全性的无穷证明系统。PAL 非常类似于 PDL，公式的结构也是相同的，其区别在于在程序结构的使用上不同。除了原子程序不同外，还包括序列的组成以及对不确定的选择，其中包括“如果……那么……否则……”的陈述和“当……的时候，执行……”的循环（loops）。而叠置（iteration）的无穷特征是通过“当……的时候”的循环来实现的。注意 PAL 不包括检测运算，同时其语义也是建立在 Kripke 模型基础上的。尽管在通常的语境下，并不局限于该语义，强完全性只在原子程序是确定的或者当其不确定的时候但却有界的情况下证明的。给出这样的限制是因为，如果不这样限制，那么无穷证明规则将会是不可靠的。因此该结论不能够直接应用于 PDL 系统中。

Goldblatt（1982）给出了非常类似于 PDL 的一个无名逻辑的强完全性的证明，但也存在有重要的区别。其语言在两个方面同 PDL 存在有重要的区别。在表达（expressions），命令（commands）和公式（formulas）之间存在有不同。命令和公式类似于 PDL 的程序和公式。命令和 PDL 的程序在程序结构方面不同：命令是原子程序，序列的组成，“如果……那么……否则……”的陈述，或者“当什么时候（while）……执行（do）……”的循环。注意不包含不确定的选择或者检测。这些主要的解释是不明确的（undefined），其中不明确性是通过给一个表达式从左到右依次地赋值来实现，所以如果 φ 的真值是不明确的并且 Ψ 的真值是 0，那么 $\varphi\wedge\Psi$ 的值就是不明确的，但事实上 $\Psi\wedge\varphi$ 的真值是 0。这些表达存在有独立的公理和证明规则。对于该逻辑的一般的完全性证明类似于本节中所给出的证明。不同之处是其证明显得比较笨拙，同时也考虑到了带有不确定的选择的该逻辑的扩充。

在 Knijnenburg（1988）里，Knijnenburg 给出了一个 PDL 的无穷公理化系统，包含了∞一规则，即从 $\{\Psi\rightarrow[\alpha^i]\varphi \mid i<\omega\}$ 可推出 $\Psi\rightarrow[\alpha^*]\varphi$，并提出了该公理的弱完全性的证明，但 Kooi 怀疑该证明是不正确的。在 Knijnenburg 和 van Leeuwen（1991）中，提出了另外一个强完全性的证明，该证明利用的是一个比较特殊的模型。尽管其结论是成立的，但该论文的某些细节上还是存在有一些问题。例如，在证明 Knijnenburg 和 van Leeuwen（1991）中的定理 5.10 的时候为了把一个公式集扩充到最大一致集，他们在推理过程中用到了林登鲍姆引理。在无穷的证明系统的情况下，这些技术是不能够直接加以使用的。这与 Sundholm 在开始研究时所遇到的困难是相同的。

在 Goldblatt（1992）中，Goldblatt 引入了一种 ω一叠加证明规则，在一阶动态逻辑的语境中可以从 $\{\varphi\rightarrow[\beta;\ \alpha^i]\Psi \mid i<\omega\}$ 推出 $\varphi\rightarrow[\beta;\ \alpha^*]\Psi$，并且提供了一个弱的完全性的证明。在 Goldblatt（1993）中，为包含带有任意元的模态算子的标准的模态逻辑，提供了一个一般的无穷系统的证明的方法。Goldblatt 证明了附加的规则相对于基本的证明系统满足确定的性质，提出了一个证明系统即关于适当的模型类的一个强完全性的证明系统。Goldblatt 从一个相当强的基本的证明系统开始着手，在那个框架的作用下给出了 PDL 的一个强的完全性的证明。强必然化规则（SNec）和演绎定理（Ded）在该基本系统中都是规则。这使得他的完全性证明比在本节提出的证明更加困难。

Segerbere（1994）对整个模态逻辑类提供了一个强完全性的证明是不严密的。它包括带有（自返）传递闭包算子的逻辑例如 Von Wright 的时态逻辑（参看前面)、Goldblatt 的经典逻辑(具有两个模态算子 □ 和 □ * 的逻辑，其中后者是前者的自返传递闭包)、不带检测的 PDL 和带有公共知识的认知逻辑，也包括那些由于其他的原因而不是紧致性的逻辑。Segerberg 讨论的逻辑都满足有界链条件(bounded chain condition)，指在模型中任意路径上具有一个不会超过 n 的有界的长度。于是该逻辑相对所有的框架类满足一个有界链条件变显得不够严密。公式集 $\{\Diamond^n T \mid n \in \mathbb{N}\}$ 是不可满足的，但是每一个有穷的子集是满足的。对模态逻辑来说，这些逻辑通过在模态逻辑中增加一个无穷规则的有穷的证明系统中来给出其公理系统。他考虑的是一般的情况，其中仅要求无穷规则的所有的代入例示都是可数的，并且在前面所提到的例子也都包含在这一类中。在许多完全性的证明中都是通过极大一致集来发挥着重要的作用，其中主要采用了饱和集(saturated sets)来达到目标。最重要的是对于每一个无穷规则，都使得饱和集包含所有的可证的公式，而这些规则则不属于该集合，而在典范模型中这些集合却构成了一个可能世界。在大多数情况下则采用的是将它转换成极大一致集或者饱和一致集。

Tanaka (2001) 利用 Segerberg 的研究成果将其扩充到一阶模态逻辑，该逻辑是通过代数的方法来实现的，其中模态代数的特征定理和模态逻辑的完全性相对应。

而本文构造的基础系统的公理和规则也都非常简单。同时利用典范模型和模态代数的方法来完成模态逻辑的完全性的证明，并提供了一个协调的程序系统，即命题动态逻辑系统，它也可以适用于一般的模态逻辑完全性的证明。

八、协调(不协调的)程序

典范模型的结构有利于证明模态逻辑的完全性，极大一致集则在语形和语义之间建立了一个桥梁有利于实现对完全性定理的证明。同时典范模型的具有下面的性质。

定义 5.18 完全协调性(full harmony) 一个典范模型 M 是完全协调的当且仅当对所有的极大一致集 Γ 和 Δ，并且对所有的 φ 和 α：

公式协调性：$(M, \Gamma) \vDash \varphi$，当且仅当 $\varphi \in \Gamma$ 并且

程序协调性：$\Gamma R(\alpha) \Delta$，当且仅当 $\{\varphi \mid [\alpha]\varphi \in \Gamma\} \subseteq \Delta$

公式的协调性指的是一个原子公式的性质，通过定义使其在典范模型中成立。程序的协调性指的是一个原子程序的性质，通过定义使其在典范模型中也成立。典范模型在真值引理中具有公式协调性，常常用于证明完全性定理。对于一个原子程序来说仅需要具有程序协调性；而对于更复杂的程序，只需要用

到可及关系的语义性质就可以证明真值引理。

值得注意的是对于典范模型来说程序协调性并不成立。在 Kozen 和 Parikh (1981) 中的程序协调性中已经指出 PDL 的有穷典范模型并没有给出证明。PDL_{ω}的无穷典范模型也缺乏程序协调性，但是它从左到右却是成立的。为此利用真值引理可以得到一个简单的证明，尽管它是从右到左而进行的检测，在序列组成和不确定性的选择下是可保持的，而在叠加规则下却不是可保持的。下面就证明这种情况。

可以通过给出一个反模型的方法来证明典范模型是不协调的。原则上，在任意的具有不可区分的互模拟世界上的模型都可以看做是典范模型的一部分。通过采用极大一致集并结合该模型中的世界，证明对于这样的两个任意的集合，程序协调性是失败的，蕴涵着整个典范模型是不协调的。

下面就来证明上面的性质。为了证明定理典范模型是不协调的，在定义 5.19 中提出了一个相对于程序协调性的反模型。该定理的证明依赖两个引理，第一个引理（引理 5.9）证明了在反模型中存在有一个世界 ω，其根据 $R(\alpha)$ 的自返传递闭包不能够到达另一个世界 η。第二个引理（引理 5.10）证明了在其他的情况中一个公式在 ω 中是真的当且仅当它的扩充是共有穷的(cofinite)。这常常可以用来证明 $\eta \vDash [\alpha^*]\varphi$，蕴涵 $\omega \vDash \varphi$，因为如果 $\eta \vDash [\alpha^*]\varphi$，那么 φ 的扩充是共有穷的。为了证明引理 5.10 需要更详细地研究反模型的结构。在引理 5.9 中给出了反模型的相关性质。该证明过程需要一定的技术要求。

定义 5.19 反模型 在语言$\mathcal{L}_{\varphi,\alpha}$中，令模型 $M=<Z\cup\{\omega, \eta\}, R(\alpha), V>$（如图 5-2），其中

$R(\alpha)=\{(x, y)\in\mathbb{N}^2 \mid x>y\}\cup\{(-x,, x), (-x, -x-1) \mid x\in[1, \omega]\}$

$\cup\{(\omega, x) \mid x\in\mathbb{N}\}\cup\{\eta, -1\}$，并且 $V=\varnothing$

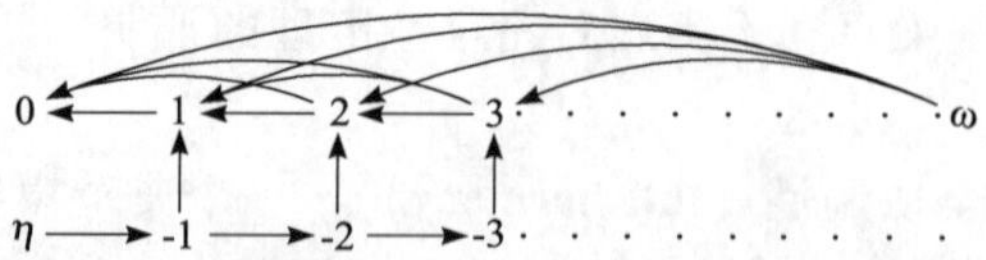

图 5-2 模型 M 的图像

图 5-2 是该模型的一个图像，程序协调性对于 a^* 来说在世界 η 和 ω 中是不成立的。

从该模型的图像可以看出从 η 开始，在有穷可数多的步内都无法到达 ω。但是对于一个极大一致集来说，必须证明它和这些世界是相关的。令 $\Gamma=\{\varphi \mid (M, \eta)\vDash\varphi\}$ 并且 $\Delta=\{\varphi \mid (M, \omega)\vDash\varphi\}$。

引理 5.7　ω 不可通达性（Unreachability of ω）　不会出现 $\Gamma R(\alpha^*)\Delta$。

证明　如果出现 $\Gamma R(\alpha^*)\Delta$ 的情况，那么就存在有一个 n 使得 $\Gamma R(\alpha^n)\Delta$。正如上面的程序协调性一样，使得从左到右是成立的，所以蕴涵 $\{\varphi \mid (M,\eta)\models\varphi\}\subseteq\Delta$。对任意的 n 存在一个 φ_n 使得：($\eta\models[\alpha^n]\varphi_n$ 并且 $\omega\models\neg\varphi_n$)，下面证明不存在这种情况。

为此需要构造 $\varphi_n=(\langle\alpha^n\rangle[\alpha]\bot\rightarrow[\alpha^n]\bot)$，也就是说，对所有的 n

$\eta\models[\alpha^n](\langle\alpha\rangle[\alpha]\bot\rightarrow[\alpha^n]\bot)$

$\omega\models\neg(\langle\alpha\rangle[\alpha]\bot\rightarrow[\alpha^n]\bot)$

为此，$x\models\langle\alpha\rangle[\alpha]\bot\leftrightarrow x\in\mathbb{N}\cup\{\omega\}$ 并且 $\forall x\in\mathbb{N}(x\models[\alpha^n]\bot\leftrightarrow x<n)$

此外，不存在有负整数满足 $\langle\alpha\rangle[\alpha]\bot$。

现在就开始证明其他的情况，即证明该模型是不协调的。必须证明：如果是形如 $[\alpha^*]\varphi$ 的公式在 η 里成立，那么 φ 在 ω 中也成立。如果采用直接的方法来证明是很困难的，下面则证明符合条件的所有的公式集在 ω 中都成立。ω 在自然数中是有限的，如果一个公式从自然数开始建立，那么它在 ω 中应该成立，反之亦然。

定义 5.20　可容许集（ADMS）和可容许关系（ADMR）　$\mathrm{ADMS}\subseteq 2^N$ 定义如下：

$$\mathrm{ADMS}=\bigcup\{\mathrm{ADMS}(n)\mid n\in\mathbb{N}\}$$

其中，$\mathrm{ADMS}(n)=\{X\cup Y\mid X\subseteq[0,n),\ Y\in\{\varnothing,[n,\omega)\}\}$

$\mathrm{ADMR}(n)\subseteq 2^{n\times n}$ 定义如下：

$\mathrm{ADMR}=\bigcup\{\mathrm{ADMR}(n,k,p)\mid n\in\mathbb{N},\ k\in[1,\omega],\ p\in[n,\omega)\}$

其中，$\mathrm{ADMR}(n,k,p)$ 为下面的集合（collection）：

$\{T\cup D\cup I(k,n)\cup L(n,p,f)\mid T\subseteq T(n),\ D\in\{\varnothing,D(n)\},\ f:[0,n)\rightarrow([n,p]\cup\{\omega\})\}$

并且

$T(n)=\{(x,y)\mid n>x\geqslant y\}$

$D(n)=\{(x,x)\mid x\geqslant n\}$

$I(k,n)=\{(x,y)\mid x\geqslant y+k,\ y\geqslant n\}$

$L(n,p,f)=\{(x,y)\mid x\geqslant f(y),\ n>y\}$

其中 $x+\omega=\omega$（证毕）

ADMS 是关于自然数的简单的有穷的且是共有穷的子集。在该定义中给出这样的公式是因为它更加适合的目的。参看图 5-3 是一个典型的 $\mathrm{ADMR}(n,k,p)$ 的图像。下面将要证明每一个公式和每一个程序都是可容许的。但是为了增加易读性，现在证明下面和 ADMR 相关的辅助引理。

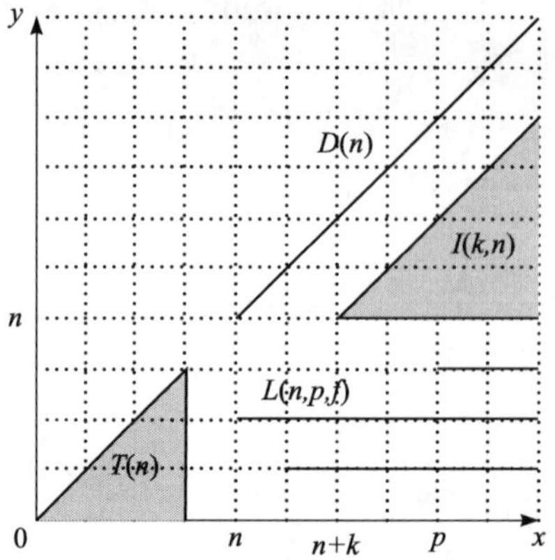

图 5-3　ADMR 的类型元素

引理 5.8　ADMR 在复合，并以及自反传递闭包下是封闭的。

证明：

复合：为了证明 $R\circ R'\in$ ADMR，已知 R，$R'\in$ ADMR，证明如下。首先注意

$$\mathrm{ADMR}(n, k, p)\subseteq \mathrm{ADMR}(n+1, k, \max(p, n+k))$$

$$\mathrm{ADMR}(n, k, p)\subseteq \mathrm{ADMR}(n, k, p+1)$$

所以，已知 R，$R'\in$ ADMR，

假设存在 n，p 和 k，k' 使得

$R=T\cup D\cup I(k, n)\cup L(n, p, f)\in \mathrm{ADMR}(n, k, p)$

$R'=T'\cup D'\cup I(k', n)\cup L(n, p, f')\in \mathrm{ADMR}(n, k', p)$

T，$T'\subseteq T(n)$ 并且 D，$D'\in\{\varnothing, D(n)\}$

在下表中给出了 R 和 R' 的元素的复合的结果（其中 $f'_k=\lambda y$，$f'(y)+k$，并且 $f_{T'}=\lambda y$，$\min\{f(z)\mid zT'y\}$ 并且 $\min(\varnothing)=\omega$）：

$\circ$	T'	$D(n)$	$I(k', n)$	$L(n, p, f')$
T	$T\circ T'\subseteq T(n)$	$\varnothing$	$\varnothing$	$\varnothing$
$D(n)$	$\varnothing$	$D(n)$	$I(k', n)$	$L(n, p, f')$
$I(k, n)$	$\varnothing$	$I(k, n)$	$I(k+k', n)$	$L(n, p+k, f'_{k})$
$L(n, p, f)$	$L(n, p, f_{T'})$	$\varnothing$	$\varnothing$	$\varnothing$

所以，对某些 $k''\in\{k, k', k+k'\}$，$R\circ R'\in \mathrm{ADMR}(n, k'', p+k)$。

因此 $R\circ R'\in$ ADMR

并　为了证明 $R\cup R'\in$ ADMR，可以再假设存在 n，p 和 k，k'，使得 $R\in$ ADMR (n, k, p)，并且 $R'\in$ ADMR (n, k', p)。所以 $R=T\cup D\cup I(k, n)\cup L(n, p, f)$，$R'=T'\cup D'\cup I(k', n)\cup L(n, p, f')$，对确定的 T，$T'\subset T(n)$，D，$D'\in\{\varnothing, D(n)\}$，$f$，$f'$：$[0, n]\rightarrow([n, p]\cup\{\omega\})$。

因为

$$I(k, n) \cup I(k', n) = I(\min(k, k'), n)$$

$$L(n, p, f) \cup L(n, p, f') = L(n, p, \lambda y, \min(f'(y), f(y)))$$

可以看出

$$R \cup R' \in \mathrm{ADMR}(n, \min(k, k'), p) \subseteq \mathrm{ADMR}$$

因此可以推出 ADMR 在并下是封闭的。

自反传递闭包　已知 $R^* \in \mathrm{ADMR}$，存在有 n，k，p 使得 $R \in \mathrm{ADMR}(n, k, p)$，有 $R^* = (R \cup D(n))^*$；根据自反性，假设 $D = D(n)$。根据复合性质，在上面的表格中有 $I(k, n) \subseteq R \circ R$。通过观察可知 $I(2k, n) \subseteq I(k, n)$。因为 $L(n, p, f) \cup L(n, p+k, f_k) = L(n, p, f_k)$，有 $R \cup (R \circ R) \in \mathrm{ADMR}(n, k, p)$。现在可以看出对所有的 m，$R^m \in \mathrm{ADMR}(n, k, p)$。因为 $\mathrm{ADMR}(n, k, p)$ 是有穷的并且在有穷的并下是封闭的，它在任意的并下也是封闭的并且有 $R^* = \bigcup \{R^m \mid m \in \mathbb{N} \in\} \mathrm{ADMR}(n, k, p) \subseteq \mathrm{ADMR}$。

现在可以证明下面的结论

引理 5.9　对于每一个公式 $\varphi \in \mathcal{L}_{\varphi,a}$，和每一个程序 $\alpha \in \mathcal{L}_{\varphi,a}$

$$[[\varphi]] \in \mathrm{ADMS}$$

$$[[\alpha]] \in \mathrm{ADMR}$$

其中，$[[\varphi]] = \{x \in \mathbb{N} \mid x \models \varphi\}$ 并且 $[[\varphi]] = R(\alpha) \cap \mathbb{N} \times \mathbb{N}$。

证明　根据类似的方法，对 φ 和 α 的结构进行归纳。

程序　对基础情况，程序 α，观察可知 $[[\varphi]] = I(1, 0)$。另外，$T(0) = \varnothing$，因此，对每一个 p 和 f，令 $D = \varnothing$ 并且 $L(0, p, f) = \varnothing$，因此 $[[\varphi]] \in \mathrm{ADMR}(0, 1, 2)$。

证明　程序? φ 归纳假设，蕴涵 $[[\varphi]] \in \mathrm{ADMS}$，因此存在某些 n 使得 $[[\varphi]] \in \mathrm{ADMS}(n)$。$[[?\varphi]] = \{(x, x) \mid x \in [[\varphi]]\}$。现在证明 $[[\varphi]] \in \mathrm{ADMR}(n, \omega, n)$。对 D 采用 $\{(x, x) \mid n \leqslant x$ 并且 $x \in [[\varphi]]\}$，并且对 T 采用 $\{(x, x) \mid n > x$ 并且 $x \in [[\varphi]]\}$。集合 $I(\omega, n)$ 是空集并且 $L(n, p, f)$ 是空集，通过对所有的 $x \in [0, n)$，令 $f(x)$ 是 ω，因此 $[[?\varphi]] \in \mathrm{ADMR}$。

对于序列复合的情况，非决定性的选择和重叠可从下面的事实推出，ADMR 在复合，并和自返传递闭包下是封闭的。参看引理 5.8。

公式　对于基础情况必须考虑公式 $\perp$ 和程序 α。现在 $[[\perp]] = \varnothing$ 并且 $\varnothing \in \mathrm{ADMS}(0)$。

对于否定和合取公式的归纳步骤是非常容易的。显然每一个 $\mathrm{ADMS}(n)$ 在补和交下是封闭的。结果使得整个集合 ADMS 都是封闭的（所以它也在并下是封闭的）。

为了完成引理 5.9 的证明，必须证明已知 $[[\langle\alpha\rangle\ \varphi]]\in$ ADMS，那么 $[[\alpha]]\in$ADMS 并且 $[[\varphi]]\in$ADMS。所以可以通过归纳假设，假设对某些 n，k，p $[[\varphi]]$，$\in$ADMS（n）并且 $[[\alpha]]\in$ADMR（n，k，p），所以 $[[\alpha]]=T\cup D\cup I(k, n)\cup L(n, p, f)$ 且 $T\subseteq T(n)$ 并且 $D\in\{\varnothing, D(n)\}$。现在 $[[\langle\alpha\rangle\ \varphi]]$ 是 $[[\alpha]]$ 的定义域的子集。事实上 $[[<\alpha>\varphi]]$，$=(\mathrm{dom}(T)\cap[[\langle\alpha\rangle\ \varphi]]\cup(\mathrm{dom}(D(n))\cap[[\langle\alpha\rangle\ \varphi]]\cup(\mathrm{dom}(I(k, n))\cap[[\langle\alpha\rangle\ \varphi]])\cup(\mathrm{dom}(L(n, p, f))\cap[[\langle\alpha\rangle\ \varphi]]$。有

$\mathrm{dom}(T)\cap[[\langle\alpha\rangle\ \varphi]]\subseteq[0, n)$

$\mathrm{dom}(D(n))\cap[[\langle\alpha\rangle\ \varphi]]=[[\varphi]]\cap[n, \omega)$

$\mathrm{dom}(I(k, n))\cap[[\langle\alpha\rangle\ \varphi]]=\{x\mid x\geqslant\min([[\varphi]]\cap[n, \omega))+k\}$

$\mathrm{dom}(L(n, p, f))\cap[[<\alpha>\varphi]]=\{x\mid x\geqslant\min\{f(y)\mid y\in[[\varphi]]\cap[0, n)\}\}$

结论是，$[[\langle\alpha\rangle\ \varphi]]\in\mathrm{ADMS}(\max(n+k, p))\subseteq$ADMS。

这就完成了对引理 5.9 的证明。

现在将要证明只要公式是相关的，ω 就是有限的自然数。

引理 5.10 对于每一个公式 $\varphi\in\mathcal{L}_{\varphi,\alpha}$，和所有的程序 $\alpha\in\mathcal{L}_{\varphi,\alpha}$

（1）$\omega\vDash\varphi$，当且仅当 $[[\varphi]]$ 是共有穷的；

（2）$\omega R(\alpha)\ y$，当且仅当 $\{x\mid(x, y)\in[[\varphi]]$ 是共有穷的；

（3）$\omega R(\alpha)\ \omega$，当且仅当 $\{x\mid(x, x)\in[[\varphi]]\}$ 是共有穷的。

cofinit（若一个集合 X 的子集 Y，使得补集 $X-Y$ 为有限集，则称 Y 为 X 的共有穷的（cofinite））。

证明 通过施结构归纳于 φ 和 α。对于公式是原子、否定和合取的情况可以直接从引理 5.9 得出。对于模态公式形如 $[\alpha]\ \varphi$ 的情况，包括对偶算子 $<\alpha>\varphi$。根据归纳假设，对于 α 和 φ，假设（1），（2）和（3）成立。可以从语义 $\omega\vDash\langle\alpha\rangle\ \varphi$ 等价于存在一个 $y\in\mathbb{N}$ 使得 $\omega R(\alpha)\ y$ 并且 $y\vDash\varphi$ 或者 $\omega R(\alpha)\omega$ 并且 $\omega\vDash\varphi$ 而得出，根据归纳假设它等价于：

$\exists y\in\mathbb{N}\ \{x\mid(x, y)\in[[\alpha]]\}$ 是共有穷的并且 $y\vDash\varphi$，或者 $\{x\mid(x, x)\in[[\alpha]]$ 是共有穷的或者 $[[\varphi]]$ 是共有穷的。

显然这蕴涵着 $[[\langle\alpha\rangle\ \varphi]]$ 是共有穷的。在第一种情况下世界集可及 y 是共有穷的。在第二种情况下，其中 φ 是为真的世界集可及其自身是共有穷的。

为此，从 ADMR 的性质可以看出还需要利用其他一些方法。需要的性质是如果 α 的论域是共有穷的，那么它和 $D(0)$ 的秩是共有穷的（也就是说 $\{x\mid(x, x)\in[[\alpha]]\}$ 是共有穷的，或者存在有一个世界 y 使得 $\{x\mid(x, y)\in[[\beta;\ \alpha]]\}$ 是共有穷的。

对于第（2）种情况，可以从右到左证且 $\alpha=\beta$；γ 是最复杂的情况。假设

$\{x \mid (x, y) \in [[\beta; \gamma]]\}$ 是共有穷的，因此 $[[\beta]]$ 的定义域是共有穷的。如果 $\{x \mid (x, y) \in [[\gamma]]\}$ 的定义域是共有穷的。那么必存在有一个 $z \in \mathrm{N}$ 使得 $\{x \mid (x, z) \in [[\beta]]\}$ 并且 zR (γ) y，利用归纳假设（2），对 β 来说，可得 ωR $(\beta;\gamma)$ y。另一方面，如果 $\{x \mid (x, y) \in [[\gamma]]\}$ 是共有穷的，那么可以推出归纳假设（2）对于 γ 来说 ωR (γ) y。如果 $\{x \mid (x, x) \in [[\beta]]$ 是共有穷的，那么从归纳假设（3）对于 β 可以推出 ωR $(\beta; \gamma)$ y。否则，存在有 $z \in \mathbb{N}$ 使得 $\{x \mid (x, z) \in\}$ $[[\beta]]$ 是共有穷的并且可找到一个 γ 使得 zR (γ) y。因此在这种情况下对 β 利用归纳假设有 ωR $(\beta; \gamma)$ y。

证明（3）并不困难。不需要进行详细的证明。

以上就是命题动态逻辑的证明系统，而且它是一个强完全性的证明。该方法可以作为一般化的方法，而且它也适用于其他可数的认知模态逻辑的公理化的证明。

定理 5.3　PDL_ω的典范模型不是程序协调的。

证明　该定理可以直接从引理 5.7 和引理 5.10 共同推出。通过观察｛如果 $\eta \models [[\alpha *]]$ φ，那么 $[[\varphi]]\} = \mathbb{N}$，因此它是共有穷的。

九、结论

本节为命题动态逻辑提供了一个强完全性的证明。该方法可以应用于其他可数的公理化模态逻辑中，也可以用于带有公共知识的模态逻辑中。

该公理系统更适合典范模型的方法，其原因是无穷 $*$—引入规则在语义下是封闭的，这比通常的归约公理和规则更加合理。后者涉及 Kleener 星，即将其视为一个固定点，而其规则是和无穷的合取相联系的。正如在“在认知逻辑”中所证明的那样，在证明系统和语义之间不存在有完全协调性。在完全性的证明过程中所使用的反模型是公式协调的，这一点在真值引理中得到证明，程序协调是无法获得的。完全性的证明并不需要这些，甚至可以允许其不是真的。其目的是试图去构造一个 PDL_ω的全协调典范模型。

有了关于知识的认知逻辑，也有了表示动态转换的动态逻辑，这样，就具备了刻画信息更新的基本要素，下面将给出这两个逻辑的组合：动态认知逻辑。

第三节　动态认知逻辑

一、引言

动态认知逻辑是一个相对较新的研究领域，其目的是提供一种新的方法来分析信息变化。它由两部分组成，一部分用来处理信息，另一部分用来处理变化。处理信息的部分是认知逻辑，同时也可以用来处理高阶信息。处理变化的部分更类似于来自命题动态逻辑的程序，同时该程序也可以用来处理高阶信息变化。事实上，在许多动态认知逻辑中，重点关注的是如何处理高阶信息的变化，而对外部世界本身的变化则不去考虑。

命题动态逻辑的转换关系可以视为是命题模型之间的转换关系，对一阶动态逻辑同样成立，其中的程序可以视为是一阶模型之间的关系。利用同样的方法，动态认知逻辑的程序也可以视为克里普克模型之间的关系。采用哪种关系更适合呢？对于命题动态逻辑来说最重要的是能够提供一个确定的程序类型，对一阶动态逻辑同样成立。但什么才是我们所希望地对带有动态认知逻辑进行推理的程序？在此我们给出了动态认知逻辑的三个简单的例子。动态认知逻辑DEL、动态认知逻辑 KAL 和动态模态逻辑 DML。在此提供的各种逻辑仅作为处理高阶信息变化的程序的例子。

二、程序更新

在这些系统中，动态认知逻辑（DEL）是由 Gerbrandy 和 Groeneveld（1997），Gerbrandy（1999）发展起来的，主要受 Veltman（1996）的启发。该系统除了包括命题动态逻辑程序之外，同时还包括建立在程序上的称为执行的“更新”。在该系统中的更新既包括程序更新，也包括主体的信息更新以及信息的信息的更新。

该语言定义如下。

定义 5.21 DEL 的语言 已知可数的命题变元集 $\mathscr{P}$ 和有限主体集 $\mathscr{A}$。DEL 的语言 $\mathcal{L}_{PA}^{U}$ 是由句子 φ 和行动 α 所组成的集合，可以通过下面的 BNF 规则给出。

$\varphi ::= \bot \mid p \mid \neg\varphi \mid (\varphi_1 \wedge \varphi_2) \mid K_a\varphi \mid [\alpha]\varphi$

$\alpha ::= ?\varphi \mid \alpha_1 ; \alpha_2 \mid \alpha_1 \cup \alpha_2 \mid \cup_B \alpha$

其中，$p \in \mathscr{P}$，$\alpha \in \mathscr{A}$，并且 $\mathscr{B} \subseteq \mathscr{A}$。

形如 $[U_B\alpha]\varphi$ 的公式可以读做：“在 B 中的每个主体共同获知 α 已经被执行之后，φ 成立”。

Gerbrandy 引入了结构，其中可及关系的元素可根据不同的目的加以区别。可通过运用非良基集合论的理论来实现。随后将会看到对类似问题的解决方法。Gerbrandy 将其所运用的认知逻辑模型的方法称为可能性（possibilities）。

定义 5.22 可能性（possibilities） 令 $\mathscr{A}$ 是主体集，$\mathscr{P}$ 是命题变元集，$\mathscr{A}$，$\mathscr{P}$ 都是已知的。可能性的类是最大的类使得：

一个可能性 w 是一个函数，指派给每一个命题变元 $p \in \mathscr{P}$ 一个真值 $w(p)$

$\in \{0, 1\}$ 并且指派给每一个主体 $a \in \mathscr{A}$ 一个信息状态 $w(a)$。

一个信息状态是一个可能性集（Gerbrandy，1999）。

DEL 的语言通常具有如下的语义。

定义 5.23 $\mathcal{L}_{PA}{}^U$的语义 已知一个可数的命题变元集 $\mathscr{P}$ 和有限的主体集 $\mathscr{A}$，令 w 是一个概率，令 $p \in \mathscr{P}$，并且 φ 和 Ψ 是$\mathcal{L}_{PA}{}^U$中的语句，α 是 $L_{PA}{}^U$中的行动。

(1) $w \nvDash \bot$，

(2) $w \vDash p$， 当且仅当 $w(p) = 1$；

(3) $w \vDash \varphi \wedge \Psi$， 当且仅当 $w \vDash \varphi$ 并且 $w \vDash \Psi$；

(4) $w \vDash \neg\varphi$， 当且仅当 $w \nvDash \varphi$；

(5) $w \vDash \Box_a \varphi$， 当且仅当对所有的 $v \in w(a)$，$v \vDash \varphi$；

(6) $w \vDash [\alpha]\varphi$， 当且仅当对所有的 v，如果 $w[\alpha]v$，那么 $v \vDash \varphi$；

(7) $w[?\varphi]v$， 当且仅当 $w \vDash \varphi$ 并且 $w = v$；

(8) $w[U_B\alpha]v$， 当且仅当$w \uparrow ((A \setminus B) \cup \mathscr{P}) = v \uparrow ((A \setminus B) \cup \mathscr{P})$ 并且对所有的 $a \in \mathscr{B}$，$v(a) = \{v \mid \exists w \in w(a) \exists u, w[\alpha] u [\cup_a \alpha] v\}$；

(9) $w[\alpha; \alpha]v$， 当且仅当 存在有一个 u，使得 $w[\alpha]u[\alpha]v$；

(10) $w[\alpha \cup \alpha]v$， 当且仅当 $w[\alpha]v$ 或者 $w[\alpha]v$。

定义 5.24 DEL 的证明系统 令 φ 是$\mathcal{L}_{PA}{}^U$中的句子，并且令 α 是$\mathcal{L}_{PA}{}^U$中的行动。DEL 的证明系统由所有的 K_{PA} 中的公理和规则组成，并且还包括如下的公理：

Distr：	$[\alpha](\varphi \to \Psi) \to ([\alpha]\varphi \to [\alpha]\Psi)$	（分布公理）
？AX：	$[?\varphi]\Psi \leftrightarrow (\varphi \to \Psi)$	（测试公理）
F：	$\neg [U_B\alpha] \leftrightarrow [U_B\alpha] \neg\varphi$	（函数性公理）
AP：	$[U_B\alpha] p \leftrightarrow p$	（原子固定性公理）
RAX：	$[U_B\alpha] K_a\varphi \leftrightarrow K_a [\alpha][U_B\alpha]\varphi$，如果 $a \in B$	（概括兰姆赛公理）
P：	$[U_B\alpha] K_a\varphi \leftrightarrow K_a\varphi$，如果 $a \notin B$	（隐私公理）
；AX：	$[\alpha; \beta]\varphi \leftrightarrow ([\alpha][\beta]\varphi$	
∪AX：	$[\alpha \cup \beta]\varphi \leftrightarrow ([\alpha]\varphi \wedge [\beta]\varphi)$	

通过增加公理，该系统可以扩充为 DELD45 和 DELS5。完全性可以利用典范模型方法得到证明。但是简单的完全性证明是将$\mathcal{L}_{PA}^U$转换成$\mathcal{L}_{PA}$。也就是说，所有的带有动态算子的句子可翻译为带有任意动态算子的句子，即任意句子是可证的等价于它是可以翻译的。

在该系统中仍然存在这样或那样的一些问题，首先是语义，同时利用非良基集理论也是有一些问题的。例如：该系统的主要缺陷是没有把公共知识包含在该系统中。一方面，在高阶信息的语境中最重要的是公共知识，但是如果增加公共知识之后会使得带有翻译的完全性的证明将不再适用。另一方面存在的问题是在动态认知逻辑 DEL 中的更新有时可以构造非自返的模型，但是本系统却是从自返的模型开始构造的。例如，可能会出现带有在现实世界中并不是真的句子的更新，该更新就不满足 S5，如果希望证明 S5 公理的有效性，就必须谨慎。对于 $[\alpha]$ 算子，该证明系统并不满足必然性规则，因此，在 DELS5 中必然性是不可靠的。然而，对于许多程序来说，必然性却是可以推演的规则。

三、学习保持 S5

Hans van Ditmarsch 专门为发展知识提供了一个动态认知逻辑系统，也就是 S5。在该系统中，可以称之为 KAL（知识行动逻辑），或者称为行动执行保持 S5。另外 KAL 满足普通的克里普克模型并且不具有非良基集理论的性质。现在就利用 van Ditmarsch（2002）一文中的定义。

其中的程序集是通过扩充 PDL 而得到的，其中没有采用 Kleene 星号系统。该语言定义如下。

定义 5.25　KAL 语言　令 P 为可数的命题变元集，并且 A 为有限的主体集。KAL 的语言包括语句集 φ 和行动集 α，利用 BNF 格式给出下面的规则：

$\varphi ::= \bot \mid p \mid \neg\varphi \mid \varphi_1 \wedge \varphi_2 \mid K_a\varphi \mid C_B\varphi \mid [\alpha]\varphi$

$\alpha ::= ?\varphi \mid \alpha_1 ; \alpha_2 \mid \alpha_1 \cup \alpha_2 \mid \alpha_1 ! \alpha_2 \mid L_B\alpha$

其中，$p\in P$，$a\in A$ 并且 $B\in A$，其中 φ 表示 $L_{PA}{}^{L}$ 语句，α 表示 $L_{PA}{}^{L}$ 的行动。

在此所增加的算子有局部选择算子（惊叹号!）和学习算子（L）。当研究单独使用局部选择算子的时候需要特别说明，但是当它用于和学习算子相组合的时候其作用就变得异常明显。局部选择算子单独使用时的（$\alpha ! \beta$）意思是“从 α 到 β 选择局部的 α，所以 $\alpha ! \beta$ 等价于 α 的解释。学习算子 $L_B\alpha$ 可以解释为如果是公共知识，那么在所有的 B 的元素中 α 将被执行。但是在 B 中的主体并不必知道 α 确切是什么。例如，如果某个主体证明另外一个主体的一张卡片并且第三个主体可以看到该结果，但他不能明白哪一张卡片被证明，那么他就不能准确地知道哪个行动被执行，但他确实知道什么行动被执行。这可以用下面的方法进行形式化。

定义 5.26　行动类型　行动类型是建立在 KAL 语言的行动上的函数：t：$\{\alpha \mid \alpha\in\mathcal{L}_{PA}\mathcal{L}\} \rightarrow \{\alpha \mid \alpha\in\mathcal{L}_{PA}\mathcal{L}\}$ $\mathcal{L}_{PA}\mathcal{L}$。

$t(?\varphi) = ?\varphi$

$t(\alpha \cup \alpha') = t(\alpha) \cup t(\alpha')$

$t(\alpha ; \alpha') = t(\alpha) ; t(\alpha')$

$t(\alpha ! \alpha') = t(\alpha) \cup t(\alpha')$

$t(\mathcal{L}_B\alpha)=\mathcal{L}_B t(\alpha)$

所以，α 所表达的类型是通过替换所有的带有非确定性选择的局部选择算子的出现而获得的。

为了理解局部选择算子和学习算子之间的相互作用，可以看一下真值定义。

定义 5.27　$\mathcal{L}_{PA}\mathcal{L}$ 语义　令在 $S5_{PA}$ 中的模型 $M=(W, R, V)$ 和世界 $w\in W$ 是已知的，令 $p\in\mathscr{P}$，令 φ 和 Ψ 是句子并且 α 是 $\mathcal{L}_{PA}\mathcal{L}$ 的行动。

$(M, w)\not\models\bot$

$(M, w)\models p$，　当且仅当 $w\in V(p)$

$(M, w)\models\neg\varphi$，　当且仅当 $(M, w)\not\models\varphi$

$(M, w)\models\varphi\wedge\Psi$，　当且仅当 $(M, w)\models\varphi$，并且 $(M, w)\models\Psi$

$(M, w)\models K_a\varphi$，　当且仅当对所有的 v 使得 $wR(\alpha)v$，$(M, v)\models\varphi$

$(M, w)\models C_B\varphi$，　当且仅当对所有的 v 使得 $WR(B)^+v$，$(M, v)\models\varphi$，

$(M, w)\models[a]\varphi$，　当且仅当对所有的 (M', w') 使得 $(M, w)[[\alpha]](M', w')$，$(M, w)\models\varphi$

令 $W_\varphi=\{v\in W\mid(M, w)\models\varphi\}$

$(M, w)[[?\varphi]](M', w')$，　当且仅当 $M=(W_\varphi, \varnothing, V\mid W_\varphi)\wedge w'=w$

$(M, w)[[\alpha\cup\alpha']](M', w')$，　当且仅当 $(M, w)[[\alpha]](M', w')\vee(M, w)[[\alpha']])(M', w')$

$(M, w)[[\alpha;\alpha']](M', w')$，　当且仅当 $(M, w)([[\alpha]]\circ[[\alpha']])(M', w')$

$(M, w)[[\alpha!\alpha']](M', w')$，　当且仅当 $(M, w)[[\alpha]](M', w')$

$(M, w)[[L_B\alpha]](M', w')$，　当且仅当 $M'\in S5_{PB}\wedge(M, w)[[\alpha]]w'\wedge M'=(W', R', V')$

$\mathcal{L}_B\alpha$ 的解释中的最后一个语句中，世界集 W'，可及关系 R'，赋值 V' 可以通过下面来定义：

* $W'=\{(M'', v'')\mid\exists v\in W: wR(B)^+v$ 并且 $(M, v)\ [[t(\alpha)]](M'', v'')\}$

* $(M'', v'')R'(a)\ (M''', '''u)$ 当且仅当存在 u'' 使得 $v''R''(a)u''$ 并且 $(M''', u''')\ \underline{\overleftrightarrow{\quad}}\ (M''', u''')$ 参照定义 5.16，或者 $a\notin(gr(M'')\cup gr(M'''))$ 并且存在 $v, u\in W$ 使得 $vR(\alpha)u$ 并且 $(M, v)\ [[t(\alpha)]](M'', v'')$ 并且 $(M, u)[[t(\alpha)]](M'', u'')$

* $V'(p)=\{(M'', v'')\in W'\mid(M'', v'')\models p\}$

其中，在带有 $M=(W, R, V)$ 的模型 $gr(M)$ 的群的关系 R' 的定义是 R 的论域。

四、认知行动

考虑到具有认知的行动非常类似于在认知中的情境（situations）。例如，行动 $L_{ab}(L_a?p \cup L_a?\neg p)$ 是指主体 a 和 b 之间的公共知识 a 知道关于 p 的检测是否被执行或者关于 $\neg p$ 的检测是否被执行。将行动看做多主体克里普克模型，使每一命题变元的值都有一前件函数。这和动态逻辑 PDL 存在很大的差别。

行动模型可定义如下：

定义 5.28　行动模型　令 $\mathscr{A}$ 是有限主体集。关于 $\mathcal{L}$ 的行动模型是三元组 $M=(W, R, \text{pre})$ 使得：

（1）$W'\neq\varnothing$；W 表示是非空的行动可能世界集；

（2）R：$\mathscr{A}\rightarrow 2^{W\times W}$；给每一个主体指派一个可及关系；

（3）pre：$W\rightarrow\mathscr{L}$；给每一个行动指派一个前件；

（4）$w\in W$。

序对 (M, w) 是点行动模型。

在该定义中 $\mathscr{L}$ 并不是指定的。这些模型可以看做定义 5.10 的模型的特例，其中命题变元集是 $\mathscr{L}$。所以可以将这些模型和所有行动模型类 $\mathscr{L}_{LA}$ 解释为 K_{LA}。因为可以将在定义 5.10 中 $\mathscr{L}$ 的语言解释为认知逻辑的模型。随后将称这些模型称为静态的模型，以区别于行动模型。

定义 5.29　执行　已知静态模型 (M_1, w_1) 和行动模型 (M_2, w_2) 使得 $(M_1, w_1)\models\text{pre}(w)$，在 (M_1, w_1) 中的执行结果 (M_2, w_2) 是 $(M_1\cdot M_2, (w_1, w_2))=(W_3, R_3, V_3), (w_1, w_2))$，其中：

$W_3=\{(v, v) \mid (M, v)\models\text{pre}(v)\}$

$R_3(a)=\{((v, v), (u, u)) \mid vR(a)u\wedge vR(a)u\}$

$V_3(u, v)=V(u)$

用它来定义上面的作为某些逻辑的语义具有非常重要的作用，存在的问题是究竟应该采用哪种一语言才是恰当的。在 Baltag 等（1999）中对认知逻辑（LEA）进行了描述，这些模型都是动态逻辑语言的组成部分。

定义 5.30　LEA 的语言　令 $\mathscr{P}$ 为可数的命题变元集，$\mathscr{A}$ 为有限主体集。LEA 的语言 $\mathcal{L}_{PA}^{M}$ 根据下面的规则给出：

$\varphi ::= \perp \mid p \mid \neg\varphi \mid \varphi_1\wedge\varphi_2 \mid K_a\varphi \mid E_B\varphi \mid C_B\varphi \mid [(M, w)]\varphi \mid$

其中，$p\in\mathscr{P}$，$a\in\mathscr{A}$，$\mathscr{B}\subseteq\mathscr{A}$，并且 (M, w) 是 $\mathcal{L}_{PA}{}^{M}$ 的有限行动模型。

采用这种方法，公式 $[(M, w)]\varphi$ 读做：“(M, w) 的每一次行动都会生

成一个其中 φ 为真的模型。”该逻辑的语言中也包括了公共知识。

定义 5.31 L_{PA}^{M} 的语义 令静态模型（M，w），其中 $M=$（W，R，V）是已知的。

（M，w） $\models\bot$，

（M，w） $\models p$， 当且仅当 $w\in V$（p）

（M，w） $\models\neg\varphi$， 当且仅当（M，w） $\not\models\varphi$

（M，w） $\models$（$\varphi\wedge\Psi$）， 当且仅当（M，w） $\models\varphi$ 并且（M，w） $\models\Psi$

（M，w） $\models\Box_a\varphi$， 当且仅当（M，v） $\models\varphi$，对所有的 v 使得 wR（a） v

（M，w） $\models E_B\varphi$， 当且仅当（M，v） $\models\varphi$，对所有的 v 使得 wR（B） v

（M，w） $\models C_B\varphi$， 当且仅当（M，v） $\models\varphi$，对所有的 v 使得 wR（B）* v

（M_1，w_1） $\models$[（M_2，w_2）] φ 当且仅当 （M_1，w_1） $\models$ pre（w）蕴涵（$M_1\cdot M_2$（w_1，w_2）） $\models\varphi$

其中，R（B）* 为 R（B）的自返传递闭包。

在 Baltag 等（1999）中为 LEA 提供了一个证明系统。在下面的定义中采用惯用的记法。

定义 5.32 LEA 的证明系统

令 φ 是 $\mathcal{L}_{PA}^{M}$ 中的语句，并且令（M，w）是 $\mathcal{L}_{PA}^{M}$ 中的行动。LEA 的证明系统包括了 K_{PA}^{EC} 的所有的公理和规则并且还包括下面的公理和规则：

Distr：[（M，w）]（$\varphi\rightarrow\Psi$） →（[（M，w）] $\varphi\rightarrow$[（M，w）] Ψ）（分布公理）

AP： [（M，w）] $p\leftrightarrow$(pre（w） → p) （原子保持公理）

PF： [（M，w）] $\neg\varphi\leftrightarrow$(pre（$w$） →¬ [（$M$，$w$）] φ)（偏函数公理）

AK： [（M，w） $K_a\varphi\leftrightarrow$(pre（$w$） →$\wedge$ {Ka [（M，v）] φ | wR（a） v})（行动知识公理）

Nec： 从 $\vdash\varphi$，可以推出 $\vdash$ [（M，w） φ] （必然化规则）

ACK： （行动的公共知识）

令（M，w）是已知的行动模型。对所有的 v，令 χ_v 是语句使得 wR（$\mathscr{B}$）* v $\vdash$ {$\chi_v\rightarrow$ [（M，w）] φ | wR（$\mathscr{B}$）* v}；$\vdash$ {$\chi_v\wedge$pre（v）} $\rightarrow K_a\chi_u$ | wR（B）* v，$a\in\mathscr{B}$，vR（a） u} 可以推出 $\vdash\chi_w\rightarrow$ [（M，w）] $C_B\varphi$（知识—公共知识公理）。

该证明系统对应于定义 5.34 所给出的语义是可靠的完全的。不难看出行动—公共—知识规则是可靠的。为此将首先证明在非常简单的情况下它是可靠的。该行动的执行并不改变静态模型。所以将会得到公共知识的瞬间的归纳规则。

如果存在有一个世界，并且它的前提是 T，所以可以得到：$\vdash \chi \to \varphi$，$\vdash \chi \to E_B\chi$，可以推出 $\chi \to C_B\varphi$。

为此需要证明整个规则是可靠的。可假设 φ 对于群 $\mathscr{B}$ 在执行了行动（M，w_0）之后不是公共知识，而 χw0 是真的。在更新模型中存在有一个世界 w_0，…，w_k是一条路径，并且可通过与群 $\mathscr{B}$ 中的成员具有可及关系相联系，并使得 $\neg\varphi$ 在 w'_k 中成立。于是在原始模型中存在有世界序列 w_0，…，w_k 并且在行动模型中存在有行动世界的序列 w'_0，…，w'_k 使得每一个在行动序列中的行动在对应的世界中得到执行。也就是说，（M，w_i）$\models$ pre（w）。显然 pre（w_0）在 w_0 中成立，根据行动公共知识的前提规则，在 w_0 中 $\Box_a\chi w_1$ 也成立的。可以沿着这条推理链直到通达 w_k。根据［（M，w）］φ 是前提，则 χ_{wk} 必然成立。因此在 w'_k 中不会出现 $\neg\varphi$。

五、变化模态

定义 5.33 斜模态结构（lean modal structures） 令 $\mathscr{P}$ 为可数的命题变元集并且 $\mathscr{A}$ 是已知的有限多主体集。首先给出一个有限深度的斜模态结构。

$MS_0 = \varnothing$

$MS_{n+1} = (\mathscr{P} \to \{0, 1\}) \oplus (\mathscr{A} \to 2^{MS_n})$

其中，$(X \to Y) \oplus (A \to B)$ 定义为 $\{f \cup g \mid f \in (X \to Y)$ 并且 $g \in (A \to B)\}$。

斜模态结构是所有这些形式的并

$MS = \bigcup_n MS_n$

一个斜模态结构图的表达等同于 Gerbrandy 的可能性图的表达。其主要的区别在于模态结构对应于有限树，而可能性对应于无限树。

定义 5.34 采用斜模态结构的 $\mathscr{L}_{PA}$ 的语义 令 f 是已知的斜模态结构，令 $p \in P$，φ，$\Psi \in \mathscr{L}_{PA}$，并且 $a \in \mathscr{A}$。

$f \models p$，　　当且仅当 $f(p) = 1$

$f \models \neg\varphi$，　　当且仅当 $f \not\models \varphi$

$f \models \varphi \wedge \Psi$，　　当且仅当 $f \models \varphi$ 并且 $f \models \Psi$

$f \models K_a\varphi$，　　当且仅当 $g \models \varphi$，对所有的 g 使得 $g \in f(a)$

$\mathscr{L}_{PA}$ 的全部语言都可以在这样的结构中得到解释，因为如果 $f(a)$ 是空的，那么形如 $K_a\varphi$ 的任一语句都是真的。

定义 3.35 DML 的语言

令 $\mathscr{P}$ 为可数的命题变元集并且 $\mathscr{A}$ 是已知的有限主体集。变化模态 $\mathscr{L}_{PA}$ 的语言是由语句集 φ 和行动集 a 组成，可以根据下面的规则给出：

$\varphi ::= \bot \mid p \mid \neg\varphi \mid (\varphi_1 \wedge \varphi_2) \mid K_a\varphi \mid C_B\varphi \mid [\alpha]\varphi$

$\alpha::=\alpha \mid ?\varphi \mid p:=\varphi \mid a:=\alpha \mid \alpha_1;\alpha_2 \mid \alpha_1\cup\alpha_2$

其中，$p\in\mathscr{P}$并且$a\in\mathscr{A}$。

可见主体是行动中的一种情况，该语义需要把定义 5.37 增加进来。

定义 5.36 　:＝的行动的语义 令斜模态结构 f 是已知的，令 $p\in\mathscr{P}$，令 φ 和 Ψ 是 $\mathscr{L}_{PA}:=$ 的语句并且 a 是 $\mathscr{L}_{PA}{:=}$ 的行动且 $a\in\mathscr{A}$。

$f\models[\alpha]\varphi$，　　当且仅当 $g\models\varphi$，对于每一个 g 使得 f $[[\alpha]]$ g，

其中

f $[[\alpha]]$ g，　　当且仅当 $g\in f(a)$

f $[[?\varphi]]$ g，　　当且仅当 $f\models\varphi$ 并且 $f=g$

f $[[p:=\varphi]]$ g，　　当且仅当 $g=f[p(f\to\varphi)]$

f $[[a:=\alpha]]$ g，　　当且仅当 $g=f[a\mapsto f[[\alpha]]$

f $[[\alpha;\beta]]$ g，　　当且仅当存在 h 使得 f $[[\alpha]]$ h $[[\beta]]$ g

f $[[\alpha\cup\beta]]$ g，　　当且仅当 f $[[\alpha]]$ g 或者 f $[[\beta]]$ g

其中，$f[p\mapsto(f\models\varphi)]=(f\backslash\{(p,f(p))\}\cup\{(p,x)\mid x=0$ 并且 $f\not\models\varphi\}$ 或者 $(x=1$ 并且 $f\models\varphi))\}$ 并且 $f[a\mapsto f[[\alpha]]=(f\backslash\{(a,f(a))\})\cup\{(a,f[[\alpha]])\}$ 并且 $f[[\alpha]]=\{g\mid f[[\alpha]]g\}$

定义 5.37 DML 的证明系统

令 φ，Ψ 是 $\mathscr{L}_{PA}:=$ 中的语句并且令 α，β 是 $\mathscr{L}_{PA}:=$ 中的行动。令 $a\in\mathscr{A}$ 并且 $p\in\mathscr{P}$。DML 的证明系统由下面的公理和规则组成。

Taut：	所有命题重言式的实例	
Distr：	$[\alpha](\varphi\to\Psi)\to([\alpha]\varphi\to[\alpha]\Psi)$	
? AX：	$[?\varphi]\Psi\leftrightarrow(\varphi\to\Psi)$	
; AX：	$[\alpha;\beta]\varphi\leftrightarrow[\alpha][\beta]\varphi$	
∪Ax：	$[\alpha\cup\beta]\varphi\leftrightarrow([\alpha]\varphi\wedge[\beta]\varphi)$	
SUB1：	$[P:=\varphi]\leftrightarrow\varphi$	（浅替换）
AP1：	$[P:=\varphi]q\leftrightarrow q$	（原子保持性）
F1：	$[P:=\varphi]\neg\varphi\leftrightarrow\neg[p:=\varphi]\Psi$	（函数性）
I1：	$[P:=\varphi][a]\varphi\leftrightarrow[a]\varphi$	（独立性）
SUB2：	$[a:=\alpha][\alpha]\varphi\leftrightarrow[\alpha]\varphi$	（浅替换）
AP2：	$[a:=\alpha]p\leftrightarrow p$	（原子保持性）
F2：	$[a\mapsto\alpha]\neg\varphi\leftrightarrow\neg[a:=\alpha]\varphi$	（函数性）
I2：	$[a:=\alpha][b]\varphi\leftrightarrow[b]\varphi$	（独立性）
MP：	$\vdash\varphi$，$\vdash\varphi\to\Psi$ 可以推出 $\vdash\Psi$	（分离规则）

Nec：　　$\vdash\varphi$ 可以推出　$\vdash[\alpha]\varphi$（必然化规则）

该证明系统对应于在定义 5.37 所提供的语义是可靠的和完全的。

带有浅替换规则可能存在的主要问题是高阶信息仅能够刻画确定的深度。也就是说，替换深度，而高阶信息具有任意的深度。为了解决这些问题，Renardel 将该系统扩充为带有固定点的系统。该扩充是 μDML，可以用来处理高阶信息变化。如果再增加公共知识到 μDML 中可能会使它更加难以进行公理化。

六、从行动项到行动语句

正如前面所显示的，语义问题必须利用克里普克模型的方法来表达信息，即用可及关系来表达关于世界的信息，也包括高阶信息。为了适应新的信息，有时需要增加新的世界和可及关系到这些新的世界里。存在的问题是这些世界来自哪里，在 Gerbrandy 和 Renardel 的方法中，主要是通过修正克里普克的模型的方法，利用树来解决这一难题。在该方法中每一个因素或者用可能世界或者用箭头来实现，从而和语句的解释相区分。

van Ditmarsch 对该问题的解决更精致一些，不过其对语义的处理显得相当的笨拙。因此新世界可以通过具有不确定的行动来建立，而可及关系则可以通过模型世界内部结构来确定。

由 Baltag 等所提供的解决方法是把世界看做是由静态模型和行动模型中的世界的乘积组成。其中建立了新的世界和新的可及关系，它们都是建立在静态模型和动态模型的基础之上的。该方法的主要特征是其语义是从点开始的，而语言利用其他的方法。Baltag 等的解决方法是把所有的行动模型都嵌入到这种语言中。

七、行动语言

下面将重点研究一个新的逻辑 ALL（行动语言逻辑）。首先观察的是如果认知行动可以用克里普克模型来描述，那么就存在有一个模态语言可以在这些模型中得到解释。

定义 5.38　行动语言　行动语言 $\mathscr{L}^{A}_{PA}$ 根据下面的规则给出：

$\alpha ::= \bot \mid ?\varphi \mid \neg\alpha \mid \alpha_1\wedge\alpha_2 \mid K_a\alpha \mid C_B\alpha$

其中，$\varphi\in\mathscr{L}^{C}_{PA}$，$a\in\mathscr{A}$，并且 $\mathscr{B}\in\mathscr{A}$。

该思想在 Baltag 等（1999）一文中有详细的介绍，它有助于发现一种行动模型的方法。该方法类似于认知逻辑的语言，不同之处是没有命题变元集，而是从 $\mathscr{L}_{PA}$ 中得到一个检测集，所以非常类似于 $\mathscr{L}^{A}_{LPA}$ 语言。$\mathscr{L}_{PA}$ 语言可以看做是行动语言的参数。已知某一语言可以在克里普克模型中得到解释，就可以令基础行动语句在该语言的语句上能够得到检测。

定义 5.39　$\mathscr{L}_{PA}^{A}$的语义　令 $\mathscr{L}_{PA}$的行动模型 $M=(W, R, \text{pre})$ 并且行动 $w\in W$ 是已知的。

$(M, w)\models_{act}?\varphi$，　当且仅当 $\text{pre}(w)\models_{stat}\varphi$

$(M, w)\models_{act}\neg\alpha$，　当且仅当 $(M, w)\models_{act}\alpha$ 并且 $M, w)\models_{act}\beta$

$(M, w)\models_{act}K_a\alpha$，　当且仅当对所有的 v 使得 $wR(a)v$，$(M, v)\models_{act}\alpha$，

$(M, w)\models_{act}C_B\alpha$，　当且仅当对所有的 v 使得 $wR(B)^{+}v$，$(M, v)\models_{act}\alpha$，

其中，第二个语句 $\text{pre}(w)\models\varphi$ 解释为部分逻辑后承。

定义 5.40　ALL 的语言　动态语言 $\mathscr{L}_{PA}$可以通过下面的规则给出：

$\varphi::=\bot\mid p\mid\neg\varphi\mid(\varphi_1\wedge\varphi_2)\mid K_a\varphi\mid C_B\varphi\mid[\alpha]\varphi$

$p\in\mathscr{P}$，$a\in\mathscr{A}$，$\mathscr{B}\subseteq\mathscr{A}$，并且 $\alpha\in\mathscr{L}_{PA}^{A}$

公式 $[\alpha]\varphi$ 的语句读做"执行行动 α 之后，φ 成立"。该语言满足下面的语义解释。

定义 5.41　$\mathcal{L}_{PA}^{A}$的语义　令静态模型 $M=(W, R, V)$，状态 $w\in W$。行动模型 $M=(W, R, \text{pre})$ 并且行动 $w\in W$ 是已知的。

$(M, w)\not\models S_{tat}\bot$，

$(M, w)\not\models_{tat}p$，　当且仅当 $v\in V(p)$

$(M, w)\not\models_{tat}\neg\varphi$，　当且仅当 $(M, w)\not\models_{tat}\varphi$

$(M, w)\not\models_{tat}\varphi\wedge\Psi$，　当且仅当 $(M, w)\not\models_{tat}\varphi$ 并且 $(M, w)\not\models_{tat}\Psi$

$(M, w)\not\models_{tat}K_a\varphi$，　当且仅当 $(M, v)\not\models_{tat}\varphi$，对所有的 v，使得 $wR(a)v$

$(M, w)\not\models_{tat}C_B\varphi$，　当且仅当 $(M, v)\not\models_{tat}\varphi$，对所有的 v，使得 $wR(B)^{+}v$

$(M, w)\not\models_{tat}[\alpha]\varphi$，当且仅当 $(M\cdot M', (w, w'))\not\models_{tat}\varphi$，对所有的 (M', w')
使得 $(M, w)\not\models \text{pre}(w')$ 并且 $(M', w')\not\models_{tat}\alpha$

其中，$\text{pre}(w)\not\models_{act}\varphi$ 又解释为局部逻辑后承。

下面关于互模似的定理成立。

定理 5.4　互模拟的保持性　令两个静态模型 (M, w) 和 (M', w')，和行动模型 (M, w) 为已知。如果 $(M, w)\underline{\leftrightarrow}'(M', w')$，那么对于每一语句 $\alpha\in\mathscr{L}_{PA}^{A}$成立，$(M, w)\models\text{pre}(w)$蕴涵 $(M\cdot M, (w, w))\leftrightarrow(M'\cdot M, (w', w))$。

证明　假设 $(M, w)\models\text{pre}(w)$。从定理 5.5 可以推出 $(M', w')\models\text{pre}(w)$，因此 $(M\cdot M, (w, w))$ 和 $(M'\cdot M, (w', w))$ 存在。现在将证

明（$M\cdot M$，（w，w））$\overleftrightarrow{\quad}$（$M'\cdot M$，（$w'$，$w$））。

令 R 是建立在（M，w）$\leftrightarrow$（m''，w'）上的互模拟。现在定义

（v，v）R（v'，v），　　　　当且仅当 vRv'

将要证明的是 R' 是一个互模拟。假设（v，v）R'（v'，v），因此 vRv'。

原子　不足道。

向前　假设（v，v）$R\cdot R$（a）（u，u），其中 $R\cdot R$（a）是在模型（$M\cdot M$）中指派到 a 的一个可及关系。因此 vR（a）u 并且 vR（a）U 和（M，u）$\models$ pre（u）。从互模拟的定义随后就可以推出存在一个世界 u' 使得 $v'R'$（a）u' 并且 uRu'。从（M，u）$\models$ pre（u）和定理 5.5 可以推出（M'，u'）$\models$pre（u）。因此（u'，u）在（$M'\cdot M$，（w'，w））中存在。所以（v'，v）$R'\cdot R$（a）（u'，u）和（u，u）R'（u'，u）成立。

向后　类似于向前的方法。

因此 R' 成立，（$M\cdot M$，（w，w））$\leftrightarrow$（$M'\cdot M$，（w'，w））。

定理 5.5　令两个静态模型（M，w）和（M'，w'）已知。如果（M，w）$\leftrightarrow$（m''，w'），那么对于每一语句 $\varphi\in\mathscr{L}_{PA}$ 成立，那么（M，w）$\models\varphi$，当且仅当，（M'，w'）$\models\varphi$。

证明　通过对 φ 进行归纳。在 φ 是变元，否定，合取，单个的认知算子或者公共知识算子的情况下，可以直接推出。

假设 φ 是形如［α］Ψ 和（M，w）$\models$［α］Ψ 的情况。以任一行动模型（M，w）为例，使得（M，w）$\models\alpha$ 并且（M，w）$\not\models$pre（w）。如果这样的行动模型不存在，那么（M'，w'）$\models$ pre（w）（根据引理 5.12）。在那种情况下，将会行动。否则，根据定理 5.4 可以推出（$M\cdot M$，（w，w））$\leftrightarrow$（$M'\cdot M$，（w'，w））。从语义和假设可以推出（$M\cdot M$，（w，w））$\models\Psi$，（$M'\cdot M$，（w'，w））$\models\Psi$ 也成立。因此（M'，w'）$\models$［α］Ψ。

现在将为 ALL 来构造一个证明系统。

定义 5.42　ALL 的静态公理和规则　ALL 的静态公理和规则由 $K_{PA}{}^{EC}$ 的所有公理和规则组成并且还包括下面的公理和规则：

$\mathrm{Distr}_{[\alpha]}$：	$[\alpha](\varphi\to\Psi)\to([\alpha]\varphi\to[\alpha]\Psi)$	（［α］一分布）
EX：	$\varphi\leftrightarrow[?\neg\varphi]\bot$	（可执行的）
AF：	$\langle\alpha\rangle p\to[\alpha]p$	（原子函数性）
AP：	$[\alpha]p\leftrightarrow(\langle\alpha\rangle T\to p)$	（原子持续性）
C：	$([\alpha]\varphi\wedge[\beta]\varphi\to[\alpha\vee\beta]\varphi$	（选择）
KA：	$K_a[\alpha]\varphi\leftrightarrow[K_a\alpha]K_a\varphi$	（知识一行动）
CKA：	$CB[\alpha]\varphi\leftrightarrow[CB\alpha]CB\varphi$	（公共知识行动）

Nec： $[\alpha]\vdash\varphi$，可以推出 $\vdash[\alpha]\varphi$ （$[\alpha]$ 的必然性）

AS $\vdash\alpha\rightarrow\beta$，可以推出 $\vdash[\alpha]\varphi\rightarrow[\beta]\varphi$ （行动静态规则）

定义 5.43 ALL 的行动公理和规则 ALL 的行动公理和规则包括 $K_{PA}{}^{EC}$ 的所有公理和规则并且还包括以下的公理和规则。

$\mathrm{Distr}_?$： $?(\varphi\rightarrow\Psi)\rightarrow(?\varphi\rightarrow?\Psi)$ （? 一分布）

$\mathrm{Nec}_?$： $\vdash\varphi$，可以推出 $\vdash?\Phi$ （? 一必然化）

如果 φ 是推演中的最后一个语句，那么 φ 是可证的，或者是可演绎的，记做 $\vdash_{\mathrm{stat}}\varphi$。如果 α 是推演中的最后一个语句，那么 α 是可证的，或者是可演绎的，记做 $\vdash_{\mathrm{stat}}\alpha$。

下面是知识行动公理的可靠性的证明。

$(M,w)\nvDash K_a[\alpha]\varphi$ {定义 5.44}

$\exists v\,(wR(a)v$ 并且 $(M,v)\nvDash[\alpha]\varphi$ {定义 5.44}

演绎定理

$[\alpha\vee\beta]\varphi\rightarrow([\alpha]\varphi\wedge[\beta]\varphi)$

证明 (1) $\alpha\rightarrow\alpha\vee\beta$ Taut

(2) $\beta\rightarrow\alpha\vee\beta$ Taut

(3) $[\alpha\vee\beta]\varphi\rightarrow[\alpha]\varphi$ AS

(4) $[\alpha\vee\beta]\varphi\rightarrow[\beta]\varphi$ AS

(5) $[\alpha\vee\beta]\varphi\rightarrow([\alpha]\varphi\wedge[\beta]\varphi)$ (3)，(4)，PL

如果对所有的命题 φ 成立，那么 $\vdash_{\mathrm{stat}}[\alpha]\varphi\leftrightarrow(\langle\alpha\rangle T\rightarrow\varphi)$ 并且 $\vdash_{\mathrm{stat}}\langle\alpha\rangle\varphi\rightarrow[\alpha]\varphi$

证明 施归纳于 φ。

基础 对于原子的情况，可能利用函数公理和原子保持公理来证。

归纳假设 假设 $\vdash_{\mathrm{stat}}[\alpha]\varphi\leftrightarrow(\langle\alpha\rangle T\rightarrow\varphi)$ 并且 $\vdash_{\mathrm{stat}}\langle\alpha\rangle\varphi\rightarrow[\alpha]\varphi$，并且 $\vdash_{\mathrm{stat}}[\alpha]\Psi\leftrightarrow(\langle\alpha\rangle T\rightarrow\Psi)$ 并且 $\vdash_{\mathrm{stat}}\langle\alpha\rangle\varphi\rightarrow[\alpha]\Psi$。

归纳步骤 否定：函数性和原子保持性

(1) $\langle\alpha\rangle\varphi\rightarrow[\alpha]\varphi$ 归纳假设

(2) $\neg[\alpha]\varphi\rightarrow\neg\langle\alpha\rangle\varphi$ (1)，换质位法

(3) $\langle\alpha\rangle\neg\varphi\rightarrow[\alpha]\neg\varphi$ (2)，定义 $[\alpha]\leftrightarrow\neg\langle\alpha\rangle\neg$

(4) $[\alpha]\varphi\leftrightarrow(\langle\alpha\rangle T\rightarrow\varphi$ 归纳假设

(5) $\neg\varphi\rightarrow(\varphi\rightarrow\bot)$ 命题逻辑重言式

(6) $[\alpha]\neg\varphi\rightarrow([\alpha]\varphi\rightarrow[\alpha]\bot)$ $[\alpha]$ 必然化和分布规则

(7) $[\alpha]\neg\varphi\rightarrow((\langle\alpha\rangle T\rightarrow\varphi)\rightarrow[\alpha]\bot$ (4)，(6)，替换

(8) $[\alpha]\neg\varphi\rightarrow((\neg\varphi\rightarrow[\alpha]\bot)\rightarrow[\alpha]\bot)$ (7)，换质位法

(9) $[\alpha]\neg\varphi\rightarrow(\langle\alpha\rangle T\rightarrow\neg\varphi)$ PL

(10) $[\alpha]\varphi\rightarrow(\langle\alpha\rangle T\rightarrow\varphi)$ (4)，PL

(11) $\neg(\langle\alpha\rangle T\rightarrow\varphi)\rightarrow\neg[\alpha]\varphi$ (10)，换质位

(12) $\neg(\langle\alpha\rangle T\rightarrow\varphi)\rightarrow[\alpha]\neg\varphi$ (1)，(11)，替换

(13) $\langle\alpha\rangle T\vee[\alpha]\bot$ PL

{14} $\bot\rightarrow\neg\varphi$ PL

(15) $[\alpha]\bot\rightarrow[\alpha]\neg\varphi$ [α] 的必然化和分布规则

(16) $\langle\alpha\rangle T\vee[\alpha]\neg\varphi$ (13)，(15)，PL

(17) $(\langle\alpha\rangle T\rightarrow\neg\varphi)\rightarrow[\alpha]\neg\varphi$ (12)，(16)，PL

(18) $[\alpha]\neg\varphi\leftrightarrow(\langle\alpha\rangle T\rightarrow\neg\varphi)$ (10)，(17)，PL

合取：函数性

(1) $\langle\alpha\rangle\varphi\rightarrow[\alpha]\varphi$ 归纳假设

(2) $\langle\alpha\rangle\Psi\rightarrow[\alpha]\Psi$ 归纳假设

(3) $\langle\alpha\rangle(\varphi\wedge\Psi)\rightarrow\langle\alpha\rangle\varphi\wedge\langle\alpha\rangle\Psi$ 模态逻辑

(4) $\langle\alpha\rangle\varphi\wedge\langle\alpha\rangle\Psi\rightarrow[\alpha]\varphi\wedge[\alpha]\Psi$ (1)，(2)，PL

(5) $[\alpha]\varphi\wedge[\alpha]\Psi\rightarrow[\alpha](\varphi\wedge\Psi)$ 模态逻辑

(6) $\langle\alpha\rangle(\varphi\wedge\Psi)\rightarrow[\alpha](\varphi\wedge\Psi)$ (3)，(4)，(5)，PL

合取：保持性（permanence）

(1) $[\alpha]\varphi\leftrightarrow(\langle\alpha\rangle T\rightarrow\varphi)$ 归纳假设

(2) $[\alpha]\Psi\leftrightarrow(\langle\alpha\rangle T\rightarrow\Psi)$ 归纳假设

(3) $[\alpha]\varphi\wedge[\alpha]\Psi\leftrightarrow(\langle\alpha\rangle T\rightarrow\varphi)\wedge(\langle\alpha\rangle T\rightarrow\Psi)$ (1)，(2)，PL

(4) $[\alpha]\varphi\wedge[\alpha]\Psi\leftrightarrow[\alpha](\varphi\wedge\Psi)$ 模态逻辑

(5) $[\alpha](\varphi\wedge\Psi)\leftrightarrow(\langle\alpha\rangle T\rightarrow\varphi)\wedge(\langle\alpha\rangle T\rightarrow\Psi)$ (3)，(4)，PL

(6) $((\langle\alpha\rangle T\rightarrow\varphi)\wedge(\langle\alpha\rangle T\rightarrow\Psi\leftrightarrow\langle\alpha\rangle T\rightarrow(\varphi\wedge\Psi)$ PL Taut

(7) $[\alpha](\varphi\wedge\Psi)\leftrightarrow(\langle\alpha\rangle T\rightarrow(\alpha\wedge\Psi))$ (5)，(6)，PL

对所有的命题语句 φ 成立，$\vdash_{stat}[?\varphi]\varphi$

(1) $\varphi\rightarrow(<?\varphi>T\rightarrow\varphi)$ Taut

(2) $[?\Phi]\varphi\leftrightarrow(<?\varphi>T\rightarrow\varphi)$ 演绎定理

(3) $\varphi\rightarrow[?\varphi]\varphi$ (1)，(2)，替换

(4) $\neg\varphi\leftrightarrow[?\varphi]\bot$ EX

(5) $[?\Phi]\bot\rightarrow[?\varphi]\varphi$ 模态逻辑

(6) $\neg\varphi\rightarrow[?\varphi]\varphi$ (4)，(5)，PL

(7) $[?\Phi]\varphi$ (3)，(6)，PL

$\vdash_{stat}$的完全性

完全性的证明是建立在 Dunin-Keplicz 和 Verbrugge（2002）的基础之上的，

其来源于 Fagin，Halpern，Moses 和 Vardi（1995）。

定义 5.44　行动闭包　α 的行动闭包是最小集$\Pi \subseteq \mathcal{L}_{PA}^{D}$，使得

（1）$\alpha \in \Pi$。

（2）如果$\beta \in \Pi$，并且γ是β的子行动，那么$\gamma \in \Pi$。

（3）如果$\beta \in \Pi$并且β本身不是否定的，那么$\neg\beta \in \Pi$。

（4）如果$C_B\beta \in \Pi$，那么对所有的$a \in B$，$K_a C_B \beta \in \Pi$。

注意任意行动α的闭包都会产生一个有限的语句集Π。

定义 5.45　在Π中的最大一致性　令Π是一个行动闭包。一个有限的语句集Γ，使得$\Gamma \subseteq \Pi$是在Π中最大一致的，当且仅当：

（1）Γ是一致的，也就是说$\nvdash_{act} \neg(\bigwedge_{\beta \in \Gamma}\beta)$；

（2）不存在$\Gamma' \subseteq \Pi$，使得$\Gamma \subset \Gamma'$并且Γ'是一致的。

引理 5.11　林登鲍姆　令Π是一致的β的闭包。如果$\Gamma \subseteq \Pi$是一致的，那么存在有一个集合$\Gamma' \subseteq \Pi$，使得$\Gamma \subset \Gamma'$并且Γ'是极大一致的。

证明　因为Π是有限的，Π中的元素可能是可以列举的。假设（Π）$=k$并且$_i$（$1 \leqslant i \leqslant k$）是这些可列举的第$i$个行动语句。现在定义$\Gamma_i$（$1 \leqslant i \leqslant k$）如下：

$\Gamma_0 = \Gamma$

$$\Gamma_{i+1} = \begin{cases} \Gamma_i, & \text{如果 } \Gamma_i \cup \{\alpha_{i+1}\} \text{ 是不一致的} \\ \Gamma_i \cup \{\alpha_{i+1}\}, & \text{否则} \end{cases}$$

很容易看出，在α中，Γ_k是极大一致的。

定义 5.46　反模型　令行动语句α是已知的反模型，对于该语句$M_\alpha = (W_a, R_a, \mathrm{pre}_a)$通过下面给出：

$W_a = \{\Gamma \subseteq \Pi \mid \Gamma \text{ 是极大一致的}\}$

$\Gamma R_a(a)\Delta$，当且仅当$\beta \in \Delta$，对所有的β，使得$\Box_a \beta \in \Gamma$。

$pre_a(\Gamma) = \bigwedge_{?\varphi \in \Gamma}\varphi$

引理 5.12　有限赋值　令Γ是Π中的极大一致集。

（1）如果$\neg\beta \in \Pi$，那么$\neg\beta \in \Gamma$，当且仅当$\beta \notin \Gamma$。

（2）如果$\beta \wedge \gamma \in \Pi$，那么$\beta \wedge \gamma \in \Gamma$，当且仅当$\beta \in \Gamma$并且$\gamma \in \Gamma$。

（3）如果$K_a\beta \in \Pi$，那么$K_a\beta \in \Gamma$，当且仅当$\beta \in \Delta$，对所有的带有$\Gamma R(a)\Delta$的Δ。

（4）如果$CB_\beta \in \Pi$，那么$C_B\beta \in \Gamma$，当且仅当$\beta \in \Delta$，对所有的Δ使得$\Gamma R(B)^+\Delta$。

证明可以参照 Dunin-Keplicz 和 Verbrugge（2002）。

引理 5.13　有限真值　如果$\Gamma \in W_a$，那么对所有$\beta \in \Pi$成立，且$(M_a, \Gamma) \vDash_{act}\beta$，当且仅当，$\beta \in \Gamma$。

证明　施归纳于β。假设β是形如$?\varphi$和$?\varphi \in \Pi$这样的公式。如果(M_α, Γ)

$\models_{act}$? φ，那么 pre_α（Γ）$\models_{act}\varphi$。Pre_α（Γ）和 φ 都在 $\mathscr{L}_{PA}^{EC}$ 中，因此，根据 K_{PA}^{EC} 的完全性和 pre_α（Γ）$\vdash_{act}\varphi$。$\Gamma\vdash_{act}$? pre_α（Γ），通过重复运用 Distr? 和 MP 规则，可以得到? $\varphi\in\Gamma$。另一方向也成立。对其他的情况可以参看 Dunin-Keplicz 和 Verbrugge（2002）。

定理 5.6　完全性　如果 $\models_{act}\alpha$，那么 $\vdash_{act}\alpha$。

证明　假设 $\nvdash_{act}\alpha$。因此，也就是说，$\neg\alpha$ 是一致的。因此存在有一个极大一致集 Γ，$\neg\alpha$ 在行动闭包 Π 中使得 $\neg\alpha\in\Gamma$。因为有限真值引理，可以得出（$M_{\neg\alpha}$，Γ）$\models_{act}\neg\alpha$，并且因此（$M_{\neg\alpha}$，Γ）$\nvDash_{act}\alpha$。

以上给出了动态认知逻辑的语言，语义以及可靠性和完全性的证明。下面我们来介绍一种特殊的动态认知逻辑，即公开宣告逻辑。

第四节　公开宣告逻辑

现在，让重新回到上面提到的问答情境，重点解释公开宣告逻辑。

定义 5.47　公开宣告逻辑的语言　公开宣告逻辑（PAL）的语言是在认知语言中增添了行为模态词，定义如下：

公式：　$P::=p\mid\neg\varphi\mid\varphi\vee\Psi\mid K_a\varphi\mid C_G\varphi\mid[A]\varphi$

行为模态词：　$A::=!P$

定义 5.48　真值解释　动态的行为模态词的语义解释如下。

M，s $\models[!P]\varphi$，当且仅当如果 M，s $\models P$，那么 $M\mid P$，s $\models\varphi$。

在公开宣告的条件下，有如下完备的信息变化的逻辑演算（参见 Gerbrandy，1999）。

定理 5.7　不带公共知识的公开宣告逻辑可以由下面的公式和推理规则进行公理化。

所有命题逻辑重言式的特例如下：

$K_a(\varphi\rightarrow\Psi)\rightarrow(K_a\varphi\rightarrow K_a\Psi)$

$K_a\varphi\rightarrow\varphi$　　真值公理

$K_a\varphi\rightarrow K_aK_a\varphi$　　正反省

$\neg K_a\varphi\rightarrow K_a\neg K_a\varphi$　　负反省

$[!P]q\leftrightarrow(P\rightarrow q)$　　对任意原子命题 q

$[!P]\neg\varphi\leftrightarrow(P\rightarrow\neg[!P]\varphi)$

$[!P](\varphi\wedge\Psi)\leftrightarrow([!P]\varphi\wedge[!P]\Psi)$

$[!P]K_a\varphi \leftrightarrow (P \to K_a[!P]\varphi)$

分离规则（MP）：从 $\varphi \to \Psi$ 和 φ，推出 Ψ。

必然化规则（Nec）：从 φ，推出 $K_a\varphi$。

这种类型的证明同时是对归约条件进行的启发式分析，它还能解释更多的将在下文中发现的归约公理。

这些精致的公理通过观察、交流或其他可靠的方式分析了有新信息作用的推理。这种方法有两个主要特征。首先，这种分析是组合的，逐步打开了动态模态词 $[!P]$ 后面的“附加条件”。其次，动态的“归约公理”将动态认知语言中的每一个公式逐步划归为只包含静态的纯认知语言的等价公式。就模型而言，这意味着当前的静态模型已经包含了主体交流他们的知识后发生变化的所有信息。这个特性给静态的基本语言有所限制：该语言必须够丰富，足以进行预编码。例如，条件句为信念修正的未来行为的趋向预编码。用一个口号来讲，就是：“目前的认知/信念已经包含了未来的认知”。就逻辑而言，归约程序意味着 PAL 是可判定的，因为它在静态认知的基本语言上是可判定的。PAL 还有更丰富的内容，包含基于互模拟的模型理论，表达力的问题和计算复杂性。它们中的一些将在下文中涉及。参见 van Benthem（2006c）对未解决的问题的概述。

和基本的认知逻辑一样，公开宣告逻辑也是可判定的。在这个基本语言上的一些扩张依然保持可判定性这一性质，如构建程序的交（∩）运算。扩张模态语言在应用中是经常出现的。

同样，可以得到带公共知识算子的公开宣告逻辑的公理化系统。详细的信息可以参考 van Ditmarsh 等（ 2007）中第 3.8 节的讨论。

(1) 关于 PAL 的一些语义关键点 。现在简单地回顾一些 PAL 的语义特征，它对理解后面同类型的动态逻辑是重要的。

(2) 在真值和持久性方面的改变。一般地，新信息不会改变原子事实，但会改变主体的知识或无知。结果，在断定 $K_a\varphi$ 和 $C_G\varphi$ 时，真值的变化可能是微妙的，并且动态认知逻辑的观点一直在作用于它们。一些真命题甚至在宣告后有了变成假命题的这一反常的特性。举一个关于摩尔类型断定的例子：

$\neg K_a p \wedge p$　“你不知道 P，但是 P 是真的”

在宣告后，事实 p 变成了公共知识，然后否认了第一个合取肢。然而，其他的断定有这种性质——在宣告后的确成为公共知识。例如，下面的所有公式对这一点成立：

$(\neg)\ p$，$(\neg)\ q$，$\cdots \mid \varphi \wedge \Psi \mid \varphi \vee \Psi \mid K_a\varphi \mid C_G\varphi$

特别地，PAL 有一个明显的子逻辑——只有宣告事实的断定而没有任何认知算子。在这种情况下，任何宣告！P 都产生 P 的公共知识，并且归约过程更简单。

(3) 作为动态模态词的条件句。归约公理 $[!P]K_a\varphi \leftrightarrow P \to K_a[!P]\varphi$

的确等值于另一种形式：

$[!P]K_a\varphi \leftrightarrow P \rightarrow K_a(P \rightarrow [!P]\varphi)$。

这一点在上面的可靠性证明中已看到。在右边前件 P 刚好陈述了 P 成真宣告的前提条件。公理的剩下部分是讲下面的两个观点是等价的：

(1) 一旦增加信息 P 就知道 φ。

(2) 知道条件 P 蕴涵 φ，这里 $[!P]\varphi$ 再次描述了更新后 φ 为真。

这里并且以后只要？是非认知事实的陈述，则 φ 和 $[!P]\varphi$ 的区别可以忽略。在这种情况下，公理将归约成更简单的版本。

条件句 $A \Rightarrow B$ 类似于动态模态词 $[!A]B$ 这一观念是一个老的共识，在 PAL 的背景下，两条明显的原理很直接地从最小模态公理中得到。

事实 5.1 下面规则对于动态宣告的条件句是有效的：

(1) 后件的合取 ($A \Rightarrow B$，$A \Rightarrow C$ 蕴涵 $A \Rightarrow B \wedge C$)；

(2) 在后件中向上的单调性 ($A \Rightarrow B$ 蕴涵 $A \Rightarrow B \vee C$)；

对于下列情况，在具体的动态更新的模型中存在反例。

(3) 自返性，在前件中向下的单调性，前件的析取，严格的传递性，严格的单调性。

尽管如此，在系统中也有一些新的条件有效，看下一条并非经典但很有趣的条件句规则：$A \Rightarrow (B \Rightarrow C) \leftrightarrow (A \Rightarrow B) \Rightarrow C$，它将对应于下面的迭代原理。以前提到过，仅就非认知的前件和后件而言，更新不改变真值，并且条件句是普通的模态蕴涵式。留下动态更新的条件句的完备逻辑作为一个悬而未决的问题。

迭代 断定能被迭代以便形式化复杂的交流，博弈等。PAL 的语言通过重叠模态算子来描述这种断定，如：$[!A][!B]\varphi$。

但是逻辑有一条有趣的有效原理，它表明两次连续断定的效果也可以仅通过一次断定来完成：

事实 5.2 $[!A][!B]\varphi \leftrightarrow [!(A \wedge [!A]B)]\varphi$ 是一条有效的 PAL 原理。

的确，这条原理是模式有效的，即它的每一个代入特例也是有效的。模式有效不是所有 PAL 公理的特征，看一下前面提到的原子命题的一条归约公理：

$[!P]q \leftrightarrow P \rightarrow q$

当用一个任意的认知公式替代 q，显然它不成立，但对于这条逻辑运算的归约公理是模式有效的。PAL 的模式有效式能否被公理化？这一点不为人所知，更不要说是否是可判定的了。

研究迭代之后很自然是将一些复杂的指令用在交流中——通过使用计算机程序中三个众所周知的运算来实现：

(1) 序列复合 ;

(2) 安保选择 如果……则……否则 ……

(3) 安保迭代 当……执行……

关键的是，说事情在一定程度上都是有序的，所要说的可能还依赖于环境。在讲奉承话或威胁的话时，不断重复，直到达到想要的效果。在交流中丰富的语言有简单的语法和语义，它们类似于命题动态逻辑 PDL 中的语法和语义——一些关键的方法也与 PAL 相似。例如，对于认知互模拟，它的公式也有不变性。但意想不到的是有关有效的复杂性问题，请看下面的结果：

定理 5.8 带所有的 PDL 程序运算（运算增加到语言的行动部分）的 PAL 是不可判定的，甚至是不能公理化的。

第五节 动态认知逻辑的完全性

一、引言

人们可能会将逻辑只简单地看做是公式集。在集合中的公式都是“良定义的”并且在集合之外的公式都是“非良定义的”。有许多种方法来对这样的公式集进行说明。其中常用的标准的方法有两种，一种是语义的方法，另一种方法是通过证明系统来进行说明。假设某人试图分别采用语义的方法和证明系统的方法来刻画同一个集合，他可能会同时采用种两种方法来刻画这些公式集。根据语义如果所有的演绎公式都是有效的，那么证明系统称做相对于该语义是可靠的（$\vdash\varphi\rightarrow\vDash\varphi$）。如果一个证明系统相对于某个确定的语义是完全的，那么根据语义每一个有效的公式都是在该证明系统中是可演绎的（$\vDash\varphi\rightarrow\vdash\varphi$）。通常也很容易证明一个证明系统是可靠的，在介绍一个系统的时候，就已经表明了该证明系统是可靠的，完全性通常更难以证明。在此将证明某些常见的证明系统的完全性。

完全性经常可以根据逆推（contraposition）的方法来进行证明。即不直接去证明每一个有效的公式都是可演绎的，而是证明如果一个公式不是可演绎的，那么存在一个状态，在该状态上该公式不是真的。通常可以通过构造一个模型，其中每一个一致的公式在典范模型（canonical model）中都是真的。该方法也可以用来证明基本的认知逻辑系统 S5。S5 的完全性将会在本节第二部分中进行证明。当将公共知识增加到认知语言中的时候，不能够构造一个关于所有一致公式的模型。如果是那样的话，该构造的模型只适用于该语言的有穷片段。S5C的完全性将会在本节第三部分中得到证明。有时不必构造一个该逻辑的典范模型。不带公共知识的公开宣告逻辑正好和 S5 系统具有同样的表达力。也就是说，对在$\mathcal{L}_{K[]}$中的任意的公式，都可以在$\mathcal{L}_K$中找一个对应的公式，使得这两个公式是等价的（并且反过来也成立）。这些公式可以运用公开宣告和其他逻辑算子的相互作用的公理，用系统的方法通过翻译来实现。通过公理，可以发现每一个公式都是可证的等价于它的翻译是可证的。采用这种方法不带有公共知识的公开宣告逻辑的完全性可以从 S5 系统的完全性中推出。在本节第四部分中，将会对此进行证明。在 PAC 的完全性的证明过程中可以把 S5C 的完全性的证明和 PA 的完全性的证明进行组合。所以可以构造该语言的有穷片段的模型，其中就是利用公理来刻画公开宣告和其他逻辑算子之间的相互作用。带有公共知识的公开宣告逻辑的完全性的证明将会在本节第五部分中进行。对于不含公共知识的且含有行动的模型的一般的逻辑形式系统将会在本节第六部分和本节第七部分中得到证明。在本节第八部分中，介绍了一种相关的公共知识，其允许一个简单的带有公共知识和公开宣告算子的逻辑的完全性的证明。

二、基本系统：S5

本部分将证明认知逻辑的基本系统 S5 的完全性。构造一个模型，其中每一个一致的公式在某个状态下是真的。在一个模型中，一个状态确定（determine）在该语言中的每一个公式的真值。在证明论中类似于状态的项（terms）是一个极大一致的公式集。

公理系统：

(1) 所有命题重言式的实例

(2) $K_a(\varphi\to\Psi)\to(K_a\varphi\to K_a\Psi)$　　K_a对→的分布公理

(3) $K_a\varphi\to\varphi$　　真值公理

(4) $K_a\varphi\to K_aK_a\varphi$　　正内省公理

(5) $\neg K_a\varphi\to K_a\neg K_a\varphi$　　负内省公理

推理规则：

(1) 从$\vdash\varphi$和$\vdash\varphi\to\Psi$，可以推出$\vdash\Psi$　　分离规则

(2) 从$\vdash\varphi$，可以推出$\vdash K_a\varphi$　　K_a的必然化规则

定义 5.49　极大一致　令$\Gamma\subseteq L_K$。Γ是极大一致的，当且仅当：

(1) 如果$\Gamma\nvdash\bot$，那么Γ是一致的；

(2) 如果没有$\Gamma'\subseteq L_K$，使得$\Gamma\subset\Gamma'$，并且$\Gamma'\nvdash\bot$，那么Γ是极大的。

这些极大一致集常常用来指典范模型中的状态集。下面所需要证明就是证

明论和语义一致性。也就是说，当一个极大一致集看做是一个状态的时候，一个公式是极大一致集的元素当且仅当该公式在该模型中的一个状态上是真的。这被认为是真值引理（truth Lemma）。为此，为了和这些极大一致集相一致，必须选择命题变元的值和关于主体的可及关系。

定义 5.50　典范模型　典范模型 $M^c=(W^c, \sim^c, V^c)$ 定义如下：

$W^c=\{\Gamma \mid \Gamma$ 是极大一致的$\}$

$\Gamma \sim_a^c \Delta$，当且仅当，$\{K_a\varphi \mid K_a\varphi \in \Gamma\} = \{K_a\varphi \mid K_a\varphi \in \Delta\}$

$V^c=\{\Gamma \in W^c \mid p \in \Gamma\}$

为了证明每一个一致的公式在典范模型的某个状态上是真的，必须满足每一个一致的公式是极大一致集的元素。下面的引理证明了任意一致的公式集都满足这个条件。

引理 5.14　林登鲍姆　每一个一致的公式集是一极大一致的公式集的子集。

证明　令 Δ 是一个一致的公式集。列举出 LK 中某些公式（注意这些公式是存在的，假设原子命题是可数的并且主体集是有限的）。令 φ_n 为该列举中的第 n 个公式。现在考虑下面的公式集序列。

$\Gamma_0=\Delta$

$$\Gamma_{n+1}=\begin{cases}\Gamma_n \cup \{\varphi_{n+1}\}, & \text{如果 } \Gamma_n \cup \{\varphi_{n+1}\} \text{ 是一致的} \\ \Gamma_n, & \text{否则}\end{cases}$$

令 $\Gamma=\bigcup_{n\in N}\Gamma_n$。显然 $\Delta\subseteq\Gamma$。现在证明 Γ 既是一致的又是极大的。首先证明 Γ 是一致的，通过对 n 进行归纳可知每一个 Γ_n 是一致的。根据假设 Γ_0 是一致的。如果 Γ_n 是一致的，那么 Γ_{n+1} 是一致的。因此可以推出仅通过有限多的公式而得到的 Γ 是一致的。

其次证明 Γ 是极大的。任取一公式 φn 使得 $\varphi n \notin \Gamma$。那么 $\varphi n \notin \Gamma_n$。因此 $\Gamma_n \cup \{\varphi n\}$ 是不一致的。因此 $\Gamma \cup \{\varphi n\}$ 也是不一致的。因为 φn 是任意的，因此不存在 Γ' 使得 $\Gamma \subset \Gamma'$ 并且 Γ' 是一致的。

当证明真值引理的时候，将会用到下面的极大一致集的性质。

引理 5.15　如果 Γ 和 Δ 是极大一致集，那么

(1) Γ 是演绎封闭的；

(2) $\varphi \in \Gamma$ 当且仅当 $\neg\varphi \notin \Gamma$；

(3) $(\varphi \wedge \Psi) \in \Gamma$ 当且仅当 $\varphi \in \Gamma$ 并且 $\Psi \in \Gamma$；

(4) $\Gamma \sim_a^L \Delta$ 当且仅当 $\{K_a\varphi \mid K_a\varphi \in \Gamma\} \subseteq \Delta$；

(5) $\{K_a\varphi \mid K_a\varphi \in \Gamma\} \vdash \Psi$ 当且仅当 $\{K_a\varphi \mid K_a\varphi \in \Gamma\} \vdash K_a\Psi$。

证明　假设 Γ 和 Δ 都是极大一致集。

(1) 假设 $\Gamma \vdash \varphi$。那么 $\Gamma \cup \{\varphi\}$ 也是一致的。因此，根据极大性，$\varphi \in \Gamma$。

(2) 从左到右。假设 $\varphi \in \Gamma$。根据一致性，$\neg\varphi \notin \Gamma$。

从右到左。假设$\neg\varphi\notin\Gamma$。根据极大性$\Gamma\cup\{\neg\varphi\}\vdash\bot$。然而$\Gamma\vdash\varphi$。因此$\varphi\in\Gamma$，因为$\Gamma$是演绎封闭的（根据引理的第（1）条性质）。

（3）$(\varphi\wedge\Psi)\in\Gamma$等价于$\varphi\in\Gamma$并且$\Psi\in\Gamma$，因为$\Gamma$是演绎封闭的（根据引理的第（1）条性质）。

（4）从左到右可以立即从$\sim^c$的定义得出。

从右到左。假设$\{K_a\varphi\mid K_a\varphi\in\Gamma\}\subseteq\Delta$。假设$K_a\varphi\in\Delta$。因此，根据引理的第（2）条性质，$\neg K_a\notin\Delta$，并且$K_a\neg K_a\varphi\notin\Delta$。因此根据假设和$\sim_a^c$的定义，$K_a\neg K_a\varphi\notin\Gamma$，并且因此根据负内省公理有$\neg K_a\varphi\notin\Gamma$。因此，根据引理的第（2）条性质，$K_a\varphi\in\Gamma$。

（5）从右到左可以直接从$\vdash K_a\Psi\to\Psi$。

从左到右。假设$\{K_a\varphi\mid K_a\varphi\in\Gamma\}$。假设$\{K_a\mid K_a\varphi\in\Gamma\}\vdash\Psi$。因此，存在一个有限子集$\Gamma'\subseteq\{K_a\varphi\mid K_a\varphi\in\Gamma\}$使得$\vdash\wedge\Gamma'\to K_a\Psi$。因此，根据必然化规则和分布公理可得：$\vdash K_a\wedge\Gamma'\to K_a\Psi$。因此$\vdash\wedge\{K_a\chi\mid\chi\in\Gamma'\}\to K_a\Psi$。因为$\vdash K_a\varphi\to K_aK_a\varphi$，$\{K_a\mid K_a\varphi\in\Gamma\}\vdash\wedge\{K_a\chi\mid\chi\in\Gamma'\}$。因此，$\{K_a\varphi\mid K_a\varphi\in\Gamma\}\vdash K_a\Psi$。

利用这些性质，就可以证明真值引理。

引理 5.16　真值引理　对每一个$\varphi\in\mathcal{L}_k$和每一极大一致集Γ：$\varphi\in\Gamma$，当且仅当，$(M^c,\Gamma)\models\varphi$。

证明　通过施归纳于φ。

基础情况　假设φ是命题变p。那么根据V_p^c的定义，$p\in\Gamma$，当且仅当，$p\in V_p{}^c$，其中根据语义，等价于$(M^c,\Gamma)\models p$。

归纳假设　对每一极大一致集Γ和对已知的φ和Ψ，此时$\varphi\in\Gamma$，当且仅当，$(M^c,\Gamma)\models\varphi$，并且$\Psi\in\Gamma$，当且仅当，$(M^c,\Gamma)\models\Psi$。

归纳步骤：分情况进行

对于$\neg\varphi$：$\neg\varphi\in\Gamma$等价于$\varphi\notin\Gamma$，根据引理 5.15 的第 2 条性质。根据归纳假设，等价于$(M^c,\Gamma)\models\neg\varphi$。

对于$\varphi\wedge\Psi$：$(\varphi\wedge\Psi)\in\Gamma$等价于$\varphi\in\Gamma$并且$\Psi\in\Gamma$，根据引理 5.15 的第 3 条性质。根据归纳假设，等价于$(M^c,\Gamma)\models\varphi$并且$(M^c,\Gamma)\models\Psi$，根据语义，它等价于$(M^c,\Gamma)\models\varphi\wedge\Psi$。

对于$K_a\varphi$：①从左到右。假设$K_a\varphi\in\Gamma$。取任意一极大一致集Δ。假设$\Gamma\sim_c^a\Delta$。所以$K_a\varphi\in\Delta$，根据$\sim_c^a$的定义。因此$\vdash K_a\varphi\to\varphi$，并且$\Delta$是演绎封闭的，只可能是这种情况，即$\varphi\in\Delta$。根据归纳假设，它等价于$(M^c,\Delta)\models\varphi$，因此，$\Delta$是任意的，$(M^c,\Delta)\models\varphi$，对所有的$\Delta$使得$\Gamma\sim ca\Delta$。根据语义，它等价于$(M^c,\Gamma)\models K_a\varphi$。②从右到左。假设$(M^c,\Gamma)\models K_a\varphi$。因此$(M^c,\Delta)\models\varphi$，对所有的$\Delta$使得$\Gamma\sim_a^c\Delta$。现在，只需要证明$\{K_a\chi\mid K_a\chi\in\Gamma\}\vdash\varphi$。利用反证法，假

设下面的集合成立：

$\Lambda=\{\neg\varphi\}\cup\{K_a\chi\mid\chi\in\Gamma\}$

是一致的。根据林登鲍姆引理，Λ 是极大一致集 Θ 的子集。显然 $\{K_a\chi\mid K_a\chi\in\Gamma\}\subseteq\Theta$。因此，根据引理 5.15 的第 4 条性质，$\Gamma\sim_a^c\Theta$。因此$\neg\varphi\in\Lambda$，并且 Θ 是极大一致的。$\varphi\notin\Theta$。根据归纳假设，这等价于 $(M^c,\Theta)\not\models\varphi$。这和假设相矛盾。因此 $\{K_a\chi\mid K_a\chi\in\Gamma\}\vdash\varphi$。根据引理 5.15 的第 5 条性质，这蕴涵着 $\Gamma\vdash K_a\varphi$。因此 $K_a\varphi\in\Gamma$。

必须证明典范模型满足所限制的 S5 系统。即可及关系是一种等价关系。这些特征可以通过真值公理、正内省公理和负内省公理来表达。要熟记这些对应框架的性质。现在需要处理模型，但该模型也满足这些公理所具有的性质。

引理 5.17 典范性 典范模型是自返的，传递的和欧性的。

证明 这可以从$\sim_a^c$的定义直接推出。

现在完全性的证明就变得非常容易了。

定理 5.9 完全性 对每一 $\varphi\in\mathcal{L}_K$，如果 $\models\varphi$，那么 $\vdash\varphi$。

证明 根据移位法。假设 $\nvdash\varphi$。那么 $\{\neg\varphi\}$ 是一致集。根据林登鲍姆引理 $\{\neg\varphi\}$ 是极大一致集 Γ 的子集。根据真值引理 $(M^c,\Gamma)\models\neg\varphi$。因此 $\not\models\varphi$。

由于紧致性定理的存在使得引理 5.17 显得有些多余，但是典范模型就是 $S5$ 模型。该定理并没有涉及模型类或者显性的证明系统，但如果这样做的话，就需要将其改写为

对每一 $\varphi\in\mathscr{L}_K$，如果 S5 $\models\varphi$，那么 S5 $\vdash\varphi$。

因此，典范模型必须是 S5 模型。

三、S5C：对不满足紧致性定理的情况的处理

证明系统 S5C 的公理如下：

在 S5 证明系统的基础上增加如下的公理和推理规则：

(6) $C_B(\varphi\to\Psi)\to(C_B\varphi\to C_B\Psi)$	C_B对→的分布公理
(7) $C_B\varphi\to(\varphi\wedge E_BC_B\varphi)$	混合公理
(8) $C_B(\varphi\to E_B\varphi)\to(\varphi\to C_B\varphi)$	归纳公理

增加的推理规则：

(3) 从 $\vdash\varphi$，可以推出 $\vdash C_B\varphi$	C_B的必然化规则

在此将要证明 S5C 的完全性。注意如果至少存在两个主体的时候，S5C 并不是紧致性的。取集合

$$\Lambda=\{E_{Bn}p\mid n\in\mathbb{N}\}\cup\{\neg C_Bp\}$$

其中E_{B_n}是缩小，表示n的序列的EB算子。B中至少包含两个算子。Λ的每一个有限的子集都是可满足的，但是Λ却不是可满足的。这表示最困难的事情就是如何去构造一个S5系统的典范模型且具有无限的极大一致集，因为不能保证可数多的一致集的并是可不，其是一个典范模型的整个思想。因此通过对有用的公式构造一个有限模型表示只是该语言的一个有限的片段。该片段被看做是封闭的公式。

定义 5.51　子公式　令$\mathrm{Th}\subseteq\mathscr{L}_{KC}$，那么对于所有的$\varphi\in\mathrm{Th}$，Sub（Th）是Sub（$\varphi$）的并集，其中Sub（$\varphi$）被定义为

Sub（φ）$=\varnothing$，如果$\varphi\in L_{KC}$

Sub（φ）$=$Sub（φ）

Sub（$\varphi\vee\Psi$）$=$Sub（$\varphi\wedge\Psi$）$=$Sub（$\varphi\rightarrow\Psi$）$=$Sub（φ）$\cup$Sub（Ψ）

Sub（$K_a\varphi$）$=\{\varphi\}$

例如：在K_a出现在公式的最外面时，便不再进一步分析公式结构。所以，如果$\mathrm{Th}=\{K_aK_aq，K_a（K_ap\vee r），\neg K_ar，s\}$，那么Sub（Th）$=\{\neg K_aq，（K_ap\vee r），r\}$。

定义 5.52　封闭　令cl：$\mathscr{L}_{KC}\rightarrow P$（$\mathscr{L}_{KC}$），是一个函数，使得对每一个$\varphi\in\mathscr{L}_{KC}$，$cl$（$\varphi$）是最小的集合使得：

（1）$\varphi\in cl$（φ）；

（2）如果$\Psi\in cl$（φ），那么Sub（Ψ）$\subseteq cl$（φ）（其中Sub（Ψ）是Ψ的子公式）；

（3）如果$\Psi\in cl$（φ）并且Ψ是非负的，那么$\neg\Psi\in cl$（φ）；

（4）如果$C_B\Psi\in cl$（φ），那么$\{K_aC_B\Psi\mid a\in B\}\subseteq cl$（$\varphi$）。

只构造该片段的典范模型。该模型是有限的，因此该片段是有限的。

引理 5.18　cl（φ）　关于所有的公式$\varphi\in\mathscr{L}_{KC}$是有限的。

证明　通过施归纳于φ。

（1）基础情况。如果φ是命题变p，那么φ的封闭集是$\{p，\neg p\}$，是有限的。

（2）归纳假设。cl（φ）和cl（Ψ）是有限的。

（3）归纳步骤。下面分情况进行。对$\neg\varphi$：$\neg\varphi$的封闭是集合$\{\neg\varphi\}\cup cl$（φ）。因为根据归纳假设，cl（φ）是有限的，因此该集合是有限的。对（$\varphi\wedge\Psi$）：（$\varphi\wedge\Psi$）的封闭是集合$\{(\varphi\wedge\Psi)，\neg(\varphi\wedge\Psi)\}\cup cl$（$\varphi$）$\cup cl$（$\Psi$）。因为根据归纳假设，$cl$（$\varphi$）和$cl$（$\Psi$）是有限的，所以该集合是有限的。对$K_a\varphi$：$K_a\varphi$的封闭是集合$\{K_a\varphi，\neg K_a\varphi\}\cup cl$（$\varphi$）。因为根据归纳假设，$cl$（$\varphi$）是有限的，该集合是有限的。对$C_B\varphi$：$C_B\varphi$的封闭是下面的并，$cl$（$\varphi$）$\cup\{C_B\varphi，\neg C_B\varphi\}\cup\{K_aC_B\varphi，\neg KaC_B\varphi\mid a\in B\}$。因为根据归纳假设$cl$（$\varphi$）是有限的，该集合是

有限的。

现在开始考虑关于这样的封闭的一致集是极大一致的集合，而不是关于整个语言。

定义 5.53 在 Φ 中的极大一致 令 $\Phi\subseteq\mathscr{L}_{KC}$ 是某些公式封闭的。在 Φ 中的 Γ 是极大一致的，当且仅当：

(1) $\Gamma\subseteq\Phi$；

(2) Γ 是一致的：$\Gamma\nvdash\bot$；

(3) 在 Φ 中的 Γ 是极大的：不存在有 $\Gamma'\subseteq\Phi$ 使得 $\Gamma\subset\Gamma'$ 并且 $\Gamma'\nvdash\bot$。

在 Φ 中的这些极大一致集在关于 Φ 的典范模型中被看做是状态。因为这些集合是有限的，这样的集合的合取是一个有限的公式。令 $\underline{\Gamma}=\wedge\Gamma$，赋值和可及关系的定义和 $S5$ 系统中的定义相同。

定义 5.54 关于 Φ 的典范模型 令 Φ 是某些公式的封闭。关于 Φ 的典型模型 $M^c=(W^c, \sim^c, V^c)$ 可以定义如下：

(1) $W^c=\{\Gamma\mid$ 在 Φ 中的 Γ 是极大一致的$\}$；

(2) $\Gamma\sim_a^c\Delta$，当且仅当，$\{K_a\varphi\mid K_a\varphi\in\Gamma\}=\{K_a\varphi\mid K_a\varphi\in\Delta\}$

(3) $V_p{}^c=\{\Gamma\in W^c\mid p\in\Gamma\}$

和林敦登鲍引理相似现在就是不足道的了，因为 Φ 是有限的。但仍然需要对它进行证明。

引理 5.19 林登鲍姆 令 Φ 是某些公式的封闭，每一个 Φ 的一致的子集是 Φ 中的一个极大一致集的子集。

证明 令 $\Delta\subseteq\Phi$ 是由公式组成的一致集。令 $|\Phi\models n$。令 φ_k 为 Φ 中的可数的第 k 个公式。现在考虑下面的公式集序列。

$$\Gamma_0=\Delta$$

$$\Gamma_{k+1}=\begin{cases}\Gamma_k\cup\{\varphi_{k+1}\}, & \text{如果 }\Gamma_k\cup\{\varphi_{k+1}\}\text{ 是一致的}\\ \Gamma_k, & \text{否则}\end{cases}$$

显然，$\Delta\subseteq\Gamma_n$。现在证明在 Φ 中，Γ_n 既是一致的又是极大的。为了证明 Γ_n 是一致的，首先施归纳于 k，每一个 Γ_k 是一致的。所以 Γ_n 是一致的。

为了证明在 Φ 中，Γ_n 是极大的，取任意的公式 $\varphi_k\in\Phi$ 使得 $\varphi_k\notin\Gamma_n$。因此 $\Gamma_{k-1}\cup\{\varphi_k\}$ 是不一致的。并且因此 $\Gamma_n\cup\{\varphi_k\}$ 是不一致的。因为 φ_k 是任意的，因此不存在有 $\Gamma'\subseteq\Phi$ 使得 $\Gamma_n\subset\Gamma'$ 并且 Γ' 是一致的。

$C_B\varphi$ 的语义采用的是 B 中的元素的可及关系的并的自返传递闭包。证明自返传递闭包的方法是将它看做是在一个通过在 B 中的主体作为标号的模型中的所有的路径。

定义 5.55 路径 从 Γ 开始的 B-路径是在 Φ 中的极大一致集 Γ_0，…，Γ_n 组成的序列，使得对所有的 k（其中 $0\leqslant k\leqslant n$）存在一个主体 $a\in B$ 使得

$\Gamma_k \sim_a^c \Gamma_{k+1}$并且$\Gamma_0=\Gamma_1$。

一个φ-路径是在Φ中的极大一致集Γ_0，…，Γ_n所组成的序列使得对所有的k（其中$0\leqslant k\leqslant n$）$\varphi\in\Gamma_k$。

取路径Γ_0，…，Γ_n的长度为n。

所使用的大部分的性质都是关于S5完全性的证明的性质。只是稍微增加了一些形式，对于具有公共知识的S5系统来说也是真的，即将其限制在闭包Φ上。但是也需要关于形如$C_B\varphi$这样的公式的一些扩充的性质，这些性质将会在具体的证明中得到体现。

引理 5.20 令Φ是某些公式的闭包。令$M^c=(W^c, \sim^c, V^c)$是关于Φ的典范模型。如果Γ和Δ是Φ中的极大一致集，那么：

（1）Γ在Φ中是演绎封闭的（对所有的公式$\varphi\in\Phi$，如果$\vdash\underline{\Gamma}\rightarrow\varphi$，那么$\varphi\in\Gamma$）；

（2）如果$\neg\varphi\in\Phi$，那么$\varphi\in\Gamma$，当且仅当，$\neg\varphi\notin\Gamma$；

（3）如果$(\varphi\wedge\Psi)\in\Phi$，那么$(\varphi\wedge\Psi)\in\Gamma$，当且仅当，$\varphi\in\Gamma$并且$\Psi\in\Gamma$；

（4）如果$\Gamma\wedge\langle K\rangle_a\Delta$是一致的，那么$\Gamma\sim_a^c\Delta$；

（5）如果$K_a\Psi\in\Phi$，那么$\{K_a\varphi \mid K_a\varphi\in\Phi\}\vdash\Psi$，当且仅当，$\{K_a\varphi \mid K_a\varphi\in\Gamma\}\vdash\Psi$；

（6）如果$C_B\varphi\in\Phi$，那么$C_B\varphi\in\Gamma$，当且仅当，对每一从Γ开始的B-路径是φ路径。

证明 （1）假设$\varphi\in\Phi$。假设$\Gamma\vdash\varphi$，因为Γ是一致的，所以$\Gamma\cup\{\varphi\}$也是一致的。因为在Φ中的Γ是极大的，必有$\varphi\in\Gamma$。

（2）假设$\neg\varphi\in\Phi$。因此$\varphi\in\Phi$，从左到右。假设$\varphi\in\Gamma$。根据一致性$\neg\varphi\notin\Gamma$。从右到左。假设$\neg\varphi\notin\Gamma$。根据极大性，那么必然有$\Gamma\cup\{\neg\varphi\}$是不一致的。因此$\Gamma\vdash\varphi$，根据引理的第（1）条性质，可知$\varphi\in\Gamma$。

（3）假设$(\varphi\wedge\Psi)\in\Phi$。假设$(\varphi\wedge\Psi)\in\Gamma$，那么$\Gamma\vdash\varphi$并且$\Gamma\vdash\Psi$。因为$\Phi$在子公式下是封闭的，也就是说$\varphi\in\Phi$并且$\in\Phi$。因此根据引理的第（1）条性质，$\varphi\in\Gamma$并且$\Psi\in\Gamma$。从左到右。假设$\varphi\in\Gamma$并且$\Psi\in\Gamma$。因此$\Gamma\vdash(\varphi\wedge\Psi)$，因此根据引理的第（1）条性质，$(\varphi\wedge\Psi)\in\Gamma$。

（4）假设$\Gamma\wedge\langle K\rangle_a\Delta$是一致的。假设不会出现下面的情况$\Gamma\sim_a^c\Delta$。因此，存在有一个公式$\varphi$使得（$a$）$Ka\varphi\in\Gamma$但$Ka\notin\Delta$或者$K_a\varphi\notin\Gamma$，但是$K_a\varphi\in\Delta$。下面就分两种情况分别进行讨论。第一，根据引理的第（2）条性质，事实上Φ在简单的否定的情况下是封闭的。$\neg K_a\varphi\in\Delta$。但是，根据正内省公理$\Gamma\vdash K_aK_a\varphi$。注意$K_aK_a\varphi\wedge\langle K\rangle_a\neg K_a\varphi$是不一致的。但是$\vdash\langle K\rangle_a\Delta\rightarrow\langle K\rangle_a\neg K_a\varphi$。因此，$\Gamma\wedge\langle K\rangle_a\Delta$是不一致的。这和最初的假设相矛盾。第二，根据引理的第（2）条性质，事实上，Φ在简单否定下是封闭的。$\neg K_a\varphi\in\Gamma$，但是，$\vdash\langle K\rangle_a\Delta\rightarrow$

$\langle K\rangle_a K_a\varphi$ 并且 $\vdash \langle K\rangle_a K_a\varphi \rightarrow K_a\varphi$。因此 $\Gamma \wedge \langle K\rangle_a \Delta$ 是不一致的，这和最初的假设相矛盾。根据以上两种情况可知，都可以导致矛盾，因此 $\Gamma \sim ca\, \Delta$.

(5) 根据真值公理，从右到左是不足道的。从左到右。假设 $\{K_a\varphi \mid K_a\varphi \in \Gamma\} \vdash \Psi$，因此 $\vdash \wedge \{K_a\varphi \mid K_a\varphi \in \Gamma\} \rightarrow \Psi$，根据必然化规则和分布公理有 $\vdash \wedge \{K_a K_a\varphi \mid K_a\varphi \in \Gamma\} \rightarrow K_a\Psi$。根据正内省公理，$\{K_a\varphi \mid K_a\varphi \in \Gamma\} \vdash \wedge \{K_a K_a\varphi \mid K_a\varphi \in \Gamma\}$。因此 $\{K_a\varphi \mid K_a\varphi \in \Gamma\} \vdash K_a\varphi$。

(6) 从左到右。可以施归纳于 B-路径的长度，但是首先需要导入归纳（做一些更长的归纳）。下面证明如果 $C_B\varphi \in \Gamma$，那么每一 B-路径是一个 φ一路径并且也是 $C_B\varphi$-路径。假设 $C_B\varphi \in \Gamma$。①基础情况。假设 B-路径的长度为0。也就是说 $\Gamma = \Gamma_0 = \Gamma_n$。因为 $\vdash C_B\varphi \rightarrow \varphi$，$C_B\varphi \in \Phi$ 并且 $\varphi \in \Phi$，并且 $\varphi \in \Gamma$。②归纳假设。如果 $C_B\varphi \in \Gamma$，那么每一 B-路径的长度 n 是 φ一路径和 $C_B\varphi$一路径。③归纳步骤。取从 Γ 开始的 B一路径的长度为 $n+1$。根据归纳假设，$C_B\varphi \in \Gamma_n$。令 a 是 B 中的一个主体，使得 $\Gamma_n \sim_a^c \Gamma_{n+1}$。因为 $\vdash C_B\varphi \rightarrow E_B C_B\varphi$ 并且 $\vdash E_B C_B\varphi \rightarrow K_a C_B\varphi$，它必然是这样的一种情况 $K_a C_B\varphi \in \Gamma_{n+1}$。根据 $\sim ca$ 的定义，和事实上 $K_a C_B\varphi \in \Phi$，因为 $C_B\varphi \in \Phi$。根据和基础情况相同的原因，$C_B\varphi \in \Gamma_{n+1}$ 并且 $\varphi \in \Gamma_{n+1}$。

(7) 从右到左。假设每一从 Γ 开始的 B一路径是 φ一路径。令 WB，φ 是由 Φ 中的所有极大一致集所组成的集合 Δ，使得每一从 Δ 开始的 B-路径也是 φ一路径。现在考虑下面的公式：

$$\chi = \vee_{\Delta \in WB,\varphi} \Delta$$

可以证明下面的公式：① $\vdash \Gamma \rightarrow \chi$；② $\vdash \chi \rightarrow \varphi$；③ $\vdash \chi \rightarrow E_B\chi$ 。从这些公式可以推出 $C_B\varphi \in \Gamma$。因为从③，根据必然化规则可以推出 $\vdash C_B$（$\chi \rightarrow E_B\chi$）。根据归纳公理，该式蕴涵 $\vdash \chi \rightarrow C_B\chi$。根据①该公式蕴涵 $\vdash \Gamma \rightarrow C_B\chi$。根据②和必然化规则及对 C_B 的分布公理，该公式蕴涵 $\vdash \Gamma \rightarrow C_B\varphi$。因此，$C_B\varphi \in \Gamma$。① $\Gamma \vdash \chi$，因为 Γ 是 χ 的析取式之一。②注意如果 Δ 在 WB，φ 中，那么 $\varphi \in \Delta$。因此 φ 是每一个 χ 析取中的合取式之一。因此 $\vdash \chi \rightarrow \varphi$。③从相反的方向进行假设，$\chi \wedge \neg E_B\chi$ 是一致的。因为 χ 是一个析取式，存在有一个析取 Δ 使得 $\Delta \wedge \neg E_B\chi$ 是一致的。同理，必然存在有 $a \in B$ 使得 $\Delta \wedge \langle K\rangle\, a \neg\chi$ 是一致的。因为 $\vdash \vee \{\Delta \mid \Delta \in W^c\}$。于是 $\Delta \wedge \langle K\rangle_{a \vee \Theta \in (Wc \setminus WB,\varphi)} \Theta$ 是一致的。因此，根据模态推理，$\Delta \wedge \vee_{\Theta \in (Wc \setminus WB,\varphi)} \langle K\rangle_a \Theta$ 是一致的。因此必然有 $\Theta \notin W_{B,\varphi}$，其是 Φ 中的极大一致集，使得 $\Delta \wedge \langle K\rangle_a \Theta$ 是一致的。但是根据引理的第（4）条性质，$\Delta_\Theta \sim_a^c$。因为 Θ 不在 W_B，φ 中。必须存在一个从 Θ 开始的 B一路径，但却不是 φ一路径。但是，那么存在一个从 Δ 开始的 B-路径而不是 φ一路径。这和 $\Delta \in W_{B,\varphi}$ 相矛盾。这是因为 Δ 是 χ 的析取式之一。因为 $\vdash \chi \rightarrow E_B\chi$。

引理 5.21 证明 $\vdash \vee$ $\{\Gamma \mid$ 在 cl（φ）中 Γ 是极大一致的$\}$。

假设$\bigvee$ {Γ | 在 cl（φ）中 Γ 是极大一致的} 不是重言式。也就是说，$\neg\bigvee$ {Γ | 在 cl（φ）中 Γ 是极大一致的} 是一致的。因此，$\bigvee$ {$\neg\Gamma$ | 在 cl（φ）中 Γ 是极大一致的} 是一致的。因此，$\bigwedge$ {$\bigvee$ {$\neg\varphi$ | $\varphi\in\Gamma$} | 在 cl（φ）中 Γ 是极大一致的}，因此，对每一个在 cl（φ）中的极大一致集 Γ，存在有一个公式 $\varphi_\Gamma\in\Gamma$ 使得 {$\neg\varphi\Gamma$ | 在 cl（φ）中的 Γ 是极大一致集} 是一致的。因为，根据林登鲍姆引理（和双重否定律）在 cl（φ）中存在有一个极大一致集和在 cl（φ）中的每一个极大一致集是不一致的。也就是说存在有一个矛盾。因此，$\vdash$，$\bigvee$ {Γ | 在 cl（φ）中 Γ 是极大一致的}。

现在准备证明真值引理。

引理 5.22　真值　令 Φ 是某些公式的闭包。令 $M^c=$（W^c，$\sim^c$，V^c）是关于 Φ 的典范模型。对所有的 $\Gamma\in W^c$，和所有的 $\varphi\in\Phi$。

$\varphi\in\Gamma$，当且仅当，（M^c，Γ）$\models\varphi$。

证明　假设 $\varphi\in\Phi$。现在继续施归纳于 φ。

基础情况：类似于引理 5.16 的证明。

归纳假设：对每一极大一致集 Γ，在这种情况下，$\varphi\in\Gamma$，当且仅当，（M^c，Γ）$\models\varphi$。

归纳步骤：对于否定，合取和初始的认知算子类似于引理 5.16 中的证明。只需要证明扩充的情况。

对于 $C_B\varphi$：假设，$C_B\varphi\in\Gamma$。从引理 5.20 的第（6）条性质可推出如果该情况成立，当且仅当，每一从 Γ 开始的 B-路径是 φ-路径。根据归纳假设，当且仅当每一 B-路径是 φ 为真的路径。根据语义等价于（M^c，Γ）$\models C_B\varphi$。

对于任意满足所有性质的典范模型必须满足关于主体的可及关系。

引理 5.23　典范性　令 Φ 是某些公式组成的闭包。关于 Φ 的典范模型是自返的，传递的和欧性的。

证明：这可以直接从$\sim_a^c$ 的定义推出。

现在证明完全性变得很容易了。

定理 5.10　完全性　对每一 $\varphi\in\mathscr{L}_{KC}$，如果 $\models\varphi$，那么 $\vdash\varphi$。

证明：根据反证法。假设 $\nvdash\varphi$，因此 {$\neg\varphi$} 是一致集。根据林登鲍姆引理 {$\neg\varphi$} 是在 cl（$\neg\varphi$）中的某极大一致集 Γ 的子集。令 M^c 是关于 cl（$\neg\varphi$）的典范模型。根据真值引理（M^c，Γ）$\models\neg\varphi$。因此 $\nvDash\varphi$。

四、根据翻译来证明不带公共知识的公开宣告逻辑的完全性

关于不带公共知识的公开宣告逻辑（PA）的完全性的证明和上面的完全性的证明是完全不相同的。证明系统 PA 如下：

前三条公理重言式的代入实例（1），分布公理（2），真值公理（3），正内省公理（4），负内省公理（5）和推理规则分离规则（1），必然化规则（2）和认知逻辑的公理系统相同，所要增加的公理有

(9) $[\varphi]p \leftrightarrow (\varphi \rightarrow p)$	原子保持性
(10) $[\varphi]\neg\Psi \leftrightarrow (\varphi \rightarrow \neg[\varphi]\Psi)$	宣告和否定公理
(11) $[\varphi](\Psi \wedge \chi) \leftrightarrow ([\varphi]\Psi \wedge [\varphi]\chi)$	宣告和合取公理
(12) $[\varphi]K_a\Psi \leftrightarrow (\varphi \rightarrow K_a[\varphi]\Psi)$	宣告和知识公理
(13) $[\varphi][\Psi]\chi \leftrightarrow [\varphi \wedge [\varphi]\Psi]\chi$	宣告的复合

定义 5.56　翻译　翻译 t：$L_{K[]} \rightarrow L_K$ 定义如下：

$t(p)=p$

$t(\neg\varphi)=\neg t(\varphi)$

$t(\varphi \wedge \Psi)=t(\varphi) \wedge t(\Psi)$

$t(K_a\varphi)=K_a t(\varphi)$

$t([\varphi]p)=t(\varphi \rightarrow p)$

$t([\varphi]\neg\Psi)=t(\varphi \rightarrow \neg[\varphi]\Psi)$

$t([\varphi](\Psi \wedge \chi))=t([\varphi]\Psi \wedge [\varphi]\chi)$

$t([\varphi]K_a\Psi)=t(\varphi \rightarrow K_a[\varphi]\Psi)$

$t([\varphi][\Psi]\chi)=t([\varphi \wedge [\varphi]\Psi]\chi)$

定义 5.57　复杂性　复杂性 c：$L_{K[]} \rightarrow \mathbb{N}$ 定义如下：

$c(p)=1$

$c(\neg\varphi)=1+c(\varphi)$

$c(\varphi \wedge \Psi)=1+\max(c(\varphi), c(\Psi))$

$c(K_a\varphi)=1+c(\varphi)$

$c([\varphi]\Psi)=(4+c(\varphi)) \cdot c(\Psi)$

引理 5.24　对所有的 φ，Ψ，和 χ：

(1) 如果 $\varphi \in Sub(\Psi)$，$c(\Psi) \geqslant c(\varphi)$；

(2) $c([\varphi]p) > c(\varphi \rightarrow p)$；

(3) $c([\varphi]\neg\Psi) > c(\varphi \rightarrow \neg[\varphi]\Psi)$；

(4) $c([\varphi](\Psi \wedge \chi)) > c([\varphi]\Psi \wedge [\varphi]\chi)$；

(5) $c([\varphi]K_a\Psi) > c(\varphi \rightarrow K_a[\varphi]\Psi)$；

(6) $c([\varphi][\Psi]\chi) > c([\varphi \wedge [\varphi]\Psi]\chi)$。

证明

(1) 通过施归纳于 Ψ。①基础情况。如果 Ψ 是命题变元，它的复杂度是 1 并且它就是它本身的子公式。②归纳假设。如果 $\varphi \in \mathrm{Sub}(\Psi)$ 并且 $c(\chi) \geqslant c(\varphi)$，如果 $\varphi \in \mathrm{Sub}(\chi)$，那么 $c(\Psi) \geqslant c(\varphi)$。③归纳步骤。可以通过分情况

进行。否定：假设 φ 是 $\neg\Psi$ 的子公式。那么 φ 或者是 $\neg\Psi$ 或者是 Ψ 的子公式。对于前一种情况，只需要通过简单的观察就可以发现，每一个公式的复杂度都大于或等于它本身的复杂度。对于后一种情况，$\neg\Psi$ 的复杂度等于 $1+c(\Psi)$。因此，如果 φ 是 Ψ 的子公式，可以立即从归纳假设推出 $c(\Psi)\geqslant c(\varphi)$。合取：假设 φ 是 $\Psi\wedge\chi$ 的子公式。那么 φ 或者是 $\Psi\wedge\chi$，或者是 Ψ 或 χ 的子公式。另外，在前一种情况下，每一个公式的复杂度大于或等于它本身的复杂度。在后一种情况下，$\Psi\wedge\chi$ 的复杂度等于 $1+\max(c(\varphi), c(\Psi))$。通过简单的数学和归纳假设，可以得出 $c(\Psi\wedge\chi)\geqslant c(\varphi)$。

单个认知算子。这种情况的证明方法完全类似于否定的证明。

公共知识。这种情况的证明方法完全类似于否定的证明。

公开宣告。假设 φ 是 $[\Psi]\chi$ 的子公式。那么 φ 或者是 $[\Psi]\chi$ 或者是 Ψ 或 χ 的子公式。另外，在第一种情况下，每一个公式的复杂度大于或者等于它本身的复杂度。在后一种情况下，$[\Psi]\chi$ 的复杂度等于 $(4+c(\Psi))\cdot c(\chi)$。利用简单的数学方法和归纳假设，可得 $c([\Psi]\chi)\geqslant c(\varphi)$。

(2) $c([\varphi]p)=(4+c(\varphi))\cdot 1$

$=4+c(\varphi)$

并且

$c(\varphi\rightarrow p)=c(\neg(\varphi\wedge\neg p))$

$=1+c(\varphi\wedge\neg p)$

$=2+\max(c(\varphi), 2)$

$=2+c(\varphi)$ 或者 3

由以上可知，两者都小于 $4+c(\varphi)$

(3) $c([\varphi]\neg\Psi)=(4+c(\varphi))\cdot(1+c(\Psi))$

$=4+c(\varphi)+4\cdot c(\Psi)+c(\varphi)\cdot c(\Psi)$

并且

$c(\varphi\rightarrow\neg[\varphi]\Psi)=c(\neg(\varphi\wedge\neg\neg[\varphi]\Psi))$

$=1+c(\varphi\wedge\neg\neg[\varphi]\Psi)$

$=2+\max(c(\varphi), 2+((4+c(\varphi))\cdot c(\Psi)))$

$=2+\max(c(\varphi), 2+4\cdot c(\Psi)+c(\varphi)\cdot c(\Psi))$

所以后者等于 $2+c(\varphi)$ *or* $4+4\cdot c(\Psi)+c(\varphi)\cdot c(\Psi)$

由以上知，两者都小于 $4+c(\varphi)+4\cdot c(\Psi)+c(\varphi)\cdot c(\Psi)$

(4) 不失一般性地假设，$c(\Psi)\geqslant c(\chi)$。那么

$c([\varphi](\Psi\wedge\chi))=(4+c(\varphi))\cdot(1+\max(c(\Psi), c(\chi)))$

$=4+c(\varphi)+4\cdot\max(c(\Psi), c(\chi))+$

$c(\varphi) \cdot \max(c(\Psi), c(\chi))$

$$= 4 + c(\varphi) + 4 \cdot c(\Psi) + c(\varphi) \cdot c(\Psi)$$

并且

$c([\varphi]\Psi \wedge [\varphi]\chi) = 1 + \max((4 + c(\varphi)) \cdot c(\Psi), (4 + c(\varphi)) \cdot c(\chi))$

$$= 1 + ((4 + c(\varphi)) \cdot c(\Psi))$$
$$= 1 + 4 \cdot c(\Psi) + c(\varphi) \cdot c(\Psi)$$

从以上可知，后者小于前者。

(5) 该种情况完全类似于否定的情况。

(6) $c([\varphi][\Psi]\chi) = (4 + c(\varphi)) \cdot (4 + c(\Psi)) \cdot c(\chi)$

$$= (16 + 4 \cdot c(\varphi) + 4 \cdot c(\Psi) + c(\varphi) \cdot c(\Psi)) \cdot c(\chi)$$

并且

$c([\varphi \wedge [\varphi]\Psi]\chi) = (4 + (1 + \max(c(\varphi), (4 + c(\varphi)) \cdot c(\Psi)))) \cdot c(\chi)$

$$= (5 + ((4 + c(\varphi)) \cdot c(\Psi))) \cdot c(\chi)$$
$$= (5 + 4 \cdot c(\Psi) + c(\varphi) \cdot c(\Psi)) \cdot c(\chi)$$

后者小于前者。

利用这些性质，可以证明每一个公式是可证的等价于它的翻译是可证的。

引理 5.25 对所有的公式 $\varphi \in \mathscr{L}_{K[]}$ 是下面这种情况。

$\vdash \varphi \leftrightarrow t(\varphi)$

证明 可以通过施归纳于 $c(\varphi)$。

基础情况：φ 它是命题变元 p。$\vdash p \leftrightarrow p$ 是不足道的。

归纳假设：对所有 φ 使得 $c(\varphi) \leqslant n$：$\vdash \varphi \leftrightarrow t(\varphi)$。

归纳步骤：对否定、合取和单个认知算子可以直接从归纳假设和引理 5.24 的第（1）条性质推出。

$[\varphi]p$：该情况可以直接从原子保持公理，引理 5.24 的第（2）条性质和归纳假设直接推出。

$[\varphi]\neg\Psi$：该情况可以从公开宣告和否定公理，引理 5.24 的第（3）条性质以及归纳假设直接推出。

$[\varphi](\Psi \wedge \chi)$：该情况可以直接从公开宣告和合取公理，引理 5.24 的第（4）条性质以归纳假设推出。

$[\varphi]K_a\Psi$：该情况可以直接从公开宣告和知识公理，引理 5.24 的第（5）条性质以及归纳假设推出。

$[\varphi][\Psi]\chi$：该情况可以直接从公开宣告复合公理，引理 5.24 的第（6）条性质以及归纳假设推出。

也可以施归纳于公式的复杂度证明翻译事实上是从 $\mathcal{L}_{K[]}$ 到 $\mathcal{L}_K$ 的函数。

性质 5.1 证明对所有的 $\varphi \in \mathcal{L}_{K[]}$，此时 $t(\varphi) \in \mathcal{L}_K$。通过施归纳于 $c(\varphi)$ 可以得到证明。

完全性可以从引理 5.25 和定理 5.9 推出。

定理 5.11 完全性 对于每一 $\varphi \in \mathcal{L}_{K[]}$，

如果 $\models\varphi$，那么 $\vdash\varphi$。

证明 假设 $\models\varphi$。因此 $\models t(\varphi)$，根据对该系统的可靠性的证明和 PA $\vdash \varphi\leftrightarrow t(\varphi)$（引理 5.25）。公式 $t(\varphi)$ 不包含任意公开宣告算子。根据 S5 的完全性（定理 5.9），因此 S5 $\vdash t(\varphi)$。也可以得到 PA $\vdash t(\varphi)$，因为 S5 是 PA 的子系统。因为 PA $\vdash\varphi\leftrightarrow t(\varphi)$，可以推出 PA $\vdash\varphi$。

五、PAC：施归纳于复杂度

下面证明带有公共知识的公开宣告逻辑的复杂度，该 PAC 的证明系统如下：

其中公理主要包括 PA 证明系统的所有公理及推演规则，另外再加如下带有公共知识的一些公理和推演规则。

(1) 所有命题重言式的实例。

(2) $K_a(\varphi\rightarrow\Psi)\rightarrow(K_a\varphi\rightarrow K_a\Psi)$	K_a 对→的分布公理
(3) $K_a\varphi\rightarrow\varphi$	真值公理
(4) $K_a\varphi\rightarrow K_aK_a\varphi$	正内省公理
(5) $\neg K_a\varphi\rightarrow K_a\neg K_a\varphi$	负内省公理
(6) $[\varphi]p\leftrightarrow(\varphi\rightarrow p)$	原子保持公理
(7) $[\varphi]\neg\Psi\leftrightarrow(\varphi\rightarrow\neg[\varphi]\Psi)$	公开宣告和否定公理
(8) $[\varphi](\Psi\wedge\chi)\leftrightarrow([\varphi]\Psi\wedge[\varphi]\chi)$	公开宣告和合取公理
(9) $[\varphi]K_a\Psi\leftrightarrow(\varphi\rightarrow K_a[\varphi]\Psi)$	公开宣告和知识公理
(10) $[\varphi][\Psi]\chi\leftrightarrow[\varphi\wedge[\varphi]\Psi]\chi$	公开宣告的复合公理
(11) $C_B(\varphi\rightarrow\Psi)\rightarrow(C_B\varphi\rightarrow C_B\Psi)$	C_B 对→的公布公理
(12) $C_B\varphi\rightarrow(\varphi\wedge E_BC_B\varphi)$	公共知识混合公理
(13) $C_B(\varphi\rightarrow E_B\varphi)\rightarrow(\varphi\rightarrow C_B\varphi)$	公共知识归纳公理

推演规则

(1) 从 $\vdash\varphi$ 和 $\vdash\varphi\rightarrow\Psi$，可以推出 $\vdash\Psi$	分离规则
(2) 从 $\vdash\varphi$，可以推出 $\vdash K_a\varphi$	K_a 的必然化规则
(3) 从 $\vdash\varphi$，可以推出 $\vdash C_B\varphi$	C_B 的必然化规则

(4) 从 $\vdash\varphi$，可以推出 $\vdash[\Psi]\varphi$ $[\Psi]$ 的必然化规则

(5) 从 $\vdash\chi\rightarrow[\varphi]\Psi$ 和 $\vdash\chi\wedge\varphi\rightarrow E_B\chi$，可以推出 $\vdash\chi\rightarrow[\varphi]C_B\Psi$

公开宣告和公共知识规则

可以利用 S5C 和 PA 相组合的思想。另外可以构造一个关于该语言的有穷片段的典范模型，另外再附加上关于宣告的公理。

定义 5.58 闭包 令 cl 为 $\mathscr{L}_{KC[]}\rightarrow\wp(\mathscr{L}_{KC[]})$，使得对每一 $\varphi\in\mathscr{L}_{KC[]}$，$cl(\varphi)$ 是满足下面条件的最小的集合：

(1) $\varphi\in cl(\varphi)$；

(2) 如果 $\Psi\in cl(\varphi)$，那么 $Sub(\Psi)\subseteq cl(\varphi)$；

(3) 如果 $\Psi\in cl(\varphi)$ 并且 Ψ 非负的，那么 $\neg\Psi\in cl(\varphi)$；

(4) 如果 $C_B\Psi\in cl(\varphi)$，那么 $\{K_aC_B\Psi\mid a\in B\}\subseteq cl(\varphi)$；

(5) 如果 $[\Psi]p\in cl(\varphi)$，那么 $(\Psi\rightarrow p)\in cl(\varphi)$；

(6) 如果 $[\Psi]\neg\chi\in cl(\varphi)$，那么 $(\Psi\rightarrow\neg[\Psi]\chi)\in cl(\varphi)$；

(7) 如果 $[\Psi](\chi\wedge\xi)\in cl(\varphi)$，那么 $([\Psi]\chi\wedge[\Psi]\xi)\in cl(\varphi)$；

(8) 如果 $[\Psi]K_a\chi\in cl(\varphi)$，那么 $(\Psi\rightarrow K_a[\Psi]\chi)\in cl(\varphi)$；

(9) 如果 $[\Psi]C_B\chi\in cl(\varphi)$，那么 $[\Psi]\chi\in cl(\varphi)$ 并且 $\{Ka[\Psi]C_B\chi\mid a\in B\}\subseteq cl(\varphi)$；

(10) 如果 $[\Psi][\chi]\xi\in cl(\varphi)$，那么 $[\Psi\wedge[\Psi]\chi]\xi\in cl(\varphi)$。

引理 5.26 对所有的公式 $\varphi\in\mathscr{L}_{KC[]}$，$cl(\varphi)$ 是有限的。

证明 该证明完全类似于引理 5.18 的证明。

尽管该闭包的定义不同，许多定义和引理也完全类似于 S5C 的情况。在 Φ 中的极大一致集和关于 Φ 的典范模型也完全类似于前面（参看定义 5.53 和定义 5.54），在此不再重复。另外林登鲍姆引理也和前面的情况相类似。

引理 5.27 林登鲍姆 令 Φ 是某些公式的闭包。Φ 的每一一致的子集都是在 Φ 中的极大一致集的子集。

证明 该证明也完全类似于引理 5.19 的证明过程。

在此可以看出许多证明都类似于前面的处理方法，只需要处理一些扩充的情况，即证明关于形如 $[\varphi]C_B\Psi$ 这样的公式的真值引理。语义上表示的是每一 B-路径在新的模型中（可以通过除去所有的 φ 在旧模型中不成立的状态来获得），除去 Ψ-状态。这等于说每一 B-路径也是在旧模型中除去 $[\varphi]\Psi$-状态的 φ-路径。由于这个原因，就需要引入 B-φ-路径。

定义 5.59 B-φ-路径 从 Γ 开始的一 B-φ-路径也是一个 φ-路径。

在典范模型中该扩充的性质涉及形如 $[\varphi]C_B\Psi$ 的公式。它可以根据通过路径来进行说明。

引理 5.28 令 Φ 为某些公式的闭包。令 $M^c=(W^c, \sim^c, V^c)$ 是关于 Φ 的

典范模型。如果 Γ 和 Δ 是 Φ 中的极大一致集，那么：

(1) Γ 在 Φ 中是演绎封闭的；

(2) 如果 $\neg\varphi \in \Phi$，那么 $\varphi \in \Gamma$，当且仅当，$\neg\varphi \notin \Gamma$；

(3) 如果 $(\varphi \wedge \Psi) \in \Phi$，那么 $(\varphi \wedge \Psi) \in \Gamma$，当且仅当，$\varphi \in \Gamma$ 并且 $\Psi \in \Gamma$；

(4) 如果 $\Gamma \wedge \langle K\rangle_a\Delta$ 是一致的，那么 $\Gamma \sim_a^c \Delta$；

(5) 如果 $K_a\Psi \in \Phi$，那么 $\{K_a\varphi \mid K_a\varphi \in \Gamma\} \vdash \Psi$，当且仅当，$\{K_a\varphi \mid K_a\varphi \in \Gamma\} \vdash K_a\Psi$；

(6) 如果 $C_B\varphi \in \Phi$，那么 $C_B\varphi \in \Gamma$，当且仅当，从 Γ 开始的每一 B -路径是 φ -路径；

(7) 如果 $[\varphi] C_B\Psi \in \Phi$，那么 $[\varphi] C_B\Psi \in \Gamma$，当且仅当，从 Γ 开始的每一 B - φ -路径是 $[\varphi]\Psi$ -路径。

证明 (1) ～ (6) 的证明类似于引理 5.20 的 (1) ～ (6) 的证明。

(7) 从左到右。现在继续施归纳于路径的长度，除了引入归纳。需要证明如果 $[\varphi] C_B\Psi \in \Gamma$，那么每一 B - φ -路径是 $[\varphi]\Psi$ -路径和 $[\varphi] C_B\Psi$ -路径。假设 $[\varphi] C_B\Psi \in \Gamma$。

基础情况：假设 B - φ -路径的长度为 0。因此可以证明如果 $[\varphi] C_B\Psi \in \Gamma_0$，那么 $[\varphi]\Psi \in \Gamma_0$。该情况可以证明如下。考虑 $\vdash C_B\Psi \rightarrow \Psi$，根据 $[\varphi]$ 必然化规则和分布公理，可以得到 $\vdash [\varphi] C_B\Psi \rightarrow [\varphi]\Psi$，因此，根据定义 5.58 的性质 (9) 和 Γ_0 在 cl 下是演绎封闭的，可以得出 $[\varphi]\Psi \in \Gamma_0$。

归纳假设：每一长度为 n 的 B - φ -路径既是 $[\varphi]\Psi$ -路径又是 $[\varphi] C_B\Psi$ -路径。

归纳步骤：假设 B - φ -路径的长度为 $n+1$，也就是说存在一个 B - φ -路径：Γ_0，…，Γ_n，Γ_{n+1}。假设 $\Gamma_n \sim_a^c \Gamma_{n+1}$。根据归纳假设，可以假设 $[\varphi] C_B\Psi \in \Gamma_n$。根据混合公理可得 $\vdash C_B\Psi \rightarrow K_aC_B\Psi$。借助于 $[\varphi]$ 的必然化规则和分布公理可得 $\vdash [\varphi] C_B\Psi \rightarrow [\varphi] K_aC_B\Psi$。根据公开宣告和知识公理 $\vdash [\varphi] K_aC_B\Psi \rightarrow (\varphi \rightarrow K_a [\varphi] C_B\Psi)$。因为 $\varphi \in \Gamma_n$，必有下面的情况：$\Gamma_n \vdash K_a [\varphi] C_B\Psi$。因此，根据 $\sim_a^c$ 的定义，可得 $K_a [\varphi] C_B\Psi \in \Gamma_{n+1}$，并且同理也可得 $[\varphi] C_B\Psi \in \Gamma_{n+1}$。根据类似的于基础情况的推理，可得 $[\varphi]\Psi \in \Gamma_{n+1}$。

从右到左。假设从 Γ 开始的每一 B - φ -路径是 $[\varphi]\Psi$ -路径。令 WB，φ，$[\varphi]\Psi$ 是极大一致集 Δ 的子集使得每一从 Δ 开始的 B - φ -路径是 $[\varphi]\Psi$ -路径。现在考虑公式

$$\chi = \bigvee_{\Delta \in WB,\varphi,[\varphi]\Psi}\Delta$$

现在需要证明下面的公式：

① $\vdash \Gamma \rightarrow \chi$

② $\vdash\chi\rightarrow[\varphi]\Psi$

③ $\vdash\chi\wedge\varphi\rightarrow E_{B\chi}$

从这些公式可以推出 $[\varphi]C_B\Psi\in\Gamma$。借助于公开宣告和公共知识公理以及规则②和③可以推出 $\vdash\chi\rightarrow[\varphi]C_B\Psi$。根据①可以 $\vdash\Gamma\rightarrow[\varphi]C_B\Psi$。因此 $[\varphi]C_B\Psi\in\Gamma$。

①可以立即推出。因为 $\Gamma\in W_{B,\varphi,[\varphi],\Psi}$，并且 Γ 是 χ 中互不相交的集合。

②因为对每一 $\Delta\in W_{B,\varphi,[\varphi],\Psi}$，每一 $B-\varphi$-路径是 $[\varphi]\Psi$-路径时，只可能是下面这种情况，即 $[\varphi]\Psi\in\Delta$。因此，$[\varphi]\Psi$ 是 χ 中的互不相交的元素的合取。因此根据命题推理 $\chi\rightarrow[\varphi]\Psi$。

③利用反证法，假设 $\chi\wedge\varphi\wedge\neg E_B\chi$ 是一致的。因此 χ 是互不相交的，必有互不相交的 Θ 使得 $\Theta\wedge\varphi\wedge\neg E_B\chi$ 是一致的。因为 $\Theta\wedge\varphi$ 是一致的，并且 Θ 是 Φ 中的极大一致集，并且 $\varphi\in\Phi$ 必须是 $\varphi\in\Theta$。所以 $\underline{\Theta}\wedge\neg E_B\chi$ 是一致的。那么必然存在一个主体 a 使得 $\Theta\wedge\langle K\rangle a\neg\chi$ 是一致的。因为 $\vdash\vee\{\Gamma\mid\Gamma\in W^c\}$，在 $W_{B,\varphi,[\varphi],\Psi}$ 补中必存在一个 Θ，使得 $\Theta\wedge\langle K\rangle a\Theta$ 是一致的。根据引理 5.28 的性质（4），等价于 $\Theta\sim^c_a\Theta$，但因为存在有从 Θ 开始的 $B-\varphi$-路径，它不是 $[\varphi]\Psi$-路径，并且 $a\in B$。也存在一个从 Θ 开始的 $B-\varphi$-路径，它不是 $[\varphi]\Psi$-路径。这和 $\Theta\in W_{B,\varphi,[\varphi],\Psi}$ 相矛盾。因为 Θ 是 χ 中的互不相交的元素之一。因此 $\vdash\chi\wedge\varphi\rightarrow E_B\chi$。

为了证明真值引理，还需要引入复杂度。这样就可以运用归纳假设来表示不是目前公式的子公式的公式。下面的复杂度的测度只是定义 5.57 的一个简单的扩充，在其中增加形如 $C_B\varphi$ 这样的公式。这样才符合要求。

定义 5.60　复杂度　复试度 c：$L_{KC[]}\rightarrow\mathbb{N}$ 定义如下：

$c(p)=1$

$c(\neg\varphi)=1+c(\varphi)$

$c(\varphi\wedge\Psi)=1+\max(c(\varphi),c(\Psi))$

$c(K_a\varphi)=1+c(\varphi)$

$c(C_B\varphi)=1+c(\varphi)$

$c([\varphi]\Psi)=(4+c(\varphi))\cdot c(\Psi)$

引理 5.29　对所有的 φ，Ψ 和 χ：

(1) $c(\Psi)\geqslant c(\varphi)$，对所有的 $\varphi\in\mathrm{Sub}(\Psi)$；

(2) $c([\varphi]p)>c(\varphi\rightarrow p)$；

(3) $c([\varphi]\neg\Psi)>c(\varphi\rightarrow\neg[\varphi]\Psi)$；

(4) $c([\varphi](\Psi\wedge\chi))>c([\varphi]\Psi\wedge[\varphi]\chi)$；

(5) $c([\varphi]K_a\Psi)>c(\varphi\rightarrow K_a[\varphi]\Psi)$；

(6) $c([\varphi]C_B\Psi)>c([\varphi]\Psi)$；

(7) $c([\varphi][\Psi]\chi) > c([\varphi] \wedge [\varphi]\Psi)$。

证明：该引理的证明完全类似于引理 5.24 的证明。

现在证明真值引理。

引理 5.30 真值 令 Φ 是某些子公式的闭包。令 $M^c = (W^c, \sim^c, V^c)$ 是关于 Φ 的典范模型。对所有的 $\Gamma \in W^c$ 和所有的 $\varphi \in \Phi$：

$\varphi \in \Gamma$，当且仅当，$(M^c, \Gamma) \models \varphi$

证明 假设 $\varphi \in \Phi$。现在继续施归纳于 $c(\varphi)$。

基础情况：该情况完全类似于引理 5.22 中的基础情况的证明。

归纳假设：对所有的 φ 使得 $c(\varphi) \leqslant n$：$\varphi \in \Gamma$，当且仅当，$(M^c, \Gamma) \models \varphi$。

归纳步骤：假设 $c(\varphi) = n + 1$。该情况下，对于否定，合取，单个的认知算子和公共知识算子的证明完全类似于引理 5.22 中的对应情况的证明。当 φ 是形如 $[\Psi]\chi$ 的公式时，可以分情况证明如下：

对于 $[\Psi]p$：假设 $[\Psi]p \in \Gamma$。已知 $[\Psi]p \in \Phi$，根据原子保持公理，$[\Psi]p \in \Gamma$ 等价于 $(\Psi \to p) \in \Gamma$。根据引理 5.29 的性质 (2)，可以借助于归纳假设，因此它等价于 $(M^c, \Gamma) \models \Psi \to p$。

对于 $[\Psi]\neg\chi$：假设 $[\Psi]\neg\chi \in \Gamma$。已知 $[\Psi]\neg\chi \in \Phi$，根据公开宣告和否定公理 $[\Psi]\neg\chi \in \Gamma$。根据引理 5.29 的性质 (3) 可以借助于归纳假设。因此此时等价于 $(M^c, \Gamma) \models \Psi \to \neg[\Psi]\chi$。根据语义则等价于 $(M^c, \Gamma) \models [\Psi]\neg\chi$。

对于 $[\Psi](\chi \wedge \xi)$：假设 $[\Psi](\chi \wedge \xi) \in \Gamma$。已知 $[\Psi](\chi \wedge \xi) \in \Phi$，根据公共宣告和合取公理 $[\Psi](\chi \wedge \xi) \in \Gamma$ 等价于 $([\Psi]\chi \wedge [\Psi]\xi) \in \Gamma$。根据引理 5.29 的性质 (4)，借助于归纳假设。因此它等价于 $(M^c, \Gamma) \models [\Psi]\chi \wedge [\Psi]\xi$。根据语义的定义又等价于 $(M^c, \Gamma) \models [\Psi](\chi \wedge \xi)$。

对于 $[\Psi]K_a\chi$：假设 $[\Psi]K_a\chi \in \Gamma$。已知 $[\Psi]K_a\chi \in \Phi$，根据公共宣告和知识公理，$[\Psi]K_a\chi \in \Gamma$ 等价于 $(\Psi \to K_a[\Psi]\chi) \in \Gamma$。根据引理 5.29 的性质 (5)，借助于归纳假设。因此等价于 $(M^c, \Gamma) \models \Psi \to K_a[\Psi]\chi$。根据语义定义又等价于 $(M^c, \Gamma) \models [\Psi]K_a\chi$。

对于 $[\Psi]C_B\chi$：假设 $[\Psi]C_B\chi \in \Gamma$。已知 $[\Psi]C_B\chi \in \Phi$，根据引理 5.28，$[\Psi]C_B\chi \in \Gamma$，当且仅当，从 Γ 开始的每一 B-Ψ-路径都是 $[\Psi]\chi$-路径。根据引理 5.29 的性质 (6) 借助于归纳假设。因此等价于从 Γ 开始的每一 B-Ψ-路径都是沿着 $[\Psi]\chi$ 是真的路径。根据语义，等价于 $(M^c, \Gamma) \models [\Psi]C_B\chi$。

对于 $[\Psi][\chi]\xi$：假设 $[\Psi][\chi]\xi \in \Gamma$。已知 $[\Psi][\chi]\xi \in \Phi$，根据公开宣告复合公理，$[\Psi][\chi]\xi \in \Gamma$ 等价于 $[\Psi \wedge [\Psi]\chi]\xi \in \Gamma$。根据引理 5.29 的性质 (7) 借助于归纳假设。因此等价于 $(M^c, \Gamma) \models [\Psi \wedge [\Psi]\chi]\xi$，根据语义定义，又等价于 $(M^c, \Gamma) \models [\Psi][\chi]\xi$。

另外，在典范模型中的可及关系是等价关系。

引理 5.31 典范性 典范模型是自返，传递和欧性的。

证明 这可以直接从$\sim_a^c$的定义得到。

现在，完全性定义的证明就变得很容易了。

引理 5.32 完全性 对每一$\varphi \in L_{KC[]}$，如果$\models \varphi$，那么$\vdash \varphi$。

证明 根据换位法。假设$\nvdash \varphi$。因此$\{\neg \varphi\}$是一致集。根据林登鲍姆引理，集合Γ在$cl(\neg\varphi)$中是极大一致的，使得$\neg\varphi \in \Gamma$。令M^c是关于$cl(\neg\varphi)$的典范模型。根据真值引理$(M^c, \Gamma) \models \neg \varphi$。因此$\not\models \varphi$。

六、AM：行动模型的翻译

行动模型（AM）的证明系统如下：

(1) 所有的命题重言式的实例

(2) $K_a(\varphi \to \Psi) \to (K_a\varphi \to K_a\Psi)$ $\to$上的K_a的分布公理

(3) $K_a\varphi \to \varphi$ 真值公理

(4) $K_a\varphi \to K_aK_a\varphi$ 正内省公理

(5) $\neg K_a\varphi \to K_a \neg K_a\varphi$ 负内省公理

(6) $[M, w] p \leftrightarrow (pre(w) \to p)$ 原子保持公理

(7) $[M, w] \neg\varphi \leftrightarrow (pre(w) \to \neg [M, w] \varphi)$ 行动和否定公理

(8) $[M, w](\varphi \wedge \Psi) \leftrightarrow ([M, w] \varphi \wedge [M, w] \Psi)$ 行动合取公理

(9) $[M, w] K_a\varphi \leftrightarrow (pre(w) \to \bigwedge_{w\sim_a t} K_a [M, t] \varphi)$ 行动知识公理

(10) $[M, w][M', w'] \varphi \leftrightarrow [(M, w); (M', w')] \varphi$ 行动复合公理

(11) $[\alpha \cup \alpha'] \varphi \leftrightarrow ([\alpha] \varphi \wedge [\alpha'] \varphi)$ 不确定选择公理

推理归纳

(1) 从$\vdash\varphi$和$\vdash\varphi \to \Psi$，可以推出$\vdash\Psi$ 分离规则

(2) 从$\vdash\varphi$，可以推出$\vdash K_a\varphi$ K_a的必然化规则

(3) 从$\vdash\varphi$，可以推出$[M, w]\varphi$ (M, w)的必然化规则

定义 5.61 翻译 翻译：$\mathscr{L}_{K\otimes} \to \mathscr{L}_K$定义如下：

(1) $t(p) = p$；

(2) $t(\neg\varphi) = \neg t(\varphi)$；

(3) $t(\varphi \wedge \Psi) = t(\varphi) \wedge t(\Psi)$；

(4) $t(K_a\varphi) = K_a t(\varphi)$；

(5) $t([M, w] p) = t(pre(w) \to p)$；

(6) $t([M, w] \neg\varphi) = t(pre(w) \to \neg [M, w] \varphi)$；

(7) $t([M, w](\varphi \wedge \Psi)) = t([M, w] \varphi \wedge [M, w] \Psi)$；

(8) $t([M, w]K_a\varphi) = t(pre(w) \to K_a[M, w]\varphi)$;

(9) $t([M, w][M', w']\varphi) = t([M, w; M', w']\chi)$;

(10) $t([\alpha \cup \alpha']\varphi) = t([\alpha]\varphi) \wedge t([\alpha']\varphi)$。

定义 5.62　复杂度　复杂度 c:: $\mathscr{L}_{K\otimes} \to N$ 定义如下：

(1) $c(p) = 1$;

(2) $c(\neg\varphi) = 1 + c(\varphi)$;

(3) $c(\varphi \wedge \Psi) = 1 + \max(c(\varphi), c(\Psi))$;

(4) $c(K_a\varphi) = 1 + c(\varphi)$;

(5) $c([\alpha]\varphi) = (4 + c(\alpha)) \cdot c(\varphi)$;

(6) $c(M, w) = \max\{c(pre(t)) \mid t \in M\}$;

(7) $c(\alpha \cup \alpha') = 1 + \max(c(\alpha), c(\alpha'))$。

引理 5.33　对所有的 φ，Ψ 和 χ：

(1) 如果 $\varphi \in \mathrm{Sub}(\Psi)$，$c(\Psi) \geqslant c(\varphi)$;

(2) $c([M, w]p) > c(pre(w) \to p)$;

(3) $c([M, w]\neg\varphi) > c(pre(w) \to \neg[M, w]\varphi)$;

(4) $c([M, w](\varphi \wedge \Psi)) > c([M, w]\varphi \wedge [M, w]\Psi)$;

(5) $c([M, w]Ka\varphi) > c(pre(w) \to Ka[M, w]\varphi)$;

(6) $c([M, w][M', w']\varphi) > c([M, w; M', w']\varphi)$;

(7) $c([\alpha \cup \alpha']\varphi) > c([\alpha]\varphi \wedge [\alpha']\varphi)$。

证明　该引理的证明非常类似于引理 5.24 的证明。

现在证明引理，称每一个公式是可证有等价于它的翻译是可证的。

引理 5.34　对所有的公式 $\varphi \in \mathscr{L}_{K\otimes}$，下面的等价关系成立：$\vdash \varphi \leftrightarrow t(\varphi)$

证明　该证明非常类似于引理 5.25 的证明。

完全性的证明可以直接推出。

定理 5.12　完全性　对每一 $\varphi \in \mathscr{L}_{K\otimes}$，如果 $\vDash \varphi$，那么 $\vdash \varphi$。

证明　假设 $\vDash \varphi$。根据证明系统的可靠性和 $AM \vdash \varphi \leftrightarrow t(\varphi)$（引理 5.34），因此 $\vDash t(\varphi)$。公式 $t(\varphi)$ 不被任何行动模型所包含。根据 S5 的完全性（定理 5.9）因此 S5 $\vdash t(\varphi)$。同时也可有 $AM \vdash t(\varphi)$，因为 S5 是 AM 的子系统。因为 $AM \vdash \varphi \leftrightarrow t(\varphi)$。于是可以推出 $AM \vdash \varphi$。

七、AMC：公开宣告的一般的证明系统

一般的公开宣告逻辑（AMC）的证明系统如下。

(1) 所有的命题重言式的实例

(2) $K_a(\varphi \to \Psi) \to (K_a\varphi \to K_a\Psi)$　　　$\to$ 上的 K_a 的分布

公理

(3) $K_a\varphi \to \varphi$ 真值公理

(4) $K_a\varphi \to K_aK_a\varphi$ 正内省公理

(5) $\neg K_a\varphi \to K_a\neg K_a\varphi$ 负内省公理

(6) $[M, w]\, p \leftrightarrow (pre(w) \to p)$ 原子保持公理

(7) $[M, w]\, \neg\varphi \leftrightarrow (pre(w) \to \neg [M, w]\, \varphi)$ 行动和否定公理

(8) $[M, w]\, (\varphi \wedge \Psi) \leftrightarrow ([M, w]\, \varphi \wedge [M, w]\, \Psi)$ 行动合取公理

(9) $[M, w]\, K_a\varphi \leftrightarrow (pre(w) \to \wedge_{w\sim_a t} K_a [M, t]\, \varphi)$ 行动知识公理

(10) $[M, w][M', w']\varphi \leftrightarrow [(M, w); (M', w')]\varphi$ 行动复合公理

(11) $[\alpha \cup \alpha']\, \varphi \leftrightarrow ([\alpha]\, \varphi \wedge [\alpha']\, \varphi)$ 不确定选择公理

(12) $C_B(\varphi \to \Psi) \to (C_B\varphi \to C_B\Psi)$ C_B在→上的分布公理

(13) $C_B\varphi \to (\varphi \wedge E_BC_B\varphi)$ 混合公理

(14) $C_B(\varphi \to E_B\varphi) \to (\varphi \to C_B\varphi)$ 归纳公理

推理归则：

(1) 从$\vdash\varphi$和$\vdash\varphi\to\Psi$，可以推出$\vdash\Psi$ 分离规则

(2) 从$\vdash\varphi$，可以推出$\vdash K_a\varphi$ K_a的必然化规则

(3) 从$\vdash\varphi$，可以推出$C_B\varphi$ C_B的必然化规则

(4) 从$\vdash\varphi$，可以推出$[M, w]\, \varphi$ (M, w)的必然化规则

(5) 令(M, w)是一个行动模型并且令公式集χ_t表示每一t使得$w\sim_B t$是已知的，从$\chi_t \to [M, t]\, \varphi$和$(\chi_t \wedge pre(t)) \to K_a\chi_u$，对于每一$t\in W$，$a\in B$和$t\sim_a u$，可以推出$\chi_w \to [M, w]\, C_B\varphi$。 行动和公共知识规则

定义 5.63 闭包 令cl: $\mathscr{L}_{KC\otimes} \to \wp(\mathscr{L}_{KC\otimes})$，使得对每一$\varphi\in\mathscr{L}_{KC\otimes}$，$cl(\varphi)$是最小集，使得

(1) $\varphi\in cl(\varphi)$；

(2) 如果$\Psi\in cl(\varphi)$，那么$Sub(\Psi) \subseteq cl(\varphi)$；

(3) 如果$\Psi\in cl(\varphi)$并且Ψ是非负的，那么$\neg\Psi\in cl(\varphi)$；

(4) 如果$C_B\Psi\in cl(\varphi)$，那么$\{K_aC_B\Psi \mid a\in B\} \subseteq cl(\varphi)$；

(5) 如果$[M, w]\, p\in cl(\varphi)$，那么$(pre(w) \to p) \in cl(\varphi)$；

(6) 如果$[M, w]\, \neg\Psi\in cl(\varphi)$，那么$(pre(w) \to \neg [M, w]\, \Psi) \in cl(\varphi)$；

(7) 如果$[M, w]\, (\Psi\wedge\chi) \in cl(\varphi)$，那么$([M, w]\, \Psi \wedge [M, w]\, \chi) \in cl(\varphi)$；

(8) 如果$[M, w]\, K_a\Psi\in cl(\varphi)$并且$w\sim_a t$，那么$(pre(w) \to K_a [M, t]\, \Psi) \in cl(\varphi)$；

(9) 如果 $[M, w]\ C_B\Psi \in cl\ (\varphi)$，那么 $\{[M, t]\ \Psi \mid w \sim_B t\} \subseteq cl\ (\varphi)$ 并且 $\{K_a\ [M, t]\ C_B\Psi \mid a \in B$ 并且 $w \sim_B t\} \subseteq cl\ (\varphi)$；

(10) 如果 $[M, w]\ [M', w']\ \Psi \in cl\ (\varphi)$，那么 $[(M, w); (M', w')]\ \Psi \in cl\ (\varphi)$；

(11) 如果 $[\alpha \cup \alpha']\ \Psi \in cl\ (\varphi)$，那么 $([\alpha]\ \Psi \wedge [\alpha']\ \Psi) \in cl\ (\varphi)$。

引理 5.35 对所有的 $\varphi \in \mathscr{L}_{KC\otimes}$，$cl\ (\varphi)$ 是有限的。

证明 该证明过程完全类似于引理 5.18。注意行动模型是有限的，并且它们只在公式中出现有限多次。

引理 5.36 林登鲍姆 令 Φ 是某些公式的闭包。每一 Φ 一致的子公式是在 Φ 中的极大一致的子公式。

证明 该证明过程完全类似于引理 5.19 的证明。

定义 5.64 *BMwt*-路径 从 Γ 开始的一个 $BMwt$-路径是从 Γ 开始的 Γ_0，…，Γ_n 的 B-路径使得存在有一个在 M 中从 w 到 t 的 B-路径 w_0，…，w_n 并且对所有的 $k<n$ 存在一个主 $a \in B$ 使得 $\Gamma_k \sim_a^c \Gamma_{k+1}$ 并且 $w_k \sim_a w_{k+1}$ 并且对所有的 $k \leqslant n$，此时 $pre\ (w_k) \in \Gamma_k$。

引理 5.37 令 Φ 是某些公式的闭包。令 $M^c = (W^c, \sim^c, V^c)$ 是关于 Φ 的典范模型。如果 Γ 和 Δ 是 Φ 中的极大一致集，那么：

(1) Γ 在 Φ 中是演绎封闭的；

(2) 如果 $\neg\varphi \in \Phi$，那么 $\varphi \in \Gamma$ 当且仅当 $\neg\varphi \in \Gamma$；

(3) 如果 $(\varphi \wedge \Psi) \in \Phi$，那么 $(\varphi \wedge \Psi) \in \Gamma$ 当且仅当 $\varphi \in \Gamma$ 并且 $\Psi \in \Gamma$；

(4) 如果 $\Gamma \wedge \langle K \rangle_a \Delta$ 是一致的，那么 $\Gamma \sim_a^c \Delta$；

(5) 如果 $K_a\Psi \in \Phi$，那么 $\{K_a\varphi \mid K_a\varphi \in \Gamma\} \vdash \Psi$ 当且仅当 $\{K_a\varphi \mid K_a\varphi \in \Gamma\} \vdash K_a\Psi$；

(6) 如果 $C_B\varphi \in \Phi$，那么 $C_B\varphi \in \Gamma$ 当且仅当从 Γ 开始的每一 B-路径都是 φ-路径；

(7) 如果 $[M, w]\ C_B\varphi \in \Phi$，那么 $[M, w]\ C_B\varphi \in \Gamma$ 当且仅当对所有的 $t \in W$ 从 Γ 开始的每一 $BMwt$-路径都有一个终结的 $[M, t]\ \varphi$-状态。

证明 (1)～(6) 的证明过程都类似于引理 5.28 的 (1)～(6) 的证明过程。

(7) 的证明过程也更类似于引理 5.28 的 (7) 的证明。

(7) 从左到右。假设 $[M, w]\ C_B\varphi \in \Gamma$。现在继续施归纳于路径的长度，除了引入的归纳。证明如果 $[M, w]\ C_B\varphi \in \Gamma$，那么每一 $BMwt$-路径终结于 $[M, t]\ \varphi$-状态，它也是 $[M, t]\ C_B\varphi$-状态。

基础情况：假设其路径长度为 0。因此只需要证明如果 $[M, w]\ C_B\varphi \in \Gamma_0$，那么 $[M, w]\ \varphi \in \Gamma_0$。这种情况可以证明如下。观察 $C_B\varphi \rightarrow \varphi$。根据必然化规则

和 $[M, w]$ 的分布公理。有 $[M, w] C_B\varphi \rightarrow [M, w] \varphi$。根据 5.63 的定义 $[M, w] \varphi \in \Phi$，因此 $[M, w] \varphi \in \Gamma_0$。

归纳假设：每一 $BMwt$-路径的长度都在 $[M, t] \varphi$-状态中有一个终结点，它也是 $[M, t] C_B\varphi$-状态。

归纳步骤：现在假设路径的长度为 $n+1$。也就是说，存在有一个 $BMwt$-路径 Γ_0，…，Γ_n，Γ_{n+1}。因此从 Γ_0 到 Γ_n 的某些 u 存在有 $BMwu$-路径。根据归纳假设，可以假设 $[M, u] C_B\varphi \in \Gamma_n$. 。因为存在 $BMwt$-路径，存在主体 $a \in B$ 使得 $\Gamma_n \sim_a^c \Gamma_{n+1}$ 并且 $u \sim_a t$。根据混合公理，有 $\vdash C_B\Psi \rightarrow K_aC_B\Psi$。借助于必然化规则和 $[M, u]$ 的分布公理。可得 $\vdash [M, u] C_B\varphi \rightarrow [M, u] K_aC_B\varphi$。根据行动和知识公理 $\vdash [M, u] K_aC_B\varphi \rightarrow pre(u) \rightarrow K_a [M, t] C_B\varphi$。因为 $pre(u) \in \Gamma_n$，必有 $\Gamma_n \vdash K_a [M, t] C_B\varphi$。因此根据 $\sim_a^c$ 的定义以及定义 5.63，必有 $K_a [M, t] C_B\varphi \in \Gamma_{n+1}$，并且因此 $[M, t] C_B\Psi \in \Gamma_{n+1}$。根据基础情况相类似的推理，$[M, t] \Psi \in \Gamma_{n+1}$。

从右到左。假设每一从 Γ 开始的 $BMwt$-路径在 $[M, t] \varphi$-状态中都有一个终结点。令 $W_{B,M,t,\varphi}$ 是在 Φ，Δ 中的极大一致集，使得每一从 Δ 开始的 $BMtu$-路径在 $[M, u] \varphi$-状态中有一个终点，对所有的 u 使得 $t \sim_B u$。现在考虑公式

$\chi t = \bigvee_{\Delta \in WB,M,t,\varphi} \Delta$

需要证明下面的公式：① $\vdash \Gamma \rightarrow \chi_w$；② $\vdash \chi_t \rightarrow [M, t] \varphi$；③ $\vdash (\chi_t \wedge pre(t)) \rightarrow K_a\chi_u$，如果 $a \in B$ 并且 $t \sim_a u$。

从这些可以推出 $[M, w] C_B\varphi \in \Gamma$。通过运用行动和公共知识规则作用于②和③可以推出 $\vdash \chi_w \rightarrow [M, w] C_B\varphi$。根据①可以推出 $\vdash \Gamma \rightarrow [M, w] C_B\varphi$。因此 $[M, w] C_B\varphi \in \Gamma$。

①可以立即推出，因为 $\Gamma \in W_{B,M,w,\varphi}$，并且 Γ 是 $\chi_w{}'w$ 的互不相交的元素之一。

②因为每一 $BMtu\varphi$-路径在 $[M, u] \varphi$-状态上都有一个终结点，对于每一 $\Delta \in WB$，M，t，φ，只可能是 $BMtt\varphi$-路径的长度在 $[M, t] \varphi$-状态上有一个终结点。因此 $[M, t] \varphi \in \Delta$，因此 $[M, t] \varphi$ 是每一互不相交的 χt 的合取。因此根据命题推理 $\chi_t \rightarrow [M, t] \varphi$。

③运用反证法，假设 $\chi_t \wedge pre(t) \wedge \neg K_a\chi_u$ 是一致的。因为 χ_t 是互不相交的，必须存在 Θ 是互不相交的，使得 $\Theta \wedge pre(t) \wedge \neg K_a\chi_u$ 是一致的。因此 Θ 是 Φ 中的极大一致集并且 $pre(t) \in \Phi$。因此只可能是 $pre(t) \in \Theta$。所谓 $\Theta \wedge \langle K\rangle_a \neg \chi_u$ 是一致的。因此 $\vdash \bigvee \{\Gamma \mid \Gamma \in W^c\}$，必有 Θ 属于 $W_{B,M,u,\varphi}$ 的补使得 $\Theta \wedge \langle K\rangle_a\Theta$ 是一致的。根据引理 5.37 的性质（4），等价于 $\Theta \sim_a^c \Theta$。但是因为 Θ 不在 $W_{B,M,u,\varphi}$ 中，必须有一个状态 v 使得存在一 $BMuv$-路径在 $[M, v] \varphi$-状态中没有从 Θ 开始的结点。另一方面也存在有从 Θ 开始的 $BMtv$-路径在 $[M, v] \varphi$

-状态下没有结点。这和 $\Theta \in W_{B,M,t}\varphi$ 相矛盾。但必须如此，因为 Θ 是 χ_t 中的互不相交的元素。因此 $\vdash(\chi_t \wedge pre(t)) \rightarrow K_a\chi_u$。

在此扩充了定义 5.62 的完全性的证明方法为 *AMC* 的全语言的完全性的证明方法。仅仅只是对公共语言进行了扩充，并且将其看做是和个体语言的情况相同。

定义 5.65　复杂度　复杂度 c：$\mathscr{L}_{KC\otimes} \rightarrow N$ 的定义如下：

$c(p)=1$

$c(\neg\varphi)=1+c(\varphi)$

$c(\varphi\wedge\Psi)=1+\max(c(\varphi), c(\Psi))$

$c(Ka\varphi)=1+c(\varphi)$

$c(CB\varphi)=1+c(\varphi)$

$c([\alpha]\varphi)=(4+c(\alpha))\cdot c(\varphi)$

$c(M, w)=\max\{c(pre(t)) \mid t\in M\}$ $c(\alpha\cup\alpha)=1+\max(c(\alpha), c(\alpha))$

引理 5.38　对所有的 φ，Ψ 和 χ：

(1) $c(\Psi)\geqslant c(\varphi)$，对所有的 $\varphi\in Sub(\Psi)$；

(2) $c([M, w]p) > c(pre(w)\rightarrow p)$；

(3) $c([M, w]\neg\varphi) > c(pre(w)\rightarrow\neg[M, w]\varphi)$；

(4) $c([M, w](\varphi\wedge\Psi)) > c([M, w]\varphi\wedge[M, w]\varphi)$；

(5) $c([M, w]K_a\varphi) > c(pre(w)\rightarrow K_a[M, t]\varphi)$，对所有的 $t\in M$；

(6) $c([M, w]C_B\varphi) > c([M, t]\varphi)$，对所有的 $t\in M$；

(7) $c([M, w][M', w']\varphi) > c([(M, w); (M', w')]\varphi)$；

(8) $c([\alpha\cup\alpha']\varphi) > c([\alpha]\varphi\wedge[\alpha']\varphi)$。

引理 5.39　真值引理　令 Φ 为某些公式的闭包。令 $M^c=(W^c, \sim^c, V^c)$ 为关于 Φ 的典范模型。对所有的 $\Gamma\in W^c$，并且对所有的 $\varphi\in\Phi$：

$\varphi\in\Gamma$，当且仅当，$(M^c, \Gamma)\vDash\varphi$

证明　该证明过程非常类似于引理 5.30 的证明过程。

引理 5.40　典范性　典范模型是自返的，传递的和欧性的。

证明　可以直接从 $\sim_a^c$ 的定义推出。

现在就可容易证明定理的完全性了。

定理 5.13　完全性　对所有的 $\varphi\in\mathscr{L}_{KC\otimes}$：

如果 $\vDash\varphi$，那么 $\vdash\varphi$。

证明　利用反证法。假设 $\vdash\varphi$。因此 $\{\neg\varphi\}$ 是一致的。根据林登鲍姆引理，存在有集合 Γ，它在 $cl(\neg\varphi)$ 中是极大一致的，使得 $\neg\varphi\in\Gamma$。令 M^c 是关于 $cl(\neg\varphi)$ 的典范模型。根据真值引理 $(M^c, \Gamma)\vDash\neg\varphi$。因此 $\vDash\varphi$。

八、公共知识

在“根据翻译来证明不带公共知识的公开宣告逻辑的完全性”和“*AMC*公开宣告的一般的证明系位”中，看到两个很容易的完全性的证明即*PA*和*AM*，只需要用到翻译以及两个很难的完全性的证明即*PAC*和*AMC*。这可能会产生一种猜测，增加了更新算子到基础的不带有公共知识的认知逻辑中将会使得完全性的证明变得相当的简单。并且增加了更新算子到带有公共知识的基础逻辑中，就会排除一个容易的完全性的证明通过翻译。下文则将要介绍一种逻辑，包含了公共知识算子并且也允许运用一种很容易的完全性的证明，当增加了公开宣告算子到该语言中的时候。读者如果对技术相当熟悉的话可以跳过本节。

下面所介绍的逻辑包含公共知识算子。该算子是一个二阶算子，它非常类似于通常的公共知识。为了便于理解为什么该算子允许利用翻译来进行完全性的证明，首先需要研究为什么这样的一种方法不能够运用于*PAC*中。在引理5.28的证明过程中，所运用的对*PAC*的完全性的证明中最关键的性质是通过给出了$[\varphi]\ C_B\Psi$是一个闭包。

$[\varphi]\ C_B\Psi\in\Gamma$当且仅当每一$B$-$\varphi$-路径是一个$[\varphi]\ \Psi$-路径。

关于翻译的存在的问题是在等价式的右边并不能够表达没有公共宣告算子。因此不能够说所有的*S5C*的语言中存在有B-φ-路径。(该结论在下面的内容中将会得到更加严格的表达)。该思想是用一个和公共知识相关的算子就可以实现这一目的。在下面的“语言、语义和完全性”中给出了带有公共知识的语言，语义和可靠性以及完全性的证明系统。在下面的“增加公开宣告”中提供了带有相关的公共知识的公开宣告逻辑的完全性的证明。

(一) 语言、语义和完全性

现在需要定义*S5RC*，有关公共知识的有效性。该语言定义如下：

定义 5.66 已知主体集A和原子命题集P。*LKRC*语言的所有公式可以通过下面的*BNF*的格式给出：

$$\varphi::=p\mid\neg\varphi\mid(\varphi_1\wedge\varphi_2)\mid K_a\varphi\mid C_B(\varphi_1,\varphi_2)$$

其中，$p\in\mathscr{P}$，$a\in\mathscr{A}$并且$B\subseteq\mathscr{A}$。

该思想是用$C_B(\varphi,\Psi)$来表达每一B-φ-路径是Ψ-路径。在该种方法中，可以用来表达不带有公共宣告算子的B-φ-路径。该算子的确切的语义如下：

定义 5.67（语义） 已知认知模型$M=(W,\sim,V)$。关于原子，否定，合取和个体算子的语义如通常。

$(M, w) \vDash C_B(\varphi, \Psi)$，当且仅当，$(M, t) \vDash \Psi$，对所有的 t 使得 $(w, t) \in (\bigcup_{a\in B}\sim_a \cap (W\times [[\varphi]]_M))^+$。

其中 $(\bigcup_{a\in B}\sim_a \cap (W\times [[\varphi]]_M))^+$ 是在 $(\bigcup_{a\in B}\sim_a \cap (W\times [[\varphi]]_M))$ 中的传递闭包。令所有的在该语义下的语言 $\mathscr{L}_{KRC}$ 的有效性为 S5RC。

利用所定义的传递闭包比自返传递闭包更好，因为不希望用 $C_B(\varphi, \Psi)$ 蕴涵 Ψ，仅仅使得 $E_B(\varphi\to\Psi)$。该算子类似于通常的公共知识算子。事实上，可以用来表达通常的公共知识且是相对的公共知识。公式 $\varphi\wedge C_B(T, \varphi)$ 用来表达每一 B-T-路径是 φ-路径。因此每一 B-路径都是 B-T-路径，它可以用来表达每一 B-路径是 φ-路径。其也可以称为 φ 是通常的公共知识。该证明系统是关于带有相对公共知识的认知逻辑也非常类似于 S5C 系统。

定义 5.68 证明系统 S5RC 的证明系统由下面的公共和推理规则组成：

(1) 所有的命题重言式的实例。

(2) $K_a(\varphi\to\Psi)\to K_a\varphi\to K_a\Psi)$ K_a 对→的分布公理

(3) $K_a\varphi\to\varphi$ 真值公理

(4) $K_a\varphi\to K_aK_a\varphi$ 正内省公理

(5) $\neg K_a\varphi\to K_a\neg K_a\varphi$ 负内省公理

(6) $C_B(\varphi, \Psi\to\chi)\to(C_B(\varphi, \Psi)\to C_B(\varphi, \chi))$ $C_B(\cdot, \cdot)$ 对→的分布公理

(7) $C_B(\varphi, \Psi)\leftrightarrow E_B(\varphi\to(\Psi\wedge C_B(\varphi, \Psi)))$ 有关公共知识的混合公理

(8) $C_B(\varphi, \Psi\to E_B(\varphi\to\Psi))\to(E_B(\varphi\to\Psi)\to C_B(\varphi, \Psi))$ 有关公共知识的归纳公理推理规则

(1) 从 $\vdash\varphi$ 和 $\varphi\to\Psi$，可以推出 $\vdash\Psi$ 分离规则

(2) 从 $\vdash\varphi$，可以推出 $\vdash K_a\varphi$ K_a 的必然化规则

(3) 从 $\vdash\varphi$，可以推出 $\vdash C_B(\Psi, \varphi)$ $C_B(\cdot, \cdot)$ 的必然化规则

涉及相对公共知识的公理是对通常的公共知识公共的一种概括。

定理 5.14 证明系统 S5RC 是可靠的，也就是说，如果 $\vdash\varphi$，那么 $\vDash\varphi$。

关于该逻辑的完全性证明的结构非常类似于 S5C 的证明系统。需要改变公式的闭包的定义，并且某些证明步骤更加复杂，同时其中还有一些少许的区别。

定义 5.69 闭包 令 cl：$\mathscr{L}_{KRC}\to_{\wp}(\mathscr{L}_{KRC})$ 是一个函数，使得对每一 $\varphi\in\mathscr{L}_{KRC}$，$cl(\varphi)$ 是最小的集合，使得：

(1) $\varphi\in cl(\varphi)$；

(2) 如果 $\Psi\in cl(\varphi)$，那么 $\mathrm{Sub}(\Psi)\subseteq cl(\varphi)$；

(3) 如果 $\Psi\in cl(\varphi)$ 并且 Ψ 是否负的，那么 $\neg\Psi\in cl(\varphi)$；

(4) 如果 C_B (Ψ, χ) $\in cl$ (φ)，那么 $\{K_a$ ($\Psi\to$ ($\chi\wedge C_B$ (Ψ, χ))) $\mid a \in B\}\subseteq cl$ (φ)。

引理 5.41　对所有的 $\varphi\in\mathscr{L}_{KRC}$，$cl$ (φ) 是有限的。

证明　该证明过程类似于引理 5.18 的证明过程。

在 Φ 中的极大一致集和典范模型和前面定义的相同。林登鲍姆引理也和前面的相同。这样得到的极大一致集的性质和前面的极大一致集的性质完全相同。只需要增加的证明是下面的引理。

引理 5.42　令 Φ 是某些公式的闭包。令 $M^c=$ (W^c, $\sim^c$, V^c) 是关于 Φ 的典范模型。令 Γ 是在 Φ 中的极大一致集。如果 C_B (φ, Ψ) $\in\Phi$，那么 C_B (φ, Ψ) $\in\Gamma$，当且仅当，每一从 $\Delta\in W^c$ 出发的 B－φ－路径使得存在有一个主体 $a\in B$ 并且 $\Gamma\sim_a^c\Delta$ 是 Ψ－路径。

证明　从左到右。假设 C_B (φ, Ψ) $\in\Gamma$。如果不存在从 Δ 开始的 B－φ－路径，那么就可以实现从 Γ 开始的 B－可达的路径。否则可以施归纳于 B－φ－路径的长度，但在此引入归纳。证明如果 C_B (φ, Ψ) $\in\Gamma$，那么每一从 Γ 开始的 B－可达的状态的 B－φ－路径都是 Ψ－路径和 C_B (φ, Ψ)－路径。

基础情况：假设 B－φ－路径的长度为 0，也就是说，$\Delta=\Delta_0=\Delta_n$。已知存在有从 Δ 开始的 B－φ－路径，只能是 $\varphi\in\Delta$。因此 $\vdash C_B$ (φ, Ψ) $\to E_B$ ($\varphi\to$ ($\Psi\wedge C_B$ (φ, Ψ)))（根据混合公理），并且 $\vdash EB$ ($\varphi\to$ ($\Psi\wedge C_B$ (φ, Ψ))) $\to$ ($\varphi\to$ ($\Psi\wedge C_B$ (φ, Ψ))) 并且 Δ 在 Φ 中是演绎封闭的。于是可得 $\Psi\in\Delta$ 和 C_B (φ, Ψ) $\in\Delta$。

归纳假设：如果 C_B (φ, Ψ) $\in\Gamma$，那么每一从 Γ 开始的 B－可达的状态的 B－φ－路径的长度为 n 的路径是 Ψ－路径和 C_B (φ, Ψ)－路径。

归纳步骤：取从 Δ 开始的长度为 $n+1$ 的 B－φ－路径。根据归纳假设 C_B (φ, Ψ) $\in\Delta_n$。令 a 是 B 中的主体使得 $\Gamma_n\sim_a^c\Gamma_{n+1}$，因此 $\vdash C_B$ (φ, Ψ) $\to E_B$ ($\varphi\to$ ($\Psi\wedge C_B$ (φ, Ψ))) 并且 $\vdash E_B$ ($\varphi\to$ ($\Psi\wedge C_B$ (φ, Ψ))) $\to K_a$ ($\varphi\to$ ($\Psi\wedge C_B$ (φ, Ψ)))，只可能是 $\varphi\to$ ($\Psi\wedge$ C_B (φ, Ψ)) $\in\Delta_{n+1}$，根据 $\sim_a^c$ 的定义。因此 Δ_{n+1} 是 B－φ－路径的一部分。只可能是 $\varphi\in\Delta_{n+1}$。根据和基础情况相类似的推理，$\Psi\in\Gamma_{n+1}$ 并且 C_B (φ, Ψ) $\in\Gamma_{n+1}$。

从右到左。假设每一从 B－可达的状态从 Γ 开始的 B－φ－路径都是 Ψ－路径。令 WB，φ，Ψ 是所有的极大一致集 Δ 的集合，使得每一从 Δ 开始的 B－φ－路径都是 Ψ－路径。现在考虑公式 $\chi=\Delta\in W_{B,\varphi,\Psi\Delta}$。证明下面的公式。

(1) $\vdash\Gamma\to E_B\chi$

(2) $\vdash\chi\to$ ($\varphi\to\Psi$)

(3) $\vdash\chi\to E_B$ ($\varphi\to\chi$)

从这些公式可以推出 C_B (φ, Ψ) $\in\Gamma$。因为从 (3) 根据必然化规则可以推出

$\vdash C_B$（φ，$\chi \to E_B$（$\varphi \to \chi$））。根据归纳公理它蕴涵着$\vdash E_B$（$\varphi \to \chi$）$\to C_B$（φ，χ）。根据（3）又蕴涵着$\vdash \chi \to C_B$（φ，χ）。根据（2）和必然化规则以及C_B（φ，·）的分布规则蕴涵$\vdash \chi \to C_B$（φ，$\varphi \to \Psi$）。根据归纳公理可得$\vdash C$（φ，φ），因此$\vdash \chi \to C_B$（φ，Ψ）。根据必然化规则，（1）和分布规则，可得$\vdash \Gamma \to E_B C_B$（$\varphi$，$\Psi$）。因此，根据真值公理$\vdash \Gamma \to C_B$（$\varphi$，$\Psi$）。因此$C_B$（$\varphi$，$\Psi$）$\in \Gamma$。

（1）利用反证法，假设$\Gamma \wedge \neg E_B \chi$是一致的，则$\Gamma \wedge \bigvee_{a \in B} \neg K_a \chi$是一致的。存在一个主体$a \in B$使得$\Gamma \wedge \neg K_a \chi$是一致的，故$\Gamma \wedge \langle K \rangle_a \neg \chi$是一致的。另外可以证明$\vdash \bigvee \{\Delta \mid \Delta \in W^c\}$。令$\chi$是$\vdash$（$W^c \setminus W_{B,\varphi,\Psi}$），$\neg \chi \leftrightarrow \chi$，则$\Gamma \wedge \langle K \rangle_a \chi$是一致的。$\chi$是互不相交的，必存在有$\Delta \in$（$W^c \setminus W_{B,\varphi,\Psi}$）使得$\Gamma \wedge \langle K \rangle_a \Delta$是一致的。据此可得$\Gamma \sim_a^c \Delta$。这和假设每一从$B$-可达的状态，从$\Gamma$开始的$B$-$\varphi$-路径都是$\Psi$-路径相矛盾。所以$\Delta \notin W_{B,\varphi,\Psi}$。

（2）如果$\Delta \in W_{B,\varphi,\Psi}$，则$\vdash \Delta \to$（$\varphi \to \Psi$）。$\varphi \to \Psi$可以从每一互不相交的$\chi$中推出。故$\vdash \chi \to$（$\varphi \to \Psi$）。

（3）利用反证法。假设$\chi \wedge \neg E_B$（$\varphi \to \chi$）是一致的。χ是不相交的，必存在不相交的Δ使得$\Delta \wedge \neg E_B$（$\varphi \to \chi$）是一致的。同理可推出，必存在主体$a \in B$使得$\Delta \wedge \langle K \rangle_a$（$\varphi \wedge \neg \chi$）是一致的。$\vdash \bigvee \{\Delta \mid \Delta \in W^c\}$只可能是$\Delta \wedge \langle K \rangle_a$（$\varphi \wedge \bigvee_{\Theta \notin WB,\varphi,\Psi} \Theta$）是一致的。根据模态推理，$\Delta \wedge \bigvee_{\Theta \notin WB,\varphi,\Psi} \langle K \rangle_a$（$\varphi \wedge \Theta$）是一致的。必然地$\Theta \notin W_{B,\varphi,\Psi}$是$\Phi$中的极大一致的，使得$\Delta \wedge \langle K \rangle_a$（$\varphi \wedge \Theta$）是一致的。但是由于$\Delta \sim_a^c \Theta$并且$\varphi \in \Theta$，故$\Theta \notin W_{B,\varphi,\Psi}$。必存在有从$\Theta$开始且不是$\Psi$-路径的$B$-$\varphi$-路径。这样就存在有一个从$\Delta$开始且不是$\Psi$-路径的$B$-$\varphi$-路径。因为$\Delta$是$\chi$中的不相交的元素，这和$\Delta \in W_{B,\varphi,\Psi}$相矛盾。故$\vdash \chi \to E_B$（$\varphi \to \chi$）。

这就是所需证明的真值引理的扩充引理。

引理 5.43 真值 令Φ是某些公式的闭包。令$M^c =$（W^c，$\sim^c$，V^c）是关于Φ的典范模型。对所有的$\Gamma \in W^c$和所有的$\varphi \in \Phi$：

$\varphi \in \Gamma$，当且仅当，（M^c，Γ）$\models \varphi$。

证明 假设$\varphi \in \Phi$。通过施归纳于φ的结构。对于命题变元，否定，合取和个体认知算子的情况和引理 5.22 的证明过程类似。因此重点证明相关公共知识算子的情况。

假设CB（φ，Ψ）$\in \Gamma$。从引理 5.42 可以推理出如果该种情况成立，当且仅当每一从Γ开始的B-φ-路径都是Ψ-路径。根据归纳假设如果该情况成立，当且仅当每一B-路径，其中φ沿着该路径为真，是一个沿着该路径的Ψ也为真。根据等价语义（M^c，Γ）$\models C_B$（φ，Ψ）。

下面完全性的证明就可以按照通常的方法给出了。

定理 5.15 完全性 对每一$\varphi \in \mathscr{L}_{KRC}$：

如果$\models \varphi$，那么$\vdash \varphi$。

证明　利用反证法。假设 $\nvdash \varphi$，因此 $\{\neg\varphi\}$ 是一致集。根据林登鲍姆引理 $\{\neg\varphi\}$ 是某些 Γ 的子集，其中 Γ 是 cl（$\neg\varphi$）中的极大一致集。令 Mc 是关于 cl（$\neg\varphi$）的典范模型。根据真值引理（M^c，Γ）$\models \neg\varphi$。因此 $\models \varphi$。

（二）增加公开宣告

定义 5.70　已知主体集 A 和原子集 P。LKRC [] 语言由以下采用 BNF 形式的公式给出：

$\varphi ::= p \mid \neg\varphi \mid (\varphi_1 \wedge \varphi_2) \mid K_a\varphi \mid C_B(\varphi_1, \varphi_2) \mid [\varphi]\varphi$

其中，$p \in \mathscr{P}$，$a \in \mathscr{A}$ 并且 $B \subseteq \mathscr{A}$。

定义 5.71　证明系统　证明系统 PARC 根据定义 5.68 的公理和推理规则然后再加上下面的公理和推理规则。

其证明系统如下：

(1) $[\varphi]p \leftrightarrow (\varphi \rightarrow p)$	原子保持公理
(2) $[\varphi]\Psi \leftrightarrow (\varphi \rightarrow \neg[\varphi]\Psi)$	公开宣告和否定公理
(3) $[\varphi](\Psi \wedge \chi) \leftrightarrow ([\varphi]\Psi \wedge [\varphi]\chi)$	公开宣告和合取公理
(4) $[\varphi]K_a\Psi \leftrightarrow (\varphi \rightarrow K_a[\varphi]\Psi)$	公开宣告和知识公理
(5) $[\varphi]C_B(\Psi, \chi) \leftrightarrow (\varphi \rightarrow C(\varphi \wedge [\varphi]\Psi, [\varphi]\chi))$	公开宣告和相对公共知识公理
(6) $[\varphi][\Psi]\chi \leftrightarrow [\varphi \wedge [\varphi]\Psi]\chi$	公开宣告复合公理

推理规则：

从 $\vdash \Psi$，可以推出 $\vdash [\varphi]\Psi$　　　　$[\varphi]$ 的必然化规则

下面证明新的公理是可靠的。

引理 5.44　$\models [\varphi]C_B(\Psi, \chi) \leftrightarrow (\varphi \rightarrow C_B(\varphi \wedge [\varphi]\Psi, [\varphi]\chi))$

证明

$(M, w) \models [\varphi]C_B(\Psi, \chi) \Leftrightarrow$

$(M, w) \models \varphi$ 蕴涵 $(M|\varphi, w) \models C_B(\Psi, \chi) \Leftrightarrow$

$(M, w) \models \varphi$ 蕴涵 $(M|\varphi, t) \models \chi$，

对所有的 t 使得 $(w, t) \in (\bigcup_{a\in B} \sim_a^c \cap [[\Psi]]_M^2 | \varphi)^* \Leftrightarrow$

$(M, w) \models \varphi$ 蕴涵 $(M, t) \models [\varphi]\chi$，

对所有的 t 使得 $(w, t) \in (\bigcup_{a\in B} \sim_a \cap [[\Box \wedge [\varphi]\Psi]]_M^2)^* \Leftrightarrow$

$(M, w) \models \varphi$ 蕴涵 $(M, t) \models C_B(\varphi \wedge [\varphi]\Psi, [\varphi]\chi) \Leftrightarrow$

$(M, w) \models \varphi \to C_B(\varphi \wedge [\varphi]\Psi, [\varphi]\chi)$

因此可以利用翻译的等价式进行证明。

定义 5.72　翻译　翻译 t：$\mathscr{L}_{KRC[\,]} \to \mathscr{L}_{KRC}$ 的定义如下：

$t(p) = p$

$t(\neg\varphi) = \neg t(\varphi)$

$t(\varphi \wedge \Psi) = t(\varphi) \wedge t(\Psi)$

$t(Ka\varphi) = Kat(\varphi)$

$t([\varphi]p) = t(\varphi \to p)$

$t([\varphi]\neg\Psi) = t(\varphi \to \neg[\varphi]\Psi)$

$t([\varphi](\Psi \wedge \chi)) = t([\varphi]\Psi \wedge [\varphi]\chi)$

$t([\varphi]K_a\Psi) = t(\varphi \to K_a[\varphi]\Psi)$

$t([\varphi]C_a(\Psi, \chi)) = t(\varphi \to C_a(\varphi \wedge [\varphi]\Psi, [\varphi]\chi))$

$t([\varphi][\Psi]\chi) = t([\varphi \wedge [\varphi]\Psi]\chi)$

定义 5.73　复杂度　复杂度 c：$\mathscr{L}_{KRC[\,]} \to N$ 的定义如下：

$c(p) = 1$

$c(\neg\varphi) = 1 + c(\varphi)$

$c(\varphi \wedge \Psi) = 1 + \max(c(\varphi), c(\Psi))$

$c(K_a\varphi) = 1 + c(\varphi)$

$c(C_B(\varphi, \Psi)) = 1 + \max(c(\varphi), c(\Psi))$

$c([\varphi]\Psi) = (5 + c(\varphi)) \cdot c(\Psi)$

根据逻辑语言的归纳定义，该复杂度的方法保持着确定的顺序，下面给出它们的一些性质。

引理 5.45　对所有的 φ，Ψ 和 χ：

(1) 如果 $\varphi \in \mathrm{Sub}(\Psi)$，那么 $c(\Psi) \geqslant c(\varphi)$；

(2) $c([\varphi]p) > c(\varphi \to p)$；

(3) $c([\varphi]\neg\Psi) > c(\varphi \to \neg[\varphi]\Psi)$；

(4) $c([\varphi](\Psi \wedge \chi)) > c([\varphi]\Psi \wedge [\varphi]\chi)$；

(5) $c([\varphi]K_a\Psi) > c(\varphi \to K_a[\varphi]\Psi)$；

(6) $c([\varphi]C_B(\Psi, \chi)) > c(\varphi \to C_B(\varphi \wedge [\varphi]\Psi, [\varphi]\chi))$；

(7) $c([\varphi][\Psi]\chi) > c([\varphi \wedge [\varphi]\Psi]\chi)$。

证明　和引理 5.24 相比较只需要证明扩充的情况 $[\varphi]C_B(\Psi, \chi)$ 即可，其他的情况和引理 5.24 的相同。

假设 $c(\Psi) \geqslant c(\chi)$（对于 $c(\chi) \geqslant c(\Psi)$ 和该情况下相似）。那么

$$
\begin{aligned}
c([\varphi]C_B(\Psi, \chi)) &= (5 + c(\varphi)) \cdot (1 + \max(c(\Psi), c(\chi))) \\
&= 5 + c(\varphi) + 5 \cdot \max(c(\Psi), c(\chi))
\end{aligned}
$$

$$+ c(\varphi) \cdot \max(c(\Psi), c(\chi))$$
$$= 5 + c(\varphi) + 5 \cdot c(\Psi) + c(\varphi) \cdot c(\Psi),$$

并且

$$\begin{aligned} c(\varphi \rightarrow C_B(\varphi \wedge [\varphi]\Psi, [\varphi]\chi)) &= c(\cdot(\varphi \wedge . CB(\varphi \wedge [\varphi]\Psi, [\varphi]\chi))) \\ &= 1+1+\max(c(\varphi), 1+1+\max(1 + \max(c(\varphi), (5+c(\varphi)) \cdot c(\Psi)), (5+c(\varphi)) \cdot c(\chi))) \\ &= 5 + ((5+c(\varphi)) \cdot c(\Psi)) \\ &= 5+5c(\Psi) + c(\varphi)c(\Psi) \end{aligned}$$

后者小于前者。

利用这些性质可以证明每一个公式是可证的等价于它的翻译是可证的。

引理 5.46 对所有的公式 $\varphi \in \mathscr{L}_{KRC[]}$，下面的情况成立：

$$\vdash \varphi \leftrightarrow t(\varphi)$$

证明 该证明过程类似于引理 5.25 的证明过程。

从该引理和定理 5.15 就可以给出完全性的证明。

定理 5.16 完全性 对每一 $\varphi \in \mathscr{L}_{KRC[]}$：

如果 $\models \varphi$，那么 $\vdash \varphi$。

证明 假设 $\models \varphi$。因此 $\models t(\varphi)$。根据证明系统的可靠性以及 PARC：$\vdash \varphi \leftrightarrow t(\varphi)$（引理 5.46）。公式 $t(\varphi)$ 不包含任何公共宣告算子。因此 S5RC：$\vdash t(\varphi)$，因为 S5RC 是 PARC 的子系统。因此 PARC：$\vdash \varphi \leftrightarrow t(\varphi)$，可以推出：PARC：$\vdash \varphi$。

本章对认知逻辑、动态逻辑、动态认知逻辑等基础的理论分别进行了详细的阐释，同时通过运用组合模态逻辑的方法还可以将时间逻辑、概率逻辑等逻辑系统组合进来。

关于组合模态逻辑的方法是否能够持续不断地构造越来越大的逻辑系统的问题，以及构造动态认知概率逻辑系统的必要性问题，刘奋荣曾经于 2008 年 4 月在她的博客中记载下了刘新文向范本特姆的提问，以及范本特姆所做的回答。刘新义曾经问道："现在大家似乎对逻辑的组合很感兴趣。例如，我们可以在认知逻辑中加入动态算子得到动态认知逻辑，加入时间，得到时态的动态认知逻辑，然后再加入策略等。这一过程似乎永无止境。我有时想，这样做的目的到底是什么？当我们做这样的事情的时候，应当考虑什么问题呢？"

范本特姆的回答如下：

"能否持续不断地构造越来越大的逻辑系统呢？首先需要提醒的是，对形式模型做'有控制地扩张'是科学事业的核心，所以这样做本身没有什么错。

当然应当也要有‘侧重的’创造性的活动，找到简单的新模型来解释迄今为止未探索的现实的某些方面。事实上，关于理性主体的个别方面（例如行为、信念和偏好等）的模型早已存在很长一段时间了。这就是通常所谓的‘分析’方法的一种体现。但在很大程度上却忽略了另外一个新问题：这些要素能否成功地在系统中运作呢？或者说所有的这些事情在人的头脑中能否同时进行呢？”

“在20世纪90年代出现了激动人心的新趋势，即考察当逻辑系统组合在一起的时候会是什么样的，大家都对模态逻辑系统的各种组合进行了‘实验’。可以把这看做是实际的需要，但是我本人却把它看做是关于‘认知体系’的基本问题：即不同的逻辑子系统在交换信息的过程中如何能够共同发挥作用呢？随着时间的流逝，大家将会清楚地看到，该问题是很棘手的。原因在于整个系统的复杂性是由组成部件的复杂性所决定的，而且也受组合方式的制约。例如，J. Halpern和M. Vardi发现了如下的结果：如果把单独的可判定的认知逻辑和时态逻辑组合在一起，假设主体具有完美的记忆力，那么组合的认知时态逻辑将会变得不再是可判定的了。存在的问题是，为了描述更有意义的现象，就需要更复杂的系统，主体需要执行很多不同的任务。恰当的方法论就是首先要在简单的逻辑系统中来对这些任务进行分析。之后，需要弄清楚如果把这些系统组合在一起，它们是如何运作的，对此还远没有较为一般的认识。我（范本特姆）本人也曾经与E. Pacuit和J. Gerbrandy写论文讨论过将动态认知逻辑和时态逻辑组合在一起的相关问题，我们脑中的确在思考这样的一些一般性问题。大家并不提倡‘盲目的’组合，但大家也的确意识到了其中涉及的复杂性的极限问题。我认为不能不加限制地构造大的怪物，但是却希望看到这是激动人心的挑战！什么样的原则可以促使组合的逻辑变得更加简单呢？如何能够避免著名的‘科学悖论’，即创造的理论比现实还要复杂呢？我们的目标应当是解释现实，设法简化现实。”①

以上是范本特姆对该问题的回答，这也是我们对可能产生的争鸣做出的回答，也将其作为本文的最后结语。同时利用组合模态逻辑的方法以及基础逻辑的方法，对动态认知时间概率逻辑进行研究，是有价值的。因为该逻辑系统在博弈论和决策论中是一种非常重要的研究工具。未来的研究工作则是该逻辑系统在具体科学领域中的应用。

---

① 刘奋荣. 逻辑之门：作者和译者的对话——约翰·范本特姆教授访谈录. http://hi.baidu.com/liufenrong [2008-04-11].

主要参考文献

曹发生，余泉，王驹，等．2008. 循环 ALCN-Tbox 具有模型的条件．计算机学报，(1)：16-23.

陈 波．1990. 逻辑哲学引论．北京：人民出版社．

陈慕泽．2001. 数理逻辑教程．上海：上海人民出版社．

杜国平．2006. 经典逻辑与非经典逻辑．北京：高等教育出版社．

高晓兵，李佳，曹发生．2010. 一种格值的模糊动态描述逻辑．毕节学院学报，28 (4) ：9-12.

弓肇祥．1993. 广义模态逻辑．北京：中国社会科学出版社．

桂起权，陈自立，朱福喜．2002. 次协调逻辑与人工智能．武汉：武汉大学出版社．

李淑英，李梅，蒋运承，等．2008. 模糊描述逻辑 L-ALCN. 计算机研究与发展，45 (4)：619-625.

李树琦，蔡春庚，蒋艳华．1989. 现代逻辑学．重庆：重庆出版社．

李锡胤．1984. 数理逻辑入门．北京：知识出版社．

刘奋荣．2010. 动态偏好逻辑研究．北京：科学出版社．

史忠植，董明楷，蒋运承，等．2004. 语义 Web 的逻辑基础．中国科学，E 辑，34 (10)：1123-1138.

宋文坚．1992. 新逻辑教程．北京：北京大学出版社．

王驹，蒋运承，唐素勤．2007. 一种模糊动态描述逻辑．计算机科学与探索，1 (2)：216-227.

王宪钧．1982. 数理逻辑引论．北京：北京大学出版社．

王雨田．1987. 现代逻辑科学导引（上、下）．北京：中国人民大学出版社．

杨武金．2008. 辩证逻辑的逻辑基础．北京：商务印书馆．

张惠民．1992. 模糊逻辑．西安：陕西人民教育出版社．

张清宇．2003. 弗协调逻辑．北京：中国社会文献出版社．

张清宇．2004. 逻辑哲学九章．南京：江苏人民出版社．

张维，侯金宏，曹发生，等．2010. 描述逻辑系统 FLEN 中概念的最小公共包含算法研究．计算机研究与发展，47 (6) ：1053-1059.

张文修，梁怡．1996. 不确定性推理原理．西安：西安交通大学出版社．

赵总宽，陈慕泽，杨武金．1998. 现代逻辑方法论．北京：中国人民大学出版社．

周北海．1997. 模态逻辑导论．北京：北京大学出版社．

周礼全．1986. 模态逻辑引论．上海：上海人民出版社．

周礼全．1994. 逻辑百科辞典．成都：四川教育出版社．

Baader F. 1996. Using automata theory for characterizing the semantics of terminological cycles. Annals of Mathematics and Artificial Intelligence，18 (2-4)：175-219.

Baader F. 2003. Terminological cycles in a description logic with existential restrictions// Gottlob G，Walsh T. Proceedings of the 18th International Joint Conference on Artificial

Intelligence (IJCAI 2003). San Francisco: Morgan Kaufmann Publishers: 325-330.

Baader F, Küsters R. 1999. Matching in description logics with existential restrictions//Lambrix P, Borgida A, Lenzerini M, et al. Proceedings of the 1999 International Workshop on Description Logics (DL'99), number 22 in CEUR-WS, Sweden, Linköping.

Baader F, Küsters R, Molitor R. 1999. Computing least common subsumers in description logics with existential restrictions// Dean T. Proceedings of the 16th International Joint Conference on Artificial Intelligence (IJCAI'99), Morgan Kaufmann: 96 - 101.

Baader F, Nutt W. 2003. Basic description logics//Baader F, Calvanese D, McGuinness D, et al. The Description Logic Handbook: Theory, Implementation and Applications. Cambridge: Cambridge University Press.

Baader F, Ohlbach H J. 1995. A multi dimensional terminological knowledge representation language. Journal of Applied Non-Classical Logic, (5): 143-197.

Baltag A, Moss L S, Solecki S. 1999. The logic of public announcements, common knowledge, and private suspicions. Technical Report SENR9922: 43-56.

Blackburn P, de Rijke M, Venema Y. 2001. Modal Logic. Volume 53 of Cambridge Tracts in Theoretical Computer Science. Cambridge: Cambridge University Press.

Brachman R J. 1978. On the epistemological status of semantic networks. NASA STI/Recon Technical Report.

Brachman R J, Schmolze J G. 1985. An overview of the KL-ONE Knowledge Representation System. Cognitive Science, 9 (2): 171 - 216.

Cohen W W, Borgida A, Hirsh H. 1992. Computing least common subsumers in description logics. Proceedings of the National Conference on Artificial Intelligence.

Cohn A G, Schubert L, Shapiro S C, 1998. Proceedings of the Sixth International Conference on Principles of Knowledge Representation and Reasoning. San Francisco: Morgan Kaufmann Publishers: 499-511.

Dunin-Keplicz B, Verbrugge R. 2002. Collective intentions. Fundamenta Informaticae, 51 (3): 271-295.

Fagin R, Halpern J, Moses Y. 1995. Reasoning About Knowledge. Cambridge: MIT Press.

Gerbrandy J. 1999. Bisimulations on Planet Kripke. PhD thesis, ILLC, University of Amsterdam.

Gerbrandy J, Groeneveld W. 1997. Reasoning about information change. Journal of Logic, Language, and Information, 6: 147-196.

Goldblatt R. 1982. Axiomatising the Logic of Computer Programming. Volume 130 of Lecture Notes in Computer Science. Berlin, Heidelberg, New York: Springer-Verlag.

Goldblatt R. 1992. Logics of Time and Computation. Volume 7 of CSLI Lecture Notes. Stanford: CSLI. Second edition, revised and expanded.

Goldblatt R. 1993. Mathematics of Modality. Volume 43 of CSLI Lecture Notes. Stanford: CSLI.

Hacck S. 1978. Philosophy of Logics. Cambridge: Cambridge University Press.

Hamiltion A G. 1978. Logic For Mathematicians. Cambridge: Cambridge University Press.

Harel D, Kozen D, Tiuryn J. 2000. Dynamic Logic. Foundations of Computing. Cambridge: MIT Press.

Hughes G E, Cresswell M J. 1972. An introduction to Modal Logic. London: Routledge Press.

Knijnenburg P M W. 1988. On axiomatisations for propositional logics of programs. Technical report, University of Utrecht. RUU-CS-88-34.

Knijnenburg P M W, van Leeuwen J. 1991. On models for propositional dynamic logic. Theoretical Computer Science, 91: 181-203.

Kozen D, Parikh R. 1981. An elementary proof of the completeness of PDL. Theoretical Computer Science, 14: 113-118.

Kusters R. 1998. Characterizing the semantics of terminological cycles in ALN using finite automata// Cohn A G, Schubert L, Shapiro S C. Proceedings of the Sixth International Conference on Principles of Knowledge Representation and Reasoning. San Francisco: Morgan Kaufmann Publishers: 499 - 511.

Lukasiewicz J. On the principle of contradiction in Aristotle. Review of Metaphysics, 24 (3): 485-509.

Meyer J J, van der Hoek W. 1995. Epistemic Logic for AI and Computer Science. Cambridge: Cambridge University Press.

Mirkowska G. 1981. PAL-propositional algorithmic logic//Engeler E. Logic of Programs, Volume 125 of Lecture Notes in Computer Science. Berlin, Heidelberg, New York: Springer-Verlag: 23-101.

Nebel B. 1991. Terminological cycles: semantics and computational properties//Sowa J F. Proceedings of the Principles of Semantic Networks. San Francisco: Morgan Kaufmann Publishers: 331-362.

Pacholski L, Szwast W, Tendera L, 1997. Complexity of two-variable logic with counting. Proceedings of the 12th IEEE Symposium on Logic in Computer Science: 318 - 327.

Pratt V R. 1976. Semantical considerations on Floyd-Hoare logic. Proceedings of the 17th IEEE Symposium on the Foundations of Computer Science: 109-121.

Priest G, Routley R, Norman J. 1989. Paraconsistent Logic: Essays on the Inconsistent. München: Philosophia Verlag GmbH.

Rescher N. 1968. Topics in Philosophical Logic. Dordrecht: Reidel Publishing Company: 1-368.

Rescher N, Brandom R. 1980. The Logic of Inconsisiency. Oxford: Basil Blackwell: 275-449.

Schmidt-Schauβ M, Smolka G. 1991. Attributive concept descriptions with complements. Artificial Intelligence, 48: 1-26.

Segerberg K. 1977. A completeness theorem in the modal logic of programs. Notices of the American Mathematical Society, 24 (6): A-552.

Segerberg K. 1994. A model existence program in infinitary propositional modal logic. Journal of Philosophical Logic , 23: 337-367.

Straccia U. 2001. Reasoning with fuzzy description logics. Journal of Artificial Intelligence

Research，14：137-166.

Straccia U. 2006. Description logics on lattices. In international journal of Uncertainty，Fuzziness and Knowledge-Based Systems，14（1）：1-16.

Sundholm G. 1977. A completeness proof for an infinitary tense-logic. Theoria，43：47-51.

Tanaka Y. 2001. Model existence in non-compact modal logic. Studia Logica，67：61-73.

Tarski A. 1955. A lattice-theoretical fixpoint theorem and its applications. Pacific journal of Mathematics，5（2）：285-309.

van Benthem J. 2007. Logic games，from tools to models of interaction//Gupta A，Parikh R，van Benthem J. Logic at the Crossroads. Mumbai：Allied Publishers：283-317.

van Ditmarsch H P. 2002. Descriptions of game actions. Journal of Logic，Language and Information，11（3）：349-365.

Veltman F. 1996. Defaults in update semantics. Journal of Philosophical Logic，25：221-261.